■“十二五”国家重点图书

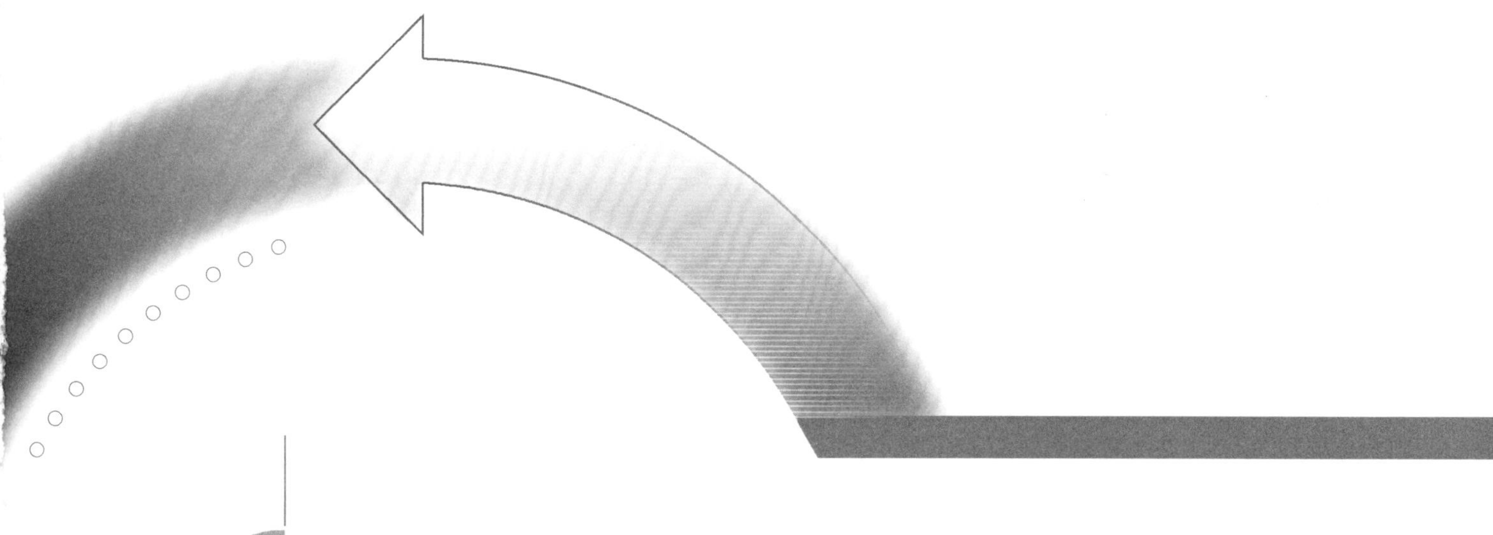

农业清洁生产与农村废弃物循环利用研究

◎尹昌斌　等／著

中国农业科学技术出版社

图书在版编目（CIP）数据

农业清洁生产与农村废弃物循环利用研究／尹昌斌等著．—北京：中国农业科学技术出版社，2015.12

ISBN 978－7－5116－2365－2

Ⅰ.①农…　Ⅱ.①尹…　Ⅲ.①农业生产－无污染工艺－研究②农业废物－循环利用－研究　Ⅳ.①X71

中国版本图书馆CIP数据核字（2015）第268689号

责任编辑　崔改泵
责任校对　贾海霞

出 版 者　中国农业科学技术出版社
北京市中关村南大街12号　邮编：100081
电　　话　(010)82109194(编辑室)　(010)82109702(发行部)
(010)82109709(读者服务部)
传　　真　(010) 82106650
网　　址　http://www.castp.cn
经 销 者　各地新华书店
印 刷 者　北京富泰印刷有限责任公司
开　　本　880 mm×1 230 mm　1/16
印　　张　16.75
字　　数　473千字
版　　次　2015年12月第1版　2015年12月第1次印刷
定　　价　100.00元

本书为公益性行业（农业）科研专项经费“农业清洁生产与农村废弃物循环利用集成配套技术体系研究与示范”（200903011）之课题“北方旱作区农业清洁生产与农村废弃物循环利用技术集成、示范及政策配套”的部分研究成果

著者名单

主　著　尹昌斌

著　者　（以姓氏笔画为序）

于玲玲　尹昌斌　王丽英　白晓航

李世贵　李永涛　李贵春　李　想

邢素丽　刘东生　刘孟朝　刘振东

张亦涛　张克强　张彦才　张春霞

张继宗　杜会英　杨晓梅　周　颖

柯木飞　赵俊伟　程磊磊　黄显雷

目　　录

第一篇　基本概念、理论与现状

第二篇　农业清洁生产与农村废弃物循环利用技术

第三篇　配套措施与保障措施

第一篇

基本概念、理论与现状

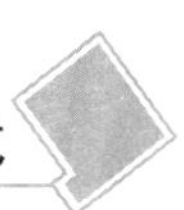

第一章　农业清洁生产的基本理论与模式*

第一节　清洁生产理念、概念与内涵

一、清洁生产理念

18 世纪以来，产业革命推动了工业化，以认识自然、改造自然为目的的科学技术取得了突飞猛进的发展，物质文明得到了极大的提高。然而，以大量消耗资源和粗放经营为主要特征的传统工业发展模式，对经济发展重速度和数量，轻效益和质量；对自然资源重开发，轻保护。这种以高消耗和单纯追求经济数量的增长和先污染、后治理为特征的发展道路，导致当今世界环境形势严峻。建立新的生产方式，走低消耗、少污染、高效益的可持续发展道路已成为工业可持续发展的必然选择（章玲，2001）。

于是，在 1989 年，联合国环境规划署（UNEP）正式提出了清洁生产的概念。1992 年，联合国环境与发展大会通过的《21 世纪议程》更明确地指出："工业企业实现可持续发展战略的具体途径是实施清洁生产"。联合国环境规划署对清洁生产（Cleaner Production）下的定义是："清洁生产是一种新的创造性思想，该思想将整体预防的环境战略持续应用于生产过程、产品和服务中，以增加生态效率和减少人类及环境的风险。对生产过程，要求节约原材料和能源，淘汰有毒原材料，减降所有废弃物的数量和毒性；对产品，要求减少从原材料提炼到产品最终处置的全生命周期的不利影响；对服务，要求将环境因素纳入设计和所提供的服务中"（章玲，2001）。

清洁生产理念，自诞生以来迅速发展成为国际环保的主流思想，有力推动了世界各国的环境保护。各国在清洁生产实践中不断创新，新的清洁生产理念、新的清洁生产工具与技术大量涌现，丰富了传统清洁生产内涵，孕育着新型清洁生产发展路径与技术选择。发达国家清洁生产的驱动力主要来自政府导向、法律规范促进大型企业的自觉性采纳。近年来，国外在推行清洁生产的企业试点示范、机构建设、政策研究与制定等方面均取得了可喜的进展，清洁生产也成为企业发展循环经济的切入点而备受关注。

根据《21 世纪议程》的文件和精神，可将清洁生产目标归纳为：通过资源的综合利用、短缺资源的代用、二次资源的利用以及节能、省料、节水，合理利用自然资源，减缓资源的耗竭；减少废料和污染物的生成和排放，促进工业产品的生产、消费过程与环境相容，降低整个工业活动对人类和环境的风险。这两个目标的实现将体现工业生产的经济效益、社会效益和环境效益的统一，保证国民经济的持续发展。

各国学者开展清洁生产理论与实践的探索，如 Hilary I. Inyang、Helene Hilger 等从全球人口增长和工业化发展给原材料、能源带来的巨大压力入手，强调产业化生产过程中进行废弃物综合利用的重要性；指出对每个生产环节的副产品加以利用可以有效地降低传统生产过程中处理废弃物的投入；生态产业中尝试废弃物再利用，已将理论与技术融为一体，为各生产要素在不同生产阶段形成最佳组织结构，延长产品使用周期，及对产品进行分类使用管理提供可行途径（Inyang et al,

---

* 本章撰写人：尹昌斌　赵俊伟　白晓航

2003）。V. Narayanaswamy、J. A. Scott 等以澳大利亚小麦淀粉资源产品链的模式为例，阐述了环境压力下对产业链的结构内部物流及能流分析结果的运用，以大量翔实的数据描述了从小麦生产过程中原材料、能量的输入，到耕种、贮藏、运输的各个阶段，以及淀粉产品的生产、运输、使用，到最后下脚料的处理等所有生产环节之间物流与能流的循环路径和上下游资源利用关系；通过一种简单的分析方法判断在整个需求、供给产业链条中，各生产环节对环境产生重大影响；以此帮助企业在重要生产环节，采用清洁生产技术以获得更大的经济收益（Narayanaswamy et al，2003）。P. Balsari、G. Airold、F. Gioelli 探讨了意大利农业生产中畜禽粪便的再利用途径，即通过一种单体设计喷施装置为农作物提供肥料，这种装置已经证实能够供应有机农作物所需的有机肥；畜禽粪便作为有机肥还田对作物产量的提高与施用化肥的增产效果相同，在实验统计数据上并无差异；此外，在耕地前和出苗后对于有机肥的使用量取决于液罐机组排列的顺序与数量（Balsari et al，2005）。

相关的理论研究及生产实践表明，单靠自然的自净能力已无法有效地担负起分解者的作用，人类必须通过加大环保力度进行污染治理，将废弃物利用、再利用，帮助区域提高缓冲能力和恢复自净能力，实现“人类向自然的索取必须与人类对自然的回馈相平衡”的目标（白向群，2006）。清洁生产不仅作为一种生产手段，而且作为一种观念，已逐渐被产业界所接受。因此，清洁生产是人类社会可持续发展的必然选择，它以预防污染为主，以持续发展为目标，不仅是一项综合预防污染、改善环境质量的措施，更是一种新的观念，是人类新的文明观。

二、清洁生产概念

清洁生产概念起源于1960年的美国化学行业的污染预防审计。1976年欧洲共同体在巴黎召开“无废工艺和无废生产国际研讨会”，会上提出“消除造成污染的思想根源”的思想，即清洁生产的思想。1979年4月欧共体理事会宣布推行清洁生产政策，1984、1985、1987年欧共体环境事务委员会三次拨款支持建立清洁生产示范工程。联合国环境规划署（UNEP）于1989年正式提出清洁生产的概念，即生产的全过程污染控制模式。其实质（涵义）是把污染预防的综合环境保护策略持续应用于生产过程、产品设计和服务中，从污染源的产生开始，减少生产和服务过程对人类和环境的风险性。1996年又进行了修订，认为“清洁生产是一种新的创造性的思想，该思想将整体预防的环境战略持续地应用于生产过程、产品和服务中，以增加生态效率并减少人类和环境的风险。”联合国环境规划署对清洁生产的定义可概括为：“清洁生产是一种新的创造性的思想，该思想将整体预防的环境战略持续应用于生产过程、产品和服务中，以增加生态效率和减少人类及环境的风险。对生产过程，要求节约原材料与能源，淘汰有毒原材料，减降所有废弃物的数量与毒性；对产品，要求减少从原材料提炼到产品最终处置的全生命周期的不利影响；对服务，要求将环境因素纳入设计与所提供的服务中。”

《中国21世纪议程》对清洁生产做出了定义。“清洁生产是指既可满足人们的需要又可合理使用自然资源和能源并保护环境的实用生产方法和措施，其实质是一种物料和能源消耗量减少的人类生产活动的规划和管理，将废物减量化、资源化和无害化，或消灭于生产过程中。同时对人体和环境无害的绿色新产品的生产也将随着可持续发展进程的深入而日益成为今后产品生产的主导方向。”

2002年6月29日，第九届全国人民代表大会常务委员会第二十八次会议通过的《中华人民共和国清洁生产促进法》中第一章第二条规定“清洁生产是指不断采取改进设计、使用清洁的能源和原料、采用先进的工艺技术与设备、改善管理、综合利用等措施，从源头削减污染，提高资源利用效率，减少或者避免生产、服务和产品使用过程中污染物的产生和排放，以减轻或者消除对人类健康和环境的危害。”

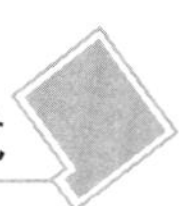

三、清洁生产内涵

清洁生产在不同的发展阶段或不同的国家有不同的定义，但其基本内涵是一致的，即包含了两个全过程控制：生产全过程和产品整个生命周期全过程。对生产过程，要求从源头节约原材料和能源，淘汰有毒原材料，削减所有废物的数量和毒性。对产品生命周期，要求从生产末端减少从原材料提炼到产品最终处置的全生命周期的不利影响。

清洁生产的内涵主要强调3个重点：①清洁能源，包括开发节能技术，尽可能开发利用再生能源以及合理利用常规能源。②清洁生产过程，包括尽可能不用或少用有毒有害原料和中间产品。对原料和中间产品进行回收，改善管理、提高效率。③清洁产品，包括以不危害人体健康和生态环境为主导因素来考虑产品的制造过程甚至使用之后的回收利用，减少原材料和能源使用。

进一步分析总结，清洁生产的主要内容包括以下4个方面：①清洁生产的目标是节省能源，降低原材料消耗，减少污染物排放。②清洁生产的基本手段是改进工艺技术、强化企业管理，最大限度地提高资源和能源的利用水平。③清洁生产的主要方法是排污审计，即通过审计发现排污部位、排污原因，并筛选消除或减少污染物的措施。④清洁生产的最终目的是保护人类与环境，提高企业的经济效益。

由此可见，清洁生产不仅要实现生产过程的无污染或减少污染，而且生产出来的产品在使用和最终报废处理过程中，也不对环境造成损害；还包括技术上的可行性和经济上的可赢利性，体现经济效益、环境效益和社会效益的统一。无论从经济角度，还是从环境和社会角度看，推行清洁生产技术均符合可持续发展战略的要求，保障了环境与经济协调发展。

纵观世界范围内清洁生产的实施与推广，可以大致划分为3个阶段（Muys et al，1997）。

（1）美国3M公司在20世纪70年代中期开展的“3P”计划（Pollution、Prevention、Pays）一般被认为是清洁生产的第一个里程碑。3P计划使人们认识到革新工艺过程及产品的重要性，即在增强企业竞争力的同时减少对环境的影响。类似3P计划的污染预防行动最初主要在北美的大型加工和制造业进行，后来一方面逐渐向欧洲、日本等国家和地区扩展，另一方面向其他行业以及中小型企业拓展。

（2）20世纪80年代末期，在UNEP的倡导和推动下涌现了一批清洁生产的成功案例，清洁生产的潜力也逐渐为企业和政府所认可，此时清洁生产进入快速发展时期。1992年6月在里约热内卢联合国环境与发展大会上正式承认了清洁生产为可持续发展的先决条件，是工业界达到改善环境，同时保持竞争性及可赢利性的核心手段之一，并列入了大会通过的《21世纪议程》。1996年在美国污染预防圆桌会议上产生了制定《国际清洁生产宣言》的想法，1998年在韩国汉城召开的第五届国际清洁生产高级研讨会上正式颁布了《国际清洁生产宣言》。

（3）20世纪90年代后期，大量的清洁生产实践使企业意识到清洁生产能否达到双赢目标取决于政府环境法规的严厉程度、经济刺激强度、原材料和能源价格、管理成本以及废物和污染物处置费用等。在这种形势下，一部分新的企业接受了清洁生产的理念并在技术和信息支持下加入进来，一些已经实施清洁生产的企业在清洁生产作用刺激下不断发展，但另一些企业缺乏持续实施清洁生产的动力，表现为停滞不前甚至有某种程度的倒退，还有些企业仍在观望，没有积极行动起来。进入21世纪，应对气候变化，适应节能减排的要求，对清洁生产提出了更高要求，循环经济思想进入了政府和公众的视野，部分国家把其上升到国家战略的高度开展推进工作。

第二节　农业清洁生产概念、内涵与主要模式

一、农业清洁生产概念

当前人们已经认识到在工业领域实施清洁生产的必要性，并且开始广泛应用到实践中，但对农业领域实施清洁生产的认识还停留在初始阶段。然而在现代农业生产过程中，化学品过量施用严重破坏了农业生态环境，甚至影响到农副产品质量安全，威胁着人类的健康和整个生存环境。在农业领域实施清洁生产的必要性不亚于工业领域。当前，有一些“有机农业”的积极倡导者主张完全或基本上不使用化肥、农药等化学品。国内外实践均已证明，在当前阶段完全摈弃化肥和农药的生产方式还不可能成为一种普遍的农业发展模式，在当前以及未来很长一段时间内农业的发展仍然离不开化肥和农药，尤其是在我国农业生产水平相对落后的情况下，追求高产稳产依然是当前的主要选择。鉴于此，人们应该寻求一种并不排斥化肥、农药使用的可持续发展的农业生产模式，但是在使用这些化学品时要考虑其生态安全性，实现经济、社会、生态效益相统一，这种农业生产模式就是农业清洁生产。

农业清洁生产是指可满足农业生产需要，又可以合理利用资源并保护环境的实用农业技术和科学农业生产管理方式。其实质是在农业生产全过程中，通过生产和使用对环境友好的绿色农业化学品（化肥、农药、地膜等），改善农业生产技术，降低农业生产及其产品和服务过程对环境和人类的不利影响，充分利用农业生产过程中的副产品。农业清洁生产是一种高效益的生产方式，既能预防农业污染，又能降低农业生产成本，实现部分副产品的资源化利用。

农业清洁生产需要应用生物学、生态学、经济学、环境科学、农业科学、系统工程学的理论，运用生态系统的物种共生和物质循环再生等原理，结合系统工程方法所设计的多层次利用和工程技术，并贯穿整个农业生产活动的产前、产中、产后过程，其技术体系有环境技术体系、生产技术体系、质量标准体系等。

《中华人民共和国清洁生产促进法》在特指农业方面的第二十二条指出：“农业生产者应当科学地使用化肥、农药、农用薄膜和饲料添加剂，改进种植和养殖技术，实现农产品的优质、无害和农业生产废物的资源化，防止农业环境污染。禁止将有毒、有害废物用作肥料或者用于造田。”这是目前我国法律体系中唯一给出的农业清洁生产的基本原则。由此可以看出农业清洁生产主要包含农业生产的两个领域：种植业和养殖业，其过程控制包括产前、产中以及产后3个环节。

对于农业清洁生产的概念目前学术界还众说不一，但其实质是基本相同的，即“将工业清洁生产的基本思想，即整体预防的环境战略持续应用于农业生产过程、产品设计和服务中，以增加生态效率，要求生产和使用对环境温和的绿色农用品，改善农业生产技术，降低农业污染物的数量和毒性，以期减少生产和服务过程对环境和人类的风险。”

二、农业清洁生产内涵与目标

（一）农业清洁生产的内涵

相对于传统农业而言，农业清洁生产是既要满足农业生产的需要，又要合理利用资源并保护农业的新型农业生产。农业清洁生产包括3个方面内容：一是清洁的投入，指清洁的原料、农用设备和能源的投入，特别是清洁的能源（包括能源的清洁利用、节能技术和能源利用效率）；二是清洁的产出，主要指清洁的农产品，在食用和加工过程中不致危害人体健康和生态环境；三是清洁的生产过程，采用清洁的生产程序、技术与管理，尽量少用化学农用品，确保农产品具有科学的营养价

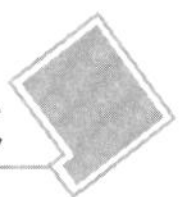

值。这3个方面的内容贯穿产前、产中、产后3个环节。

农业清洁生产贯穿两个全过程控制：一是农业生产的全过程控制，即从整地、播种、育苗、抚育、收获的全过程，采取必要的措施，预防污染的发生；二是农产品的生命周期全过程控制，即从种子、幼苗、壮苗、果实、农产品的食用与加工各环节采取必要措施，实现污染预防和控制。

农业清洁生产是一个相对的概念，所谓的清洁投入、清洁产出、清洁生产过程是同传统生产相比较而言的，也是从农业生态经济大系统的整体优化出发，对物质转化和能量流动的全过程不断地采取战略性、综合性、预防性措施，以提高物质和能量的利用率，减少或消除农业污染，降低农业生产活动对资源的过度使用以及对人类和环境造成的风险。因此，农业清洁生产本身是在实践中不断完善的。随着社会经济的发展、农业科学的进步，农业生产需要适时提出更新目标，争取达到更高水平，实现农业污染持续预防，促进农业持续发展。

农业清洁生产是一种高效益的生产方式，既能预防农业污染，又能降低农业生产成本，符合农业持续发展战略。因此，农业可持续发展理论自然成为农业清洁生产的理论基础。此外，农业清洁生产也是一种经济活动，必然受到相关经济学规律的理论指导。

（二）农业清洁生产的目标

农业清洁生产追求两个目标：一是通过资源的综合利用、短缺资源的代用、二次能源利用、资源的循环利用等节能降耗和节流开源措施，实现农用资源的合理利用，延缓资源的枯竭，实现农业可持续发展。二是减少农业污染的产生、迁移、转化与排放，提高农产品在生产过程中和消费过程中与环境的相容程度，降低整个农业生产活动给人类和环境带来的风险（林灿铃，2005；贾继文和陈宝成，2006）。在农业生产过程中，要提高投入品的利用效率，降低投入品带来的环境风险，既要减少甚至消除废弃物及污染物的产生和排放，又要防止有害物质进入农产品和食品中危害人类健康。

三、农业清洁生产与生态友好型农业生产方式的关系

如果严格按照农业清洁生产的内涵去辨析当前多种生态友好型农业生产方式，如循环农业、有机农业、绿色农业、生态农业等，那么循环农业与农业清洁生产的要求最为贴近。

循环农业是把清洁生产思想与循环经济理论、可持续发展与产业链延伸理念相结合运用于农业经济系统中，以“减量化、再利用、资源化”为原则，以低消耗、低排放、高效率为基本特征，以“资源—产品—废弃物—再生资源循环利用”为核心的循环生产模式的农业。通过农业技术创新和组织方式变革，调整和优化农业生态系统内部结构及产业结构，延长产业链条，提高农业系统物质能量的多级循环利用，最大程度地利用农业生物质能资源，利用生产中每一个物质环节，倡导清洁生产和节约消费，严格控制外部有害物质的投入和农业废弃物的产生，最大程度地减轻环境污染和生态破坏，同时实现农业生产各环节的价值增值和生活环境优美（尹昌斌和周颖，2008）。

有机农业在生产中不采用基因工程获得生物及其产物，完全不使用化学合成的农药、化肥、生长调节剂、饲料添加剂等物质，遵循自然规律和生态学原理，协调种植业和养殖业的平衡，利用秸秆还田、施用绿肥和动物粪便等措施培肥土壤保持养分循环，采取物理的和生物的措施防治病虫草害，采用合理的耕种措施，保护环境防止水土流失，保持生产体系及周围环境的基因多样性等（孙振钧，2009）。

绿色农业是指按照生态经济学原理，依靠自然生态生产力及生态系统的良性循环，生产无污染、安全、优质农产品的现代农业生产方式。在充分利用自然资源，减少使用甚至不使用化肥、农药的条件下，利用生态环境的自然循环，生产安全、优质农产品的生产过程，并充分考虑生产的经济效益和社会效益，实现农业的可持续发展（周旗和李诚固，2004）。

生态农业是指在保护、改善农业生态环境的前提下，按照生态学原理和生态经济规律，运用系统工程方法和现代科学技术，因地制宜地设计、组装、调整和集约化经营管理农业，但生态农业只是一个原则性的模式而非严格的标准，只是在低层次上实现了物质能量的循环，废弃物利用率较低，忽视部门之间的产业耦合与农产品质量，发展不彻底（罗良国和杨世琦，2009）。然而，在农业清洁生产标准、技术体系、法规并未建立和完善之前，这些替代农业模式将被作为一种农业清洁生产模式在世界各国开展广泛实践和探索。

四、国外农业清洁生产发展现状与政策措施

欧美等发达国家对农业环境质量和农产品安全非常重视，着手实行农业清洁生产较早，并较早实施法律法规保障农产品质量安全，确定配套法律制度，实施农业清洁生产，达到合理利用资源、保护生态环境的目的。自20世纪70年代起，美国、德国、日本等国学者对农业清洁生产进行了一系列研究，渐渐形成了一整套行之有效的农业清洁生产促进体系（林灿铃，2005；杨世琦和杨正礼，2007）。

（一）美国

美国不仅是当今世界超级大国，也是世界农业第一强国。美国从一个移民国家发展成为农业大国，除了良好的资源条件外，国家法律政策起了重要作用。

（1）以农业立法保障农业发展。在近一百多年里，美国国会通过了大量有关农业的法律，形成了比较完整的指导农业和农村发展的法律体系。各项农业法律不仅规定了政府对农业政策的基本取向，而且还规定了政府干预经济发展的基本权限，政府行为只能限定在法律规定的范围之内。

（2）政府建立有效的宏观调控体系并实行有力的资金支持。美国政府十分重视农业的基础地位，对农业采取了有力的价格保护和收入支持。美国农业的宏观调控有3个特点：一是有专司政府调控职能的机构，并建立巨大而灵活的联邦储备体系；二是有力的资金支持，政府提供低利率信贷担保和农产品抵押贷款计划以及作物保险制度等用于支持农业生产；三是政府实行农场主“自愿”的农业计划，并用价格、信贷、补贴等手段予以有力的配合。

（3）重视科技的作用，形成了教育、研究、推广相结合的体系。美国政府一直把农业的教育、研究和技术推广作为自己重要的职责，形成了极有特色的“三位一体”的体系。它有效地提高了农业技术在农业发展中的作用，是美国农业发展的重要经验。

（4）发展服务型的农业合作社。农业合作社在美国的一体化农业服务体系中占有重要的地位。农业合作社提供的服务主要有：①销售和加工服务。这是沟通农场主和市场的重要渠道。②供应服务。包括销售石油产品、化肥、农药、饲料、种子、农机及其零配件等。③信贷服务。④农村电力合作社和农村电站合作社。⑤服务合作社，从事如运输、仓储、烘干、人工授精、灌溉、火灾保全、住房等。此外，它们还提供种类繁多的科技服务，如土壤测试、防疫、育种、奶牛改良、作物监测、经济核算和法律咨询等。

（5）美国气候变化行动计划。该计划主要通过与私人部门、各州和地方间创新性的合作关系，在促进经济增长的同时处理全球变暖问题，是一个针对经济各部门主要温室气体的全面的计划。其中农业方面的项目包括“农业星项目”（AgSTAR Program）和“反刍牲畜有效利用项目”（Ruminant Livestock Efficiency Program）。“农业星项目”着重与农民在俘获厩肥处理产生的甲烷技术上进行合作；“反刍牲畜有效利用项目”则是通过提高生产功效，降低每生产一个单元的奶和蛋所排放的温室气体。该项目的主旨就在于通过改进后的草料生产技术与放牧管理，帮助牲畜饲养人、提供更高质量的草料。项目所主张的很多改进草料生产的措施可以通过将碳作为有机物储存在土壤中减少二氧化碳的释放。

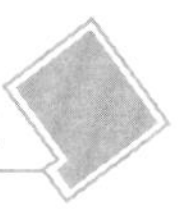

（6）净水行动计划。农作物生产和牲畜饲养都是河流、湖泊富营养污染和温室气体排放的重要来源。该计划涵盖了很多对温室气体排放和其他污染造成重要影响的农业污染物源进行处理的措施。该计划还通过控制被污染物流出、私人土地服务激励措施和保存与保护湿地等行为为农民提供帮助。此外，美国农业局为农民提供了水土流失控制、土地生殖力管理、水管理和土地维护与恢复方面的激励措施。如：联邦将贫瘠土地转化为草地、森林或湿地的项目，包括旨在使极易水土流失的土地得到暂时休整的保留地维护项目、通过水道碳聚集而有效地吸收水、沉淀物和从农田流出的化学物质的保留地缓冲项目以及保存湿地项目等。

（二）德国

德国鼓励农民发展有机农业，进行农业清洁生产以保护环境，表现为各级政府采取以下限制和保护措施。

（1）限制使用化肥、农药的措施。政府对化肥、农药的使用数量做出具体规定，植物生长调节剂是被禁止使用的，如果农民因降低了化肥、农药用量而减少了收成，政府给予一定的补助。

（2）控制地下水源污染。德国冬季多雨，从上年 10 月 15 日到次年 1 月 15 日限制施肥。这一时期是重要的水源保护时期。如果农户向政府申请环保型农业，这一时期将禁止使用化肥。政府还要求养殖场必须建立畜禽粪便处理库，以免粪便随水流失，影响地下水源。申请参与此项保护措施的农户，经政府核实确实采取了措施，即可得到政府补助。

（3）政府政策扶持。德国和欧盟的其他国家一样对有机农业生产进行补贴，鼓励有机农业的发展。凡是从事种植业生产的，可以在政府中拿到补贴，补贴以每公顷 678 德国马克（约 339 美元）形式直接补贴给农户。如果参与环保项目还可以得到另一份补助。

（4）农民普遍的法律意识。在德国从事农业生产的农民必须了解 6 部法律：垃圾管理条例、饮用水条例、土地资源保护法、自然资源保护法、肥料使用法、种子和物种保护法。从事有机农业生产的农民还必须了解第七部法律，即植保法。

（5）种植上采用生态技术控制化肥、农药使用。如葡萄顺坡种植，整齐划一，不使用化肥，行间种植黑麦草和苕子，一方面作为养地作物，春天翻掉作为肥料；另一方面可以抑制杂草的生长，不使用除草剂。如果发生病虫害，则使用生物农药。

（三）荷兰

针对农业生产中过量的畜禽粪便和氨气排放对环境造成的污染，荷兰政府制定了一系列农业环境政策，以促进农业清洁生产和控制、减少农业污染。荷兰政府农业环境政策制定和实施大致分为 3 个阶段。

第一阶段是控制和稳固阶段。在此期间，政府建立了畜禽粪便生产和粪肥使用许可证机制，对生产和使用数量制定了一定的标准。凡是从事畜禽饲养业的农场和公司必须登记入册，并申请粪便排放许可。一旦粪便排放超出标准，必须交纳一定数量的罚金。同时政府还协助建立畜禽粪便的卖方和买方市场，对于剩余粪便采取统一管理、定向分流。将畜牧业发达地区过剩的粪便向需要粪肥的大田作物生产区输送，甚至出口到国外。此外，政府还积极支持建立大型粪便处理厂，集中处理过剩粪便。到 20 世纪 80 年代末，畜禽粪便对环境的污染得到有效控制。

20 世纪 90 年代初，政府开始实施第二阶段政策，逐步减少粪便的生产和使用，以达到减少粪便对环境污染的目的。在此期间，政府鼓励农户采取先进的饲养技术，改进饲料配方，改善畜禽舍条件，提高管理水平，向清洁生产方向发展。根据政府新的排放标准，相关农场和企业积极采取措施，投资改进饲养技术，提高管理水平。除此之外，政府对畜禽生产还采取了配额制度，对畜禽存栏量进行控制，同时也有效地控制了畜禽粪便的生产和排放。1995 年，荷兰政府开始实施第三阶段控制农业污染的政策。1996 年制定了新的控制粪便和氨气排放政策，提出把清洁生产作为农业最终发展目标。

（四）日本

20 世纪 60 年代开始，日本经济进入快速发展时期，快速工业化带来了严重的环境污染和破坏，工业化学品的污染通过食物引起的人群中毒和疾病事件接连不断。当时的日本以追求经济效益为目的，农业大量使用农药和化肥，食品大多使用添加剂。经济水平提高了，而人们的生活质量和赖以生存的自然环境却受到越来越严重的威胁。日本消费者，尤其是城市消费者对农产品和食品的安全性感到焦虑，对由此产生的人体健康问题感到忧虑，他们开始寻求没有污染的食品；与此同时，一些农民也意识到农药和化肥对人类和牲畜的危害，以及对土壤肥力的影响，也开始尝试实践有机农业，探求农业清洁生产。日本有机农业协会（JOAA）就是在这种情况下成立的。

JOAA 将有共同愿望的消费者和生产者联合起来，鼓励消费者和生产者之间互相帮助，其做法是几个或几十个家庭妇女联合起来，要求某个农民为她们生产安全的农产品，例如她们合伙买头奶牛交给农民精心喂养，奶牛生产的牛奶由她们买下；又如她们要求农民在农作物种植过程中不要使用农药和化肥，而农民生产的农产品由这些消费者花高价全部购买。发展到后来，JOAA 将这种消费与生产的关系发展成消费者与生产者之间的合作伙伴关系，日本的有机农业和有机食品就是这样发展起来的。在日本，有机食品绝对禁止引入基因工程技术。发达国家的消费者愿出高价钱购买有机食品主要是出于自身健康的考虑。同时也有相当一部分人认为，他们消费有机食品是在对环境保护和可持续发展做贡献。

此外，日本出台了许多有关农业清洁生产的法律，如《农业用地土壤污染防治法》《恶臭防治法》《家畜传染病预防实施细则》等，其中规定中国等 9 个国家的猪牛羊肉及其制品要经过指定设备加热消毒处理后才可进口。除此之外，日本的《回收条例》和《废弃物清除条件修正案》等，也都在促进农业清洁生产上做出了贡献。

五、国内农业清洁生产发展现状与政策措施

早在 1993 年我国就在理论界提出清洁生产概念，但是真正立法是在 2002 年 6 月第九届全国人民代表大会常务委员会第二十八次会议通过《中华人民共和国清洁生产促进法》，至此，“清洁生产”在我国也开始具有了法律效力，并引起政府部门及全社会的广泛重视。为了防止生态环境的进一步恶化，保护环境、关注人类健康、保证人类的生存与发展，实现“清洁生产”已成为世界各国的共同需要和实现发展的紧迫任务。专家预言，21 世纪“清洁生产”将是各社会为寻求可持续发展进行生产的基本模式（陈宏金等，2004）。相关部门和地方政府为清洁生产在我国的推广和实施做了大量工作，并取得了显著成效。

（一）不断推进完善农业清洁生产的政策及法规

1996 年国务院颁布了《关于环境保护若干问题的决定》，指出国家、地方和有关部门积极开展环境科学研究，大力发展环境保护产业，要重点研究节能降耗、清洁生产、污染防治、生物多样性和生态保护等重大环境科研课题，努力采用高新技术及实用技术。

2003 年 1 月 1 日起施行《中华人民共和国清洁生产促进法》，规定农业生产者应当科学地使用化肥、农药、农用薄膜和饲料添加剂，改进种植和养殖技术，实现农产品的优质、无害和农业生产废物的资源化，防止农业环境污染。此法对农业生产虽然只有一条原则性规定，但却是中国第一次以法律形式对农业清洁生产做出明确规范。当前，全国有 22 个省（区、市）颁布实施了《农业环境保护条例》，23 个省（区、市）出台了《无公害农产品管理办法》，近 200 个县颁布了《农业环

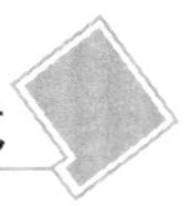

境管理办法》，农业部组织制定的《外来物种管理条例》和《农业清洁生产管理条例》也已经进入征求意见阶段。

2005 年农业部关于贯彻《国务院关于建设节约型社会近期重点工作的通知》的意见中明确指出加强对节约型农业建设的指导，结合农业农村经济发展实际，提出加强节约型农业建设，大力发展农业清洁生产，合理施肥施药，加强秸秆、沼气等生物质资源综合利用，主要是推广机械化秸秆还田技术以及秸秆气化、固化成型、发电、养畜技术；研究提出农户秸秆综合利用补偿政策，开展秸秆和粪便还田的农田保育示范工程，开发风、光、水等农村可再生能源，对于改善农村生态环境、促进农村循环经济发展、推进社会主义新农村建设具有十分重要的现实意义。

2009 年 1 月 1 日开始实施的《中华人民共和国循环经济促进法》中指出“循环经济就是在生产、流通和消费等过程中进行的减量化、再利用、资源化活动的总称”。这里所指的“生产、流通和消费等过程”，当然包括农业的生产、流通和消费等。此法从基本管理制度、实施方式、激励措施和法律责任等几个方面对循环经济做了原则规定。而且，第二十四条、第三十四条都对推进农业循环经济做了具体阐述，提出国家鼓励和支持农业生产者和相关企业采用先进或者适用技术，对农作物秸秆、畜禽粪便、农产品加工业副产品、废弃农用薄膜等进行综合利用，开发利用沼气等生物质能源，对农业清洁生产的实施和推进具有重大意义（熊文强等，2009）。

2010 年 10 月颁布的“十二五”规划在推进农业现代化，加快社会主义新农村建设中明确指出，加快发展现代农业，推进现代农业示范区建设。发展节水农业，推广清洁环保生产方式，治理农业面源污染。按照推进城乡经济社会发展一体化的要求，搞好社会主义新农村建设规划，加快改善农村生产生活条件，加强农村基础设施建设和公共服务，实施农村清洁工程，开展农村环境综合整治。

2011 年 11 月农业部印发《关于加快推进农业清洁生产的意见》，进一步增强推进农业清洁生产的责任感和紧迫感、加强农产品产地污染源头预防、推进农业生产过程清洁化、加大农业面源污染治理力度。

农业部《关于做好 2012 年农业农村经济工作的意见》，强化农业生态环境建设，推进农村沼气建设，支持发展户用沼气、养殖小区和联户沼气、大中型沼气、乡村服务网点等。编制沼肥综合利用规划，启动秸秆综合利用等重点工程和项目，加快农村废弃物的能源化、资源化利用。继续实施农村清洁工程，开展农业清洁生产示范，加快农业面源污染治理。

2012 年中共中央、国务院《关于加快推进农业科技创新持续增强农产品供给保障能力的若干意见》指出，搞好生态建设，把农村环境整治作为环保工作的重点，完善以奖促治政策，逐步推行城乡同治。推进农业清洁生产，引导农民合理使用化肥农药，加强农村沼气工程和小水电代燃料生态保护工程建设，加快农业面源污染治理和农村污水、垃圾处理，改善农村人居环境。

2012 年 8 月国务院印发节能减排“十二五”规划，推进农村生态示范建设标准化、规范化、制度化。因地制宜建设农村生活污水处理设施，分散居住地区采用低能耗小型分散式污水处理方式，人口密集、污水排放相对集中地区采用集中处理方式。实施农村清洁工程，开展农村环境综合整治，推行农业清洁生产，鼓励生活垃圾分类收集和就地减量无害化处理。推广测土配方施肥，发展有机肥采集利用技术，减少不合理的化肥施用。推进畜禽清洁养殖。结合土地消纳能力，推进畜禽养殖适度规模化，合理优化养殖布局，鼓励采取种养结合养殖方式。以规模化养殖场和养殖小区为重点，因地制宜推行干清粪收集方法，养殖场区实施雨污分流，发展废物循环利用，鼓励粪污、沼渣等废弃物发酵生产有机肥料。在散养密集区推行粪污集中处理。促进经济发展方式转变，增强可持续发展能力，建设资源节约型、环境友好型社会。

2013 年 6 月，《国家发展改革委贯彻落实主体功能区战略推进主体功能区建设若干政策的意见》中提出，鼓励发展农业循环经济，支持农产品主产区实施资源综合利用重点工程，加强农业清洁生产和农作物秸秆等废弃物综合利用，控制农业领域温室气体排放。

（二）积极推进农业清洁生产和节能减排

20世纪80年代以来，我国在推进资源节约综合利用、推行清洁生产、预防污染物产生和排放方面取得积极进展（武志杰和张丽莉，2006），主要体现在以下几个方面。

1. 资源节约方面

20世纪70年代末的第二次石油危机对世界经济产生了很大影响，基于此，我国首次提出节约使用能源。随着改革开放政策的实施，重要资源短缺制约着经济快速发展和人民生活水平的提高。20世纪80年代初，国家制定了一系列促进企业节能、节材的法规、标准和管理制度，提出“资源开发与节约并重，把节约放在首位”的发展战略。随着20世纪90年代末《中华人民共和国节约能源法》的颁布，更是加大了以节约降耗为主要内容的结构调整和技术改造力度，开发推广先进适用的资源节约综合利用技术、工艺和设备等，资源利用效率有了较大提高。

2. 清洁生产方面

从生产的源头和全过程充分利用资源，使每个企业在生产过程中废物最小化、资源化、无害化；研究建立生产者责任延伸制度，从产品设计开始到废弃产品的回收和处理处置，由生产者承担责任，实行污染产品押金或保证金制度。我国从20世纪70年代初开始环境保护工作，当时主要是通过末端治理方式解决环境问题。随着国际社会对解决环境问题的反思，80年代我国开始探索如何在生产过程中消除污染。1983年国务院颁布《关于结合技术改造防治工业污染的决定》，要求把“三废”治理、综合利用和技术改造有机结合起来，并采用能够使资源、能源最大限度地转化为产品、污染物排放少的工艺替代污染物排放量大的工艺；采用合理的产品结构，发展对环境无污染、少污染的产品，并搞好产品的设计，使其达到环境保护的要求。我国从90年代初开始推行清洁生产，通过采取改进设计、使用清洁的能源和原料、采用先进的工艺技术和设备、改善管理等措施来提高资源利用率，减少或避免污染物的产生。2003年1月1日起正式实施的《中华人民共和国清洁生产促进法》，标志着我国进入依法推行和实施清洁生产的新阶段。

3. 资源化利用方面

一是产业废弃物的综合利用。1996年国务院批准国家经贸委等部门《关于进一步开展资源综合利用的意见》，将资源综合利用确定为国民经济和社会发展中一项长远的战略方针。原国家经贸委制定了《当前国家重点鼓励发展的产业、产品和技术目录》，并联合相关部门发布了税收减免优惠政策。二是废旧物资源回收利用。到2003年，全国有各类废旧物资回收企业5 000多家，回收网点16万个，回收加工企业3 000多个，从业人员140多万人，在发展调整中形成了一个遍布全国的废旧物资回收加工网络。三是循环利用和“再制造”。无论生产领域还是消费领域，我国都有从事机械、电器等产品的维修队伍。近年来，一些企业开展了包装物，如玻璃容器、纸箱、周转箱的回收和循环利用，并开始实践报废汽车发动机、废旧机电产品等的再制造，以延长产品的使用寿命。

4. 无害化处理方面

近年来，采取的主要措施有：调整产业结构，解决结构性污染，依法淘汰了一批技术落后、污染严重、治理无望的生产工艺、设备和企业，减轻了工业污染负荷；调整能源结构，减少煤炭在能源结构中的比重，提高煤炭的利用效率，推广清洁生产煤技术；大力发展水电，积极开发可再生能源；严格控制新污染和生态破坏，对所有建设项目实行环境影响评价制度，努力做到增产不增污、增产减污；大力推行清洁生产，开展环境审核，鼓励和引导企业实行ISO14000环境管理体系认证；一批城市调整了规划布局，加快了城市污水和垃圾处理等环境基础设施的建设，治理了城市生活污染。

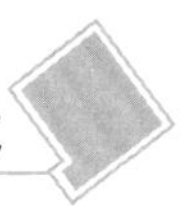

（三）开展农业清洁生产示范区建设

为贯彻落实《中华人民共和国清洁生产促进法》，切实推进农业清洁生产，促进农业农村经济可持续发展，国家发展改革委、财政部、农业部于2013年1月联合印发了《关于开展2013年农业清洁生产示范项目建设的通知》（简称《通知》）。《通知》明确，2013年选择新疆、甘肃、河北、内蒙古、辽宁、吉林、黑龙江、山东、河南、陕西等10个地膜使用面广、残留量大的省份，以市县为单位开展地膜科学使用示范建设，同时加强农业清洁生产能力建设。《通知》指出，地膜科学使用示范市县建设的主要内容包括：①推进生产过程清洁化。采取政府引导、企业带动、市场运作的方式，推广应用厚度0.008mm以上的地膜；示范推广膜下滴灌技术，实现节水节肥。②减少农产品产地地膜残留。以市县为单位，通过加强管理和政策激励，鼓励农产品产地残留地膜的收集，减少地膜残留、维护土壤环境安全；合理布局建设废旧地膜加工站（点），包括厂房、库房以及粉碎机械、风选设备、造粒机械等设备；以乡村为单位，建设废旧地膜收集储存点，包括清洗、储存、消防等设施。③加强能力建设。支持农业清洁生产示范市县管理和技术服务能力建设，用于项目组织、人员培训、技术指导、质量监督和检查验收，不得用于人员工资、补贴、购置交通工具和楼堂馆所建设等。

六、国内外农业清洁生产主要实践

（一）国外农业清洁生产实践

20世纪70年代美国提出了HACCP（风险分析与关键控制点）体系，虽然该体系的建立起初主要是规范水产品的安全生产，但对除农业水产品外的农业种植业生产也有着重要的影响。1972年，美国颁布《清洁水法》，并在其中提出了著名的TMDL（Total Maximum Daily Load）——最大日负荷量计划；同年，修订后的《联邦水污染控制法》明确提出并强调防控非点源污染。1977年美国颁布《土壤和水质保护法》，对水土质量与保护提出了原则性要求，并由美国农业部和环境保护署联合推出并实施非点源污染修复计划（Clausen，1992），有7个州参与到该项目综合示范行动中，积极推进农场主采纳农田最佳管理方式（BMPs）和关注BMPs对水质的影响。在20世纪80年代初期，美国农业部在21个州资助7 000万美元用10年时间推行农村清洁水试验计划，所有被资助州的农区都采纳农田最佳管理实践，但10年试验效果表明，试验区流域水质养分水平并没有明显减少，表明这项工作取得成效需要更长的时间，特别是要从投入方面减量与知晓农田初始的养分浓度。到20世纪80年代末，美国国会将关注重点转移到由农用化学品使用所导致的地下水污染，并于1989年2月提出水质改善并保护计划，指导原则是保护国家地下水免遭肥料和杀虫剂的污染并不危及农业经济活动、在农业上立即控制污染并改变农业生产方式、农民最大的责任就是要改变生产方式以防污染地下水和地表水。由此，美国农业部整合美国地质调查署、美国环保署、美国国家海洋与大气管理局的责任，结合地方、州与联邦政府的共同投入，联合开展生物的、物理的和化学的研究探讨作物生产中化学品的管理、研发并示范替代农作制度、培训并支持农民采纳合理的农作物生产方式，监督改善后的管理方式与制度的实施。该项计划于1990年正式发布实施，农业部每年获得8 000万美元的专项资助推行这个项目。此外，美国农业部还独立开展保护储备计划（Conservation Reserve Program，CRP），休耕3 500万英亩易于发生土壤流失的农田，其中，2 800万英亩用于发展草地，200万英亩植树，500万英亩转变为防风隔离带或野生动植物栖息地或湿地，由此每年可减少210万t的沉降泥沙、66%的磷负荷和75%的氮负荷。20世纪90年代还设立环境质量激励计划（Environmental Quality Incentive Program，EQIP），并于2002年修订继续实施，侧重于对正在使用的耕地和牧场等生态环境的保护与改善项目。除了通过资金共享、租赁支付补贴农户外，还通过激励支付政策引导农户去采纳保护性耕作实践减少水污染。美国环保署、农业部及食品药物管理署也联合推出农药环境管理计划（Pesticide Environmental Stewardship Program，PESP），目的是使用生物性的农药及其他比传统化学方法更安全的防虫技术以及推进农田实施综合害虫管理（IPM）计划（冯青松和孙杭生，2004；罗良国，2009）。

在欧洲，欧盟国家从20世纪80年代末也开始提倡自愿性伙伴计划，通过农业技术与支持政策相结合的方式推行GFP（Good Farming Practices）/CP（Cleaner Production）清洁生产实践。2003年以欧盟共同政策改革为契机，欧盟委员会提出并实施农业与环境交叉配合（Cross-compliance，CC）协议，以有条件的直补形式鼓励农民采取环境友善、维持地力的耕作方式来保障各种环境、食物安全或动物健康和福祉；并出台了农业生态环境的最低标准指标体系，以此作为指导欧盟成员国进行农业生态环境补贴的纲领性文件，并构建确保农业生态环境标准指标体系实施的激励机制与惩罚措施（王广深等，2010）。同时要求各成员国在2007年必须建立农场咨询体系（Farm Advisory System），向农民提供生产过程中有关标准和良好操作规范的咨询服务，帮助农场主更好地履行环境、食品安全、动植物卫生和动物福利等法定经营要求以及保持良好的农业与环境经营条件。德国联邦政府农业部在欧盟和各州政府的投资外，每年以农业绿箱政策形式拿出近40亿欧元，占其财政年度政府预算总额的66%，用于支持其农业环境政策、限定性和推荐性农业生产技术标准的落实（罗良国等，2009）。具体到欧盟各个国家，除了执行欧盟法令外，围绕农业面源污染控制还有各自的规章政策。德国联邦政府农业部在欧盟和各州政府的投资之外，每年以农业绿箱政策形式支持其农业环境政策、限定性和推荐性农业生产技术标准的落实（张维理等，2004）。英国政府于2005年4月首次对农民保护环境性经营实行补贴（贾蕊等，2006）。

日本农林水产省于1992年在其发布的“新的食物、农业、农村政策方向”（通称“新政策”）中，首次提出了“环境保全型农业”的概念，开始致力于“环境保全型”农业的推广。随着“环境保全型”农业的提出，一系列促进环保型农业的法律也相继出台，如《食物、农业、农村基本法》《可持续农业法》《堆肥品质管理法》《食品废弃物循环利用法》等。日本农业清洁生产实践主要包括日本的“有机农业运动”、绿色农业、开发低害农药、对受污染土地实施排土、添土、转换水源等治理污染改良活动、开发农业环保技术（生物技术、开发与生态协调的高效肥料实用化技术、残留农药简易诊断技术、土壤诊断技术、无农药无化肥栽培技术、水旱田地抑制氮肥向水系流失技术），推广典型并由各县级政府自创品牌。如在一些地方进行水稻栽培农民及肉牛养殖农民之间的合作计划，推行青贮稻草生产（Whole Crop Rice Silage Production），以青贮稻草作为肉牛饲料，避免外来病原菌（进口饲料）的侵入影响畜牧业发展，并藉由饲料之清洁栽培进而生产健康畜产品。如日本千叶县旭市的青贮稻草栽培面积已从2000年的1.3hm^2扩增至2008年的25.5hm^2。另外，还推广废弃物循环利用技术，将农产品处理过后的残余部分加以回收利用，包含牛粪堆肥制造、蔬菜处理残余部分发酵生产3种液态肥、堆肥、以及生产甲烷为生产生活提供能源；推行精准农业技术，减低50%的施肥量及施药量，实施可追溯的品牌生产管理。在产品附加讯息（包括农民、产地、产品的身份、生产时间）、源自田间的讯息（包括土壤、产量、质量、病害、杂草、环境、收益的分布图，农田GIS，工作纪录）等以获得消费者及居住者的信任。在病虫害防治方面则着力于以栽培、操作方式增加作物抗性（罗良国等，2009）。2006年，日本启动“食品中残留农业化学品肯定列表制度”，其严格标准令许多日本农户不得不采取清洁生产；而2006年12月以促进和普及有机农业为目的的《有机农业促进法》颁布实施，随后为落实该法制定的《促进有机农业发展基本方针》于2007年出台，确立了有机农业技术体系并建立财政补贴与资金援助体系，通过对有机农户的直接补偿，以减轻环保型农户生产成本（金京淑，2010）。

（二）中国农业清洁生产实践

与发达国家相比，中国在循环农业、有机农业、绿色无公害农业和生态农业尤其是农业清洁生

产实践方面起步虽晚但发展迅速。到2006年年底，获得绿色食品认证的产品达12 868种（来自4 615个企业），而在2003年年底仅有4 030种（来自2 047个企业）；截至2007年年底，有24%的中国可耕地用于种植获得无公害认证的农产品。与此同时，中国政府也制定、颁布并实施了一系列的规章、标准、试行办法，如《无公害农产品管理办法》《无公害农产品产地认定程序》《无公害农产品认证程序》《绿色食品A、AA级标准》《有机产品认证管理办法》《有机产品认证实施规则》《有机食品的技术标准》涉及包括蔬菜、水果、畜禽肉、水产品4类农产品“安全要求”和“产地环境要求”8项国家标准等。但从中国农业清洁生产的认识高度去推动这些实践仅是近几年的事情。因此，中国农业清洁生产的发展晚于工业清洁生产，这与国家对工业环保的重视和国际大背景紧密相关。不过，2002年6月全国人大批准实施的《中华人民共和国清洁生产促进法》对农业清洁生产的基本规定（即农业生产者应科学地使用化肥、农药、农用薄膜和饲料添加剂，改进种植和养殖技术，实现农产品的优质、无害和农业生产废物的资源化，防止农业环境污染）不仅确立了农业清洁生产的法律地位，而且为中国农业清洁生产的发展、实践与研究起到积极的指引和推动作用。2014年1月为深入贯彻中央农村工作会议和2014年中央1号文件精神，提出《关于切实做好2014年农业农村经济工作的意见》，指出积极推进农业清洁生产。加快推广科学施肥、安全用药、绿色防控、农田节水等清洁生产技术，深入实施测土配方施肥补贴项目，引导农民施用配方肥。启动高效缓释肥补贴试点，开展低毒低残留农药补贴试点。继续推进保护性耕作和农作物秸秆综合利用，在东北平原、华北平原和黄淮海平原适宜区组织实施深松整地试点。

目前，中国农业清洁生产的实践与探索主要集中在以下两个方面：

一是在农业清洁生产支撑理论、标准、管理体系研究方面。有关学者借助农业可持续发展、农业生态学、农业经济学等理论开展了农业清洁生产支撑理论研究，他们认为农业清洁生产是一种高效益的生产方式，既能预防农业污染，又能降低农业生产成本，符合农业持续发展战略（张秋根，2002）。吕志轩从农业清洁生产中存在的信息不对称问题展开经济学分析认为，理性的生产者或销售者不愿提供高质量清洁农产品，造成清洁农产品供给不足；而且理性的消费者处于信息劣势地位，其现实需求易产生农产品市场的“逆淘汰”问题（吕志轩，2005）。柯紫霞等提出需要建立农业生产与环境管理有机结合的农业清洁生产环境管理体系和根据农业清洁生产的内涵特征与环境标准设置相应指标，包括产地环境、投入品、耕作制度及种植方式、农艺和农机、自然资源利用、废弃物循环利用、农产品安全和环境管理8类，前7类指标是技术性指标，体现以技术手段促进农业清洁生产的要求，后一类指标是管理性指标，体现以管理手段促进农业清洁生产的要求，包括农业环境管理制度、农业环境法律法规、固体废物处置和生产工艺管理等（柯紫霞等，2008）。刘丽则将农业清洁生产评价指标体系分为两个层次，其中，农业生产指标、经济指标和管理指标构成指标体系第一层，而将有机复合肥使用率、秸秆综合利用率、农用化学品（农药、化肥、地膜）使用量、地膜回收处理率、节水技术使用率、万元GDP水耗与万元GDP综合能耗、财政收入增加程度与人均GDP、实施农业清洁生产优惠政策、农业清洁生产知识与技能培训和信息网络建立分别作为其第二层次（刘丽，2008）。

二是在农业清洁生产技术体系构成方面。有关学者认为中国推行农业清洁生产重在加强农业清洁生产关键技术（控释肥料、生物农药、植物生长调节剂和可降解农膜）体系的引进与研发，并积极进行技术综合集成与试验示范研究（赵其国等，2001）。陈宏金认为农业清洁生产技术支撑体系包括农业生态工程、合理肥料投入与施肥技术、无公害农药施用技术与农业废弃物资源化再生技术（陈宏金，2004）。柯紫霞等则提出以标准化生产技术、农产品质量安全监测技术、农业投入品替代及农业资源高效利用技术、产地环境修复和地力恢复技术、农业废弃物资源化及清洁化生产链接技术、农业信息技术等为主要内容的农业清洁生产技术体系（柯紫霞等，2006）。

第三节　农业清洁生产技术发展趋势

一、实施农业清洁生产的必要性和可行性

（一）实施农业清洁生产的必要性

根据我国农业发展和资源环境的特点，要实现农业的可持续发展，就必须摒弃那种能耗大、污染重、效益低、结构单调、产品单一的粗放型传统农业生产模式，大力推行农业清洁生产，走技术进步、提高经济效益、节约资源消耗、保护生态环境的集约化农业发展道路（何劲等，2002）。

1. 实施农业清洁生产是促进农业资源永续利用的需要

我国可耕地面积只有世界人均可耕地面积的1/3，且由于工业化进程加快、荒漠化侵蚀等原因面临日益短缺的危险。同时我国也是水资源极其短缺的国家，很大部分农田处于干旱、半干旱地区，加之不合理的灌溉方式，造成水资源利用效率低下。农业生产资源的严重短缺和浪费是制约我国农业发展的首要因素。农业清洁生产通过调整和优化农业结构，合理利用农业资源，通过节约资源、再生资源和提高资源利用效率，减少物能投入，从而实现农业资源永续利用。

水土流失严重。国家环保总局发布的《2007年中国环境状况公报》显示，2007年，我国水土流失356万km^2，占国土总面积的37.08%。其中，水蚀面积165万km^2，占国土总面积的17.18%；风蚀191万km^2，占国土总面积的19.9%。按水土流失的强度分级，轻度水土流失面积162万km^2、中度流失面积80万km^2、强度流失面积43万km^2、极强度流失面积33万km^2、剧烈流失面积38万km^2。

土地荒漠加剧。土地荒漠化、沙漠化的速度加快，现有荒漠化土地2.636亿hm^2，占国土陆地面积的28.3%，而西部地区最为严重，其荒漠化土地占全国比重为97.8%，沙漠化土地占全国比重为95.6%，我国每年因土地荒漠化和土地沙化直接经济损失高达540亿元，近4亿人的生产生活受到影响（王坚等，2009）。

耕地资源日益稀缺，耕地质量总体偏低。据第二次全国土地调查结果，2009年年底我国耕地总面积1.35亿hm^2，全国人均耕地0.1hm^2，仅占世界人均水平（0.225hm^2）的45%，以每年20万~33万hm^2的速度减少，并且1/3的国土正遭受到风沙威胁。耕地仍以每年几十万公顷的速度被占用，而且大多是优质耕地，保护耕地面临更大压力，守住1.2亿hm^2耕地红线的压力不断增大。中国耕地质量总体偏低，优等地和高等地合计不足耕地总面积的1/3（陈印军等，2011），耕地部分质量要素和局部区域耕地质量恶化问题突出。

2. 实施农业清洁生产是防治农业生产污染的需要

我国是一个农业大国，长期以来为解决基本农产品的供给，而引发农民不合理的环境生态行为。农业增长过分依赖现代化学合成物质的投入，给农民收益及社会经济带来巨大发展的同时，给人和自然的可持续发展也带来了极大的威胁，产生了严重的资源与环境问题，农业污染日趋严重，已成为制约农业经济发展的重要因素，农药污染、化肥污染、秸秆污染、农膜残留等问题，严重破坏了农业生态环境，导致土壤污染、水体污染、大气污染。生活污水、垃圾的排放，造成水体磷、氮富营养化，呈现酸化趋势，造成严重污染，甚至超过工业、生活污染。残留农膜将破坏耕层结构，减少含水量，降低渗透功能，致使土壤板结。长期、不合理、过量施用化肥，使土壤酸化，改变了原有营养结构，造成土壤退化、贫瘠。同时，焚烧秸秆时，会产生有毒、有害物质及温室气体，破坏臭氧层。农业清洁生产要求在农业生产中，使用绿色农药、化肥、地膜，采取清洁技术、生产程序，消除污染，减少生产过程、产品、服务中对环境、人类的危害，实现社会效益、生态效

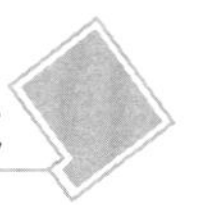

益、经济效益的统一，是提高农产品质量、实现农业可持续发展的需要。

农业投入品边际报酬产出率在下降。全国化肥施用量由1978年的1 000万t，增加到2012年的5 840万t。我国每公顷化肥施用强度是一些发达国家为防止水污染而设定225kg安全上限的1.64倍。随着化肥施用强度的不断增加，化肥的利用效率呈现边际递减，氮肥与钾肥的利用率为30%～50%，磷肥利用率仅为10%～20%（张福锁等，2008）。单位土地的化肥施用量世界平均每增加1kg可使粮食单产增加34kg，而在我国仅增加20kg左右。

农业秸秆利用率不高，成为农村重要污染源。我国每年秸秆总产量为8.20亿t，其中未利用量为2.15亿t，约占秸秆总产量的26%。伴随着农业生产方式与农民生活方式的转变，仍然有1/4的秸秆被焚烧或者丢弃，大量秸秆焚烧瞬时增加局部地区大气中PM2.5等悬浮颗粒物浓度。

农村垃圾污水随意排放，环境状况日益恶化。据测算，在我国广大农村地区，农村生活垃圾每年产生量大约2.8亿t，生活污水产生量90多亿t，多数生活垃圾一直处于无人管理的状态，农村生活污水大部分没有经过任何处理，造成污水渗漏、随河水漂流和直接排放到河流等水体中，导致地表水、地下水及河道的严重污染。

3. 实施农业清洁生产是提高农产品国际竞争力的需要

近年来，发达国家凭借其经济和技术垄断优势，在市场准入方面，通过立法或其他非强制性手段制定了许多苛刻的环境技术标准和法规，不但要求农产品本身质量安全，而且要求其生产过程对环境无害。中国已经加入WTO，但由于滥用化肥、农药、食品添加剂、防腐剂，造成不少农产品质量问题和食品安全问题，对农产品出口带来无穷隐患，参与国际竞争步履维艰。要提高农产品竞争力，必须在降低成本、保证质量的同时还要通过环境标志认证。不推行农业清洁生产，就很难在农业生产过程中实现减污降耗、节本增效，很难生产出清洁的农产品。

（二）实施农业清洁生产的可行性

1. 农业的巨大成就为实施农业清洁生产提供了现实基础

改革开放以来，我国农业取得了巨大成就，积累了较丰富的综合治理与开发技术以及节本、降耗、减污、增效单项实用技术，如节水节氮栽培利用技术、无公害农药开发及应用技术等，无公害农业、绿色农业、有机农业已悄然兴起。这些多层次、多结构、多功能的集约化经营管理的综合农业生产技术体系，包含了许多清洁生产的技术特征，将这些技术要素加以总结、提炼，并紧紧围绕实施清洁生产的全过程预防策略进行技术创新，必能制定出适合资源环境和社会经济发展水平的农业清洁生产模式和技术体系，提供可资借鉴的技术途径和方法。

2. 工业的清洁生产为实施农业清洁生产提供了借鉴基础

清洁生产已经在工业领域得到深入广泛地开展，这为在农业领域开展清洁生产提供了可借鉴的方法学原理，相关清洁生产法律条文中也有对农业清洁生产的要求体现，如新修订的《中华人民共和国清洁生产促进法》第二十二条规定：农业生产者应当科学地使用化肥、农药、农用薄膜和饲料添加剂，改进种植和养殖技术，实现农产品的优质、无害和农业生产废物的资源化，防止农业环境污染。禁止将有毒、有害废物用作肥料或者用于造田。这为今后农业清洁生产立法预设了一定的法律空间。

3. 生态农业为农业清洁生产提供了可借鉴的技术途径和方法

由于生态农业的出发点是既促进当前农业生产力的提高又不破坏环境，因此包括了许多清洁生产的技术特征，可以根据生态农业中具有清洁生产特征的技术要素进行总结、提炼，并紧紧围绕实施清洁生产全过程的预防策略进行技术革新，建立适合当地资源环境和社会经济水平的农业清洁生产模式和技术体系。另外，我国积累了较丰富的农业综合治理与开发技术以及节本、减污、降耗、增效单项实用技术，可在这些技术基础上建立农业清洁生产技术体系框架（鲁双凤等，2011）。

二、实施农业清洁生产的主要障碍因素

（一）观念障碍

农业生产部门往往过于强调农产品的产量，而忽视了农业环境问题，即使接受了农业清洁生产的概念，并意识到这是农业生产的一场革命，但由于环保意识不强，推行农业清洁生产的政策与措施不得力，使农业清洁生产的推行不到位。此外，农民环保意识低，一般只了解和注重化肥农药对农业增产的积极作用，而对其负面效应了解甚微，如过量使用化肥产生的土壤结构破坏，土壤肥力降低，地表、地下水和农产品污染，人及动植物健康受到危害等。

虽然清洁生产在工业领域内已广泛开展，但清洁生产理念还没有得到社会的普遍认同，尤其是对农业清洁生产还存在两个认识上的误区：一是认为农业清洁生产就是实施环境保护；二是认为农业清洁生产就是解决农产品的质量安全问题，生产出无公害农产品、绿色和有机食品。

（二）体制障碍

我国目前农业污染防治的法律法规不健全，对农业生产所带来的污染基本上不需要进行相应的环境补偿，在此背景下，农业企业很少愿意增加投资进行污染治理。而这种“市场的失灵”是我国环境污染防治制度与资源定价制度不合理而造成的，最终使得清洁生产技术的需求缺乏动力。农业污染主要由规模化养殖业导致的点源污染和作物种植业导致的面源污染构成。污染物总量控制和浓度控制是我国点源污染的重要管理制度，在工业的末端污染控制中起着重要作用。由于农业面源污染具有分散性、隐蔽性、发生区域的随机性、排放途径及排放污染物的不确定性和污染负荷空间分布的差异性，不易监测和量化，至今还未建立合适的管理制度和监管手段。要阻止农业污染物的产生及有毒有害物质进入环境，避免水土流失，减少地表径流，必须建立污染源削减、外源物质及农艺措施准入的管理制度，把农业源头投入总量控制和农业环境影响评价作为农业清洁生产污染预防的强制性环境管理制度，体现清洁生产的核心理念（柯紫霞等，2008）。

农业清洁生产的一些要求虽然在部分法律条文中有所体现，但不够全面，有关规定较为原则，多为倡导性条款，缺乏约束性和可操作性，在推行清洁生产工作中存在着偏向工业治理的趋势，还没有建立起强有力的包括农业部门在内的协调组织管理体系，农业清洁生产的认证、评价体系尚未形成，使清洁生产仍游离于主要经济活动之外，基本没有改变生产建设与环境保护相分离的局面。

（三）技术障碍

农业清洁生产是一种新型的农业生产方式，在没有形成统一认识的情况下，农业清洁生产只是一个概念，易理解，难实施。相关的具有环保概念的农业，除了有机农业在国际上受到认可，并可以通行，其他类型的农业基本上没有相应的规范和标准。对于有机农业而言，各个国家和地区制定的标准也不同。目前，现行的绿色食品、无公害农产品和有机农产品都是按照相应的技术标准生产加工，也就是说农产品生产需通过相关认证。除此之外，良好的农业操作规范（GAP）、危害分析的关键控制点（HACCP）等具有农业清洁生产概念的产品生产和加工，都必须通过相应的认证。目前，有关农业生产、食品加工等认证很多，如何界定是否属于农业清洁生产的范畴，尚缺乏统一的规范和标准，因此，推行农业清洁生产还存在一定的困难。

农业清洁生产必须以先进的科学技术作为依托，我国目前的技术转化率较低，仅为6%～8%，而发达国家则达59%，这无疑极大地阻碍了清洁生产技术的推广。农业清洁生产需要的知识不仅仅是技术性的，还涉及经济、社会、生态、法律和环境保护等诸多学科，我国实施农业清洁生产的主体是农民，由于我国农民受教育年限普遍较低，综合性专业技术人才的缺乏导致农业清洁生产不能深入开展。我国地域辽阔，由于各地自然环境与土壤条件的差异，某一项技术在一个地方可以推行

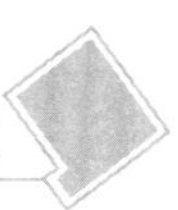

而在其他地方却不适用，同时也存在地方保护主义和技术的专利保护，这使得一些成熟的农业清洁生产技术受到限制。我国发展农业清洁生产的时间较短，目前虽然已具备一定的农业清洁生产技术和设备，但许多农业企业使用的工艺和设备都比较落后，离全面有效推行、发展农业清洁生产的要求仍有较大差距。

（四）投入障碍

资金是农业清洁生产发展中不可缺少的“血液”，尤其在发展前期必须有较大的资金投入和基础设施建设，才能满足发展农业清洁生产的基本要求。我国目前正处在改革发展的关键时期，各方面的投入较大，用于支持农业清洁生产方面的资金有限，严重制约农业清洁生产发展。清洁生产项目配套资金、引进清洁生产技术和设备费用、聘请专家费用等对于农业组织来说，都是一笔不小的开支。加上农业企业对自觉自愿地将有限的资金投入到农业清洁生产中的积极性不高，因此，要让其真正接受甚至自发地实施农业清洁生产，前期必须加大资金投入。

三、农业清洁生产模式构建

构建农业清洁生产运行模式，要充分发挥本地自然条件、资源条件和经济条件等优势，解决农业清洁生产的约束和限制条件，在农业生产全过程中使用清洁的农业生产资料以及农艺和养殖措施，种养结合，节约资源，实现农业废物的内部循环，减少农业污染的产生，实现农业清洁生产，从而实现经济、环境、社会效益最大化（熊文强等，2009）。农业清洁生产系统一般由输入系统、生产系统和输出系统 3 个部分组成，其运行模式如图所示。

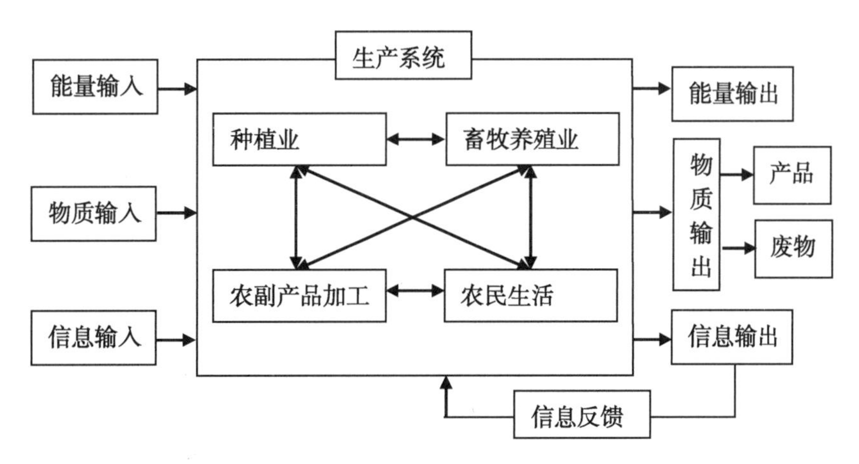

图　农业清洁生产运行模式

（一）输入系统的清洁生产运行模式

农业清洁生产运行模式的输入系统包括能量、物质和信息输入 3 个子系统。农业清洁生产要求能量子系统输入高效、清洁的能源，采用可再生能源和新能源，包括充分利用风能、太阳能等清洁能源，同时，对于常规的能源进行清洁化利用。农业清洁生产要求物质子系统输入高效、低毒、低残留的农药；增加有机肥的施用比例，输入高效、可控的复合肥；输入抗老化或可降解的地膜；对于农机具，要求环保、高效；输入配合饲料，合理增加秸秆饲料的比例；水资源的输入要求在输送过程中减少蒸发、渗漏损失等。农业清洁生产要求信息子系统输入农业气象资料以及各种农业资源、经济信息，为农业清洁生产结构、种植及养殖品种、农艺措施和养殖技术提供依据。

（二）生产系统的清洁生产运行模式

农业清洁生产运行模式的生产系统包括种植业、畜禽养殖业、农副产品加工和居民生活四个子系统。农业清洁生产所要达到的目标是通过对农业资源的综合利用以及节水、节能、提高土地利用效率等实现合理利用资源，使有限的农业资源效益最大化。同时，在农业生产中，减少甚至消除废物和污染物的产生，促进农产品的生产及消费过程与环境协调，减少农产品在整个生命周期内对环境和人类的危害。

在种植业子系统内部，可以通过采用精量播种和合理密植以减少种子的使用量，同时，使投入的农业资源和农业生产资料的利用效率最大化，减少浪费。运用各种农艺防控技术降低病虫害的为害。通过秸秆还田技术，使废弃物在种植业子系统内部得到有效利用，扩大绿肥种植面积，改善土壤结构，采用配方施肥技术，提高化肥的利用率，以达到减少化肥的流失量，降低化肥的使用量。采用节水灌溉技术，提高水资源的利用效率。使用抗老化地膜，采用适时揭膜技术，以提高地膜的回收率，杜绝地膜对土地的污染。在耕地过程中，结合秸秆回收和地膜回收，减少农业废弃物对农业环境的危害。

在养殖业子系统内部，可以通过对处理后的污水进行循环使用，以减少养殖新鲜水的用量，加强畜禽日常管理，防治病害的发生，减少兽药的使用，还可通过粪便发酵制沼气，解决养殖过程的部分用能。合理喂养，提高饲料的利用效率，以减少粪便和臭气的产生量。采用先进的清粪方式，减少污水的处理负荷。

在农副产品加工和居民生活子系统内部，主要是各种废弃物的资源化利用。如中水回用于加工业或用于厂区绿化和污水灌溉等。

各子系统之间也进行着物质、能量交换。种植业子系统的农产品可输入农副产品加工子系统以及居民生活子系统，秸秆可作为饲料输入养殖业子系统；养殖业子系统的畜禽产品可输入农副产品加工子系统和居民生活子系统，粪便可作为有机肥进入种植业子系统。同时，作为种植业和畜禽养殖业子系统生产链的延伸，作为高附加值产品而进入消费领域；系统中的污水可处理后做灌溉用水，或作为下脚料制成肥料而进入种植业子系统；农产品加工后的饼粕、谷壳以及一些高蛋白物质可作为饲料输入养殖业子系统。居民生活子系统则为其他子系统提供必要的劳动资源。

（三）输出系统的清洁生产运行模式

农业清洁生产运行模式的输出系统包括能量、物质和信息输出 3 个子系统。能量输出子系统输出的能量主要储存在农产品及其废弃物中，而输出生产系统则进入流通领域或者回转入生产系统。物质输出子系统主要输出产品和废弃物，通过输入系统和生产系统的清洁生产运行，废弃物的量已大为减少，危害显著降低，可用末端处置方式进行处置；产品的品质、质量、产量、价值以及市场竞争力明显提高，进入消费领域；信息输出子系统对生产系统输出的各种信息进行处理，并反馈回生产系统，为系统的清洁生产改进提供可靠的依据。

四、农业清洁生产的支撑保障

（一）强化意识，构建农业清洁生产宣传体系及法律体系

通过宣传和教育，使公众树立农业清洁生产的意识，了解并掌握农业清洁生产的法规、知识、技术和技能，并在实践中努力践行。充分利用科技下乡、广播、电视、宣传标语、宣传车、黑板报等多种传播媒介，进行农业清洁生产知识的宣传和技术普及，使公众树立农业清洁生产意识，了解并掌握农业清洁生产的法规、知识、技术和技能。建立健全农业清洁生产法律、法规、标准和技术规范在内的法律体系，内容涵盖农村环境保护、土壤污染防治、畜禽和水产养殖环境管理、农业环境监测、评价的标准和方法。并使各项农业清洁生产的法律法规在内容上能够协调统一，程序上能相互支撑，效力上能发挥法制的合力，真正做到有法可依、责权清晰，有效防治种植业、养殖业和

农村工业的污染。

（二）推进创新，构建农业清洁生产投入和技术体系

在农业税收制度创新方面，要继续推进农村税费改革，进一步减轻农民负担，建立新型的税收制度，为农业清洁生产健康发展保驾护航。在农村金融制度创新方面，要改革和调整国家财政分配结构，使之向农业和农村倾斜，增加农业和农村的投入。各级政府要依法安排并落实对农业和农村的预算支出，严格执行预算制度，建立健全财政支农资金的稳定增长机制。积极运用税收、贴息、补助等多种经济杠杆，鼓励和引导各种社会资本投入。通过技术创新，加快建立农业清洁生产关键共性技术，建立包含生态工程技术、绿色能源开发技术、自然环境的治理技术、综合防治技术等在内的农业清洁生产的技术体系。推广节肥节药节水技术、发展生态型畜牧业、推进水产科学养殖，为农业清洁生产提供技术支持体系。

农业清洁生产是一种减少资源利用、降低污染物产生、生产清洁农产品、促进农业可持续发展的生产模式，是新时期农业生产的必然选择。但农业清洁生产是一个崭新的研究领域，还处于起步阶段，因此必须加大在宣传培训、法律法规、技术支撑、资金投入等方面的扶持力度，必将推进我国农业清洁生产的发展。

参考文献

[1] 白向群．切实推进循环经济发展［N］．光明日报，2006－2－27.
[2] 柴紫霞，金永平，等．农业清洁生产环境管理体系探讨［J］．环境污染与防治，2008（6）：83－84.
[3] 陈宏金，方勇．农业清洁生产的内涵和技术体系［J］．江西农业大学学报（社会科学版），2004（1）：45－46.
[4] 陈宏金．农业清洁生产与农产品质量建设［J］．农村经济与科技，2004（2）：11－12.
[5] 陈印军，肖碧林，方琳娜，等．中国耕地质量状况分析［J］．中国农业科学，2011（17）：3 557－3 564.
[6] 冯青松，孙杭生．美国、欧盟、日本农业政策的比较研究及启示［J］．世界农业，2004（6）：149－153.
[7] 何劲，能学萍．清洁生产与农业可持续发展［J］．重庆商学院学报，2002（5）：42－44.
[8] 贾继文，陈宝成．农业清洁生产的理论与实践研究［J］．环境与可持续发展，2006（4）：1－4.
[9] 贾蕊，陆迁，何学松．我国农业污染现状、原因及对策研究［J］．中国农业科技导报，2006（1）：59－63.
[10] 金京淑．日本推行农业环境政策的措施及启示［J］．现代日本经济，2010（5）：60－64.
[11] 柯紫霞，赵多，等．浙江省农业清洁生产技术体系构建的探讨［J］．环境污染与防治，2006（12）：921－924.
[12] 乐波．欧盟的农业环境保护政策［J］．湖北社会科学，2007（3）：97－100.
[13] 林灿铃．刍议农业清洁生产［J］．农业环境与发展，2005（1）：1－5.
[14] 刘丽．现代农业清洁生产评价指标体系的建立与应用［J］．农林科技，2008（22）：70.
[15] 鲁双凤，袁建平，等．农业清洁生产发展现状与对策分析［J］．安徽农业科学，2011（19）：11 698－11 701.
[16] 吕志轩．农业清洁生产的经济学分析［D］．山东农业大学，2005.
[17] 罗良国，杨世琦，等．国内外农业清洁生产实践与探索［J］．农业经济问题，2009（12）：18－24.
[18] 孙振钧．有机农业及其发展［J］．农业工程技术，2009（2）：35－38.
[19] 王广深，侯石安．欧盟农业生态补贴政策的经验及启示［J］．资源与人居环境，2010（8）：54－56.
[20] 王坚，陈润羊．中国农业清洁生产研究［J］．安徽农业科学，2009（8）：3 718－3 720.
[21] 王涛．我国发展循环经济的现状及对策［J］．理论探索，2006（3）：84－86.
[22] 武志杰，张丽莉．循环经济——可持续的经济发展模式［J］．生态学杂志，2006（10）：1 245－1 251.
[23] 熊文强，王新杰．农业清洁生产——21 世纪农业可持续发展的必然选择［J］．软科学，2009（7）：115－116.
[24] 熊文强，王新杰．农业清洁生产模型与实证研究［J］．中国人口资源与环境，2009（11）：154－160.
[25] 杨世琦，杨正礼．刍议农业清洁生产［J］．世界农业，2007（11）：61－62.
[26] 尹昌斌，周颖．循环农业发展的基本理论及展望［J］．中国生态农业学报，2008（6）：1 552－1 556.

[27] 张福锁，王激清，张卫峰，等．中国主要粮食作物肥料利用率现状与提高途径［J］．土壤学报，2008（5）：915－924.
[28] 张秋根．试论农业清洁生产的理论基础［J］．环境保护，2002（2）：31－33.
[29] 张维理，冀宏杰，Kolbe H，等．中国农业面源污染形式估计及控制对策 Ⅱ——欧美国家农业面源污染状况及控制［J］．中国农业科学，2004（7）：1 018－1 025.
[30] 章玲．关于农业清洁生产的思考［J］．中国农村经济，2001（2）：38.
[31] 赵其国，周建民，等．江苏省农业清洁生产技术与管理体系的研究与试验示范［J］．土壤，2001（6）：281－285.
[32] 中国共产党中央委员会，中华人民共和国国务院．关于加快推进农业科技创新持续增强农产品供给保障能力的若干意见．2012.
[33] 中华人民共和国第九届全国人民代表大会常务委员会第二十八次会议．中华人民共和国清洁生产促进法．2002.
[34] 中华人民共和国第十一届全国人民代表大会常务委员会第四次会议．中华人民共和国循环经济促进法．2008.
[35] 中华人民共和国第十一届全国人民代表大会第四次会议．中华人民共和国国民经济和社会发展第十二个五年规划纲要．2011.
[36] 中华人民共和国国家发展和改革委员会．贯彻落实主体功能区战略推进主体功能区建设若干政策的意见．2013.
[37] 中华人民共和国国务院．国务院关于环境保护若干问题的决定．1996.
[38] 中华人民共和国国务院．国务院关于做好建设节约型社会近期重点工作的通知．2005.
[39] 中华人民共和国国务院常务会议．节能减排“十二五”规划．2012.
[40] 中华人民共和国农业部．农业部关于加快推进农业清洁生产的意见．2011.
[41] 中华人民共和国农业部．农业部关于做好 2012 年农业农村经济工作的意见．2012.
[42] 周旗，李诚固．我国绿色农业布局问题研究［J］．人文地理，2004（1）：41－46.
[43] Balsari P，Airold G，Gioelli F. Improved recycling of livestock slurries on maize by means of a modular tanker and spreader［J］. Bioresource Technology，2005，96：229－234.
[44] Clausen J D，Meals D W，Cassell E A. Estimation of lag time for water quality response to BMP's. In：The National Rural Clean Water Program Symposium. Washington D C：U. S. EPA，EPA/625/R-92/006. 1992.
[45] Inyang H I，De Brito Galvao T C，Hilger H. Waste recycling within the context of industrial ecology. Resources［J］. Conservation and Recycling，2003，39：1－2.
[46] Muys B，Wouters G，Spirinckx C. Cleaner production：a guide to information sources.［EB/OL］. http：//www. Eea. dk/projects/envwin/manconc/cleanprd/i－2. Htm. 1997
[47] Narayanaswamy V，Scott J A，Ness J N，et al. Resource flow and product chain analysis as practical tools to promote cleaner production initiatives［J］. Journal of Cleaner Production，2003，11：375－387.

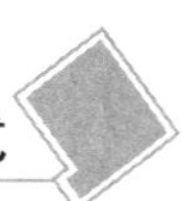

第二章　农业与农村废弃物资源现状与利用模式*

第一节　农业与农村废弃物资源概念与种类

一、农业与农村废弃物资源概念

农业与农村废弃物随意堆弃或直燃引致严重的农业立体污染，在很大程度上阻碍了现代农业持续健康发展的步伐。近年来，农业与农村废弃物及其资源化利用已受到学术界的广泛关注，不少学者在农业与农村废弃物的内涵与外延上形成了自己独特的见解，他们通过直接或间接的描述方式表达出自己对农业废弃物的界定。

孙振钧在《农业废弃物资源化与农村生物质资源战略研究报告》（以下简称报告）中对农业废弃物进行了明确界定：农业废弃物（Agricultural Residue）是指在整个农业生产过程中被丢弃的有机类物质，主要包括农林生产过程中产生的植物残余类废弃物，牧、渔业生产过程中产生的动物类残余废弃物，农业加工过程中产生的加工残余废弃物和农村城镇生活垃圾等（孙振钧，2004）。

科学技术部中国农村技术开发中心对农业废弃物的定义与分类在很大程度是《报告》的延续，其对农业废弃物的阐述为：是指在农业生产过程中，除了目的产品外而抛弃不用的东西，是农业生产中不可避免的一种非产品产出，按其来源不同可以划分为种植业产生的各种农作物秸秆、养殖业产生的畜禽粪便及屠宰畜禽而产生的废弃物、对农副产品加工而产生的废弃物、农业生产过程中残留在土壤中的农膜也是农业废弃物的重要来源。

农业与农村废弃物资源的概念有广义和狭义之分。广义上的农业与农村废弃物资源是指整个农业生产过程中所丢弃的有机类物质，是在农业生产和再生产链环中资源投入与产出在物质和能量上的差额，是资源利用过程中产生的物质能量流失份额。其分为4类：植物类残余废弃物（作物秸秆等）、动物类残余废弃物（畜禽粪便等）、加工类残余废弃物和农村城镇生活垃圾。狭义上的农业与农村废弃物资源是指农业生产和农村居民生活中不可避免的一种非产品产出，是农业生产和再生产链环中资源投入和产出在物质和能量上的差额，它是某种物质和能量的载体，是一种特殊形态的农业资源，因此被誉为“放错位置的资源”，是受技术与人类认识水平的限制，尚未能加以利用的物质和能量。

我国农业与农村废弃物已经成为农村面源污染的主要来源，其处置与污染防治管理问题的紧迫性已日益凸显，如何合理利用农业与农村废弃物资源，通过适当的技术方法和管理手段，真正实现农业废弃物变“废”为“宝”，减少其排放量，对缓解我国能源压力、保护生态环境、促进农业的可持续发展具有重大意义。

二、农业与农村废弃物资源种类

农业与农村废弃物资源种类繁多。按其来源可分为种植业废弃物资源、养殖业废弃物资源、农

---

* 本章撰写人：尹昌斌　赵俊伟　于玲玲

业加工业废弃物资源和农村生活废弃物资源四大类。

(1) 种植业废弃物资源即农业生产过程中所产生的植物类残余废弃物资源，包括农田和果园残留物，如作物秸秆、蔬菜的残体、杂草和果树的枝条、落叶、果实外壳及其他附属废物。

(2) 养殖业废弃物资源是指渔业、畜牧业生产过程中所产生的动物类残余废弃物资源，主要包括畜禽粪便及栏圈垫物等附带杂物。

(3) 农业加工业废弃物资源主要是农副产品加工过程产生的目标性产品以外的剩余物。

(4) 农村生活废弃物资源主要来源于农村居民生活的废弃物，如厨房、洗浴、盥洗、洗衣、粪便污水和生活垃圾等。

按其成分差异主要分为植物纤维性废弃物资源和畜禽粪便类废弃物资源两大类。农作物秸秆、谷壳、果壳及果核等都属于植物纤维性废弃物资源。

按其存在形态可分为气体废弃物资源、固体废弃物资源和液体废弃物资源三大类（图 2-1）。

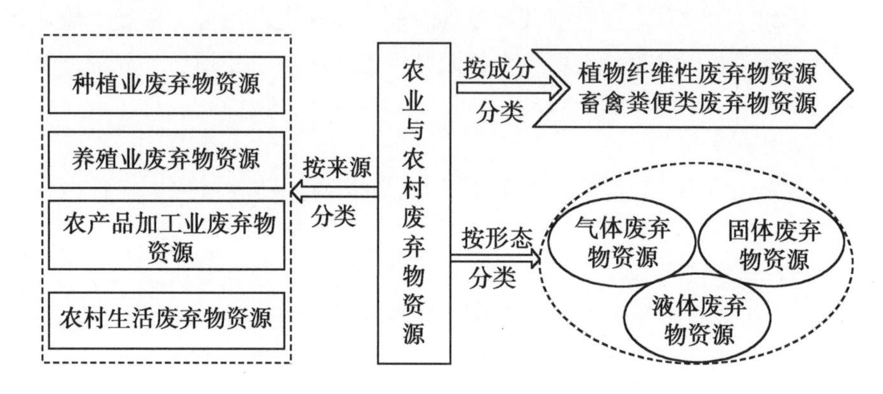

图 2-1　农业与农村废弃物资源种类

三、农业与农村废弃物资源特点

我国的农业与农村废弃物资源呈现出四大特点：数量大、品质差、价格低、危害多。每年产生的农业与农村废弃物数以亿计，同时发生的污染事件也在逐年增加。农业与农村废弃物由于有益成分含量相对较低，即可利用物品位不高，而有害成分含量高，这些资源在利用过程中必须进行无害化处理，因此成本高。虽然农业与农村废弃物资源化利用已经开展多年，也取得了一些成效，但目前我国农业与农村废弃物资源的利用率不是很高，农作物秸秆焚烧和集约化养殖带来的畜禽粪污对环境的污染日趋严重，农民大多不把它作为一种资源利用，随意丢弃或者排放到环境中，使本来的“资源”变为“污染源”，对生态环境造成了很大的影响。

第二节　我国农业与农村废弃物资源现状

目前，随着我国集约化农业和农产品加工业的飞速发展，已经打破了传统农业中对废弃物的循环利用环节和方式，传统的农业物质循环链条中断，出现了农业与农村废弃物处理不当、利用效率不高，以及资源浪费等诸多问题，而大量农业与农村废弃物的过度累积也使其成为生态环境污染的重要来源，不仅造成了农业生态环境质量不断恶化，危害人们的身心健康，同时也导致大量附加值高的有用成分和养分资源流失，造成了土壤质量下降，极大地削弱了我国现代农业可持续发展能力。

一、产量巨大且分布广泛

我国农业与农村废弃物是一类具有巨大潜力的资源库。作为一个农业大国，在现代农业规模

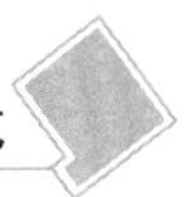

化、集约化及产业化发展过程中，农产品供给呈现数量增加与品种丰富的双重趋势，同时，以农作物秸秆、畜禽粪便等为主的农业与农村废弃物产出量也呈现快速增长态势，其产出量是世界上农业与农村废弃物产出量最大的国家，每年大约产出40多亿t，同时随着工农业生产的迅速加快和人口不断增加及农村经济的发展，我国的农业与农村废弃物产量以年5% ~10%的速度递增。预计到2020年我国农业与农村废弃物产生量将超过50亿t，其中秸秆将达到9.5亿~11亿t，畜禽粪便将达到40亿t（陶思源，2013）。

（一）种植业类

种植业类废弃物资源来自于农业生产过程中产生的残余物，主要为农作物秸秆。2011年，我国农作物秸秆理论资源量达到8.63亿t，可收集资源量约为7亿t，其中，稻草2.11亿t，麦秆1.54亿t，玉米秆2.73亿t，棉秆0.26亿t，油料作物秸秆0.37亿t，豆类秸秆0.28亿t，薯类秸秆0.23亿t（图2-2）。我国秸秆还田面积总计5.24亿亩*。全国农林剩余物直燃发电装机容量达340万kW，年利用农林剩余物约0.27亿t。由于农业生产的迅速发展和人口不断增加，这些废弃物以年5% ~10%的速度递增。这些“放错位置的资源”具有巨大的资源容量和潜力。

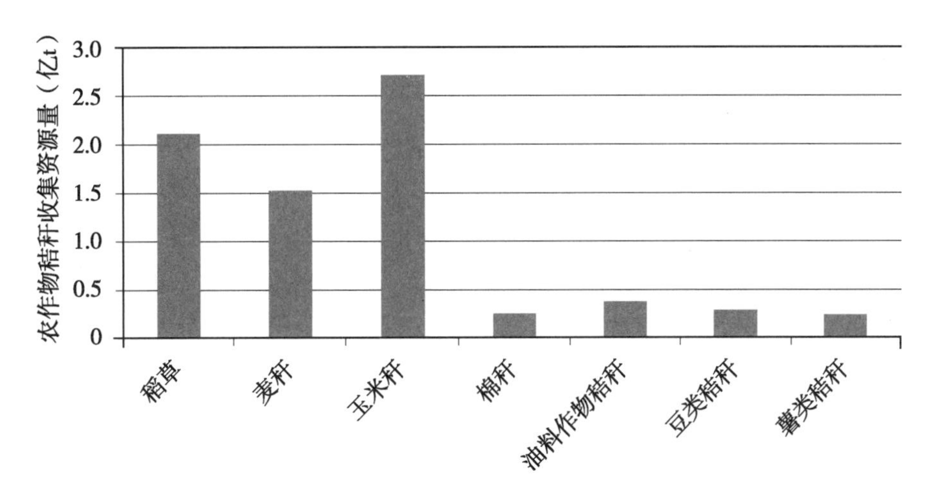

图2-2　2011年我国农作物秸秆收集资源量

资料来源：中国资源综合利用年度报告（2012）

（二）养殖业类

养殖业类废弃物资源来自于牧、渔业生产过程中产生的残余物，主要来自圈养的牛、猪和鸡3类畜禽粪便，畜禽粪便是畜禽排泄物的总称，它是其他形态生物质（主要是粮食、农作物秸秆和牧草等）的转化形式，包括畜禽排出的粪便、尿及其与垫草的混合物。2011年，我国畜禽粪便产生量达到30亿t，可收集资源量约为26.1亿t，其中，牛粪12.7亿t，猪粪4.7亿t，羊粪5.4亿t，家禽粪3.3亿t。在粪便资源中，大中型养殖场的粪便更便于集中开发、规模化利用。随着畜禽养殖业的发展，畜禽粪便的产出量还会增加，预计到2020年，我国畜禽粪便量将达到40亿t（农业部发展计划司，2007）。

（三）农产品加工业类

农产品加工业类废弃物资源来自于农林牧渔业加工过程中产生的残余物，其中，林业剩余物一

---

* 1亩≈667m²，下同

部分来源于伐区采伐剩余物和木材加工剩余物，另一部分来自各类经济林抚育管理期间育林剪枝所获得的薪材量。“十一五”期间，我国木材采伐剩余物和加工剩余物的实物量为0.8亿t，折合标准煤* 0.46亿t，加上各类经济林抚育管理期间育林剪枝所获得的薪材实物量0.48亿t，折合约0.27亿t标准煤，二者合计实物量为1.29亿t，折合标准煤0.73亿t（石元春，2008）。农副产品在初加工过程中产生的废弃物资源主要包括稻壳、玉米芯、花生壳、甘蔗渣等，这些废弃物的年产量现已超过1亿t，肉类加工和农作物加工废弃物1.5亿t，其他类有机废弃物约有0.5亿t。随着粮食产量的增长，这些废弃物资源也会增加。

（四）农村生活废弃物类

农村生活废弃物资源来自于居民生活过程中粪便及其冲洗水、洗浴污水和厨房污水等。我国每年产出乡镇生活垃圾和人粪便约2.5亿t。农村生活污水的特点为氮、磷含量高，含重金属等有毒有害物较少，适合生物法和土地法处理；此外每户排放量相对较少，水质波动较大，排放点分散，收集比较困难。在地处偏远、人口密度低的农村地区，集中式处理系统难以推行，应考虑分散处理方式，普遍应用的分散式处理技术为土地处理技术和沼气技术。

据有关资料，我国产生的农业与农村废弃物按目前的沼气技术水平能转化成沼气3 111.5亿m^3，户均达1 275.2m^3，可解决农村能源短缺。以农作物秸秆为例，将6.5亿t秸秆转化为电能，按1kg秸秆产生电1千瓦时计算，就具有产生6.5亿千瓦时电能的潜力；作为肥料可提供氮大约2 264.4万t、磷459.1万t、钾2 715.7万t；作为饲料，仅玉米秸秆就能提供1.9亿~2.2亿t（彭靖，2009）。

从上可以看出，我国农业与农村废弃物资源利用潜力巨大，如果能将这些废弃物变废为宝，生产出有机肥、饲料、能源、材料和精美的化工产品，将有利于资源循环利用、环境保护、改善农村能源消费，促进农业结构调整、农村经济发展、农民收入增加。

此外，由于我国农业生产主要以农户为单元，生产什么、生产多少主要由农民自行决定，因此生产品种千差万别，而且，农业生产及其废物产生较为分散，这为农业废弃物数量的统计带来了较大的困难。目前，我国每年农业与农村废弃物到底产生多少，这些废弃物的分布、利用状况和对环境造成的影响，还没有准确的数据和记录，大多数相关数据仅仅是根据作物和养殖规模估算（孙振钧，2006）。

二、农业与农村废弃物粗放低效利用且闲置状况严重

目前我国大部分农业与农村废弃物资源多采用一次性和粗放式的利用方式，工艺简单，技术落后，利用率低，处理能力和利用规模也十分有限。农作物秸秆是农作物收获后的副产品，其含有大量的有机碳和各种营养物质，作为农业与农村废弃物资源之一，是重要的有机肥来源。农民将农作物秸秆用作燃料，能量只利用了1/10，大多数的能量、矿物盐类、脂肪和粗蛋白等物质均被浪费。田间焚烧农作物秸秆，仅利用所含钾量的1/3，其余氮、磷、有机质和热能则全部损失。畜禽粪便未经处理直接归田，属于一次利用，它严重污染周边的水域、土壤等环境，造成农副产品产量和品质下降，最终影响人体健康。据分析，鸡鸭粪便中含有粗蛋白28%~31.3%，另外还含有一定的钙、磷等营养物质，这些营养物质在一次利用中并没有发挥作用。

首先，农业与农村废弃物资源的粗放低效利用，不仅导致农副产品产量和品质下降，而且严重污染周边的水域、土壤等环境，影响人体健康。2011年，我国秸秆综合利用量为5亿t，综合利用

---

* 标准煤亦称煤当量，具有统一的热值标准。我国规定每千克标准煤的热值为7 000千卡。将不同品种、不同含量的能源按各自不同的热值换算成每千克热值为7 000千卡的标准煤

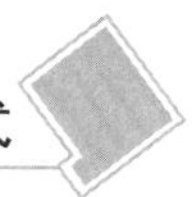

率约为71%，其中，作为饲料使用约2.18亿t，占31.9%；作为肥料使用1.07亿t，占15.6%；作为种植食用菌基料0.18亿t，占2.6%；作为燃料使用1.22亿t，占17.8%；作为造纸等工业原料0.18亿t，占2.6%，如图2-3所示。

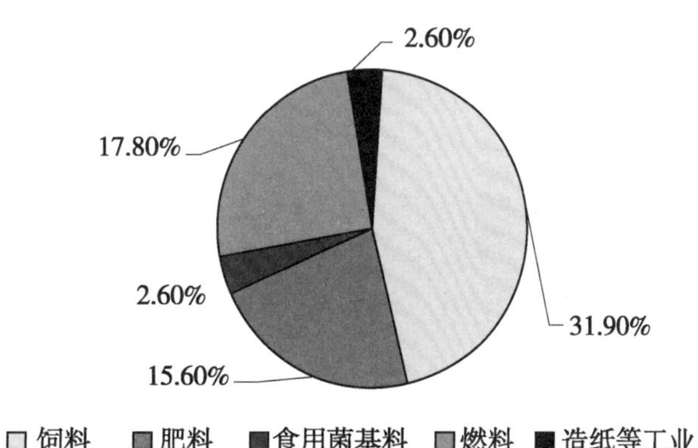

图2-3　我国农作物秸秆利用率

资料来源：中国资源综合利用年度报告（2012）

其次，农业与农村废弃物资源闲置状况较为严重。随着农村经济的发展，农民收入的增加，地区差异正在逐步扩大，农村生活用能中商品能源（如煤、液化石油气等）的比例正以较快的速度增加。实际上，农民收入的增加与商品能源获得的难易程度都能成为他们转向使用商品能源的契机与动力。在较为接近商品能源产区的农村地区或富裕的农村地区，商品能源已成为其主要的炊事用能。以传统方式利用的农作物秸秆首先成为被替代的对象，致使被弃于地头田间直接燃烧的秸秆量逐年增大，许多地区废弃秸秆量已占总秸秆量的60%以上，大量闲置的农业与农村废弃物既给生态环境带来了危害，又导致了严重的资源浪费。而我国农业部关于农业科技发展“十二五”规划（2011—2015年）发展目标中明确指出要显著加强农业资源利用和生态环境保护，因此，农业与农村废弃物成为了最大的搁置资源之一。

三、农业与农村废弃物的资源化利用技术与产业化水平滞后

虽然我国具有利用农业与农村废弃物资源的传统，但是由于长期以来人们对农业与农村废弃物资源的认识不清，加上技术落后、投入不足等诸多因素，对其开发利用还较落后，创新的技术少，拥有自主知识产权的技术和具有较好适应性能以及推广价值的技术更少，一些废弃物加工生产设备及其配套利用设备等在技术上未能有大的突破，原有的堆肥技术、沼气技术等传统技术几乎没有发展，仅有的技术也没有知识产权和推广价值。国外的先进技术不能完全掌握，技术上的不足在很大程度上影响了农业与农村废弃物资源的有效利用：如废弃物气化中的焦油问题，高效生物有机肥工业化生产设备的引进、消化吸收及国产化问题，废弃物饲料的优化配制等。目前，我国农作物秸秆因缺乏相应的技术和设备来加以利用，其中的2/3只能废弃或焚烧。

同时，由于对农业废弃物资源化产品开发的主攻方向不明，导致我国的农业废弃物转化产品品种少、质量差、利用率低、商品价值低，而且产业化进程滞后，农业与农村废弃物资源化的最终目标难以实现。因此，无论在国内还是在国际市场上都缺乏竞争力；除此之外，在废弃物资源化设备的投入上，由于资金缺乏，一些很好的技术在产业化过程中得不到应用和推广，许多技术在低水平上重复，不能适应农业现代化发展的需求。因此，切实有效地实现农业与农村废弃物的资源化高效综合利用和无害化处理，同时延长农业生态产业链，促进资源、能源的梯级利用已成为我国循环农业发展过程中亟需解决的紧迫任务。

四、农业与农村废弃物利用方式造成环境污染

我国对农业与农村废弃物传统的处理方式主要是将其作为有机肥直接还田，这在促进物质能量循环方面和培肥地力方面都发挥了很大的促进作用，但是现在农民开始逐步改变了传统的生活用能和生产用肥方式，使得农业与农村废弃物相对过剩问题日益突出，农业与农村废弃物随意丢弃或者排放到环境中，不能被作为资源利用，将造成严重的空气污染、水污染、固体废弃物污染，成为生态环境的重要污染源，对人们的身体健康带来很大危害（艾平等，2010）。

首先，农业与农村废弃物的不断堆积占据了大量的耕地，农民大多采取焚烧的方式来解决问题，但是焚烧会使表层土壤5cm处温度达65～90℃，这会抑制土壤中微生物生长，阻断农田生态系统的物质循环，影响农作物养分的转化和供应，部分地块由于秸秆的集中燃烧而造成大量有机质流失，土壤结构遭到破坏，肥力减弱。

其次，农业与农村废弃物燃烧过程中还产生大量氮氧化物、二氧化硫、碳氢化合物及烟尘，直接污染大气，经过太阳光照作用产生的有害物质又进一步造成二次污染，造成大量烟雾，使空气质量下降，PM值升高，严重影响人类生存环境（刘忠新等，2001），对作物秸秆的肆意焚烧增加了空气污染指数，并影响到航空运输等交通事业。而没有被焚烧或利用的废弃物被随意的丢弃在村头、路边，长期得不到有效处理，从而腐烂变质，散发出恶臭气招惹蝇蚊，传播病菌，污染生活环境。

最后，畜禽粪便含有过量矿物元素、致病菌和寄生虫，畜禽粪便未经处理直接归田，在嫌气的状态下会产生大量有毒的化学物质，这些有害成分能够直接或间接进入地表水体，严重污染周边的水域、土壤等环境，导致河流严重污染，水体严重恶化，致使公共供水中的硝酸盐含量及其他各项指标严重超标，而污水会引起传染病和寄生虫的蔓延，传播人畜共患病，造成农副产品产量和品质下降，直接危害人的健康。

综上所述，我国农业与农村废弃物资源非常丰富，但是由于其利用技术较为落后及其处理方式不科学，使绝大多数农业与农村废弃物并没有被作为一种资源利用，不但没有加以充分利用，反而被丢弃或排放到环境中成为污染源，对农业立体生态环境造成了极大影响。加之农业废弃物的产权属性，政府监管困难，导致农业废弃物循环利用方式较为粗放，甚至直接燃烧或随意堆弃，严重危害到我国农村生态环境、农业生产环境和农民生活环境。

第三节　农业与农村废弃物主要利用方向与模式

一、肥料化利用

农作物秸秆和畜禽粪便等农业废弃物含有丰富的氮、磷、钾和有机质等营养成分，用于肥料可有效改良土壤结构，通气透水，增加土壤肥力。农业和农村废弃物肥料化的主要方向有：直接还田、发酵还田和生产生物有机肥、有机无机复混肥等。

（一）直接还田

作物秸秆含有丰富的钾、硅、氮等元素，同时还含有大量的木质素和纤维素，实行秸秆还田，秸秆在土壤中通过微生物作用，缓慢分解，释放出其中的矿物质养分，供作物吸收利用，分解成的有机质、腐殖质为土壤中微生物及其他生物提供食物，木质素和纤维素腐烂分解后可使土壤腐殖质增加，孔隙度提高，通气透水，理化性状大为改善（张承龙，2002）。因此，秸秆还田能够改善土壤结构、增进土壤肥力、提高农作物产量，但自然分解速度较慢，尤其是秸秆类废弃物腐熟慢，发酵过程中有可能损害作物根部（陈智远等，2010）。有研究表明，秸秆还田后土壤中氮、磷、钾养

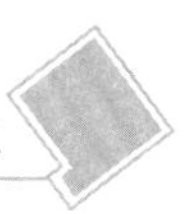

分都有所增加，尤其是速效钾的增加量最明显。秸秆还田的持续增产作用十分明显，每公顷还田4.5t秸秆，培肥阶段增产率为14.6%，后续阶段增产率达20%（朱立志等，2009）。在广大农村，秸秆除了直接还田外，还有烧灰还田方式，但是烧灰还田不但损失肥力和能源，而且严重影响空气质量，影响交通安全（李令军等，2008），国家现在也对此种方式严令禁止。畜禽粪便中含有大量的有机质和植物生长必需的营养物质，如氮、磷、钾，同时也含有丰富的微量元素，如铁、镁、硼、铜、锌等。畜禽粪便直接还田，相当于给土壤施了有机肥，同时能补充作物生长所需的微量元素等，有助于提高作物的产量和农产品的品质。

（二）发酵还田

利用微生物在一定温度、湿度、pH值条件下，使畜禽粪便和秸秆等农业有机废物发生生物化学降解，形成一种类似腐殖质土壤的物质，可作肥料和改良土壤，这种方法称为堆肥化。堆肥又分为好氧堆肥和厌氧堆肥，前者是在通气条件下借好氧微生物活动使有机物得到降解，因好氧堆肥化温度在50～60℃，极限可达80～90℃，故亦称为高温堆肥；后者是利用微生物发酵造肥，所需时间较长（张承龙，2002）。与化肥相比，它具有营养全面、肥效长、易于被作物吸收等特点，有助于提高农产品的产量、品质以及防病抗逆的能力，同时制作方法简单，可利用的原材料种类丰富，成本低，广受农民青睐（史雅娟等，1999）。

（三）生物有机肥

农业废弃物投入沼气池经过厌氧发酵后，沼气池中的固体残渣经过处理后可制成生物有机肥；农业废弃物经过堆肥后，液体汁液经过处理后可制成液体肥料（胡明秀，2004）。

（四）有机无机复混肥

将畜禽粪便、有机垃圾等通过高温、高压等工艺过程，再配以一定比例的无机氮、磷、钾复混造粒，可生产无病菌、无毒的有机无机复混肥，有利于贮存和运输。

将农业和农村废弃物肥料化利用，不但减少了化学肥料的施用，降低了农民的生产成本，同时也减轻了环境污染负荷，有利于农业生产的可持续发展。

二、饲料化利用

农业废弃物中含有大量的蛋白质和纤维类物质，经过适当的技术处理，便可生产成富含多种营养成分的饲料。农业废弃物的饲料化主要分为植物纤维性废弃物的饲料化和动物性废弃物的饲料化。当前我国秸秆的饲用量约为1.6亿t，相当于3.67亿hm^2天然草地的产草量，其相应的养殖量约为4.67亿只羊单位，占我国草食畜养殖总量的3/4（李鹏等，2009）。植物性废弃物的饲料化技术主要包括：微生物处理法、氨化法、青贮法、热喷法等。据粗略测算，如果我国秸秆资源的40%用于发酵饲料，即会产生相当于112亿t粮食的饲用价值（陈智远等，2010）。

（一）微生物处理法

微生物处理技术就是指应用微生物工业技术，采用生物工程手段，将秸秆、木屑等农业植物纤维性废弃物加工变为微生物蛋白产品，其应用的微生物包括细菌、酵母菌及微型藻类，发酵主要有液体发酵和固体发酵两种方式（卞生有，2000）。

（二）氨化法

利用碱、尿素等含氨物质经过与秸秆混合发生变化，使秸秆中的纤维素、木质素细胞壁膨胀疏松，便于牲畜消化吸收，它是目前我国在畜牧业生产中发展成熟并推广的饲料化技术。

（三）青贮法

青贮法主要是利用自然的乳酸菌在厌氧条件下对青绿秸秆进行发酵处理。通过青贮处理可以使原来粗硬的秸秆变软熟化，增加原料的营养价值和可消化率。

（四）热喷法

农业废弃物经蒸汽处理后，进行增压、突然减压、热喷处理，原料受到热效应和喷放机械效应两个方面的作用后，改变了结构，提高了消化率。

动物性废弃物饲料化主要指畜禽粪便中含有未消化的粗蛋白、消化蛋白、粗纤维、粗脂肪和矿物质等，经过热喷、发酵、干燥等方法加工处理后掺入饲料中饲喂利用（彭靖，2009；周根来等，2001；王如意等，2010）。如干燥鸡粪含粗蛋白23.0%～31.3%，粗脂肪8%～10%，还有氨基酸、维生素，经沼气发酵和高温灭菌后生产饲料，用于喂猪、养鱼效果良好，是畜禽粪便综合利用的重要途径。动物性废弃物的饲料化利用存在一定的安全隐患，目前人们仍然存有争议。

三、能源化利用

目前农业废弃物的能源化利用主要分为发酵及热解两个方向，包括农业废弃物制沼气、农业废弃物气化、农业废弃物液化、农业废弃物固化（李敏等，2012）。沼气和秸秆气化是我国农村主要推广的能源技术，对于缓解农村能源压力、改善生态环境具有重要的意义。

以秸秆、畜禽粪便等有机废弃物为原料，经厌氧发酵可以产生以CH_4为主要成分的沼气，作为可再生能源，可代替传统的化石燃料用来照明或用作燃料（Peter Weiland，2010）。据测试每千克秸秆直接燃烧改为沼气燃烧，可使有效热值提高94%，还能将粪便等不能直接燃烧的有机物中所含的能量加以利用。沼气发酵后产生的沼液、沼渣可以作为优质肥料，用于改良土壤，可以明显提高作物产量和品质。农作物秸秆、瓜果蔬菜残体及畜禽粪便都是制备沼气的好原料，且混合处理比单独处理产气高（Lehtom，2007）。

农业废弃物气化是指含碳物质在有效供氧条件下产生可燃气体的热化学转化，气化后的可燃气体可作为锅炉燃料与煤混燃，也可作为管道气为城乡居民集中供气；将气化后的可燃气经过净化除尘与内燃机连用，取代汽油或柴油，实现能量系统的高效利用；气化后的可燃气还可进行气化发电（张承龙，2002）。农业废弃物气化的另外一个非常有潜力的方向是微生物制氢技术，该技术主要是利用异养型的厌氧菌或固氮菌分解小分子的有机物制氢的过程，具有微生物产氢速率高、不受光照时间限制、可利用的有机物范围广、工艺简单等优点，目前该技术还没有被广泛利用（张野等，2014；卢怡等，2009；Balat et al，2008；Demirbas，2005；Talebnia et al，2010）。

农业废弃物液化是指可将能量密度较低的废弃物转换成高密度高效率的液体生物燃料，如：生物酒精、生物甲醇、生物柴油及生物油等。据估计，全世界每年能从农业废弃物的木质纤维素中获取生物乙醇442亿L，远超出世界现有生物乙醇产量（Kim et al，2006）。

农业废弃物固化是指将农业废弃物通过机械加压、加热的原理压制成具有一定形状、密度较高的固体燃料，不但比煤污染小，且有效解决了农村燃料问题。

四、基质化利用

基质化利用是指农业废弃物经过适当处理后用作农业栽培的原料。如玉米秸、稻草、油菜秸、麦秸等农作物秸秆，稻壳、花生壳、麦壳等农产品的副产物，木材的锯末、树皮，甘蔗渣、蘑菇渣、酒渣等可二次利用的废弃有机物，鸡粪、牛粪、猪粪等养殖废弃物都可以作为基质原料。

作物秸秆用于基质利用多是先经过发酵腐熟再用于基质配方研制，据统计，每$667m^2$的农作物

秸秆经腐熟后可生产食用菌 400～600kg，收入 100～200 元，收获食用菌后的培养基可用作燃料、肥料和多种有益生物的饲养原料（张希军等，2008）。杨红丽等（2009）的研究结果表明，在玉米秸发酵基质和蛭石配制的复合基质上育苗的番茄幼苗比对照（草炭和蛭石配成的复合基质）上生长的番茄幼苗株高、茎粗、地上部和根的干重、叶绿素含量、光合速率和根系活力等均显著提高。冯冰等（2010）的研究结果表明，在混配基质中用麦秆、玉米秸秆、椰糠、菇渣、豆荚 5 种有机废弃物无土栽培亚洲百合，其效果与泥炭基质相同。Raviv 等（2005）研究发现，小麦秸秆与牛粪等材料发酵制得的基质不仅有助于减少番茄烂根等病害，还可有效减少病原菌数量。基质为植物根系提供水、肥等营养，并为植物提供支撑固定作用。农业废弃物基质化利用可以形成“秸秆—食用菌—基质资源化利用”的产业循环链（图 2－4）（刘振东，2012）。

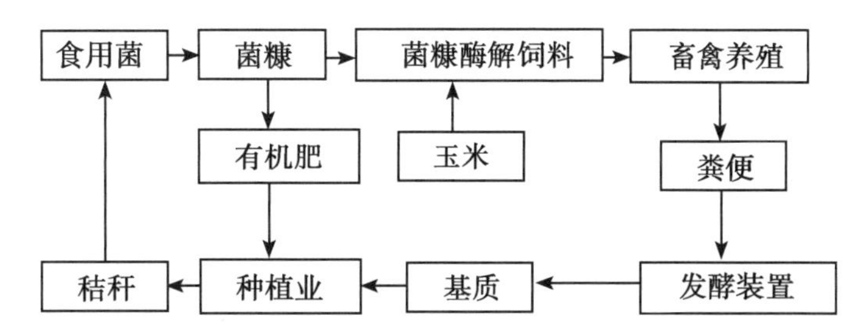

图 2－4　秸秆—食用菌—基质资源化循环利用

五、其他资源化利用

材（原）料化和综合生态化方向。材（原）料化指的是利用农业废弃物中的高蛋白质资源和纤维性材料生产多种生物质材料和生产资料，如生产纸板、人造纤维板、轻质建材板等材料。主要应用方法有：如利用秸秆、棉籽皮、树枝叶等栽培食用菌；以甘蔗渣、玉米渣生产膳食纤维产品；以秸秆、稻壳、甘蔗渣等农业植物纤维性废弃物为原料，通过粉碎，加入适量无毒成型剂、黏合剂、耐水剂和填充料等助剂经搅拌捏合后成型制成可降解快餐具（张承龙，2002）；以农业植物纤维性废弃物为原料还可制成可降解植物纤维素薄膜，替代不可降解性塑料薄膜；以稻壳作为生产白碳黑、炭化硅陶瓷、氮化硅陶瓷的原料；秸秆、稻壳经炭化后生产钢铁冶金行业金属液面的新型保温材料；棉秆皮、棉铃壳等含有酚式羟基化学成分制成聚合阳离子交换树脂吸收重金属。以硅酸盐水泥为基体材料，玉米秆、麦秆等农业废弃物（经表面处理剂处理后）作为增强材料，再加入粉煤灰等填充料后可制成植物纤维水泥复合板，产品成本低，保温、隔音性能好（余振华，2000）；以石膏为基体材料，农业植物纤维性废弃物为增强材料，可生产出植物纤维增强石膏板，产品具有吸音、隔热、透气等特性，是一种较好的装饰材料（于丽萍，1999）。

综合生态化方向指的是利用生态学的食物链原理，将农业废弃物作为产业链的一个环节，进而实现物质的多重循环和多次转化利用，提高资源利用率及整体效益。以“秸秆—食用菌—猪—沼气—肥田”模式为例，其能量利用率可达 50% 以上，有机质和营养元素的利用率可达 95%。但若秸秆只经过牲畜过腹还田，则其能量利用率仅为 20%，氮、磷、钾等营养元素的利用率仅为 60%（彭靖，2009）。如在利用沼气作为能源的同时，充分利用沼气发酵残余物作为优质的有机肥料和饲料的功能，形成以沼气为纽带的“饲料—肥料—能源—环境”复合生态工程，具有较高的经济效益和生态效益。如在北方地区形成了将沼气池和猪禽舍、厕所、蔬菜大棚有机结合的“四位一体”技术，南方地区形成的“猪—沼—果”“猪—沼—鱼”“猪—沼—菜”等模式（史雅娟，1999）。

六、无害化处理

某些农业废弃物不能直接资源化利用，而必须经过无害化处理，才能被人们利用。无害化处理技术主要指在处理过程中通过多种有益微生物进行发酵，分解固体废弃物有机物质，释放出养分，在高温发酵过程杀死病菌、虫卵，除毒去臭、净化环境。对农业废弃物进行无害化处理，不但可以消除环境污染，而且可以最大限度地利用资源，实现最大的经济、社会和环境效益，对于推进农业和农村废弃物的循环利用，对于农业的可持续发展具有重要的意义（古春英，2006）。

参考文献

[1] 艾平，张衍林，李善军，等．农业废弃物处理技术的分析［J］．农业环境与发展，2010（1）：59-63.

[2] 卞生有．生态农业中废弃物的处理与再生利用［M］．北京：化学工业出版社，2000.

[3] 陈智远，石东伟，王恩学，等．农业废弃物资源化利用技术的应用进展［J］．中国人口·资源与环境，2010，20（12）：112-116.

[4] 冯冰，曹宁，任爽英，等．不同基质处理对亚洲百合生长发育的影响［J］．安徽农业科学，2010，38（22）：11 746-11 748.

[5] 古春英，刘杜金，李淑珍．北方寒区农业废弃物无害化处理技术研究［J］．现代化农业，2006（5）：21-22.

[6] 胡明秀．农业废弃物资源化综合利用途径探讨［J］．安徽农业科学，2004，32（4）：757-759，767.

[7] 李令军，王英，张强，等．麦秸焚烧对北京市空气质量影响探讨［J］．中国科学．2008，38（2）：232-242.

[8] 李敏，王海星．农业废弃物综合利用措施综述［J］．中国人口·资源与环境，2012，22（5）：37-39.

[9] 李鹏，王文杰．我国农业废弃物资源的利用现状及开发前景［J］．天津农业科学，2009，15（3）：46-49.

[10] 刘振东，李贵春，杨晓梅，等．我国农业废弃物资源化利用现状与发展趋势分析［J］．安徽农业科学，2012，26：13 068-13 070，13 076.

[11] 刘振东，李贵春，杨晓梅，等．我国农业废弃物资源化利用现状与发展趋势分析［J］．安徽农业科学，2012，40（26）：13 068-13 070.

[12] 刘忠新，许启明．关于农业废弃物处理与利用的思考［J］．陕西环境，2001（1）：32-33.

[13] 卢怡，张无敌，宋洪川，等．农业固体废弃物发酵产氢的研究［J］．环境科学与技术，2009，32（9）：60-63.

[14] 彭靖．对我国农业废弃物资源化利用的思考［J］．生态环境学报，2009（2）：794-798.

[15] 石元春．农业的三个战场［J］．求是，2006（10）：54-56.

[16] 史雅娟，吕永龙．农业废弃物的资源化利用［J］．环境科学进展，1999，7（6）：32-37.

[17] 孙振钧．我国农业废弃物资源化与农村生物质能源利用的现状与发展［J］．中国农业科技导报，2006（1）：6-13.

[18] 陶思源．关于我国农业废弃物资源化问题的思考［J］．理论界，2013（5）：28-30.

[19] 王如意，靳淑敏，李伟．畜禽粪便资源化处理技术在环境污染防治中的应用［J］．现代畜牧业，2010，27（2）：13-14.

[20] 杨红丽，王子崇，张慎璞，等．农业有机废弃物发酵基质番茄育苗的试验研究［J］．中国农学通报，2009，25（18）：304-307.

[21] 于丽萍．植物纤维增强石膏板的生产技术［J］．江苏建材，1999（3）：17-18.

[22] 余振华．植物纤维水泥复合板．新型建筑材料［J］，2000（6）：25-27.

[23] 张承龙．农业废弃物资源化利用技术现状及其前景［J］．中国资源综合利用，2002（2）：14-16.

[24] 张希军，孙肖青，王勇，等．农村废弃物利用现状及其对策［J］．山东农业科学，2008（9）：116-117.

[25] 张野，何铁光，何永群，等．农业废弃物资源化利用现状概述［J］．农业研究与应用，2014（3）：64-67.

[26] 中华人民共和国国家发展和改革委员会．中国资源综合利用年度报告（2012）［R］，2013.

[27] 中华人民共和国农业部发展计划司．农业生物质产业发展规划（2007—2015 年），2007.

[28] 周根来，王恬．非常规饲料原料的开发利用［J］．粮食与饲料工业，2001（12）：33-34.

[29] 朱立志，邱君．农业废弃物循环利用［J］．环境保护，2009（418）：8-11.

[30] Balat M, Balat H, OZ C. Progress in bioethanol processing［J］. Progress in Energy and Combustion Science, 2008

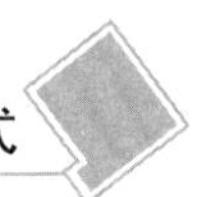

(34): 551 -573.

[31] Demirbas A. Bioethanol from cellulosic materials: a renewable motor fuel from biomass [J]. Energy Sources, 2005, 27: 327 -333.

[32] Kim S, Dale B E. Global potential bioethanol production from wasted crops and crop residues [J]. Biomass and Bioenergy. 2004, 26: 361 -375.

[33] Lehtom A, Huttunen S, Rintala J A. Laboratory hvestigations on Co-Digestion of Energy Crops and Crop Residues With Cow Manure for Methane Production: Effect of Crop to Manure Ratio [J]. Resources Conservation and Recycling, 2007, 51 (3): 591 -609.

[34] Peter Weiland. Biogas Production: current state and perspectives [J]. Applied Microbiology Biotechnology, 2010 (85): 849 -860.

[35] Raviv M, Oka Y, Katan J, et al. High-nitrogen compost as a medium for organic container-grown crops [J]. Bioresource Technology, 2005, 96 (4): 419 -427.

[36] Talebnia F, Karakashev D, Angelidaki I. Production of bioethanol from wheat straw: an overview on pretreatment, hydrolysis and fermentation [J]. Bioresource Technology, 2010, 101 (13): 453 -474.

第二篇

农业清洁生产与农村废弃物循环利用技术

第三章 大田作物清洁生产技术体系

目前，我国农田过量施氮现象十分普遍，相关研究表明，过量施氮农田约占总调查农田的33%，同时，将调查所得的单位播种面积平均施氮量与作物推荐施氮量进行对比，结果表明，全国过量施氮面积占播种面积的20%（巨晓棠等，2014）。中国目前大面积生产中，小麦（产量5.5～7.5t/hm^2）、玉米（产量6.5～9.5t/hm^2）、水稻（产量6.5～8.5t/hm^2）的合理施氮量最大范围在150～250kg/hm^2（张福锁等，2009；Zhang et al，2012），但我国许多田块氮施用量达到了250～350kg/hm^2，实际上，在施肥过程和施肥后，已经有100kg/hm^2左右的氮素发生了损失，起作用的只是150～200kg/hm^2（巨晓棠等，2014）。

冬小麦—夏玉米轮作是华北平原主要轮作方式，但农户在两季作物上都投入大量氮肥，造成氮肥利用率远远低于全国平均水平（巨晓棠等，2002）。

开展测土配方施肥、限减量施肥试验，集成耕作、育苗、灌溉等田间农艺措施，提高肥料利用率，解决作物需肥与土壤供肥之间的矛盾，有针对性地补充作物所需的营养元素，实现各种养分平衡供应，可以达到提高肥料效益、减少施氮量、保证乃至提高作物产量，并减少环境污染的目标。

第一节 限减量施肥技术*

一、技术特征

本技术主要通过测土配方施肥达到节肥增效的目的，本技术规定了玉米—小麦种植的产地环境要求、栽培管理、病虫害防治和采收等生产技术管理措施，适用于华北平原旱作大田玉米—小麦的种植，也适用于土壤类型、施肥、管理及种植模式与华北平原旱作大田相同或相似的地区。

二、技术要点

（一）术语和定义

（1）行距。相邻两行相同作物之间的距离。

（2）株距。每行同种作物中相邻两株之间的距离。

（3）玉米大喇叭口期。玉米大喇叭口期是从拔节到抽雄所经历的时期，为玉米营养生长与生殖生长并进期，此时根、茎、叶的生长非常旺盛，体积迅速扩大、干重急剧增加；玉米的第11片叶展开，叶龄指数为55%～60%，上部几片大叶突出，好像一个大喇叭，同时，雄穗已发育成熟，该期是玉米穗粒数形成的关键时期。

（二）产地环境

主要适用于华北平原旱作大田上，地势平坦且便于灌溉及机械化作业的地区。

（三）生产管理

1. 种子

选用适于本地生态环境条件、品质优、产量高、抗逆性好、抗病力强，并通过国家审定的品

* 该节撰写人：张继宗　张亦涛

种，玉米种以郑单958为宜，小麦种以石新828或冀麦22为宜。

2. 整地

玉米按大小行种植，大行80cm、小行50cm，如图3－1所示，株距25cm，小麦等行距种植，行距15cm。

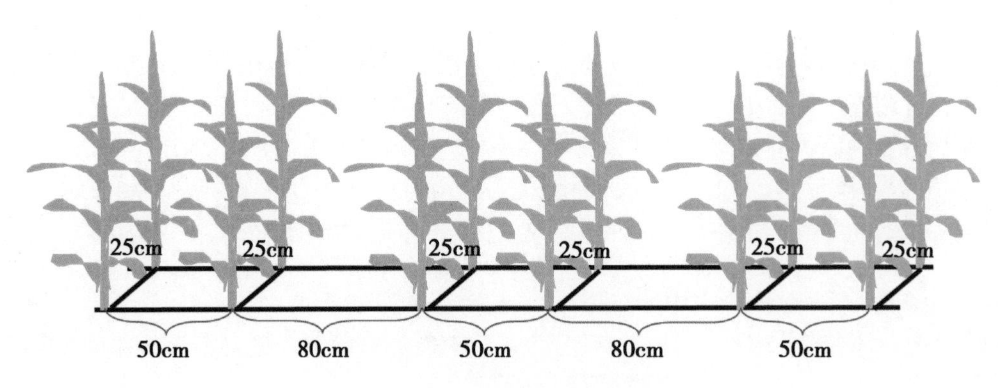

图3－1　玉米播种的株距和行距

3. 播种方式

（1）播期。玉米播种时间在6月10～20日，即小麦收获后及时抢墒播种，小麦播种时间在10月1～15日，即玉米收获后及时播种。

（2）播种密度。玉米条带按等行距种植4行，幅宽1.5 m，行距50cm，株距25cm；大豆等行距播种6行，幅宽1.5 m，行距30cm，株距20cm；玉米大豆间距30cm。小麦播种基本苗20万左右。

（3）播种方式。小麦和玉米均使用播种机进行机械作业；播种机可选择大型机械，也可用小型农用播种机，以穴播机、精密播种机最佳，并保证开沟器之间距离可调，以满足播种需要；玉米采用多粒穴播方式，每穴播种2～3粒，以播种机控制玉米间行株距，小麦采用直播机播种，一次性完成分草、开沟、施肥、播种、覆土等多项作业，播深4cm左右。

4. 管理

（1）施肥。播种机具有施肥功能，玉米施肥量及施肥方式如下：纯氮12～14.4kg/亩、纯磷4～4.8kg/亩、纯钾5～6kg/亩，其中尿素按基肥：大喇叭口期追肥＝1：1分施，基肥随播种时施入，追肥选择玉米大喇叭口期间降雨之前或阴凉天气傍晚均匀沟施于玉米行间，也可于小雨天气之前均匀撒施于玉米行间。小麦施肥量和施肥方式：纯氮17.2～22.5kg/亩、纯磷8.8～11kg/亩、纯钾1.6～2kg/亩，其中，尿素按基肥：拔节期追肥＝1：1分施，基肥随播种时施入，追肥在小麦拔节期灌溉前撒施。

（2）作物管理。及时补漏，出苗后，缺苗断垄处及时补种或移栽；及时间苗，3叶期进行；及时定苗，5叶期株苗生长稳定后，每穴留一株健壮苗；及时去蘖，玉米分蘖力较强，应及早掰除分蘖；及时掰穗，宜选留最健壮果穗，部分健壮植株可留两个果穗；及时培蔸，强降雨后玉米容易倒伏，苗期应及时培蔸，防止倒伏。

（3）抗旱排涝。玉米播种后，根据水分供应情况，可灌溉一次出苗水，播种后若遇降雨则无须灌溉；生育期间，若遇干旱年份，应及时灌溉，正常年份，无须灌溉；玉米生长期间，若遇暴雨或连阴雨，及时排涝。小麦生育期间，根据降水情况，分别在小麦出苗期，越冬期、起身期、孕穗期、灌浆期采取必要的灌溉措施。

（4）除草。玉米播种后出苗前，墒情好时每亩可直接用90%乙草胺乳油130ml对水40kg，或48%甲草胺乳油230ml对水40kg，或60%丁草胺乳油100ml对水50kg均匀喷施地表对玉米封闭，遇干旱天气应适当加大对水量；喷药力求均匀，防止局部用药过多造成药害或漏喷。在小麦生长期

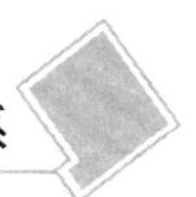

间及时清除杂草，根据本地杂草防治方法灵活处理。

（5）病虫害。

玉米锈病：可用25%粉锈宁可湿性粉剂1 000倍液或50%多菌灵可湿性粉剂500倍液喷施。

玉米螟：农药防治可以选用高效、低毒、易降解类型的药剂在小喇叭口期进行防治，但用药量不宜过大，每亩用1.5%辛硫磷颗粒剂0.3kg左右，掺细沙8kg左右，混匀后撒入心叶，每株用量2g左右。有条件可以在大喇叭口期接种赤眼蜂卵块控制玉米螟，也可以在玉米螟成虫盛发期用杀虫灯诱杀。

其他虫害：麦蚜虫采用刺克、红吡虫啉、进口吡虫啉、红色啶虫脒、刺净等防治；麦蜘蛛采用乐果、哒螨灵、哒嗪酮、蚜螨双叼、特攻等防治。

（四）适时收获

根据当地气候特点和作物生育时期及时采收，玉米一般在10月1日前后收获；玉米采收期主要根据籽粒外观形态确定，当籽粒乳线基本消失、基部黑层出现时收获；收获时可手工操作，此时玉米秸秆可作饲料用于畜禽养殖；也可使用玉米联合收割机，此时秸秆可粉碎还田。小麦一般在6月中旬，当农田全部小麦呈现金黄色，并且旗叶枯黄时收获。

三、技术的应用效果*

（一）玉米示范试验结果分析

在高中低3个不同肥力水平的土壤上，分别设置了空白、常规施肥和配方施肥3个处理，其中高低肥力土壤上均选择了3个农户，将其作为3次重复，中肥力水平的土壤上选择了4个农户，则分别作为4次重复。不同土壤肥力水平的玉米施肥量见表3－1。

表3－1　不同肥力水平的玉米施肥量　（单位：kg/亩）

肥力水平	处理	X1（N）	X2（P）	X3（K）
高肥力	空白	0	0	0
	常规施肥1	9.6	3.2	4
	常规施肥2	17	2.4	2.4
	常规施肥3	11.2	2.4	3.2
	配方施肥	14.4	4.8	6
中肥力	空白	0	0	0
	常规施肥1	15.7	4	4
	常规施肥2	21.1	4.4	4
	常规施肥3	19	7.5	7.5
	常规施肥4	8	4	4.8
	配方施肥	13.2	4.4	5.5
低肥力	空白	0	0	0
	常规施肥1	6	6	6
	常规施肥2	22.5	6.3	4.5
	常规施肥3	8.8	4	4
	配方施肥	12	4	5

* 数据及结果分析由徐水县农业局和土肥站提供

1. 高肥力土壤不同施肥处理的玉米产量分析

高肥力水平下不同施肥处理的玉米产量结果见表3－2，对空白区产量、常规施肥产量及配方肥处理产量进行比较和方差分析，结果表明，在高肥力土壤条件下，与不施肥的空白处理相比，无论是常规施肥还是配方施肥，玉米产量均得到了一定程度的提高，增产幅度平均分别达15.5%和18.5%，但由于各处理中3个重复的玉米产量变异较大，导致统计分析的差异不显著。

表3－2　高肥力土壤不同处理玉米产量结果分析　（单位：kg/亩）

试验序号	空白区	常规区		配方区		
	产量	产量	与空白相比的增产百分率（%）	产量	与空白相比的增产百分率（%）	与常规相比的增产百分率（%）
1	692	739	6.8	749	8.2	1.4
2	495	575	16.2	642	29.7	11.7
3	414	537	29.7	510	23.2	－5.0
平均	534a	617a	15.5	633a	18.5	2.6

注：表中不同的小写字母表示各处理之间在0.05水平下的差异显著性，下同

2. 中肥力土壤不同施肥处理的玉米产量分析

在中肥力土壤条件下，常规施肥的4个点中，玉米产量也没有表现出与施肥量之间明显的相关性（表3－3），而配方肥区的4个点施肥量相等，但产量变异同样也很大，此结果可能与供试的4个农户土壤肥力差异较大有关。与不施肥料的空白处理相比，常规施肥和配方施肥的增产幅度均较大，平均增产率分别达29.8%和28.1%，差异达显著水平。

3. 低肥力土壤不同施肥处理的玉米产量分析

在低肥力土壤上，常规施肥区和配方施肥区的玉米产量，与空白对照相比，增产率分别达到了28.5%和19.7%（表3－4）。但由于3个示范户的产量变异较大，所以差异没有达到统计学上的显著水平。常规施肥的3个农户施肥量差异很大，第二个示范户的施氮量为另两个示范户的2～3倍，达到了22.5kg/亩，但第二个示范户的玉米并没有明显增产，甚至低于第一个示范户。而配方肥区3个农户的施肥量相等，但产量变异也很大。

表3－3　中肥力土壤不同处理玉米产量结果分析　（单位：kg/亩）

试验序号	空白区	常规区		配方区		
	产量	产量	与空白相比的增产百分率（%）	产量	与空白相比的增产百分率（%）	与常规相比的增产百分率（%）
1	423	591	39.7	539	27.4	－8.8
2	409	708	73.1	710	73.6	0.3
3	531	556	4.7	568	7.0	2.2
4	503	567	12.7	576	14.5	1.6
平均	467b	606a	29.8	598a	28.1	－1.3

（二）小麦示范试验结果分析

小麦试验仍在高中低3个不同肥力水平的土壤上进行，试验同样设置不施肥的空白对照、常规施肥和配方施肥3个处理。不同肥力水平的施肥量见表3－5。

表 3-4　低肥力土壤不同处理玉米产量结果分析

试验序号	空白区	常规区		配方区		
	产量	产量	与空白相比的增产百分率（%）	产量	与空白相比的增产百分率（%）	与常规相比的增产百分率（%）
1	500	667	33.4	662	32.4	-0.7
2	549	576	4.9	538	-2.0	-6.6
3	349	553	58.5	473	35.5	-14.5
平均	466a	599a	28.5	558a	19.7	-6.8

表 3-5　不同肥力水平土壤的小麦施肥量　（单位：kg/亩）

肥力水平	处理	X1（N）	X2（P）	X3（K）
高肥力	空白	0	0	0
	常规施肥 1	20	5.6	4
	常规施肥 2	33.3	10	4
	常规施肥 3	16.7	12	3
	配方施肥	22.5	11	2
中肥力	空白	0	0	0
	常规施肥 1	17.3	6.4	4.8
	常规施肥 2	22	6.3	1.8
	常规施肥 3	18	7.65	7.65
	常规施肥 4	7.6	3	3
	配方施肥	17.2	8.8	1.6
低肥力	空白	0	0	0
	常规施肥 1	17.5	8	4
	常规施肥 2	20.4	5.8	4.15
	常规施肥 3	25	4	8.5
	配方施肥	17.2	8.8	1.6

1. 高肥力土壤不同处理的小麦产量分析

高肥力水平下不同处理的小麦产量结果见表 3-6。可以看出，3 个示范户中，3 个处理的产量均表现为第二示范户明显较高，而第一和第三示范户产量水平相当。与不施肥的空白处理相比，常规施肥和配方施肥的小麦增产率分别为 10.8% 和 22.7%，配方区与常规区相比较，小麦增产幅度为 8.1% ~12.5%，平均增产 10.7%。

表 3-6　高肥力土壤不同处理小麦产量结果　（单位：kg/亩）

试验序号	空白区	常规区		配方区		
	产量	产量	与空白相比的增产百分率（%）	产量	与空白相比的增产百分率（%）	与常规相比的增产百分率（%）
1	349	400	14.6	450	28.9	12.5
2	493	520	5.5	562	14.0	8.1
3	349	400	14.6	450	28.9	12.5
平均	397a	440a	10.8	487a	22.7	10.7

2. 中肥力土壤不同施肥处理的小麦产量分析

在中肥力土壤条件下，各处理之间的小麦产量仍以不施肥料的空白处理最低（表3－7），常规施肥和配方施肥的增产率平均分别为21.7%和23.5%，产量水平显著提高。

表3－7　中肥力土壤不同处理小麦产量结果　（单位：kg/亩）

试验序号	空白区	常规区		配方区		
	产量	产量	与空白相比的增产百分率（%）	产量	与空白相比的增产百分率（%）	与常规相比的增产百分率（%）
1	350	425	21.4	417	19.1	－1.9
2	425	451	6.1	476	12.0	5.5
3	334	411	23.1	401	20.1	－2.4
4	271	392	44.6	410	51.3	4.6
平均	345b	420a	21.7	426a	23.5	1.4

3. 低肥力土壤不同施肥处理的小麦产量分析

低肥力土壤条件下，仍以不施肥料的空白处理最低（表3－8），常规施肥和配方施肥的平均增产率分别为21.9%和22.4%。

表3－8　低肥力土壤不同处理小麦产量结果　（单位：kg/亩）

试验序号	空白区	常规区		配方区		
	产量	产量	与空白相比的增产百分率（%）	产量	与空白相比的增产百分率（%）	与常规相比的增产百分率（%）
1	467	534	14.3	500	7.1	－6.4
2	442	442	0.0	500	13.1	13.1
3	309	509	64.7	492	59.2	－3.3
平均	406a	495a	21.9	497a	22.4	0.4

第二节　间套作技术*

目前，地表水及地下水质量成为人们最为关心的问题之一，硝酸盐对地下水的污染问题已引起许多国家的特别关注（胡国臣等，1999；邢光熹等，2001；Rodriguez et al，2002）。

冬小麦—夏玉米轮作是华北平原主要轮作方式，但农户在两季作物上都投入大量氮肥，造成氮肥利用率远远低于全国平均水平（巨晓棠等，2002）。土壤剖面中累积的大量硝态氮，在冬小麦季的过量灌溉和夏玉米季的强降雨过程中，容易引起严重的硝态氮淋洗，直接造成地下水硝酸盐富集，严重威胁水环境（巨晓棠和张福锁，2003；寇长林等，2004；钟茜等，2006）。冬小麦—夏玉米长期单一化的轮作模式，尤其是夏季长期单一种植玉米，降低了农田物种和生境多样性，造成农业生态系统整体抗逆自我调节功能的弱化，还带来了土壤质量退化和土地光热资源综合利用率低等问题，使农田环境和经济效益均受到严重影响（尤民生等，2004）。

华北平原夏播季为每年6～10月，而降雨也主要集中在此时期（占全年降雨量65%以上），同时

* 该节撰写人：张继宗　张亦涛

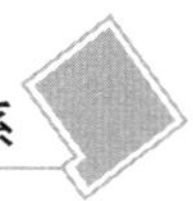

鉴于该时期施氮过量现象较普遍，小麦收获后土壤硝态氮残留量高，土壤硝态氮淋溶风险极大，夏季成为我国华北平原旱作大田土壤硝态氮淋溶的重要时期。因此，在不改变主要种植结构并保证经济效益的基础上，研究一种旨在减少氮素淋溶、降低地下水污染风险的种植方法是十分有必要的。

华北平原旱作大田夏季氮素淋溶关键时期，土壤硝态氮淋溶造成地下水污染风险极大，针对这一现状，本研究提供了一种利用玉米与大豆间作模式来防控土壤硝酸盐淋失的方法，该方法能够减缓氮素淋溶对地下水的影响，降低地下水污染风险，同时，该方法不但能够提高养分利用率，还具有较好的经济效益。

一、技术特征

本技术规定了玉米、大豆间作种植的产地环境要求、栽培管理、病虫害防治和采收等生产技术管理措施。本技术适用于华北平原旱作大田玉米、大豆的间作种植，适用于土壤类型、施肥、管理及种植模式与华北平原旱作大田相同或相似的地区。通过合理布局玉米与大豆种植行数和空间分布，可以促进玉米和大豆同时高效利用光热和水肥，达到玉米稳产、增收大豆，并有效减少硝酸盐淋失的目的。

二、技术要点

（一）术语和定义

（1）间作。一茬有两种或两种以上生育季节相近的作物，在同一块田地上成行或成带（多行）间隔种植的方式，耕作学上用“‖”代表间作种植。

（2）4∶6玉米‖大豆。4∶6玉米‖大豆中“4”和“6”分别代表4行玉米和6行大豆，4∶6玉米‖大豆即4行玉米组成的玉米条带与6行大豆组成的大豆条带的间作种植。

（3）行距。相邻两行相同作物之间的距离。

（4）株距。每行同种作物中相邻两株之间的距离。

（5）带宽。间作种植中各种作物顺序种植一遍所占据地面的宽度，包括作物的幅宽和间距。

（6）幅宽。间作种植中无间断的每种作物两边行相距的宽度。

（7）间距。相邻两种作物边行之间的距离。

（8）玉米大喇叭口期。玉米大喇叭口期是从拔节到抽雄所经历的时期，为玉米营养生长与生殖生长并进期，此时根、茎、叶的生长非常旺盛，体积迅速扩大、干重急剧增加；玉米的第11片叶展开，叶龄指数为55%～60%，上部几片大叶突出，好像一个大喇叭，同时，雄穗已发育成熟，该期是玉米穗粒数形成的关键时期。

（9）土地当量。是衡量间混作比单作增产程度的一项指标，表示同一农田中两种或两种以上作物间作时的收益与各个作物单作时的收益之比率，若土地当量比大于1，即表示间作比单作效率高。土地当量比 $LER = Y_{ic}/Y_{mc} + Y_{ib}/Y_{mb}$。式中，$Y_{ic}$和$Y_{ib}$分别代表间作玉米和间作豆类的产量，$Y_{mc}$和$Y_{mb}$分别为单作玉米和单作豆类的产量，$LER > 1$为间作优势，$LER < 1$为间作劣势。

（二）产地环境

适宜玉米和大豆种植的华北平原旱作大田，且地势平坦，便于灌溉及机械化作业。

（三）生产管理

1. 种子

选用适于本地生态环境条件、品质优、产量高、抗逆性好、抗病力强，并通过国家审定的品种，玉米种以郑单958为宜，大豆种以中黄13、中黄30等为宜。

2. 整地

前茬作物收获后，平整土地，使土壤保持良好的物理性状，开好排水沟。

3. 播种

（1）播期。作物播种时间在6月10～20日，即小麦收获后及时抢墒播种。

（2）播种密度。玉米条带按等行距种植4行，幅宽1.5m，行距50cm，株距25cm,；大豆等行距播种6行，幅宽1.5 m，行距30cm，株距20cm；玉米大豆间距30cm（图3－2）。

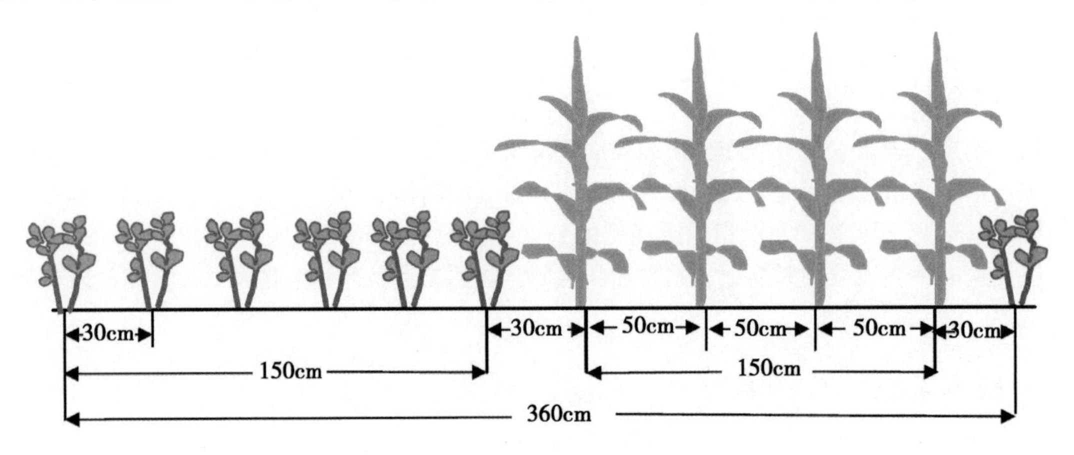

图3－2　玉米大豆套种的播种模式

（3）播种方式。使用播种机进行机械播种作业；播种机可选择大型机械，也可用小型农用播种机，以穴播机、精密播种机为佳，并保证开沟器之间距离可调，以满足播种时密度控制；玉米、大豆按条带分别多粒穴播，以播种机控制各作物间行株距及两作物间间距，一次性完成分草、开沟、施肥、播种、覆土等多项作业，播深4cm左右。

4. 管理

（1）施肥。现有播种机械都具备播种时施肥功能，施肥量及施肥方式如下：玉米带施尿素32.6kg/亩、过磷酸钙42kg/亩、硫酸钾10kg/亩，其中，尿素按基肥：大喇叭口期追肥＝1：1分施，基肥随播种时施入，追肥选择玉米大喇叭口期间降雨之前或阴凉天气傍晚均匀沟施于玉米行间，也可于小雨天气之前均匀撒施于玉米行间；大豆带施尿素6.5kg/亩、过磷酸钙42kg/亩、硫酸钾10kg/亩，全部做基肥随播种时施入。

（2）作物管理。作物出苗后，及时查缺补漏，缺苗断垄处及时补种或移栽；玉米3叶期，及时间苗，玉米株苗生长稳定后（5叶期），每穴只留1株健壮苗；大豆间定苗操作同时进行；玉米及时去蘖，玉米一般分蘖力较强，分蘖与主茎争夺养分、水分，影响主茎的生长与果穗的发育，应及早掰除分蘖；及时掰掉多余的玉米果穗，一般的品种都有多个果穗，但为了保证果穗的品质，宜选留最健壮的一个果穗作留果穗，其余的及时掰掉；部分健壮植株可留两个果穗；及时培蔸，强降雨后玉米及大豆都容易倒伏，苗期应及时培蔸，防止倒伏。

（3）抗旱排涝。作物播种后，根据水分供应情况，可灌溉一次出苗水，播种后若遇降雨则无须灌溉；生育期间，若遇干旱年份，应及时灌溉，正常年份，无须灌溉；作物生长期间，若遇暴雨或连阴雨，及时排涝。

（4）除草。播种后出苗前，墒情好时每亩可直接用90%乙草胺乳油130ml对水40kg，或48%甲草胺乳油230ml对水40kg，或60%丁草胺乳油100ml对水50kg均匀喷施地表对玉米、大豆同时封闭，遇干旱天气应适当加大对水量；喷药力求均匀，防止局部用药过多造成药害或漏喷；作物生长期间各作物分别及时除草，根据本地杂草防治方法灵活处理。

（5）病虫害。

玉米螟：农药防治可以选用高效、低毒、易降解类型的药剂在小喇叭口期进行防治，但用药量不宜过大，每亩用1.5%辛硫磷颗粒剂0.3kg左右，掺细沙8kg左右，混匀后撒入心叶，每株用量2g左右。有条件可以在大喇叭口期接种赤眼蜂卵块控制玉米螟，也可以在玉米螟成虫盛发期用杀虫灯诱杀。

玉米锈病：25%粉锈宁可湿性粉剂1 000倍液，或50%多菌灵可湿性粉剂500倍液喷施。

大豆蚜虫：40%乐果乳油1 500倍液进行喷施。

大豆食心虫：敌杀死乳油20～30ml加水30kg喷施。

（四）适时收获

（1）根据本地气候特点和作物生育时期及时采收，一般在国庆前后两种作物同时收获。

（2）玉米采收期主要根据籽粒外观形态确定，当籽粒乳线基本消失、基部黑层出现时收获；大豆在落叶达90%时收割。

（3）收获时可手工操作，此时玉米秸秆可作饲料用于畜禽养殖；也可使用玉米联合收割机、大豆收割机分别收割，此时秸秆可粉碎还田。

三、技术的应用效果

试验地设在位于华北平原具有50多年旱作种植历史的河北省徐水县留村乡荆塘铺村，该区地处北纬38°09～39°09，东经115°19～115°46，属大陆性季风气侯，四季分明，光照充足，自然环境良好。年平均气温11.9℃，年无霜期平均184天，年均降水量546.9mm，年日照时数平均2 744.9小时。供试土壤为褐土，土壤基本理化性质见表3－9。

表3－9　供试土壤理化性质

土层（cm）	pH值	全氮（g/kg）	全磷（g/kg）	全钾（g/kg）	有机质（g/kg）	速效磷（mg/kg）	速效钾（mg/kg）	NH_4^+－N（mg/kg）	NO_3^-－N（mg/kg）	容重（g/cm^3）
0～20	8.70	1.09	0.76	23.40	18.56	8.98	82.45	1.24	12.95	1.32
20～40	8.61	0.60	0.60	23.30	10.62	3.34	68.92	1.64	7.41	1.33
40～60	8.63	0.52	0.53	23.70	9.84	2.64	68.46	1.34	4.93	1.33
60～80	8.56	0.49	0.58	23.40	8.51	3.05	95.50	1.72	4.61	1.35
80～100	8.55	0.60	0.50	23.20	9.65	3.17	114.16	1.45	4.01	1.42
100～120	8.58	0.67	0.50	22.80	10.99	4.99	117.42	1.82	4.63	1.33
120～140	8.55	0.57	0.46	21.90	9.67	2.26	99.70	1.25	3.87	1.29
140～160	8.65	0.31	0.49	22.90	5.49	1.78	54.94	1.29	3.69	1.34
160～180	8.63	0.16	0.47	22.80	4.54	2.09	38.15	1.78	3.74	1.35
180～200	8.59	0.28	0.50	24.30	4.93	2.75	86.64	1.51	2.89	1.41

2010年6～10月开始试验，设置2个种植处理：玉米单作、玉米‖大豆间作（图3－3、图3－4），每个处理3次重复，随机区组排列，夏播作物收获后在原处理小区上继续秋播种植冬小麦。各单作处理小区长25m，宽7m，面积为175m²，间作处理小区长25m，宽9m，面积为225m²，各小区间用田埂隔开。玉米单作采用大小行种植方式，大行距80cm，小行距50cm，株距25cm。间作采用条带种植方式，每个小区包括3个玉米条带、3个豆类条带，交错排列，相邻的玉米条带与大豆条带间距20cm；玉米幅宽1.8m，行株距设置与单作相同。试验结果显示如下。

图 3－3　玉米单作

图 3－4　玉米‖大豆间作

（一）玉米与大豆间作对消减土壤硝态氮含量效果明显

作物收获后，各种植模式及不同作物条带随土壤深度增加，硝态氮含量均呈降低趋势，但在硝态氮含量渐少的大环境下，各条带在某处均有一个较明显的突增阶段，各处理和条带硝态氮含量增长均集中在 40～80cm 处。各种植模式中，以玉米单作种植耕层土壤硝态氮含量最高，这可能与施肥量不同有关（图 3－5）。

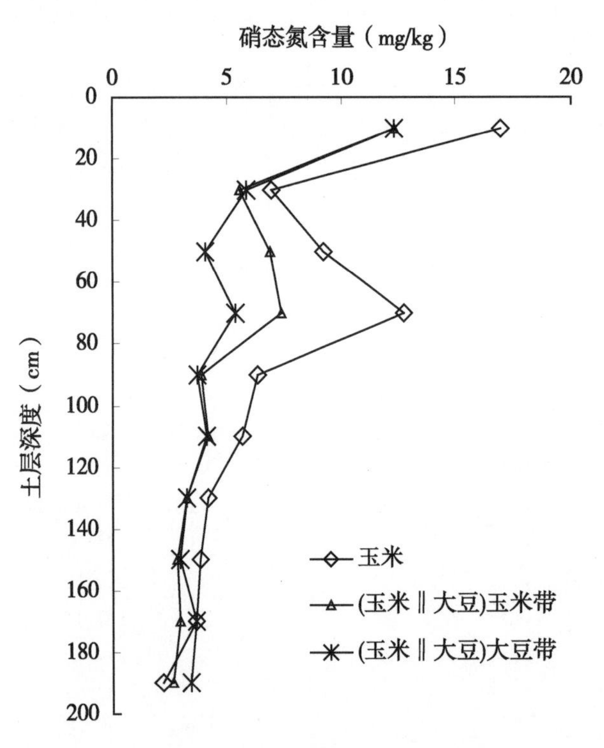

图 3－5　玉米、大豆单作和间作后，不同土层硝态氮含量

玉米与大豆间作的吸氮量优于玉米单作，但差异不明显，这可能与大豆有固氮作用有关（表 3－10）。

表 3－10　不同种植模式氮素吸收

处理		籽粒氮含量（g/kg）	秸秆氮含量（g/kg）	作物吸氮量（kg/hm^2）
玉米		14.99±0.27	10.78±0.56	270.50±4.54 a
玉米‖大豆	玉米	11.75±0.32	8.83±1.39	276.67±9.45 a
	大豆	63.62±2.18	10.98±1.22	

（二）玉米与大豆间作的经济效益显著

玉米‖大豆的土地当量比大于1，说明该模式间作优势明显，增产率为27%，其经济效益也显著高于玉米单作种植（$P<0.05$）（表3-11）。

表3-11　不同种植模式产量及经济效益

处理		经济产量（kg/hm^2）	土地当量比	经济效益（元/hm^2）
玉米		11 003 ± 172	—	16 994. 94 b
玉米‖大豆	玉米	9 142 ± 75	1. 27	19 049. 56 a
	大豆	1 345 ± 55		

注：①字母代表各处理在$P<0.05$水平上的差异显著性。

②玉米‖大豆表示玉米与大豆间作。

③机械费用300元/hm^2，灌溉150元/hm^2；玉米种价格8.00元/kg，大豆种12.00元/kg，；2010年玉米收购价格1.80元/kg，玉米秸秆收购价格0.02元/kg，大豆收购价格4.00元/kg；尿素2 100元/t，过磷酸钙800元/t，进口硫酸钾3 500元/t

2011年6~10月继续在位于华北平原的河北省徐水县具有50多年旱作种植历史的大田上进行了玉米单作与不同行比玉米‖大豆种植模式对比研究。设置玉米单作、大豆单作、玉米‖大豆2∶6、玉米‖大豆4∶6、玉米‖大豆6∶6，5种夏播种植模式，每个处理3次重复，随机区组排列；肥料品种、后茬作物、后茬作物施肥管理等均与试验1相同。间作种植玉米行距50cm，株距25cm；大豆行距30cm，株距20cm；玉米与大豆间距30cm。

（三）4行玉米‖6行大豆是光合利用率最高的种植模式

抽雄期和灌浆期净光合速率对比显示，间作模式中玉米净光合速率的提高只波及到玉米内两行，即只有4行玉米净光合速率因间作而受益（表3-12）。4行玉米‖6行大豆的土地当量比最大，间作优势最明显，增产率最高，达30%，其经济效益显著高于玉米单作（$P<0.05$）（表3-13）。4行玉米‖6行大豆种植吸氮量最高，显著高于玉米单作（$P<0.05$）（表3-14）。

表3-12　不同处理玉米净光合速率（Pn）　　（单位：$mmol/m^2 \cdot s$）

生育期	处理/行	边1行	边2行	边3行
抽雄期	玉米单作		39. 22 ± 1. 89 c	
	2行玉米‖6行大豆	40. 17 ± 1. 16 bc	—	—
	4行玉米‖6行大豆	42. 78 ± 1. 54 a	39. 34 ± 1. 88 c	—
	6行玉米‖6行大豆	41. 46 ± 1. 43 ab	39. 65 ± 2. 06 c	39. 01 ± 1. 87 c
灌浆期	玉米单作		38. 53 ± 0. 98 c	
	2行玉米‖6行大豆	39. 19 ± 0. 95 bc	—	—
	4行玉米‖6行大豆	40. 58 ± 1. 05 ab	38. 67 ± 1. 64 c	—
	6行玉米‖6行大豆	41. 16 ± 0. 43 a	38. 69 ± 2. 46 c	38. 15 ± 2. 97 c

注：①2行玉米‖6行大豆、4行玉米‖6行大豆、6行玉米‖6行大豆分别表示2行、4行、6行玉米分别与6行大豆间作。

②字母代表各处理在$P<0.05$水平上的差异显著性

表 3－13　不同处理经济产量及其土地当量比

处理		产量（kg/hm²）	土地当量比	经济效益（元/hm²）
玉米单作		9 630. 39	—	18 142. 45 ± 255. 93 c
大豆单作		3 776. 21	—	16 336. 05 ± 100. 02 d
2 行玉米‖6 行大豆	玉米	5 699. 06	1. 24	21 861. 63 ± 291. 59 b
	大豆	2 444. 29		
4 行玉米‖6 行大豆	玉米	7 605. 30	1. 30	23 480. 06 ± 165. 19 a
	大豆	1 945. 30		
6 行玉米‖6 行大豆	玉米	8 335. 14	1. 24	22 381. 88 ± 288. 32 ab
	大豆	1 412. 97		

注：机械费用 300 元/hm²，灌溉 150 元/hm²；玉米种价格 12. 00 元/kg，大豆种 12. 00 元/kg；2010 年玉米收购价格 2. 20 元/kg，玉米秸秆收购价格 0. 02 元/kg，大豆收购价格 5. 00 元/kg，尿素 2 400元/t，过磷酸钙 800 元/t，进口硫酸钾 3 500元/t

表 3－14　不同时期作物吸氮量

处理/生育期		吸氮量（kg/hm²）	
玉米		159. 68 ± 3. 00 c	
大豆		236. 87 ± 4. 00 b	
2 行玉米‖6 行大豆	玉米	93. 44 ± 1. 63	257. 77 ± 4. 00 a
	大豆	164. 33 ± 0. 82	
4 行玉米‖6 行大豆	玉米	129. 28 ± 2. 48	257. 97 ± 3. 00 a
	大豆	128. 69 ± 1. 66	
6 行玉米‖6 行大豆	玉米	138. 58 ± 1. 02	234. 34 ± 6. 00 b
	大豆	95. 76 ± 0. 60	

（四）4 行玉米‖6 行大豆种植能够显著降低土壤硝态氮残留

作物单作、4 行玉米‖6 行大豆、6 行玉米‖6 行大豆种植收获后行间（0～20cm）土壤硝态氮含量对比结果显示，4 行玉米‖6 行大豆模式中玉米条带各行间硝态氮含量低于玉米单作和 6 行玉米‖6 行大豆模式中玉米条带各行间含量；各模式中大豆条带各相应行间硝态氮含量相差不大（图 3－6）。4 行玉米‖6 行大豆 0～20cm、20～40cm、0～40cm 土壤硝态氮残留量均显著低于玉米单作，说明 4 行玉米‖6 行大豆种植能够显著降低土壤硝态氮残留（图 3－7）。

第三节　有机无机肥配施技术*

近年来，随着综合生产能力的不断提高，农民对土地的投入越来越多，尤其对氮肥的投入逐年增长，使得作物产量在改革开放初期的一段时间里有了较大幅度提高。但是，由于长期大量滥用化肥，导致土壤板结，地力水平下降，影响了土壤综合生产能力。有机肥和无机化肥配合施用，对提高土壤有机质含量和质量、改善土壤、培肥土壤、提高农作物增产潜力有重要意义。

* 该节撰写人：邢素丽

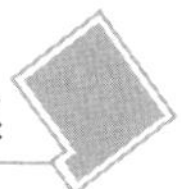

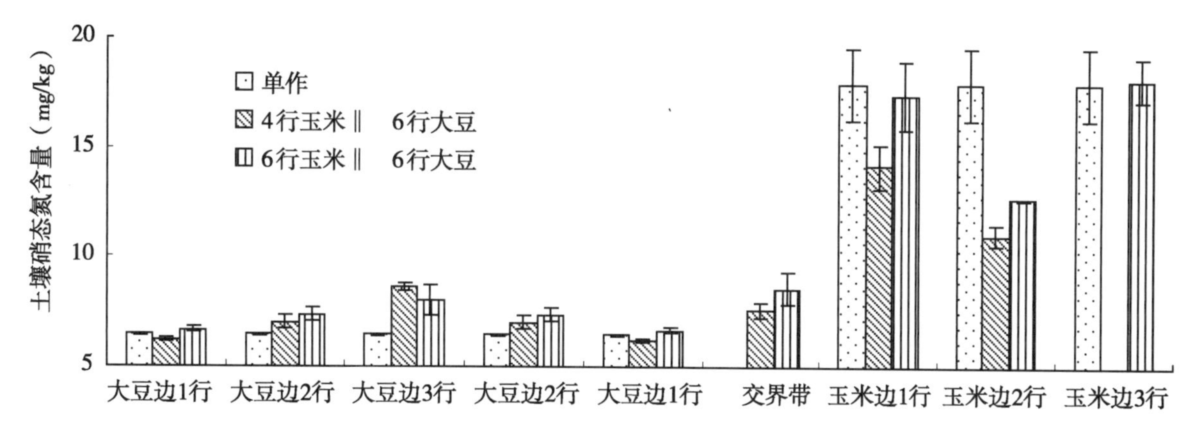

图 3－6　不同种植模式作物收获后农田 0～20cm 土壤硝态氮含量

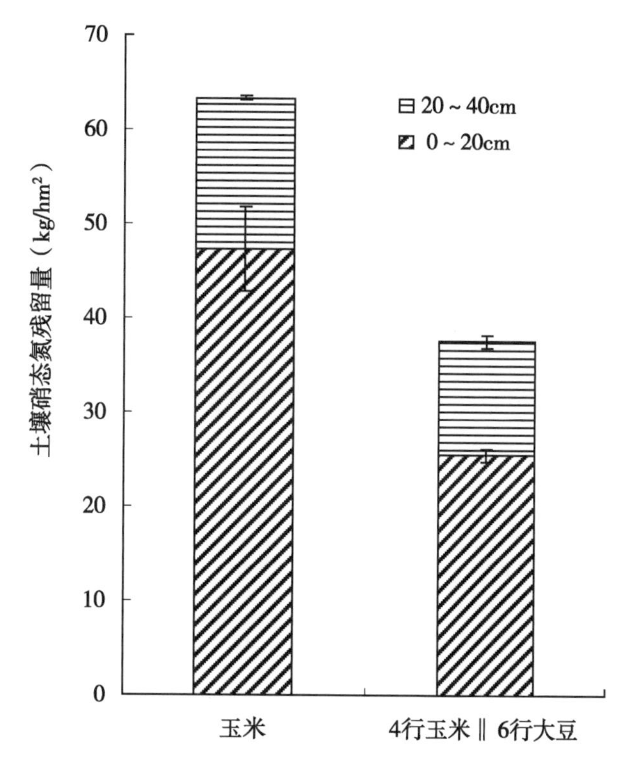

图 3－7　玉米单作与 4 行玉米‖6 行大豆等 2 个处理作物收获后土壤硝态氮残留量

一、技术特征

用于河北中南部太行山山前平原现有土壤养分条件、小麦玉米轮作种植体系，小麦秸秆高留茬，玉米秸秆全量还田、现有粗放灌溉条件。

结合现有小麦机耕、玉米种肥同播生产水平，省工省时。

小麦季施肥量：化肥纯氮 160～180kg/hm²，有机肥纯氮 60～80kg/hm²，掌握总纯氮量 240kg/hm²。P_2O_5 90kg/hm²，K_2O 30～60kg/hm²。其中基肥量为全部有机肥、磷肥、50% 氮肥、50% 钾肥。有机肥可使用鸡粪、牛粪、猪粪、农家肥等，化肥种类以小麦专用复混肥为主。追肥量：50% 的氮肥和 50% 钾肥在小麦拔节期随水追施。

玉米季施肥量：纯氮 240～270kg/hm²，P_2O_5 15～45kg/hm²，K_2O 120kg/hm²。其中，玉米季底

肥或种肥：全部磷肥，25%氮肥，50%钾肥，肥料种类为玉米专用复混肥或配方肥，结合机播施入。追肥：75%氮肥，50%钾肥，大喇叭口期随水撒施或沟施。

小麦玉米轮作周期总的施肥指标：有机肥纯氮 60 ~ 80kg/hm^2，化肥纯氮 420 ~ 450kg/hm^2，$P_2O_5$115 ~ 135kg/hm^2，K_2O 150 ~ 180kg/hm^2。

二、技术要点

（一）小麦季

（1）选用抗旱、抗寒优良品种。河北省中南部可选石新828、良星66、冀麦2号、衡观35、冀麦5265等。

（2）玉米秸秆全量还田。前茬玉米收获后及时用秸秆粉碎机粉碎秸秆，要求粉碎两遍，使秸秆细碎，全量还田，喷洒适量高效秸秆腐解菌剂。

（3）播前精细整地，施足底肥，增施有机肥。底施腐熟有机肥纯氮量60 ~ 80kg/hm^2，折合风干鸡粪3 000 ~ 4 000kg/hm^2，化肥纯氮施用量60kg/hm^2、磷肥用量P_2O_5 90kg/hm^2、K_2O 15 ~ 30kg/hm^2。化肥以复合肥为主，不足磷钾可用单质肥料或配方复混肥调整。随整地将复混肥于播前撒施于地表，耕翻入土。

（4）足墒播种。小麦播种耕层土壤的适宜含水量：轻壤土16% ~ 18%、两合土18% ~ 20%、黏土地20% ~ 22%。如果遇小麦播前降雨不足，播前灌水造墒，适墒耕翻耙平播种。小麦播种适期适量，河北省中南部一带适宜播期为：半冬性品种10月5 ~ 22日。播期越晚，播量越大。早播地，分蘖力强、成穗率高的品种，播量135 ~ 165kg/hm^2；中晚播地，分蘖力弱、成穗率低的品种，播量165 ~ 225kg/hm^2。采用等行距种植或宽窄行种植。播深3 ~ 5cm，播后镇压保墒。

（5）根据越冬前气候和土壤情况，适时浇灌越冬水。

（6）小麦返青后及时中耕，松土保墒，提高地温，促苗早发，消灭杂草，抑制春蘖过量滋生，确保麦苗稳健生长。

（7）适期适量浇拔节肥水。小麦拔节期，河北省中南部常年在3月末4月初，结合拔节水，追纯氮120kg/hm^2，K_2O 15 ~ 30kg/hm^2。旺长麦苗，肥水推迟，低温冷害弱苗，于晴朗天气提早肥水管理，促苗早发。

（8）及时浇扬花—灌浆水。灌溉小麦生育后期如遇干旱，应在小麦孕穗期或籽粒灌浆初期进行及时灌溉。

（9）播前和整个生育期都要做好病虫草害防治，预防各类病虫草害。

（二）玉米季

（1）选用高产、优质、抗病、抗倒、适应性强，且为提早成熟期选择生育期所需积温比当地常年活动积温少150℃的优良品种。如郑单958、浚单20、锐步1号等。

（2）保证播种质量。小麦留茬25cm，播前造墒，播种土壤含水量20%。选用包衣种子。机械贴茬播种，6月中旬抢茬直播，播深3 ~ 4cm。播时按60cm行距开沟，株距根据种植密度确定，用种量3.5kg/亩，随机械播种施纯氮67.5kg/hm^2、P_2O_5 15 ~ 45kg/hm^2、K_2O 60kg/hm^2做底肥，种、肥隔离。播后根据天气和土壤墒情浇蒙头水。播种后出苗前，用50%乙草胺乳油进行化学除草。此外，根据苗情生长，3叶间苗、5叶定苗。密植品种可根据品种特性，留苗63 000 ~ 78 000株/hm^2；株型繁茂的品种，酌情减少留苗株数。

（3）玉米拔节后—大喇叭口期追肥，结合降雨开沟追肥，追肥量：纯氮172.5 ~ 202.5kg/hm^2，K_2O 60kg/hm^2。

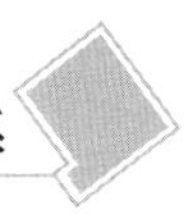

（4）注意抽雄扬花期灌水。并进行人工去雄、辅助授粉，以增加穗粒数。

（5）做好出苗前后化学除草，防治各类病虫害。

三、技术的应用效果

（一）增加土壤有机质含量

在不同肥力水平下，随着施入的有机物料增多，土壤有机质呈线性增长趋势（图3－8）。有机无机配施3年后，高肥力地块和低肥力地块，处理“NPK化肥＋有机肥”土壤有机质含量最高，3年平均土壤有机质含量分别为20.23g/kg和15.5g/kg，比对照分别增加2.63g/kg和2.5g/kg，分别增长14.95%和19.2%；其次为处理“NPK化肥＋秸秆还田”，平均土壤有机质含量分别为19.56g/kg和15.0g/kg，比不施肥对照分别增加1.96g/kg和2.08g/kg，分别增长11.12%和16%。

单施化肥的NPK处理无论是高肥力还是低肥力土壤有机质增加量和增加比例都很小，分别为0.45g/kg、2.55%和0.48g/kg、3.73%。

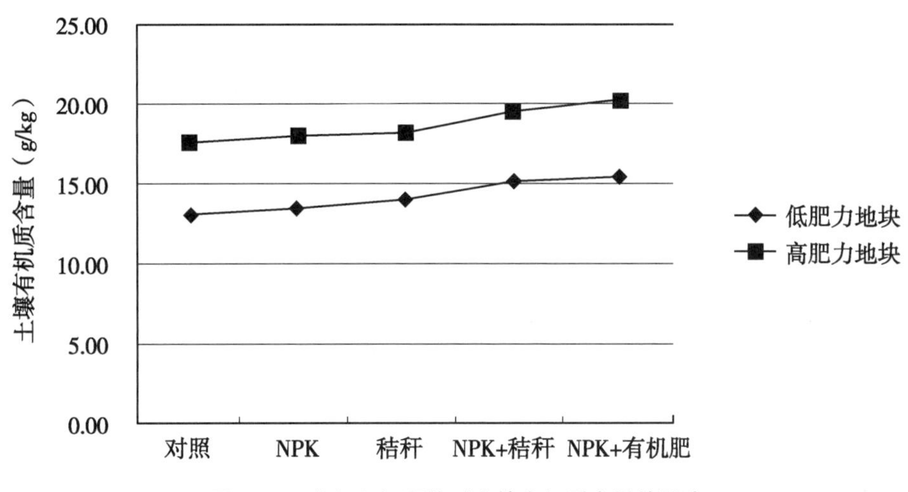

图3－8　有机无机配施对土壤有机质含量的影响

（二）增加土壤全氮含量

有机无机配施3年后，在高肥力地块，处理“NPK化肥＋有机肥”在2005—2010年土壤全氮含量最高，为1 160.1 mg/kg，比不施肥的对照增加63.0 mg/kg，增长5.70%；处理“NPK化肥＋秸秆还田”，平均土壤全氮含量为1 142.3 mg/kg，比对照增加44.2 mg/kg，增长4.03%。

在低肥力地块，处理“NPK化肥＋有机肥”土壤全氮含量最高，为1 052.7 mg/kg，比对照增加135.80 mg/kg，增长14.81%，并且差异达显著水平（图3－9）。

以上表明，化肥和有机肥配合施用，能增加较高肥力土壤全氮含量，显著增加较低肥力土壤的全氮含量，在低肥力地块，有机无机配施土壤培肥作用更加明显。

（三）增加土壤全磷和土壤速效磷含量

化肥配合有机肥施用，能增加土壤全磷含量和土壤速效磷含量。2005—2010年“NPK化肥＋有机肥”土壤全磷和速效磷含量最高，全磷在较高肥力和较低肥力地块分别为87.62 mg/kg和87.54 mg/kg（图3－10），分别比对照增加7.0 mg/kg和8.2 mg/kg，增长8.63%和10.39%；试验结束前，土壤速效磷含量在不同肥力地块分别为18.4 mg/kg和15.9 mg/kg（图3－11），分别比对照增长93.19%和107.24%，其中高肥力地块土壤速效磷含量与对照相比差异达显著水平。

“NPK化肥＋秸秆还田”处理，土壤全磷含量在不同肥力地块分别为83.18 mg/kg和81.14 mg/kg

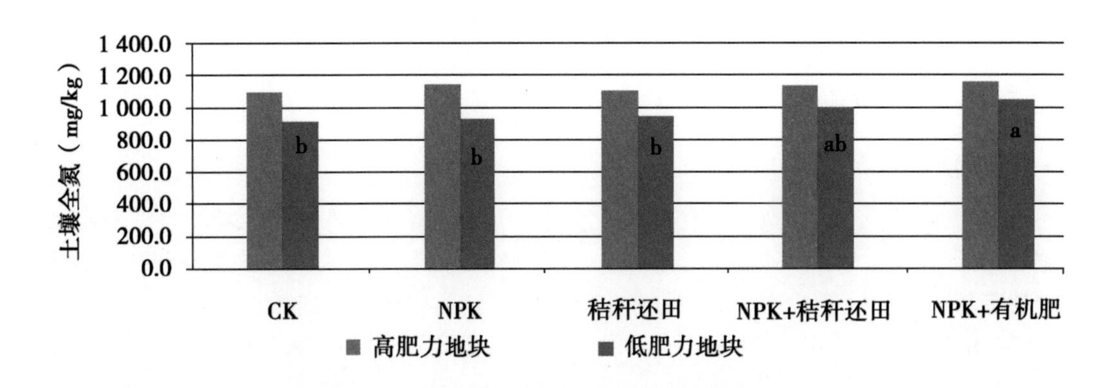

图 3－9　有机无机配施对土壤全氮含量的影响

(图 3－10)，分别比对照增加 2. 6 mg/kg 和 1. 8 mg/kg，分别增长 3. 17% 和 2. 32%；土壤速效磷含量在两个地块分别为 15. 6 mg/kg 和 12. 9 mg/kg（图 3－11），分别增长 64. 14% 和 68. 00%，其中高肥力地块土壤速效磷含量与对照相比差异达到显著水平。

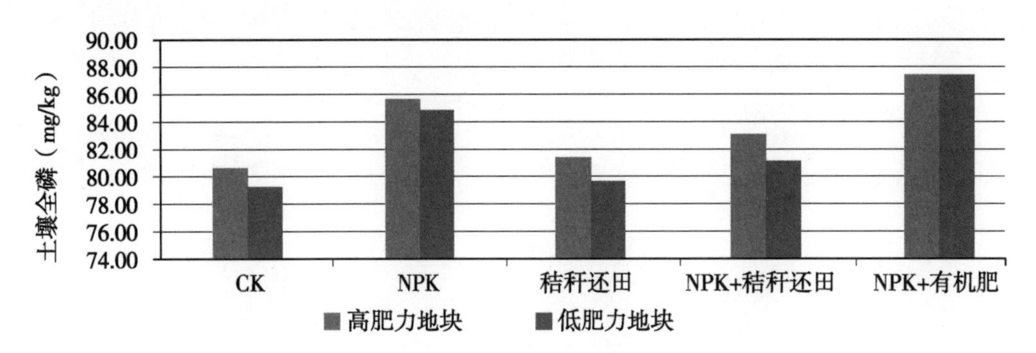

图 3－10　有机无机配施对土壤全磷含量的影响

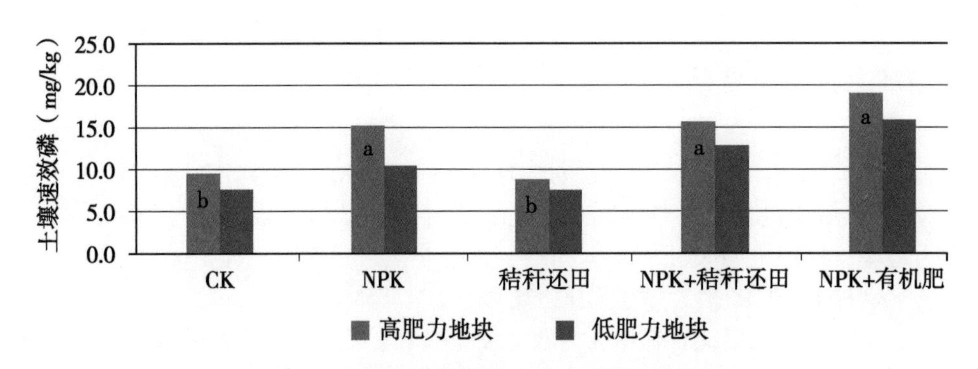

图 3－11　有机无机配施对土壤速效磷含量的影响

（四）显著增加低肥力地块土壤速效钾含量

土壤速效钾含量随施肥量增多而增多。处理“NPK 化肥 + 有机肥”土壤速效钾含量最高，不同肥力地块分别为 149. 2mg/kg 和 149. 3mg/kg，低肥力地块有机无机配施效果更好，与不施肥的对照差异达显著水平（图 3－12）。由于北方土壤固有的供钾潜力较高的特征，对土壤全钾含量的影响趋势不明显。

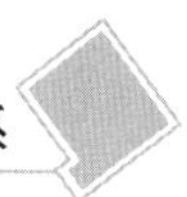

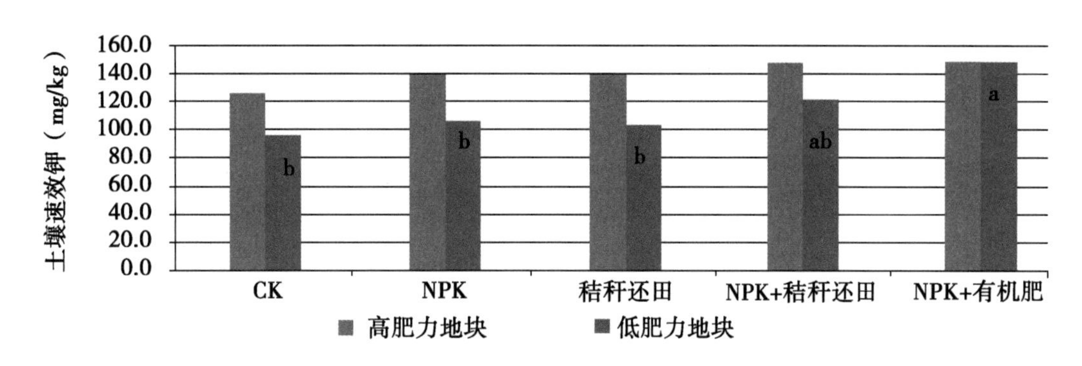

图3－12　有机无机配施对土壤速效钾含量的影响

（五）有效提高作物增稳系数，实现粮食持续稳产

为了更科学客观评价有机肥和化肥配施对粮食产量的影响效果，以期从增产幅度、增产稳定性和差异显著三方面综合反映某一施肥处理对作物产量的持续影响，本文引用“增稳系数”这一指标来做比较和评价。增产稳定性系数指标（Coefficient of Yield Increase Stability，CSIY）定义为：相对于某一作物，在一定试验年限内，第 i 个施肥方案与对照相比，其产量差异达统计学显著水平的年（季）总数（TY）与该处理多年试验平均增产率（AR）之积，简称增稳系数（邢素丽，2010），用公式表示为：

$$CSIY = TY \times AR$$

其中，$CSIY$ 表示稳定性增产系数；TY 表示第 i 个施肥方案与对照相比，其产量差异达统计学显著水平的年（季）总数；AR 表示第 i 个施肥方案与对照相比，多年平均增产率。

根据连续定位试验结果，化肥配施一定量有机肥，连续使用5季，相比不施氮肥的对照，化肥＋鸡粪处理5季产量最高，平均增产49.5%，增稳系数2.48；而相同氮量的单一化肥，平均增产率只有35.7，增稳系数为1.07，远远低于化肥＋鸡粪的处理（表3－15）。

表3－15　不同有机肥对小麦玉米增产稳定性影响

处理	产量（kg/hm²）					增产率（%）	增稳系数（CSIY）
	第1季玉米	第2季小麦	第3季玉米	第4季小麦	第5季玉米		
不施N肥（CK）	7 166.7b	5 128.9c	7 228.0b	5 244.3c	7 127.8d		
化肥纯N 180kg/hm²	7 272.0b	6 090.0cb	8 436.7ba	6 966.0b	7 675.4dc	19.4	0.19
化肥纯N 240kg/hm²	7 430.3ba	7 871.8a	9 048.7a	7 619.8b	8 216.4cb	35.7	1.07
化肥纯N 180kg/hm²＋鸡粪纯N 60kg/hm²	8 017.0a	8 281.6a	9 259.1a	8 811.3a	9 161.0a	49.5	2.48
化肥纯N 240kg/hm²＋鸡粪纯N 60kg/hm²	7 227.2b	7 394.4ab	9 261.6a	8 508.2a	8 707.7ba	39.4	0.67

备注：相同字母表示差异不显著

试验还表明，有机无机配施4年，相对于不施肥的对照，在高肥力地块，四季小麦“NPK化肥”、“秸秆还田”、“NPK化肥＋秸秆还田”和“NPK化肥＋有机肥”处理的产量增幅分别达到60.53%、6.89%、65.95%、79.70%；在低肥力地块，“NPK化肥”、“秸秆还田”、“NPK化肥＋秸秆还田”和“NPK化肥＋有机肥”处理的产量分别增加51.15%、1.63%、63.21%、75.64%，不同肥力地块都以“NPK化肥＋有机肥”处理产量最高。与不施肥的对照和只采用秸秆还田的处理，产量差异都没有达到显著水平。从增稳系数看，不同肥力地块都以“NPK 化肥 + 有机肥”处理最高，分别为 3.19 和 3.03。其次为“NPK 化肥 + 秸秆还田”处理；单施化肥的增稳系数要小于前二者（表 3 - 16）。

表 3 - 16 有机无机配施对小麦产量的影响（4 年平均） （单位：kg/hm^2）

	处理	第 1 年	第 2 年	第 3 年	第 4 年	平均	增产率（%）	增稳系数
高肥力地块	CK	6 646.3b	4 043.8c	3 856.3c	3 531.3c	4 519.4b		
	NPK	7 997.5a	6 993.8b	6 543.8b	7 083.3b	7 154.6a	60.53	2.42
	S	73 47.5a	4 131.3c	3 900.0c	3 677.1c	4 764.0b	6.89	0.28
	NPK + S	7 822.5a	7 393.8ab	7 150.0ba	7 218.8a	7 396.3a	65.95	2.64
	NPK + M	7 918.8a	8 018.8a	7 837.5a	8 260.4a	8 008.9a	79.70	3.19
低肥力地块	CK	3 258.8b	2 737.5b	4 187.5c	2 552.1c	3 184.0b	0.00	
	NPK	3 728.8ab	6 275.0a	6 068.8b	5 866.7b	4 812.7a	51.15	1.53
	S	3 533.8b	3 187.5b	4 618.8c	2 968.8c	3 236.0b	1.63	0.07
	NPK + S	4 146.3a	6 487.5a	6 462.5ba	6 468.8ba	5 196.6a	63.21	2.53
	NPK + M	4 083.8a	7 193.8a	7 193.8a	6 979.2a	5 592.4a	75.64	3.03

第四节　农田消纳奶牛粪肥技术*

华北平原是我国粮食主产区之一，也是我国重要的乳制品生产基地。耕地长期过量使用化肥与规模化畜禽养殖大量粪污处置不当，形成种养资源配置严重脱节，种养子系统之间养分循环路径受阻，造成耕地退化和养殖污染同时并存的现状。利用农田消纳养殖粪便，不能超过农田处理废弃物的阈值，否则就会产生负面影响。高量施用有机肥土壤 NO_3^- - N 过量富集，直接导致土壤次生盐渍化、养分供应失衡、土壤结构破坏，在灌区和多雨地区，还会造成地下水硝酸盐含量超标（巨晓棠，2003）。为了降低畜牧业带来的环境污染，许多发达国家规定畜牧场周围必须有与之配套的农田来消纳畜禽粪便（Fragstein et al，1995），从而在农场范围内形成农牧良性循环，解决养殖与种植系统间物质良性循环的问题。

一、技术特征

本技术以华北平原小麦—玉米种植系统与奶牛养殖系统间养分平衡为出发点，在保证粮食产量和土壤肥力不下降、土壤无机氮累积不增加的前提下，提出小麦—玉米轮作制度下农田消纳奶牛粪便的实用技术。

二、技术要点

（一）堆肥技术

（1）堆肥地点最好选择田间地头阴凉处，降低堆体倒翻的人力成本。

---

* 本节撰写人：李贵春

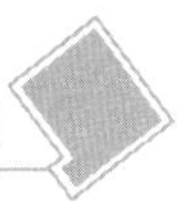

(2) 有机肥堆腐的原料一般按切碎玉米秸秆：土：牲畜粪便：人粪尿=6：1：2：1配制，或单一以奶牛粪便堆制粪肥，调节水分含量在50%~60%。

(3) 把备制好的原料用足量的水浇透后拌均匀，堆成发酵堆体。

(4) 发酵期间温度应控制在50~60℃。一般堆制后10天左右倒翻一次，以后每隔7天倒翻一次，共倒翻3~4次。经过25~30天就可达到黑、烂、臭的质量标准。

(二) 施肥方式

秋耕前，将有机肥和化肥分别均匀地撒在土地表面，翻耕或旋耕到土壤里，使肥料与土壤均匀混合。在春季小麦返青后将氮肥随灌水追施到农田。

(三) 施肥量

农田消纳奶牛粪肥是把粪肥用作底肥，全年施用一次粪肥，施用粪肥纯氮量400~500kg/hm^2。

(四) 注意事项

(1) 堆肥注意按时翻堆，温度控制在50~60℃，保证微生物分解纤维的活动最旺盛。

(2) 施肥应严格按上述规程控制施用量。

(五) 适宜地区

(1) 本技术适用于华北平原，年降水量500~800 mm，沙壤土、轻壤土及中壤土的小麦—玉米轮作生产区。

(2) 奶牛养殖场辐射范围内，且奶牛粪便资源丰富的区域。

三、技术的应用效果

(一) 对小麦籽粒生产的影响

从小麦产量数据分析，不同施肥模式下小麦籽粒产量均出现显著性差异（$P<0.05$），一些处理间也出现了差异极显著（$P<0.01$）。2011年小麦籽粒产量NPK、M30、M60与M240处理间出现显著性差异。2012年NPK、M120、M240与M30间出现显著性差异，且M240与CK、M30差异性极显著。由表3-17可知，单施奶牛粪肥氮量315kg/hm^2时，小麦籽粒产量较NPK处理减少8.9%；当粪肥氮量增加到630kg/hm^2，小麦籽粒产量增加0.8%。从保证粮食产量的角度分析单施奶牛粪肥总氮量应高于315kg/hm^2，不应超过630kg/hm^2。

表3-17 小麦籽粒产量

项目	2011年籽粒（t/hm^2）	2012年籽粒（t/hm^2）	2011年较NPK增产（%）	2012年较NPK增产（%）	2012年较2011年增产（%）
CK	2.62c	2.49c C	-51.4	-63.7	-4.8
NPK	5.38b	6.87a AB			27.6
M30	5.17b	5.02b B	-4.0	-27.0	-2.9
M60	5.10b	6.26ab AB	-5.3	-8.9	22.7
M120	6.35ab	6.92a AB	18.0	0.8	9.0
M240	6.92a	7.51a A	28.5	9.3	8.6

注：小写字母代表各处理在$P<0.05$水平上的差异显著性；大写字母代表各处理在$P<0.01$水平上的差异显著性；图中和下文中CK代表空白处理，NPK代表习惯施肥处理，M代表粪肥，M30、M60、M120、M240分别代表粪肥的施用量为30、60、120、240kg/小区

从小麦秸秆产量分析，2011 年 NPK、M30、M60、M120 与 M240 相互间均出现显著性差异，且单施奶牛粪肥处理小麦秸秆产量均高于 NPK 处理。由表 3-18 可知，2012 年 CK、NPK 与 M240 间均出现显著性差异，且 M240 与 M60、M30、CK 出现极显著性差异，M120 和 M240 秸秆产量高于 NPK 处理。当单施奶牛粪肥氮量不足 315kg/hm^2 时，小麦秸秆产量较 NPK 处理减产 11.2%；当粪肥氮量增加到 630kg/hm^2 以上时，小麦秸秆产量增加 13.7%。从作物地面生物量分析，单施奶牛粪肥氮量应为 315～630kg/hm^2。

表 3-18　小麦秸秆产量

项目	2011 年秸秆（t/hm^2）	2012 年秸秆（t/hm^2）	2011 年较 NPK 增产（%）	2012 年较 NPK 增产（%）	2012 年较 2011 年增产（%）
CK	3.55 d	4.03 d C	-43.2	-47.6	13.6
NPK	6.25 c	7.71 bc AB			23.3
M30	6.75 c	6.26 c BC	8.0	-18.7	-7.2
M60	7.23 c	6.84 bc BC	15.7	-11.2	-5.4
M120	7.92 b	8.76 ab AB	26.7	13.7	10.7
M240	9.32 a	9.85 a A	49.1	27.8	5.7

注：小写字母代表各处理在 $P<0.05$ 水平上的差异显著性；大写字母代表各处理在 $P<0.01$ 水平上的差异显著性

（二）对下茬玉米生产的影响

不同粪肥用量对下茬玉米籽粒及其秸秆生产产生重要影响，且 M120、M240 与 M60、M30 和 NPK 处理间出现极显著性差异。由表 3-19 可知，处理 M120 和 M240 玉米籽粒及其秸秆产量均高于 NPK 处理。随着粪肥施用量增加，玉米籽粒及其秸秆产量均增加，当粪肥氮量增加到 630kg/hm^2 时，玉米籽粒与秸秆产量较 NPK 处理有显著提高。说明在冬小麦高量施用粪肥，在不补充养分的条件下，仍然可以满足后茬玉米营养生长与生殖生长的养分需求，大幅提高玉米产量。

表 3-19　玉米籽粒及其秸秆产量

项目	玉米籽粒（kg/hm^2）	玉米秸秆（kg/hm^2）	籽粒较 NPK 增产（一）（%）	籽粒较 NPK 增产（二）（%）
CK	4.90 c C	3.20 c C	-32.9	-33.3
NPK	7.30 b B	4.80 b B		
M30	6.80 b B	4.60 b B	-6.9	-4.2
M60	7.20 b B	4.60 b B	-1.4	-4.2
M120	8.90 a A	6.10 a A	21.9	27.1
M240	8.90 a A	6.30 a A	21.9	31.3

注：小写字母代表各处理在 $P<0.05$ 水平上的差异显著性；大写字母代表各处理在 $P<0.01$ 水平上的差异显著性

（三）对土壤肥力的影响

1. 对土壤有机质含量的影响

使用有机肥土壤有机质含量明显增加。单施奶牛粪肥各处理土壤有机质含量提升 38.02%～129.02%，明显高于 NPK 处理，且随着粪肥量增加土壤有机质含量升高，在粪肥量最大处理 M240 时

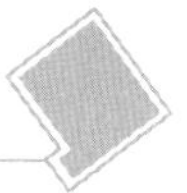

有机质含量提高 129.02%（图 3－13）。说明施用粪肥能够有效提高土壤有机质含量，对土壤具有较好的改良作用。

2. 对土壤 TN 含量的影响

不同施肥处理对土壤全氮含量影响差异较大。NPK 处理全氮含量提高 10.43%；单施粪肥处理施入粪肥氮量不足 315kg/hm^2，土壤全氮降低；单施粪肥处理施入粪肥氮量 630kg/hm^2 以上，土壤全氮含量显著增加；当粪肥氮量 1 260kg/hm^{2}时，土壤全氮含量提高了 37.58%（图 3－14）。说明单施粪肥氮量在 315～630kg/hm^2 时，才能保障土壤全氮含量不降低。

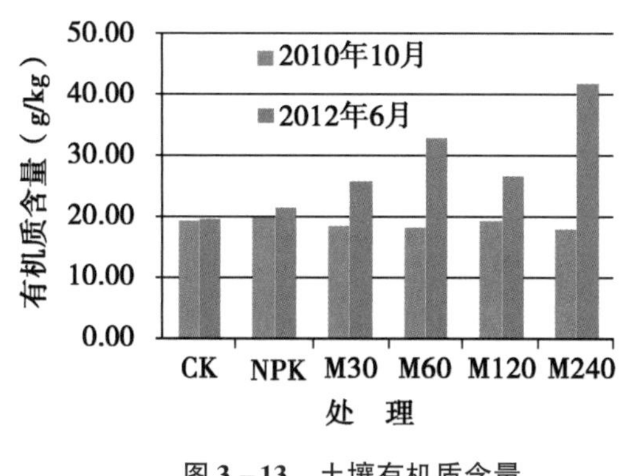

图 3－13　土壤有机质含量

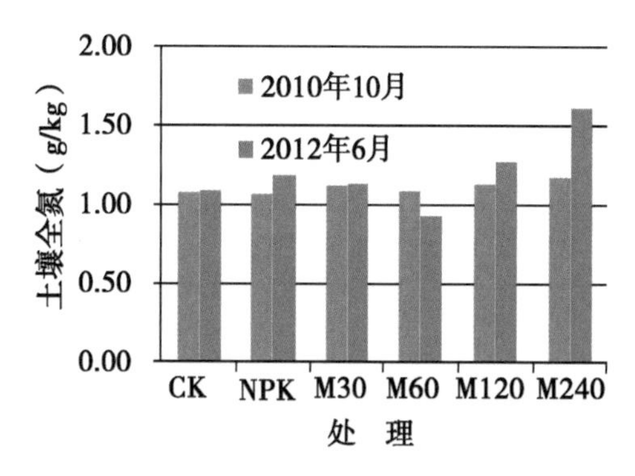

图 3－14　土壤 TN 含量变化

3. 对土壤速效磷含量的影响

粪肥在土壤中改变土壤磷的存在形态，增加土壤粪肥提高土壤有机质含量，使土壤磷活性增加，速效磷含量提高。单施粪肥处理 M30、M60、M120、M240 随着粪肥用量增加土壤速效磷含量依次提高 64.78%、72.97%、208.10%、699.83%（图 3－15）。一方面单施粪肥可以提高土壤有效磷的含量，改善土壤肥力状况，另一方面当过量投入粪肥造成土壤磷向活性状态转化，改变了土壤磷库的发展方向，当有效磷含量进一步增加，将会加重土壤磷向水体流失的威胁。

4. 对土壤速效钾含量的影响

单施粪肥氮量不足 315kg/hm^2，土壤速效钾含量减少，不利于保持土壤肥力。当粪肥量达 630kg/hm^2 以上时，土壤速效钾含量明显升高（图 3－16）。

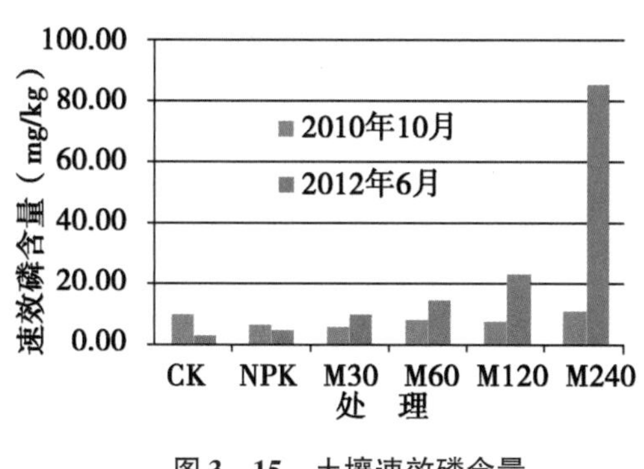

图 3－15　土壤速效磷含量

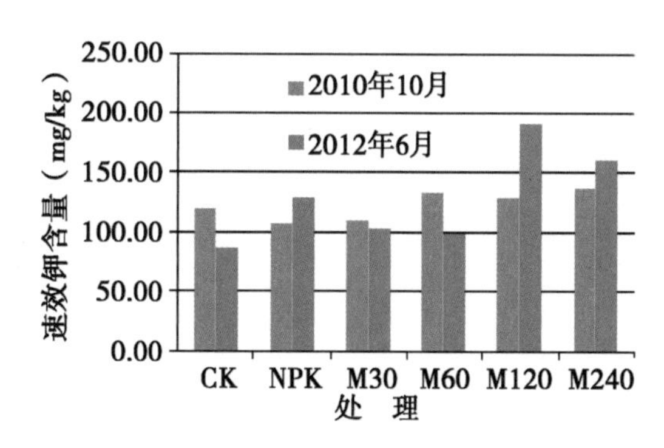

图 3－16　土壤速效钾含量

（四）对土壤剖面 NO_3^-－N 分布特征的影响

从图 3－17 可以看出，在小麦成熟期单施粪肥各处理与 NPK 处理在 200cm 土壤剖面上 NO_3^-－N 分布特征完全不同。单施粪肥各处理 NO_3^-－N 在表土含量较高，且施用粪肥量较高的 NO_3^-－N 浓度较大；耕作层以下各处理 NO_3^-－N 浓度基本相同，且与 CK 处理的 NO_3^-－N 浓度基本相同。这说明

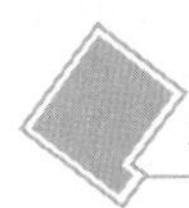

在小麦生长期，受地温较低的影响，作为底肥施入的粪肥对耕作层的 NO_3^- －N 浓度产生影响，对耕作层以下的土壤剖面 NO_3^- －N 浓度基本没有影响。单施粪肥各处理的 200cm 土壤剖面 NO_3^- －N 浓度分布特征表现为耕层含量较高，20～100cm 耕层以下的根系主要分布区浓度较低，100～200cm 根系主要分布区以下浓度升高，高于根系分布区。这是由于根系的吸收使得根系分布区土壤 NO_3^- －N 浓度降低。NPK 处理土壤剖面 NO_3^- －N 分布特征表现为在 0～120cm 土层 NO_3^- －N 浓度较高，且在 60～80cm 处出现峰值，120cm 以下含量较低。这表明小麦收获期在硝化作用的影响下肥料中的氮素大量释放出来转化为土壤 NO_3^- －N，并随着土壤水分运移向深层土壤淋洗，但这个时期淋洗的深度轻浅，主要分布在根系可以吸收的范围内。随着夏天雨季的到来，土壤 NO_3^- －N 进一步向深层土壤淋洗，将会对地下水污染带来潜在的风险。对比 NPK 处理，在小麦季单施粪肥即使投入的氮量远远高于化肥氮量，土壤剖面 NO_3^- －N 含量均较低，也没有形成浓度高峰，且向根系以下土层淋洗较少，污染地下水的风险较小。

从图 3－18 可以看出，在玉米收获期单施粪肥各处理与 NPK 处理在 200cm 土壤剖面上 NO_3^- －N 分布特征差异较大。单施粪肥各处理在整个土壤剖面上呈现随着粪肥量增加 NO_3^- －N 浓度升高，且表土 NO_3^- －N 浓度高于深层土壤。而 NPK 处理 NO_3^- －N 分布特征完全不同于单施粪肥处理，在 0～120cm 土层 NO_3^- －N 含量较低，在 120cm 以下浓度快速升高，且在 160～180cm 处出现浓度高峰。这说明 NPK 处理土壤富裕的 NO_3^- －N 在夏季多雨期向深层土壤淋洗，其淋洗的深度已经超出了根系吸收的范围，对地下水污染构成了较大的威胁。而粪肥处理土壤剖面 NO_3^- －N 浓度较低，没有形成明显的峰值，且在 160cm 以下各处理的 NO_3^- －N 浓度差异缩小，对地下水污染的威胁较小。

从春秋两季土壤剖面 NO_3^- －N 分布特征对比分析，单施粪肥处理在小麦收获期粪肥用量对 20cm 以下土壤剖面 NO_3^- －N 浓度影响不大，在玉米收获期粪肥用量不同，对 20cm 以下土壤剖面 NO_3^- －N 浓度略低于小麦收获期，且随粪肥量增加而升高，较 NPK 处理，对地下水污染的安全隐患低。

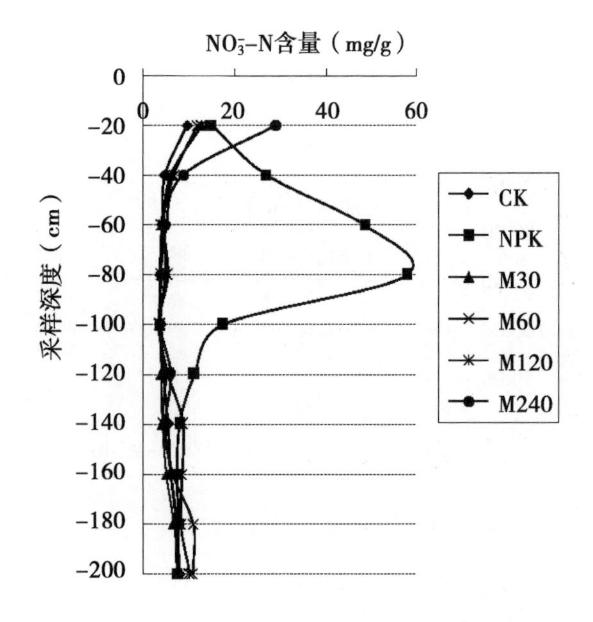

图 3－17　6 月土壤剖面 NO_3^- －N 分布曲线

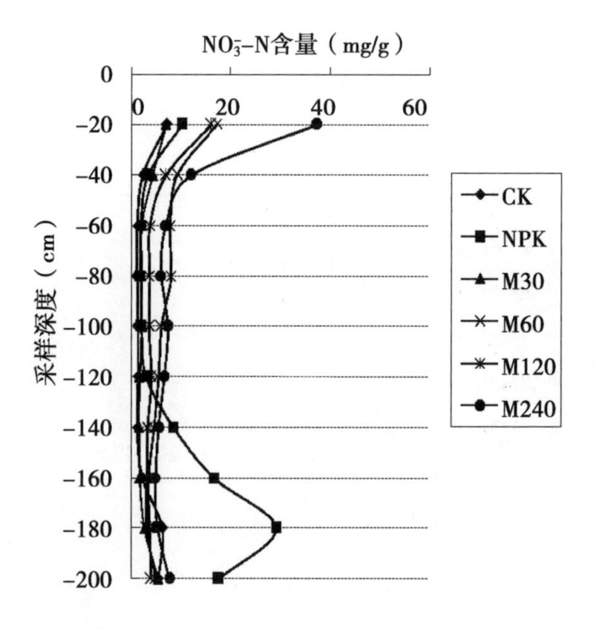

图 3－18　10 月土壤剖面 NO_3^- －N 分布曲线

（五）对土壤剖面 NO_3^- – N 累积的影响

土壤硝态氮最先从表层土壤淋溶到深层土壤，土壤剖面硝态氮的分布与累积特征可以在一定程度上表征地下水硝态氮污染的潜力（Jabro et al，1991）。在华北地区雨量较大的年份，或者大水漫灌均可以使 NO_3^- – N 下降到较深的土层（巨晓棠等，2003）。从图 13 – 19 来看，小麦收获期 0 ~ 200cm 土层不同处理 NO_3^- – N 累积量差异较大，NPK 处理 NO_3^- – N 累积量最大，为 601.89kg/hm²，其中，0 ~ 80cm 土层累积量占 72.30%，80 ~ 200cm 占 27.70%。M30 处理 200cm 土层 NO_3^- – N 累积量 166.31kg/hm²，与 CK 处理比较，没有增加 NO_3^- – N 累积量；M60 处理 200cm 土层 NO_3^- – N 累积量 192.13kg/hm²，其中，0 ~ 80cm 土层占 39.95%，80 ~ 200cm 土层占 60.05%；M120 处理 200cm 土层 NO_3^- – N 累积量 206.01kg/hm²，其中，0 ~ 80cm 土层占 40.68%，80 ~ 200cm 土层占 59.32%；M240 处理 200cm 土层 NO_3^- – N 累积量 234.91kg/hm²，其中，0 ~ 80cm 土层占 58.34%，80 ~ 200cm 土层占 41.66%。80 ~ 200cm 土壤剖面上单施粪肥的 M30、M60、M120、M240 随着粪肥量增加 NO_3^- – N累积量呈上升趋势，分别是 NPK 处理的 52.17%、69.20%、73.31%、58.69%，分别是 CK 处理的 89.13%、118.22%、125.24%、100.28%。

玉米收获期，0 ~ 200cm 土层不同处理 NO_3^- – N 累积情况差异也较大（图 3 – 20），NPK 处理 NO_3^- – N 累积量较大，为 263.95kg/hm²，其中，0 ~ 80cm 土层累积量占 19.14%，80 ~ 200cm 占 80.86%。M30 处理 200cm 土层 NO_3^- – N 累积量 90.38kg/hm²，略高于 CK 处理；M60 处理 200cm 土层 NO_3^- – N 累积量 202.79kg/hm²，其中，0 ~ 80cm 土层占 61.24%，80 ~ 200cm 土层占 38.72%；M120 处理 200cm 土层 NO_3^- – N 累积量 152.17kg/hm²，其中，0 ~ 80cm 土层占 58.44%，80 ~ 200cm 土层占 41.56%；M240 处理 200cm 土层 NO_3^- – N 累积量 288.99kg/hm²，其中，0 ~ 80cm 土层占 62.57%，80 ~ 200cm 土层占 37.43%。单施粪肥的各处理 80 ~ 200cm 土壤 NO_3^- – N 累积量均少于 NPK 处理，且土壤 NO_3^- – N 累积量随着粪肥量增加而增加。80 ~ 200cm 土壤剖面上单施粪肥的 M30、M60、M120、M240 处理 NO_3^- – N 累积量分别是 NPK 处理的 21.02%、36.83%、29.63%、50.67%，分别是 CK 处理的 85.11%、149.14%、199.84%、205.20%。

从两次土壤 NO_3^- – N 累积量分析，CK、NPK、M30、M120 处理小麦收获期 0 ~ 200cm 土壤 NO_3^- – N 累积量均高于玉米收获期，而 M240 处理相反。在粪肥用量不高于 630kg/hm² 时，单施粪肥 80 ~ 200cm 土壤 NO_3^- – N 累积量远远低于习惯施肥。

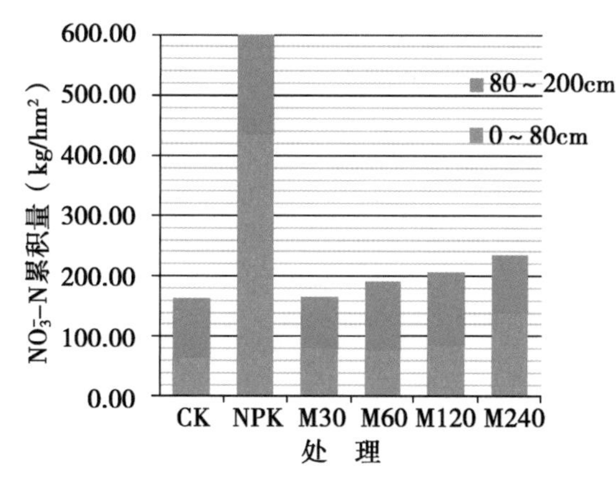

图 3 – 19　6 月 NO_3^- – N 累积量

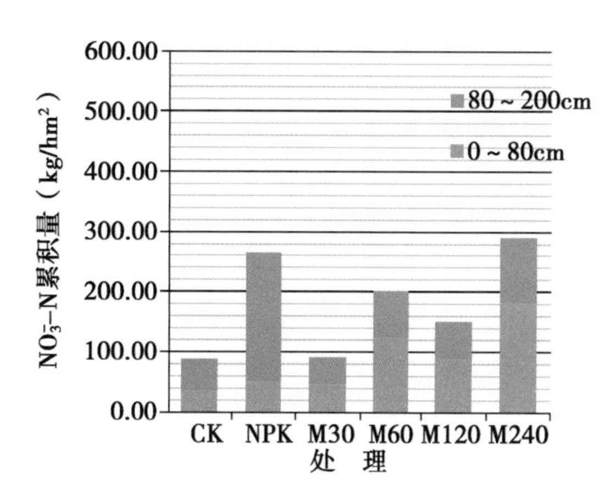

图 3 – 20　10 月 NO_3^- – N 累积量

（六）结果与讨论

从本研究结果来看，小麦玉米籽粒及其秸秆产量随着粪肥含氮量增加而升高；当奶牛粪肥纯氮量在630kg/hm^2 及其以上，小麦、玉米的籽粒及其秸秆产量均高出当地习惯施肥的产量；奶牛粪肥纯氮量在315kg/hm^2 及其以下，小麦玉米的产量下降；当粪肥施氮量达到1 260kg/hm^2时，且小麦玉米秸秆增加幅度大于籽粒的增加幅度，出现营养生长大于生殖生长的现象。

从土壤肥力条件看，粪肥能够显著提高土壤有机质含量；在粪肥纯氮量315kg/hm^2 及其以下时，土壤TN、速效磷、速效钾含量升高不明显；在粪肥纯氮量630kg/hm^2 及其以上时，土壤TN、速效磷、速效钾含量明显升高。

受粪肥氮释放速度和有机肥对NO_3^-－N有固持作用的影响，单施粪肥或化肥土壤剖面NO_3^-－N含量分布特征不同。单施粪肥各处理有机质随着粪肥量增加土壤NO_3^-－N含量升高，且随着土层加深NO_3^-－N含量降低，在整个剖面上NO_3^-－N未出现浓度峰值。而化肥处理在小麦收获期和玉米收获期分别在80cm和180cm土层上NO_3^-－N出现浓度峰值。

两个季节的土壤NO_3^-－N累积情况研究结果表明，两季NPK处理NO_3^-－N累积量为各处理的最高，分别为601.89kg/hm^2 和263.95kg/hm^2。在单施粪肥处理中，粪肥量最高的M240处理NO_3^-－N累积最大。在雨水较少的春季，施氮量较高的M240和NPK处理的NO_3^-－N主要累积在0～80cm土层，在200cm土层上累积量较高。而施氮量较低的M30、M60、M120处理NO_3^-－N在80～200cm土层上累积量较高。经过高温多雨的夏季NO_3^-－N发生淋溶，到玉米收获期NPK处理NO_3^-－N主要累积在80～200cm土层。而单施粪肥各处理NO_3^-－N累积量在0～80cm土层大于在80～200cm土层。大量研究表明，农田长期大量施用氮肥造成NO_3^-－N在土壤中的累积，氮肥量越高NO_3^-－N累积量越大。有机肥用量的增加土壤中累积的NO_3^-－N量也在增加，当有机肥矿化释放氮素的最大时期与植物对氮的最大需要量不一致时或者植物不能充分利用矿化的氮时，土壤溶液中就会有NO_3^-－N的积累，过量施用有机肥必然引起土壤中NO_3^-－N的大量累积。巨晓棠等人（2003）研究结果表明，每季施用纯氮量为300kg/hm^2 的氮肥后，0～90cm土体中累积的NO_3^-－N达到了460kg/hm^2，90～200cm土体中累积的NO_3^-－N达到了274kg/hm^2。从累积角度看，年施粪肥的纯氮量不应该过高，否则就会造成土壤NO_3^-－N过量累积，进而造成农田面源污染发生。在硝酸盐敏感地区有机肥的年施氮量不应超过175kg/hm^2（Canter，1997），而洛桑试验站则认为有机肥的限量指标为氮276kg/hm^2，袁新民等人（2000）提出在保持小麦玉米两季产量1.2万kg/hm^2 的水平下，有机或有机无机肥的施氮总量不应超过400kg/hm^2 的限量标准。本研究中粮食目标年产量约为1.4万～1.5万kg/hm^2。当年粪肥有机氮投入量630kg/hm^2 时，小麦玉米年总产达到1.58万kg/hm^2，较习惯施肥增产了8.22%，两季末的80～200cm土壤剖面NO_3^-－N累积量较CK处理增加25.24%和19.98%，较NPK处理分别减少26.69%和70.37%。当粪肥纯氮量1 260kg/hm^2时，农作物营养生长过于旺盛，农田粪肥施用明显过量。综合粮食产量、土壤培肥、作物长势以及减少硝态氮累积等多种因素，并结合前人的研究结果，本研究认为在保证粮食产量不低于当地平均水平时，奶牛粪肥施用氮量400～500kg/hm^2 较合适，农业生产将会获得较好的环境经济效益。

第五节　粪肥与化肥配施技术*

华北平原是我国重要的粮食生产基地，也是规模化养殖的重要区域。一方面粮食生产长期过分

* 本节撰写人：李贵春　刘振东

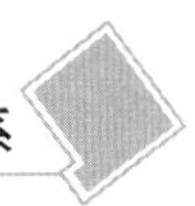

依赖化肥造成耕地质量下降。另一方面，规模化养殖废弃物不能合理的利用，造成环境污染。种养两个系统脱节，成为本地区农业可持续发展的重大问题。本研究是在小麦秸秆还田的前提下，开展奶牛粪肥与化肥不同比例的配施研究，确定化肥与粪肥配施的最佳比例，提高农业废弃物资源化利用效率，改善耕地质量。

一、技术特征

本技术是在小麦秸秆粉碎还田的基础上进行的奶牛粪肥与化肥的配施研究。在夏季气温较高时期利用奶牛粪便、秸秆等废弃物进行高温堆制和沤制，快速腐熟成粪肥。在秋季小麦种植翻耕土地时粪肥与化肥翻入土壤。粪肥中含有大量的有机碳和丰富的微量元素，配施粪肥，增加土壤有机质含量，疏松土壤，改良土壤，形成高标准农田，有效促进植物生长，同时也可以降低因减少使用化肥所造成的能量消耗和环境污染。

二、技术要点

（一）施肥方式

秋耕前，将有机肥和化肥分别均匀地撒在土地表面，翻耕或旋耕到土壤里，使肥料与土壤均匀混合。在春季小麦返青后将氮肥随灌水追施到农田。

（二）施肥量

较合理的粪肥配施化肥模式：粪肥用作底肥与化肥一并施用，施入粪肥（纯氮）135kg/hm^2，施入化肥（纯氮）135kg/hm^2，磷、钾肥按当地习惯施肥量施用。在春季小麦返青后追施化肥的纯氮量为135kg/hm^2，玉米季追施化肥的纯氮量为130kg/hm^2。

（三）注意事项

为避免细菌污染，鲜奶牛粪尿要经过50～60℃的发酵沤制过程，杀死病原菌后才能作为有机肥料施用。

（四）适宜地区

（1）本技术适用于华北平原，年降水量500～80mm，沙壤土、轻壤土及中壤土的小麦—玉米轮作生产区。

（2）奶牛粪便资源丰富的区域，奶牛养殖场辐射范围内。

三、技术的应用效果

在摸清小麦玉米秸秆产量及其利用方式，一定规模奶牛养殖场秸秆饲料化利用水平及其粪便产生量的基础上，开展奶牛粪便肥料化利用技术研究。首先，将奶牛粪便经过传统的堆沤过程制成粪肥。其次，设计6个处理，3次重复，将粪肥与化肥按不同比例进行配施到农田，施肥处理见表3－20。再次，以土壤肥力、小麦玉米籽粒及生物量、土壤剖面硝态氮分布特征及无机氮淋溶量为指标，构建粪肥与化肥配施的小麦玉米最优生产模型，判定合理的施肥模式。最后，推荐出作物增产、地力提升、污染较低的施肥模式。

表 3－20　粪肥与化肥配施量　（单位：kg/hm^2）

项目名称	牛粪			无机肥		
	纯氮	P_2O_5	K_2O	纯氮	P_2O_5	K_2O
CK	0	0	0	0	0	0
N10	0	0	0	325.01	25.00	25.00
M1N9	49.94	4.14	57.36	295.01	20.00	20.00
M2N8	78.85	6.53	90.58	250.01	12.50	12.50
M3N7	105.14	8.71	120.77	220.01	7.50	7.50
M5N5	157.71	13.06	181.15	175.01	0	0

注：表和文中的 CK 代表空白处理；N 代表化肥氮；M 代表粪肥氮，N10 代表化肥氮量约为 10 份；M1N9、M2N8、M3N7、M5N5 分别代表化肥氮与粪肥氮的投入比例约为 1：9、2：8、3：7、5：5

（一）对小麦玉米产量及其长势的影响

1. 对小麦产量及其长势的影响

通过对 2011 年小麦籽粒和秸秆产量的差异显著性（5%）分析显示，小麦籽粒产量 CK 与 N10、M1N9、M2N8、M3N7、M5N5 间有显著差异，N10、M1N9、M2N8、M3N7、M5N5 间差异不显著；小麦秸秆量 CK 、N10 与 M1N9、M2N8、M3N7、M5N5 有显著差异，M1N9、M2N8、M3N7、M5N5 间差异不显著（图 3－21、表 3－20）。

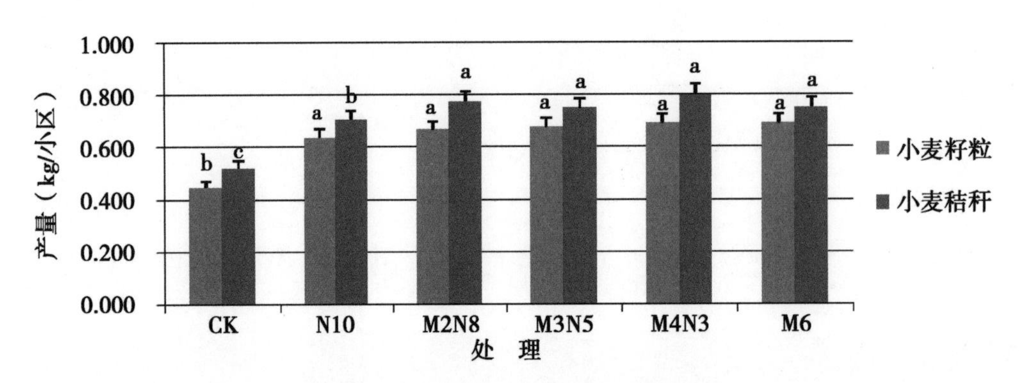

图 3－21　2011 年小麦产量与显著性分析

由表 3－21 数据分析可知，施肥模式对小麦产量有一定的影响。2011 年 CK 小麦产量低于习惯施肥 N10；配施牛粪的处理 M1N9、M2N8、M3N7、M5N5 小麦产量均高于习惯施肥处理，M3N7 和 M5N5 产量最高，高出 N10 产量的 8.4%。2012 年小麦产量 CK 产量最低；M1N9、M2N8、M3N7、M5N5 均获得较高小麦产量，其中，M5N5 产量最高，较 N10 高 12.33%，M1N9 产量较高，较 N10 高 9.04%。2011 年和 2012 年小麦产量作比较分析，CK 产量较 2011 年下降了 43.14%，N10 产量提高了 4.46%；配施牛粪的处理中 M1N9 产量较 2011 年提高最大，提高了 8.77%，M5N5 提高较大，提高了 8.25%，M3N7 产量却下降了 1.61%。

由表 3－22 数据分析可知，施肥处理对小麦地上部分的秸秆产量产生影响。2011 年 CK 小麦秸秆量低于 N10 处理 26.24%，2012 年低于 N10 处理 47.96%；两年的配施牛粪的处理 M1N9、M2N8、M3N7、M5N5 小麦秸秆产量均高于当年习惯施肥处理 N10。但 2011 年 M3N7 秸秆量最高，高出 N10 秸秆量的 13.24%；2012 年 M5N5 秸秆量最高，高出 N10 秸秆量 15.56%，M3N7 处理秸秆量较高，高出 N10 秸秆量 13.05%。2012 年 N10、M3N7、M5N5 秸秆产量较 2011 年分别高

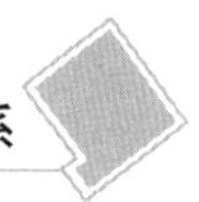

4.49%、4.31%、13.26%，CK、M1N9、M2N8 均低于2011年的产量。

表3-21　小麦籽粒产量分析表

处理	2011年产量（kg/hm²）	2012年产量（kg/hm²）	2011年比N10增产（%）	2012年比N10增产（%）	2012年比2011年增产（%）
CK	44 66.69	2 539.95	-29.66	-61.71	-43.14
N10	6 350.03	6 633.37			4.46
M1N9	6 650.03	7 233.05	4.72	9.04	8.77
M2N8	6 750.03	6 811.63	6.30	2.69	0.91
M3N7	6 883.37	6 772.61	8.40	2.10	-1.61
M5N5	6 883.37	7 451.02	8.40	12.33	8.25

综上分析可知，不施肥小麦籽粒和秸秆产量将大幅降低；奶牛粪便与化肥配施到农田，有助于提高小麦产量；M5N5 配施处理较理想的提高小麦地上部分生物量和小麦籽粒产量，M3N7 处理较好的提高地上部分的生物量，较好地提高小麦产量。

表3-22　小麦秸秆产量分析

项目	2011年产量（kg/hm²）	2012年产量（kg/hm²）	2011年比N10增产（%）	2012年比N10增产（%）	2012年比2011年增产（%）
CK	5 200	3 834	-26.24	-47.96	-26.27
N10	7 050	7 367			4.49
M1N9	7 750	7 395	9.93	0.38	-4.58
M2N8	7 483	7 359	6.15	-0.10	-1.66
M3N7	7 983	8 328	13.24	13.05	4.31
M5N5	7 517	8 513	6.62	15.56	13.26

2. 对后茬作物玉米产量及其长势的影响

通过对2011年玉米试验的数据分析（图3-22）得到如下结果，经过5%差异显著性分析，玉米籽粒 N10、M2N8 处理与 CK 间有显著差异，N10、M1N9、M2N8、M3N7、M5N5 间差异不显著。玉米秸秆 CK 与 N10、M2N8、M5N5 有显著差异，N10、M2N8、M3N5、M4N3、M6 间差异不显著。M1N9、M2N8、M3N7、M5N5 籽粒产量较 N10 分别提高 12.91%、-3.04%、16.47% 和 10.61%，秸秆产量分别提高 13.42%、7.53%、16.54% 和 15.15%。在后茬试验中 M1N9、M3N7、M5N5 的玉米产量较高、长势较好，说明施用牛粪对后茬作物生产有较大的影响。

（二）对土壤养分含量的影响

1. 对土壤有机质含量的影响

通过连续3年的检测数据分析，得到施肥处理中2011年10月土壤有机质含量显著高于2011年6月，2011年6月略高于2010年10月。M1N9、M2N8、M3N7、M5N5 配施牛粪的处理中，随着牛粪用量的增加，土壤有机质含量升高。可见，实施麦秸还田和配施牛粪可以有效提高土壤有机质含量。

2. 对土壤全氮（TN）含量的影响

除 CK 土壤 TN 含量显著降低外，2011年10月各处理土壤 TN 含量略低于2010年10月，年度

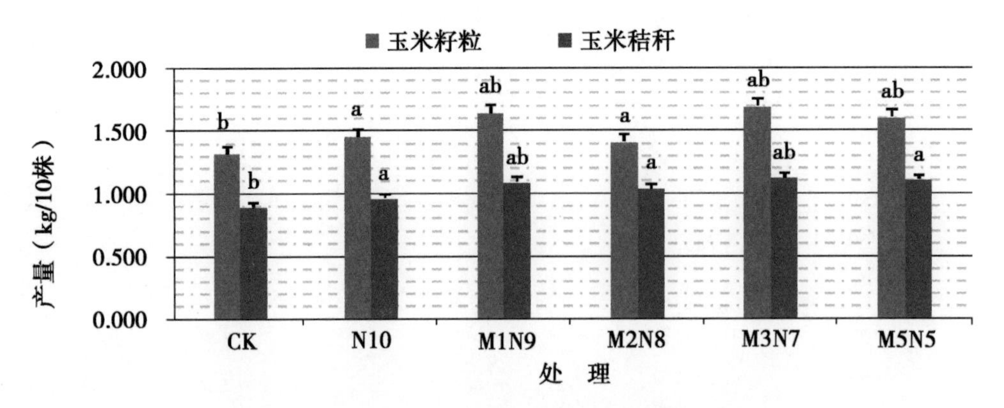

图 3-22 2011 年玉米与秸秆产量及其显著性分析

间 TN 含量变幅较小；处理间 TN 含量随施氮量增加而增加，但变化较小。

3. 对土壤硝态氮含量的影响

2011 年 10 月表土硝态氮含量低于 2011 年 6 月，也低于 2010 年 10 月，秋季低于春季，配施处理间差异不显著。

4. 对土壤速效磷含量的影响

随着试验的推进，各处理的土壤速效磷含量逐季降低。无论春季还是秋季，土壤速效磷含量均随着粪肥用量增加而升高。因此，配施有机肥对改变土壤速效磷含量有显著影响。

5. 对土壤速效钾含量的影响

随着化肥用量减少，土壤速效钾含量降低，在配施牛粪的处理中，土壤速效钾含量并没有随施入土壤总钾量的增加而升高。

（三）对土壤团聚体分布和有机碳氮的影响

1. 不同施肥处理对土壤团聚体平均重量直径（MWD）的影响

随着有机肥施用量的增加，耕层土壤不同粒径团聚体平均重量直径在随着直径的减小而不断增加，但增加趋势不明显，未达到显著性差异。但同层次粒径间不同处理的 MWD 值在 >2mm 和 2 ~0.5mm 粒级上出现显著性差异，在 0.5 ~0.25mm 和 <0.25mm 未出现显著性差异。

不同施肥处理在 >2mm 粒级上出现显著性差异（图 3-23），CK 处理为最高值，M3N7 施肥处理为最低值，CK 处理显著高于 M3N7 处理 45%，M5N5 并未成为峰值。初步分析与有机肥的矿化速度有关系，并且 >2mm 粒级的团聚体易受本底值影响。

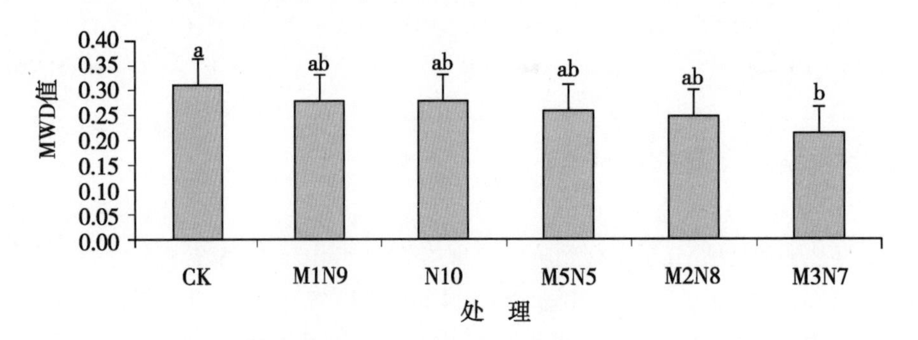

图 3-23 不同施肥处理在 >2mm 土壤团聚体平均重量直径（MWD）的影响

不同施肥处理在 2 ~0.5mm 土壤团聚体上出现显著性差异（图 3-24），随着有机肥施入量的增加，在 2 ~0.5mm 粒级团聚体上，M3N7 处理成为最高值，CK 处理降为最低值，两处理差值达到

23%的显著性差异。M5N5施肥处理仍然未达到峰值。

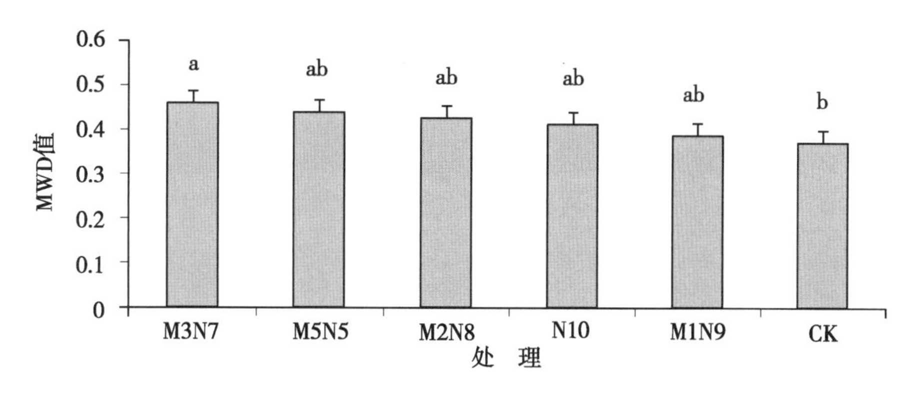

图3－24　不同施肥处理在2～0.5mm土壤团聚体平均重量直径（MWD）的影响

在土壤团聚体形成过程中，胶结物质（有机胶结物质、无机胶结物质、有机无机复合体）起着十分重要的作用（史奕等，2002；李保国等，1994），单施化肥处理对华北褐土土壤团聚体的稳定性和有机质的积累无显著作用。在作者的试验中施用化肥处理提高了直径大于0.25mm土壤团聚体的含量，但在GMD和MWD中与空白对照未产生显著性差异。由于本地区农民习惯施用氮肥，通常认为氮肥对土壤存在激发效应（李江涛等，2004），加强了土壤微生物的活动，加速了有机物质的分解，这可能是低粪肥配施量对团聚体稳定性无明显促进作用的原因。粪肥的施入增加了有机胶结物在团聚过程中的作用，从而促进了团聚体的形成和稳定性。有研究表明（李江涛等，2009；史东梅等，2005），土壤水稳性团聚体的形成主要依赖于土壤中有机物质。所以，长时间的外源有机物质施入能有效保持土壤团聚体的稳定性，从而保护土壤结构，保持肥力。

2. *有机碳含量分析*

不同施肥处理间M3N7、M5N5施肥处理与CK、M1N9、M2N8、N10施肥处理的有机碳含量有显著性差异；M3N7施肥处理与CK比较，有机碳含量显著增长30%，M1N9施肥处理与CK施肥处理比较有机碳含量增加28%。M3N7、M5N5施肥处理间有机碳含量差异性不明显。在不同粒径团聚体间有机碳含量进行差异显著性检验得出，0.5～0.25mm、2～0.5mm粒径团聚体与<0.25mm粒径团聚体有机碳含量具有显著性差异，0.5～0.25mm团聚体比<0.25mm粒径团聚体有机碳含量显著增加23%。由有机碳含量差异性分析来看，随着有机肥的施用，土壤有机碳的含量在不断增加，但仅在施用比例到50%时，才发生显著性变化，这与有机质在褐土中的降解速度有关。在0.5～0.25mm粒径团聚体层次上，对不同施肥处理的有机碳含量进行差异性分析；由图3－25得出，M3N7施肥处理与CK、M1N9、M2N8、N10施肥处理都具有显著性差异，M5N5施肥处理与其他施肥处理的有机碳含量都不具有显著性差异。M3N7施肥处理比N10施肥处理有机碳含量显著高出23%。

本试验得出的研究结果与多数研究者在成土类型、气候条件和不同种植模式前提下得出的结果一致，即有机无机肥配施能显著提高土壤SOC含量（马成泽等，1994；张负申，1996）。均衡施用化肥对土壤SOC的形成有一定的促进作用。可能由于上季的根茬作用，使得化肥处理N10对土壤SOC有一定促进积累，但积累效果不明显，不具有统计学意义。低量粪肥配施与单施化肥处理间也未出现显著性差异的原因，可能是有机物投入量太低，试验地区微生物活性不够，限制了有机胶结物质和有机无机复合物质的释放，不能较快地促进微团聚体向大团聚体的胶结组合，无法保证大团聚体的稳定性，不能对SOC提供有效的物理保护。

Six（2004）等认为大团聚体是较低层次的团聚体加上有机物等胶结剂形成，所以SOC含量会随着团聚体粒径的增大而增加。在本研究中SOC主要集中在2～0.25mm粒级的团聚体和>2mm粒

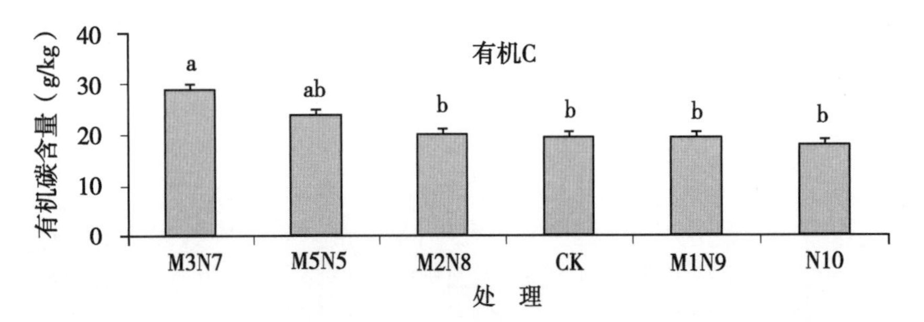

图 3-25　不同施肥处理对 0.5~0.25mm 粒级团聚体有机碳含量的影响

级的大团聚体上，化肥处理对大团聚体固存 C 的能力有增加的趋势，但在 <0.25mm 微团聚体上固存 C 的能力有所降低。在配施粪肥的处理中，M3N7 处理在 >0.25mm 大团聚体上 SOC 含量显著增高，高于最高粪肥配施量 M5N5 处理，在稳定性方面仅比 M5N5 减弱 1%~3%。说明在化肥处理中，团聚体对 SOC 的物理保护主要是通过大团聚体来实现的，而在有机肥处理中，土壤团聚体粒级越小，其胶结的有机物腐解程度越高。本研究中大团聚体 SOC 含量较高，这与团聚体形成表现出的层次性机制现象较吻合，且有机碳含量高的处理团聚体稳定性较好，本实验中微团聚体的 SOC 含量低于大团聚体 SOC 含量也验证了团聚体形成表现出的层次性机制。但对于 M3N7 处理中微团聚体 SOC 含量高于 M5N5 处理，分析认为这是由于在过量配施粪肥时，有机肥的淋溶，使相当部分的有效氮提前参与了土壤的激发效应，增加了微生物活动，造成了有机物质的加速分解。

3. 全氮含量分析

不同施肥处理间 M5N5 与 M2N8、M3N7、N10 施肥处理在 >2mm、2~0.5mm 和 <0.25mm 粒级团聚体全氮含量存在显著差异，M5N5 比 N10 处理全氮含量显著升高 60%、68%、90%。在 3 个粒级中随着有机肥施用量的增长，土壤全氮含量在逐渐升高，在施用量到 50% 时，全氮含量出现显著性差异（图 3-26、图 3-27、图 3-28）。在 N10 全量无机肥施用处理中，3 个层次的团聚体都表现出较低的氮含量，低于 CK 处理 38%、46% 和 70%。M1N9、M2N8、M3N7 3 个施肥处理在以上 3 个粒级团聚体中总氮含量并未表现出显著性的差异。

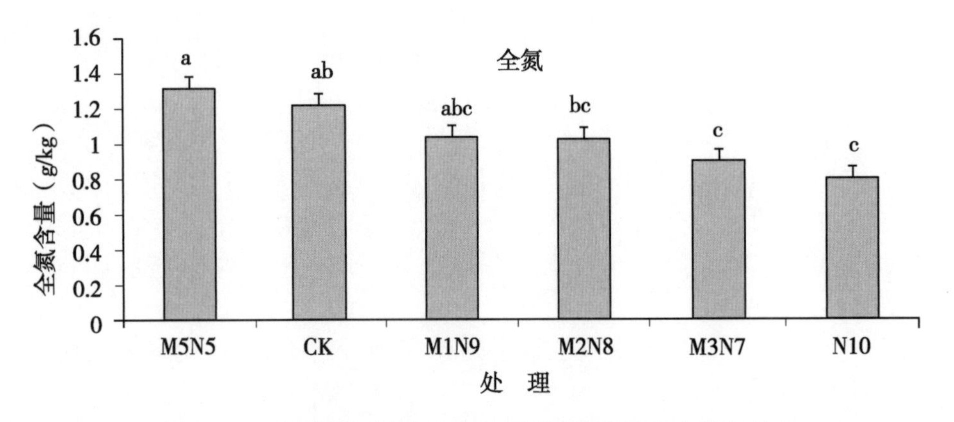

图 3-26　不同施肥处理对 >2mm 粒级团聚体全氮含量的影响

在 0.5~0.25mm 粒级团聚体中（图 3-29），不同施肥处理 M5N5 与其他处理差异性显著，M2N8 处理在此层次全氮量升高，但升高趋势不明显，未达到显著性。N10 处理仍然趋于最低，M5N5 处理显著高于 N10 处理 90%。从不同的粒级上来看，土壤中总氮的含量随着有机肥的施入量增加在增高，但由于受有机肥的降解速率影响，CK 处理的含氮量并不处于最低值。

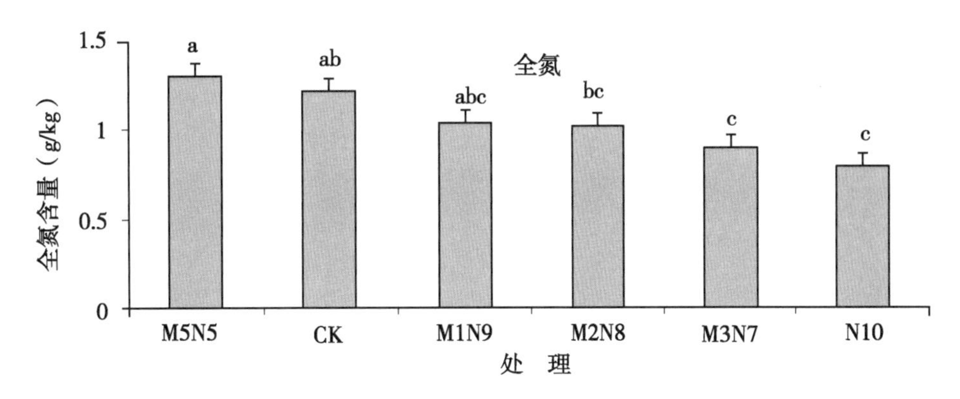

图 3－27　不同施肥处理对 2～0. 5mm 粒级团聚体全氮含量的影响

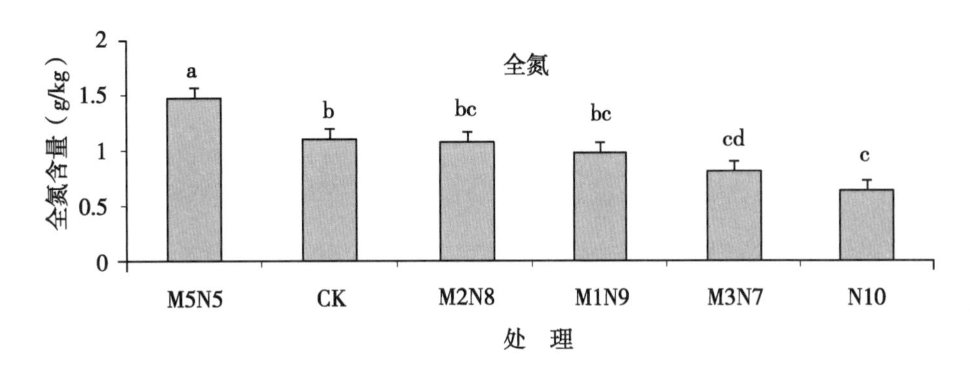

图 3－28　不同施肥处理对 <0. 25mm 粒级团聚体全氮含量的影响

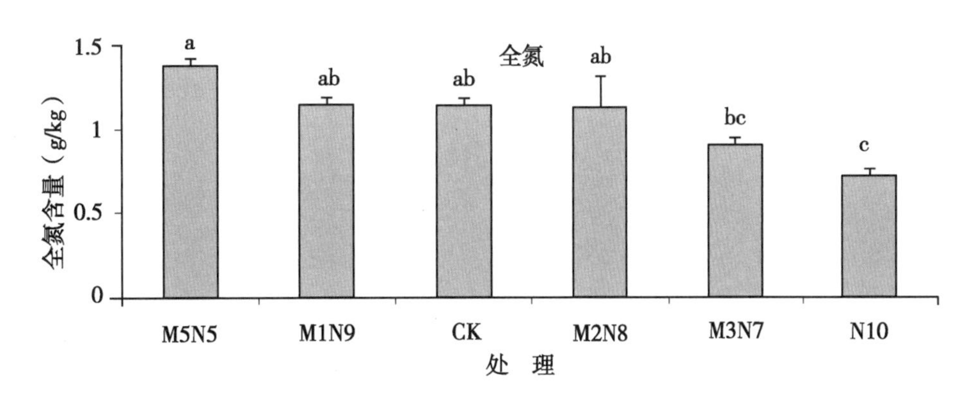

图 3－29　不同施肥处理对 0. 5～0. 25mm 粒级团聚体全氮含量的影响

(四) 土壤剖面无机氮分布特征及淋溶分析

1. 土壤剖面硝态氮分布特征分析

由图 3－30 和图 3－31 对比分析可以看出，玉米播种和收获两个时间段 0～200cm 土壤剖面硝态氮分布规律明显不同。玉米播种期土壤硝态氮主要分布在 80cm 土层内，处理间含量变化较大，随着配施处理中氮肥的增加而该层土壤硝态氮含量升高；80～200cm 土层土壤剖面硝态氮含量低，处理间含量变化小。到玉米收获期 0～60cm 土层土壤剖面硝态氮含量变化较小；60～200cm 土壤硝态氮含量变化较大，随着配施处理中氮肥的增加而该层土壤硝态氮含量升高。研究结果：从整个硝态氮分布特征来看，在春季和玉米播种期雨水较少，土壤硝态氮受土壤水分淋洗作用较小，硝态氮主要分布在较浅的土层。到玉米收获期，土壤硝态氮经历整个夏季土壤水分下移的淋洗作用较强，

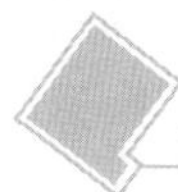

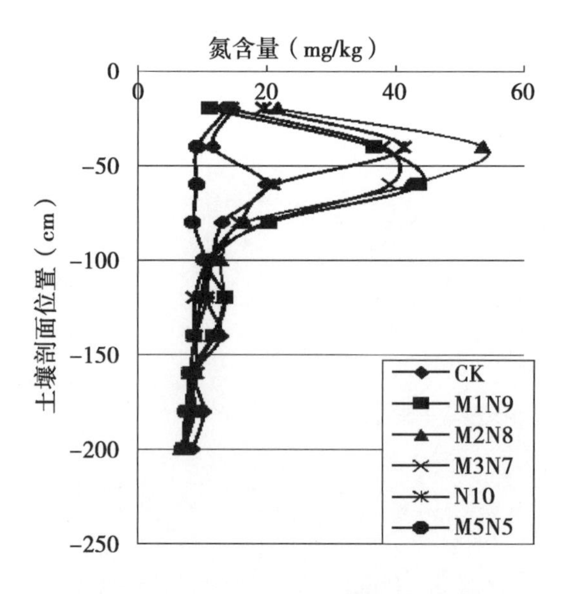

图 3－30　2011 年 6 月土壤剖面硝态氮分布

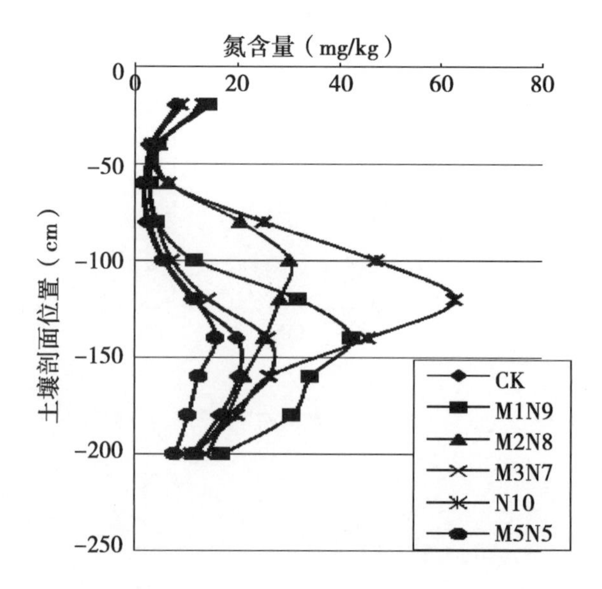

图 3－31　2011 年 10 月土壤剖面硝态氮分布

硝态氮随着土壤水分运移淋洗到深层土层，在玉米根系吸收土层下形成累积，浓度较高；从各配施处理间看，无机氮肥施用量越大的处理土壤硝态氮含量越高，说明无机肥中氮素释放的速度远远高于有机肥氮素释放的速度，且有机质对硝态氮有控释作用，因此，配施牛粪量越大的处理，硝态氮在玉米季下移的速度越慢，分布层次越浅，能够有效降低土壤硝态氮向深层土壤淋失。

2. 不同处理土壤剖面无机氮累积特征分析

将玉米播种与收获两个采样时间不同处理的无机氮含量进行比较分析。

（1）CK 处理土壤剖面无机氮累积特征分析。从图 3－32 可以看出，CK 处理 6 月与 10 月两次土壤剖面无机氮的分布特征明显不同。在 0～120cm 土壤剖面上无机氮含量 6 月高于 10 月，在 120～200cm 土壤剖面上无机氮含量 10 月高于 6 月；在 0～120cm 土壤剖面上 6 月和 10 月无机氮残留总量分别为 390.03kg/hm^2 和 187.16kg/hm^2，而在 120～200cm 土壤剖面上 6 月和 10 月无机氮残留总量分别为 191.05kg/hm^2 和 229.35kg/hm^2。在不同季节土壤剖面无机氮分布差异较大，在春季无机氮主要分布在上层土壤，而到了秋季无机氮已经向深层土壤迁移，形成较大的累积量。

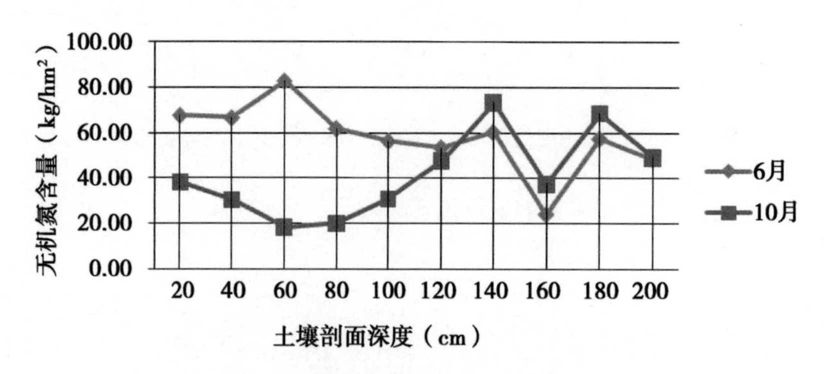

图 3－32　CK 处理土壤剖面无机氮累积特征

（2）N10 处理土壤剖面无机氮累积特征分析。从图 3－33 可以看出，N10 处理春季和秋季土壤剖面无机氮的分布特征明显不同。在 0～100cm 土层 6 月无机氮的含量明显高于 10 月，在 100～200cm 土层无机氮分布特征恰好相反；在 0～100cm 土层上 6 月与 10 月的无机氮残留总量分别为 435.44kg/hm^2 和 351.24kg/hm^2，说明春节时无机氮主要分布在上层土壤；而在 100～200cm 土层上

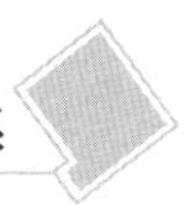

6 月与 10 月的无机氮残留总量分别为 223.94kg/hm² 和 535.95kg/hm²，说明秋季时土壤无机氮已经迁移到了深层土壤。

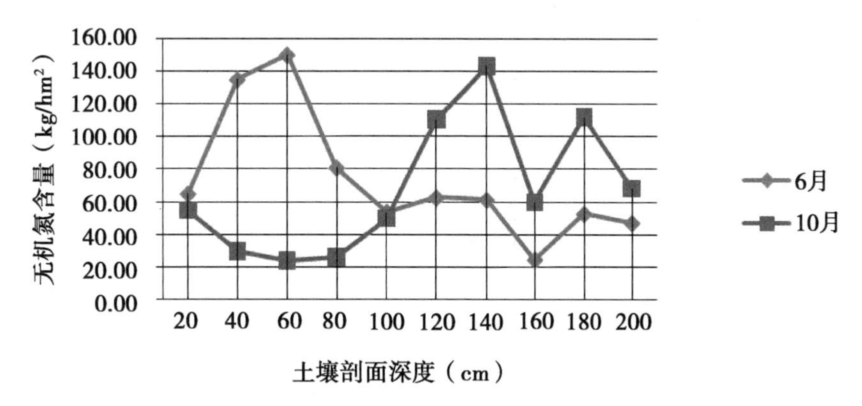

图 3-33 N10 处理土壤剖面无机氮累积特征

（3）M1N9 处理土壤剖面无机氮累积特征分析。从图 3-34 可以看出，M1N9 处理 6 月与 10 月土壤无机氮分布特征差异明显。在 0~60cm 土壤剖面无机氮残留量 6 月高于 10 月，在 60~200cm 土层上无机氮残留量 10 月高于 6 月。在 0~60cm 土壤剖面上 6 月和 10 月无机氮残留总量分别为 349.3kg/hm² 和 107.5kg/hm²，在 60~200cm 土壤无机氮残留总量分别为 382.29kg/hm² 和 568.35kg/hm²。无机氮的残留在春季主要分布在上层土壤，在秋季主要分布在下层土壤。

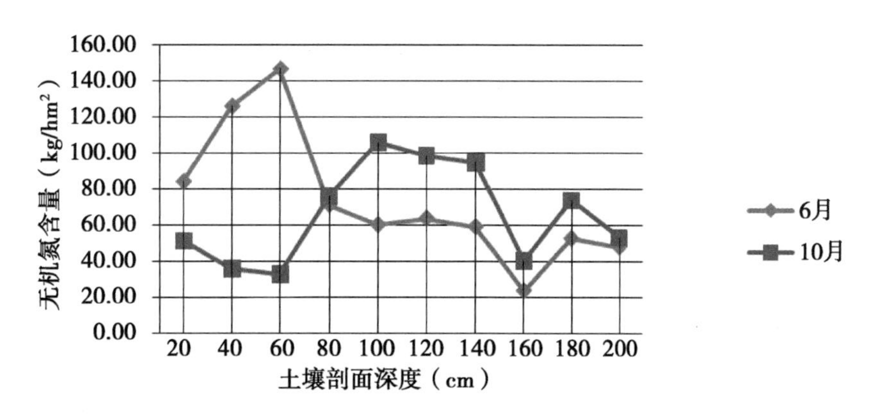

图 3-34 M1N9 处理土壤剖面无机氮累积特征

（4）M2N8 处理土壤剖面无机氮累积特征分析。从图 3-35 可以看出，M2N8 处理 6 月和 10 月无机氮在土壤剖面上的分布特征明显不同，6 月无机氮主要分布在上层土壤剖面上，到 10 月无机氮迁移到下层剖面上。在 0~100cm 深度上 6 月无机氮残留量高于 10 月，在 100~200cm 深度上 10 月无机氮残留量高于 6 月。在 0~100cm 土层上 6 月和 10 月无机氮残留总量分别为 488.58kg/hm² 和 302.35kg/hm²，100~200cm 土层上 6 月和 10 月无机氮残留总量分别为 247.33kg/hm² 和 360.97kg/hm²。

（5）M3N7 处理土壤剖面无机氮累积特征分析。从图 3-36 可以看出，M3N7 处理 6 月和 10 月土壤剖面无机氮的分布特征不同，6 月无机氮在上层土壤分布较多，10 月无机氮在深层土壤分布较多。在 0~60cm 深度上 6 月无机氮含量高于 10 月，而在 60~200cm 土层上无机氮分布特征恰好相反。0~60cm 深度上 6 月和 10 月无机氮残留量分别为 337.98kg/hm² 和 111.40kg/hm²，60~200cm 深度上无机氮残留量分别为 354.31kg/hm² 和 407.84kg/hm²。

（6）M5N5 处理土壤剖面无机氮累积特征分析。从图 3-37 可以看出，M5N5 处理 6 月和 10 月

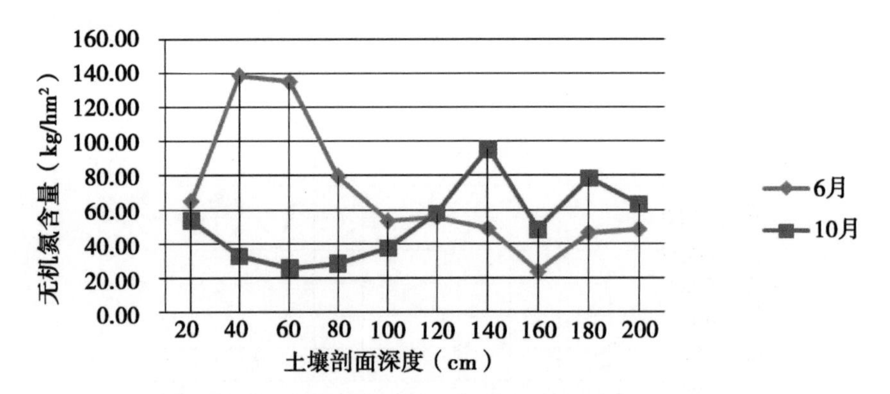

图 3-35 M2N8 处理土壤剖面无机氮累积特征

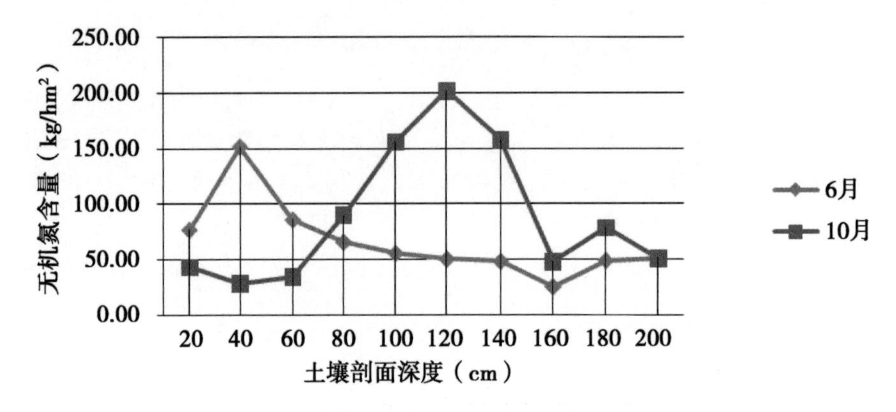

图 3-36 M3N7 处理土壤剖面无机氮累积特征

土壤剖面无机氮的分布特征不同，6 月无机氮在上层土壤分布较多，10 月无机氮在深层土壤分布较多。在 0～200cm 土层上 6 月无机氮含量均高于 10 月，且在 140～200cm 深度上两次采样的土壤无机氮残留量相近。在 0～140cm 土层上 6 月和 10 月无机氮残留量分别为 425.94kg/hm^2 和 273.48kg/hm^2，在 140～200cm 土层上 6 月和 10 月无机氮残留量分别为 143.17kg/hm^2 和 117.29kg/hm^2。

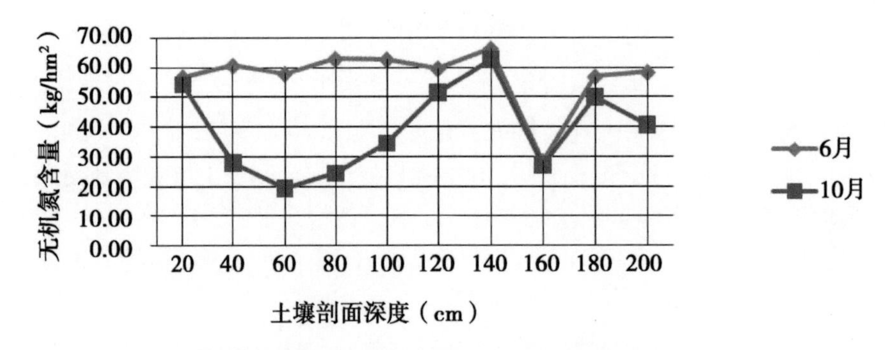

图 3-37 M5N5 处理土壤剖面无机氮累积特征

综上分析，无机肥从习惯施肥量到零用量的过程中随着无机肥用量减少，无机氮开始累积的土层深度增加；无机肥配施量越高土壤无机氮累积量越高，相反有机肥配施量越高土壤剖面无机氮累积量越低。有机肥配施到土壤减少了土壤中硝态氮的累积，土壤剖面硝态氮的分布与积累都与无机氮使用量正相关，以常规处理最高。

3. 新增无机氮淋溶量分析

经过雨热同期的玉米生长季，不同处理的玉米收获期与播种期土壤无机氮淋溶情况差异较大。将玉米收获期与播种期不同深度土壤无机氮量的差值进行作图得新增无机氮变化（图 3－38）。全部使用无机肥的 N10 处理无机氮淋溶量最大，新增累积量达 436.56kg/hm²；配施少量有机肥 M1N9 无机氮淋溶量次之，新增累积量为 245.07kg/hm²；M2N8 和 M3N7 无机氮淋溶较少，新增累积量分别为 164.00kg/hm² 和 120.80kg/hm²；M5N5 无机氮淋溶量最少，整个玉米生长季无机氮没有出现新增累积现象。10 月 80～200cm 土壤剖面无机氮淋溶量较习惯施肥减少 426.19kg/hm²，较 CK 减少 43.02k/hm²。可见，无机肥配施量大的土壤剖面新增无机氮累积量，且开始新增无机氮累积的土层深度较浅。

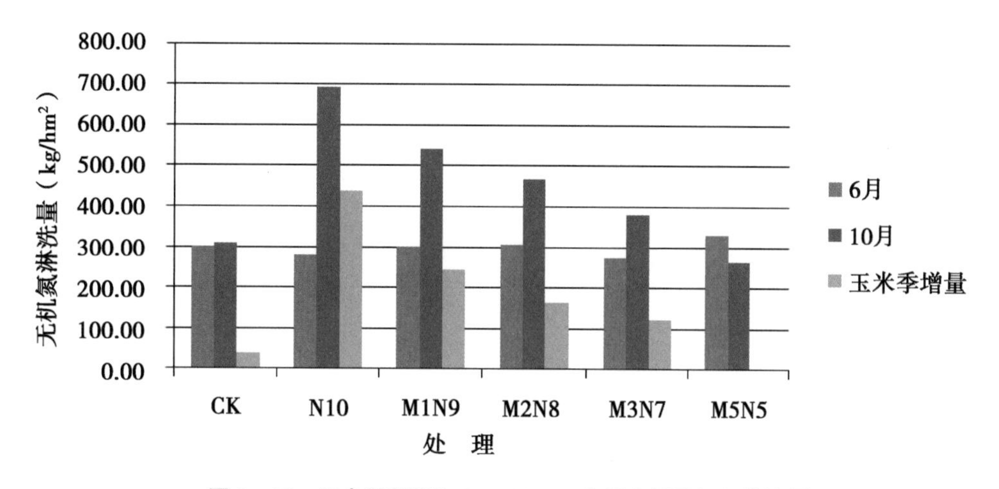

图 3－38　玉米季新增和 80～200cm 土层土壤无机氮淋洗量

（五）结果与讨论

（1）配施有机肥有利于提高土壤肥力，尤其是提高土壤有机质和速效磷的含量，有机肥配施比例越高土壤有机质和速效磷的含量越高；配施适量的粪肥有利于提高农作物的长势和产量；配施有机肥改变土壤剖面硝态氮的分布特征，有机肥配施比例越高，硝态氮分布于浅层土壤，反之雨季之后硝态氮分布于深层土壤，同时减少土壤剖面无机氮淋溶量，降低无机氮在深层土壤的累积量。

（2）随有机肥施用量的增加不同处理间同一粒级团聚体 MWD 出现显著性差异，但有机肥含量最高的 M5N5 处理并未升为最高值，分析认为有机肥的矿化速度和长期施用大量无机肥形成的本底影响较大，对 MWD 的差异性分析产生一定影响。

（3）土壤有机碳含量在耕层土壤中不同处理间差异明显，但在同粒级团聚体不同处理间，仅 0.5～0.25mm 粒级出现较显著差异，且 M3N7 施肥处理有机碳含量最高。有机肥施用量最大的 M5N5 处理并未成为最高值。说明在不同土层、不同粒级层次上，有机碳的形成除了有机肥施用量的影响外仍有其他因子对其产生影响，初步认为矿化的速度为主要因子。

（4）土壤全氮含量在不同处理、不同粒级之间进行多重比较都存在显著性差异。但与总体 MWD 和有机碳分析结果不同的是，M5N5 施肥处理，在不同粒级上都为最高值。说明在北方冬春两季淋溶较小的情况下，氮降解速度仍然较快且对耕层土壤的不同粒级都产生了较显著的影响。所以总体来看，初步分析，M3N7 处理对土壤修复和减少氮淋溶较为合适。但对农田环境影响和温室碳氮循环的影响有待进一步研究。

（5）初步研究结果表明，M5N5 是最佳粪肥配施模式，M3N7 是较理想的施肥模式。M3N7 施肥模式：增施有机肥料 N 105.14kg/hm²（纯氮），配施无机肥料 N 220.01kg/hm²，化肥施用量减少

32.31%；较习惯施肥处理小麦、玉米分别最高可增产8.4%和16.47%；土壤剖面新增无机氮淋溶量较习惯施肥处理减少305.76kg/hm^2，减少72.33%；土层开始新增无机氮淋溶的深度由习惯施肥的60～80cm降低到120cm。M3N7施肥模式是既能保证产量又能提高环境质量的施肥模式。M5N5施肥模式：增施有机肥料N 157.71kg/hm^2（纯氮），配施无机肥料N 175.01kg/hm^2，化肥施用量减少46.15%；较习惯施肥小麦、玉米分别可最大增产12.33%和10.61%；土壤剖面新增无机氮淋溶量为0kg/hm^2，较习惯施肥减少436.56kg/hm^2。M5N5施肥模式既能保证产量又能提高环境质量。

第六节　秸秆覆盖与保护性耕作*

一、技术特征

保护性耕作在中国的内涵与外延较广，既包括免耕，又包括一般性尽可能少动土壤表层，比如少耕、作物秸秆覆盖等尽可能地保持土壤表层水分以及防止土壤侵蚀等。比较流行的具有中国特色的保护性耕作一般是指以减少土壤破坏为原则，以保护生态环境、促进农业可持续利用和节本增效为目标，以较少的投入来维持相对高产为目的，以秸秆覆盖留茬还田、免少耕播种施肥复式作业、种植结构合理配置和病虫草害有效控制等综合措施为手段，达到减少土壤水蚀、风蚀，提高土壤肥力、蓄水保墒能力、有限水资源的利用率，改善生态环境和促进农业可持续发展的持续性农业耕作方式等作用。中国农业部保护性耕作工程建设规划（2009—2015年）文件中对其作了更为具体、翔实的规定，将其定义为“一项通过对农田实行免耕少耕和秸秆留茬覆盖还田、控制土壤风蚀水蚀和沙尘污染、提高土壤肥力、抗旱节水能力以及节能降耗和节本增效的先进农业耕作技术”。按照因地制宜、分类实施的原则，根据不同地区资源环境条件，保护性耕作措施分为3类：①以改变微地形为主，包括等高耕作（或称横坡耕作）、沟垄种植、垄种区田、坑田等；②以增加地面覆盖度为主，包括合理轮作、间作、套种混播、覆盖耕作（含留茬或残茬覆盖、秸秆覆盖、地膜覆盖）等；③以改变土壤物理性状为主，包括少耕（含少耕深松、少耕覆盖）、免耕等。

二、技术要点

保护性耕作核心技术主要包含3个部分。

（1）作物收获后留茬和作物秸秆覆盖地表，减少风蚀、水蚀和地面蒸发，提高有限水资源的利用率，同时实现部分有机质还田，培肥地力。

（2）减少传统耕作对土壤的扰动（少耕、免耕），传统耕作导致土壤团聚体破碎，易氧化有机碳不断被矿化而损失，导致土壤质量下降（蔡立群，2008）。

（3）依靠化学除草（喷洒除草剂）或机械表土作业代替翻耕控制杂草。

保护性耕作其实质是：改善土壤结构，减少土壤侵蚀和养分流失，减少劳动力、机械设备和能源的投入，降低农业成本，提高劳动生产率，实现高产稳产，同时达到良好的生态效益和社会经济效益。

三、技术的应用效果

（一）稳增作物产量

免耕和秸秆覆盖可以减少水分流失，改善土壤理化性质，提高土壤微生物活性，增强作物根系

---

* 本节撰写人：杨晓梅　尹昌斌

活性，延缓地上部分衰老，进而增强作物光合作用，与传统耕作相比，可显著提高作物产量（王法宏，2003；Rockstrom et al，2009）。在作物需水关键期，保持土壤含水量的相对稳定，保证作物需水，与传统耕作相比，可提高 8% 的水分利用率，玉米产量和地上生物量分别提高 4.44% 和 11.66%（雷金银等，2008），尤其是在干旱年份能够大幅度提高作物产量（Jin et al，2005；Huang et al，2006）。黄高宝等（2008）在甘肃定西开展对春小麦—豌豆轮作系统进行保护性耕作试验，与常规耕作措施相比，免耕配合秸秆覆盖使豌豆产量提高40%、春小麦产量提高33%。Al-Darby 等（1987）在美国的实验结果表明保护性耕作措施下土壤含水量越高，作物产量和干物质量受生长季土壤低温的影响越小，甚至认为秸秆覆盖能够提高土壤温度（Malhi et al，1992；Franzluebbers et al，1995），从而有利于作物度过寒冷季节。秸秆还田对作物产量的作用还会受到还田量及还田方式的影响，且秸秆还田量越大，增产效果越好，需要注意的是，作物秸秆 C/N 值较大，特别是禾本科作物，粉碎后直接还田时，应配施适量速效性氮肥调节碳氮比，促进作物秸秆养分释放（强学彩等，2003）。保护性耕作既增加粮食产量，又节省机械、能源和劳力成本，最终可实现经济效益的较大提升（彭文英等，2006；刘鹏涛等，2009）。

（二）提升土壤质量

保护性耕作减少了人为扰动对土壤结构的破坏，增加土壤水分和团粒结构的稳定性（张洁等，2007），秸秆覆盖降低土壤水蚀，提高土壤的保水能力，增加有机质含量，调节土壤的 C/N 值，改善土壤的物理结构，促进大团粒结构的形成，增加土壤孔隙度，为土壤微生物生长繁殖创造较为有利的环境，显著提高土壤耕层有机质、氮素等的含量（郭彦军等，2008；李玲玲等，2005；马永良等，2003）。在农田生态系统中，传统农业管理措施在作物收获以后基本上所有秸秆和残茬都被移出，土壤碳不能及时稳定，导致土壤质量下降（蔡立群等，2008），而土壤有机碳含量高低是影响碳循环、土壤质量、土壤肥力、土壤健康的重要因子，其转化和稳定性是评价农业可持续发展的关键环节（王新建等，2009；隋跃宇等，2005；贾国梅等，2008）。与传统耕作相比，免耕和秸秆覆盖可以增加表层土壤有机碳含量 13.7% 和 14.2%（Chen et al，2009），土壤总有机碳含量随秸秆还田量的增加呈现出显著提高（李小刚等，2002），其机理是长期大量植物残体归还土壤，秸秆在分解过程中，为土壤微生物提供了大量的碳源和充足的能量，显著提高土壤微生物生物量及微生物种类，使更多的不稳定碳得以固定累积，减少土壤有机碳矿化引起的损失（杨景成等，2003；王继红等，2004）。长期免耕配合秸秆覆盖使植物根系趋于表层分布，大量的根系分泌物反过来促进土壤微生物的繁衍，增加微生物活性，且外源有机物的输入，为微生物进行生命活动提供了充足的碳源和能量，从而导致土壤微生物生物量碳含量高于传统耕作（黄高宝等，2006）。秸秆覆盖还可以调节土壤温度，冬季增温，夏季降低表层土壤温度，从而有利于土壤微生物的生长与繁殖。

另外，免耕秸秆覆盖处理除显著改善土壤有机质外，土壤全氮、全钾、全磷及速效磷、速效钾均高于免耕无秸秆覆盖和传统翻耕处理（严洁等，2005）。与裸地相比，秸秆覆盖可显著减少氮肥的流失，且覆盖量愈大，对氮肥保持效果愈显著，这是由于秸秆覆盖可显著地增加土壤水分和硝态氮的入渗深度以及入渗量，秸秆覆盖处理下地表径流和泥沙中矿质氮流失量分别为裸地的 72.6% 和 2.7%（张亚丽等，2004）。进一步研究结果表明直接施用作物秸秆同施用腐熟有机肥对土壤的培肥效果基本相同，均对土壤理化性质有很大的改善，同时可提高作物的产量，因此秸秆直接还田基本可以代替施用腐熟有机肥培肥土壤（杨志臣等，2008）。作物秸秆中含有作物生长所必需的各种营养元素，还田后通过微生物分解可以逐步地释放出来，供作物生长需要。

（三）改善生态环境

一是保持水土、维持地力。传统耕作由于表层土壤受雨滴的直接冲击，一定程度上破坏土壤团粒结构，降低土壤表层大孔隙的连续性和渗透性，被破碎的土壤黏粒形成一层不易透水透气、结构细密坚实的结壳，影响土壤水分的入渗（蔡立群等，2012），冲走大量的表土和有机质，造成土壤肥力下降，土地越种越贫瘠。土壤表面覆盖秸秆可保护土壤表面避免降雨的冲击，稳定土壤疏松多孔的结构，土壤导水性能好，地表径流少（刘贤赵等，1999；沈裕琥等，1998）。保护性耕作地表的秸秆覆盖减少太阳对土壤的直接照射，使表层土壤温度降低，可以有效地控制水分蒸发，且覆盖的秸秆阻挡水汽的上升，水汽难以透过覆盖层而被秸秆截留，因此保护性耕作条件下的土壤水分蒸发量减少（Dao，1993；Mwendera，et al，1997；Unger，et al，1991；洪晓强，1996；李生福，1994），与传统秋翻相比，保护性耕作技术可减少水分流失 60% 左右、减少土壤流失 80% 左右，是一项非常重要的水土保持措施。

二是秸秆还田、减少污染。作物收获后，为了省时省力，秸秆乱堆乱扔，乡村环境不洁，或大量作物秸秆在耕地里被焚烧，焚烧的烟雾造成了严重的大气污染，秸秆焚烧成了雾霾元凶，严重影响机场、高速公路等重要交通设施沿线，政府出台相关政策，严厉查处露天焚烧秸秆的行为。保护性耕作技术将秸秆或残茬覆盖在土壤表面，腐烂还田，培肥地力，蓄水保墒，有效地遏制了秸秆焚烧，减少了大气污染，采取“以用促禁”的办法化解秸秆焚烧带来的大气污染问题，且秸秆还田可降低二氧化碳和氧化亚氮等温室气体的排放（Reicosky et al，1999），改善大气环境。

三是遏制沙尘、改善环境。生态环境破坏、植被减少、耕地耕翻量大、沙化严重、气候干燥，是沙尘暴的主要根源。我国北方地区，沙尘扬沙天气和沙尘暴频繁，强度和范围有不断扩大迹象。形成的主要原因：①过度的开垦，很多绿地变成了裸露的耕地，自然植被受到破坏；②传统的农业耕种方式，耕地多次翻耕，营养散失，风蚀加剧；③草原过度放牧，草原植被严重破坏。北京沙尘暴主要来源于“三北地区”冬季翻耕后裸露的农田，沙漠中被风吹起形成浮尘的颗粒只占 2.56%，而来自旱作农田和沙质草地的则分别达到 30% 和 52%，表明沙尘暴的主要尘源不是沙漠，而是冬春裸露的农田和荒漠退化的草原。传统翻耕方法使得耕地地表没有任何覆盖物保护，在每年的秋季、冬季和春季，完全裸露易受季风的侵蚀，将土壤中的细土沙面及有机质刮走，形成沙尘暴，不仅会造成土壤沙化、肥力下降，而且还会造成大气颗粒污染。利用秸秆或残茬覆盖地表，根茬固土、秸秆挡土，可以有效地减少土粒的飞扬，同时保护性耕作使地表湿润、增加团粒结构，也是减少风蚀的重要因素。只要保持 30% 的秸秆覆盖率，比秋翻地可减少风蚀 70% ~80%，有效降低土壤风蚀和沙化影响，遏制沙尘暴、治理风沙源，改善生态环境。

四、来自河北徐水县的试验研究

（一）研究背景和目的

华北地区属半干旱半湿润的大陆性季风气候区，共有耕地面积 3 630.2 × 10^4 hm^2，占全国耕地总面积的 28%，其中灌溉耕地面积为 1 678.4 × 10^4 hm^2，占耕地面积的 46.2%，粮食产量为 1.3 亿 t，是全国粮食总产量的 26.4%（赵荣芳等，2009），为我国重要的粮食生产基地。水资源短缺一直是困扰该地区农业生产的主要问题，水资源的时空分布变化导致农业需水和该区供水的矛盾，虽然耕地面积占全国总耕地面积约 28%，但水资源量仅占全国的 6%，人均、地均水资源分别为全国平均值的 1/4 和 1/5，是中国的严重缺水地区。农田灌溉加剧人们对该地区地下水的开采，地下水位下降严重，形成了著名的地下水“漏斗区”，对人们正常的生产和生活产生了重大影响，且机井越来越深，地下水使用成本近年来持续上升。华北地区水资源紧张，节约农业用水成为该地区亟待解决的重要问题。为缓解农业水资源供给压力，在农业生产中有许多节水途径，如靠减少输水损失、提高灌水均匀度和减少田间深层渗漏等工程技术措施，以及合理用水的节水灌溉制度措施（孙景生等，2000），而节水农业的关键问题是如何提高水分利用率，主要通过减少土壤水分蒸发、

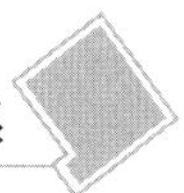

渗漏等损失、增强土壤深层蓄水能力及提高作物的水分利用率（朱希刚，1998）。保护性耕作通过减少对土壤耕层的干扰和增加秸秆覆盖等措施提高土壤蓄水能力、减少地面水分蒸发，有效提高农田水分利用效率和改善土壤理化性状（鲁向晖等，2007；张海林等，2005），被期待成为农业节水的手段之一。

本试验设在河北省保定市徐水县，以冬小麦—夏玉米轮作体系为研究对象，选择耕作方式、秸秆还田及减水灌溉组合，监测土壤水热特性、作物产量、水分利用等指标，旨在探讨华北地区冬小麦—夏玉米轮作体系中保护性耕作对冬小麦田土壤的水热特征、养分状况及作物产量的影响，最终以探寻保护性耕作对华北地区实践在农业灌溉上减少使用地下水的可能性及稳定粮食产量的可能性，为华北地区冬小麦实行保护性耕作提供理论依据和实践支撑。

（二）材料和方法

1. 试验地点

本研究于2011—2014年在河北省保定市徐水县留村乡荆塘铺村的农业部行业（农业）科研专项试验示范基地开展。试验地点位于华北平原北部、河北省中部（38°58′17.9″N，115°35′25.3″E，海拔平均高50.1 m）。该地区属暖温带半湿润半干旱季风气候：年平均太阳辐射总量为546.5 kJ/cm^2，年平均气温12.2℃，最高月份（7月）为28.9℃，最低月份（1月）为-7.5℃。无霜期200天左右，全年平均降水量500.5mm，大约53%的降水发生在7~8月（图3-39）。试验地点土壤为潮褐土，质地为轻壤土。

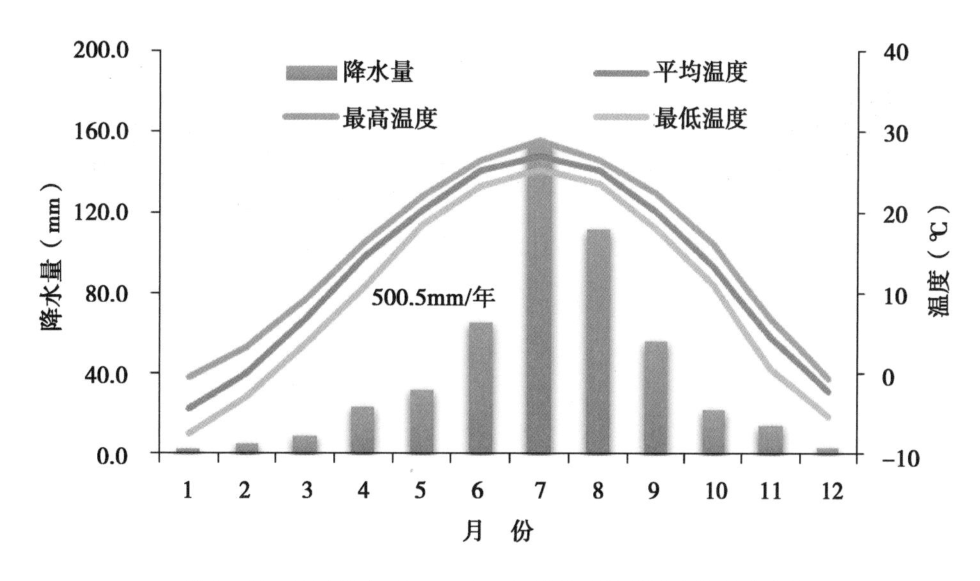

图3-39　试验地点1993—2012年间的平均月降水和温度变化

2. 实验设计

一是不同耕作方式和灌水处理设计：在保证不降低冬小麦产量前提下，探讨少耕处理节水灌溉的可能性及分析少耕和常规耕作对冬小麦不同生育期土壤水分、温度的效应。

二是耕作方式与秸秆还田处理设计：探究不同耕作方式对冬小麦产量的效应。具体如下：

T1：减少灌溉×少耕×秸秆

T2：习惯灌溉×常规耕作×秸秆

T3：习惯灌溉×少耕×秸秆

T4：习惯灌溉×少耕×秸秆不还田

T5：习惯灌溉×常规耕作×秸秆不还田

试验设少耕和常规耕作两种耕作处理方式，其中，少耕处理：在冬小麦播种前，只在需要播种和施肥的土壤上进行机械松土，约10cm深，不改变土层位置；少耕秸秆还田处理为小麦播种、施肥后，将该小区前茬玉米秸秆粉碎后全量还田，均匀撒在土壤表面。常规耕作：依据当地习惯耕作，在冬小麦播种前进行旋耕机松土后人工播种；常规耕作秸秆还田：小麦播种前将前茬玉米秸秆粉碎均匀撒在土壤表面，通过旋耕机将秸秆混入土壤（0～20cm）。试验设置减少灌溉和习惯灌溉，其中习惯灌溉为：依据当地农民田间灌溉次数进行灌溉。减少灌溉：在习惯灌溉的基础上减少一次浇水。试验各处理氮、磷、钾肥施用水平一致。磷、钾肥基施，氮肥部分基施，在返青期尿素追施。每个处理重复3次，随机区组排列，每个小区面积为4 m×5 m = 20 m^2，小区之间用塑料布隔开（图3-40、图3-41）。

图3-40　少耕秸秆还田

图3-41　定量灌水

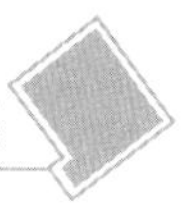

3. 试验材料

本试验于2011—2014年开展，主要进行冬小麦少耕试验，每年于10月进行小麦播种。试验用小麦品种为苏老三、NC－2，小麦播种密度分别为300kg/hm^{2}左右。每间隔20cm进行播种、施肥，播种深度为5cm左右，施肥深度约10cm。试验用化肥为复合肥（N：P_2O_5：K_2O比例为22：8：10），基肥N 130kg/hm^2，追肥N 70kg/hm^2。

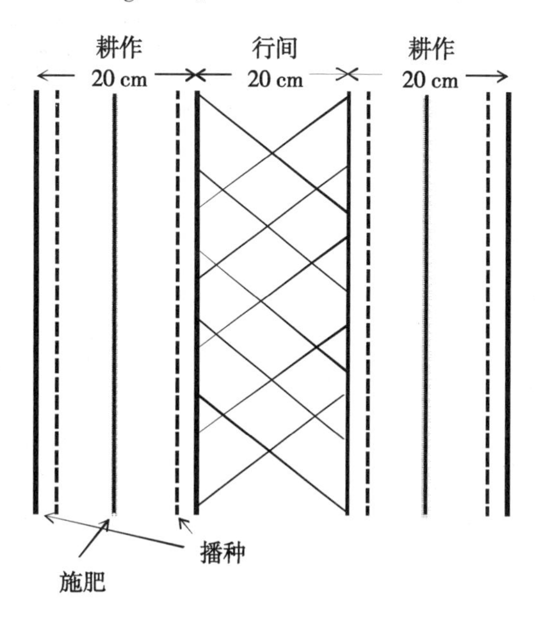

图3－42　小麦播种方式

4. 测试指标

（1）作物产量。在冬小麦成熟时，在除小区边界两行外，每个小区取5个小样，各小样为两行1m长的样方，冬小麦地上生物量全部收走，只留下根在地里，去掉称重的最大值和最小值，剩下的3个小样拿回实验室，测定总穗数后，搓下籽粒，籽粒在70℃下烘干至恒重，称量干重。取总重量的1/5小麦进行千粒重的测定；秸秆在85℃下烘干后称干重。在夏玉米收获时，在每个小区除边界外随机选取10株玉米，待自然风干后，进行脱粒，籽粒在70℃烘干至恒重，称量干重，同样取样品重量的1/5进行千粒重的测定。

（2）冬小麦分蘖数。于苗期（2012年10月18日）、冬前（2012年12月26日）、返青期（2013年3月8号）、成熟期（2013年6月16日）测定冬小麦茎蘖数，隔出每个小区边界两行小麦，分别于第二、第四、第六、第八行处，在每行取1m定位数基本苗、冬前分蘖数、春季分蘖数和成熟期穗数。

（3）土壤水分测定。在2012—2013年的冬小麦播种至收获全生育期，采用时域反射仪（Time domain reflectometers，CS 616，Campbell Scientific，North Logan，USA），自动记录数据，试验开始时定位设置每20 min连续测定记载土壤水分。播种小麦之后，在TDR安装小区内于播种行周围挖出宽1m和深1m的正方池，找出播种行内、行间的5cm、15cm、30cm和60cm处，分别平行插入探头（图3－43）。

（4）土壤温度测定。采用自制铜—康铜热电偶连续测定土壤温度，铜—康铜热电偶探头与TDR感应探头一起固定到相同层次即土壤5cm、15cm、30cm和60cm处，设定20min记录1次数据，CU3912e数据采集仪自动记录（图3－43）。

图3－43　TDR安装

（三）研究结果

1. 耕作和灌水对冬小麦产量及其构成要素的影响

由于2011—2012年为试验初始年，考虑到农田前期耕作效应，故从2012年开始分析试验数据。少耕减水灌溉处理产量在2012—2013年最高，随后为少耕习惯灌溉、常规减水灌溉和常规耕作习惯灌溉，这与作物减少约25%的灌水能增加作物产量试验一致（Cui et al，2014）。然而，2013—2014年为少耕习惯灌溉和常规耕作习惯灌溉产量最高，分别比少耕减水灌溉显著高出9.8%和7.6%，这可能是受土壤水分对产量的影响，总体表明少耕处理有利于作物产量，少耕节水处理也利于稳定作物产量（表3－23）。

2. 耕作和秸秆还田对冬小麦产量及其构成要素的影响

冬小麦产量于2012—2013年和2013—2014年均为少耕覆盖最高（表3－24），但每公顷穗数、穗粒数、千粒重和穗重均表现不一。尽管2012—2013年常规耕作还田和常规耕作不还田处理的穗重均高于少耕覆盖和少耕不覆盖，但是少耕覆盖和少耕不覆盖处理有穗粒数对其弥补且产量较高（图3－44）。2012—2013年少耕覆盖小麦产量较常规秸秆还田高出5.4%，这与Moreno等（1997）和Arshad等（1997）的试验结果一致。2013—2014年少耕覆盖的小麦产量较常规不还田处理显著高出19.4%，略高于常规还田处理。秸秆还田处理显示，2012—2013年常规秸秆还田处理没有显著高于秸秆不还田，但在2013—2014年这二者之间差异显著，少耕覆盖也显著高于少耕不覆盖。保护性耕作通常认为会造成土壤紧实、低温，从而严重影响作物根系发展、营养和水分吸收，进而减少作物产量。然而，Kay和Vanden Bygaart（2002）和Betioli Junior等（2012）报道称，保护性耕作对根系的发展没有太大影响，并没有限制作物的养分吸收（Panettieri等，2013）。少耕秸秆覆盖可提高土壤质量、改善渗透率和保护土壤水分（Sharma et al，2011），提高作物产量。

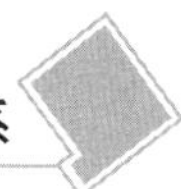

表 3-23　耕作和灌水对作物产量和产量构成要素的影响（2012—2014 年）

年份	处理	穗数（×1 000/hm²）	穗粒数	千粒重（g）	穗重（g）	产量（kg/hm²）
2012—2013 年	少耕减水灌水	7 402 ± 273	24.3 ± 1.5	35.6 ± 0.4	0.87 ± 0.06	6 402 ± 231
	少耕习惯灌水	7 152 ± 504	24.8 ± 0.8	36.0 ± 2.2	0.89 ± 0.03	6 378 ± 269
	常规耕作减水灌溉	7 144 ± 35	26.2 ± 1.2	32.7 ± 1.0	0.86 ± 0.03	6 105 ± 102
	常规耕作习惯灌溉	6 631 ± 573	27.2 ± 2.4	33.7 ± 1.7	0.92 ± 0.13	6 051 ± 270
2013—2014 年	少耕减水灌水	6 569 ± 518	26.4 ± 2.9	43.8 ± 2.1	1.15 ± 0.11ab	7 534 ± 180b
	少耕习惯灌水	6 839 ± 758	28.3 ± 1.6	42.9 ± 2.6	1.22 ± 0.12ab	8 269 ± 378a
	常规耕作减水灌溉	6 119 ± 266	25.5 ± 1.1	43.8 ± 2.9	1.12 ± 0.05bc	6 836 ± 176c
	常规耕作习惯灌溉	6 133 ± 570	29.1 ± 3.0	45.7 ± 1.0	1.33 ± 0.12a	8 109 ± 162a

表 3-24　耕作和秸秆还田对作物产量和产量构成要素（2012—2014 年）

年份	处理	穗数（×1 000/hm²）	穗粒数	千粒重（g）	穗重（g）	产量（kg/hm²）
2012—2013 年	少耕覆盖	7 152 ± 504	24.8 ± 0.8	36.0 ± 2.2	0.89 ± 0.03	6 378 ± 269
	少耕不覆盖	7 263 ± 519	27.1 ± 1.4	31.6 ± 1.6	0.86 ± 0.08	6 205 ± 218
	常规耕作还田	6 631 ± 573	27.2 ± 2.4	33.7 ± 1.7	0.92 ± 0.13	6 051 ± 270
	常规耕作不还田	6 615 ± 433	25.2 ± 3.5	35.8 ± 3.3	0.90 ± 0.06	5 912 ± 80
2013—2014 年	少耕覆盖	6 839 ± 758	28.3 ± 1.6	42.9 ± 2.6	1.22 ± 0.12	8 269 ± 378a
	少耕不覆盖	6 772 ± 1115	26.1 ± 2.4	43.0 ± 2.2	1.13 ± 0.15	7 522 ± 191bc
	常规耕作还田	6 133 ± 570	29.1 ± 3.0	45.7 ± 1.0	1.33 ± 0.12	8 109 ± 162ab
	常规耕作不还田	5 375 ± 879	28.3 ± 2.8	46.0 ± 1.0	1.30 ± 0.10	6 923 ± 595c

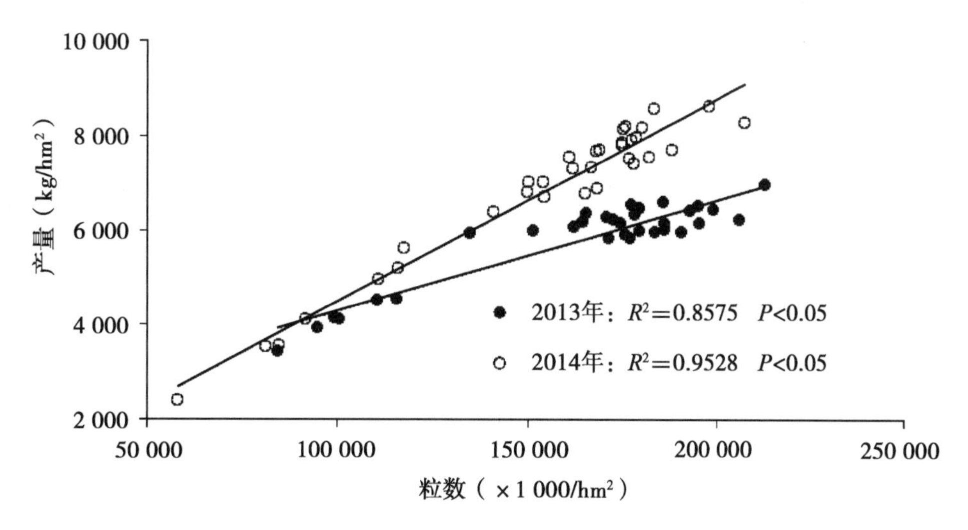

图 3-44　冬小麦产量和穗粒数之间的关系

3. 秸秆还田对冬小麦茎蘖动态的影响

2012—2013 年对冬小麦群体动态调查发现：少耕、常规耕作、少耕秸秆覆盖和常规耕作秸秆还田处理间有差异，但差异均未达到显著性水平。少耕秸秆覆盖的基本苗比常规秸秆还田增加 7.5%，少耕较常规耕作增加 3.0%，从基本苗情况分析看，少耕处理未减少冬小麦出苗。越冬前少耕秸秆覆盖的冬小麦分蘖数较常规秸秆还田增加 8.9%，少耕较常规耕作增加 6.7%，返青期常规秸秆还田和常规耕作冬小麦分蘖数增加，常规耕作秸秆还田的冬小麦分蘖数较少耕秸秆覆盖增加 8.9%，常规耕作比少耕增加1.7%（图3-45）。成熟期穗数为少耕秸秆覆盖与常规秸秆还田相当，少耕与常规耕作相当。秸秆还田处理显示，冬小麦基本苗、冬前最大分蘖、返青期分蘖数均为少耕秸秆覆盖和常规耕作秸秆还田低于秸秆不还田处理。常规耕作基本苗数比常规秸秆覆盖增加13.4%，少耕比少耕秸秆还田增加8.7%。越冬前常规耕作冬小麦分蘖数比常规秸秆覆盖增加22.6%，少耕比少耕秸秆还田增加20.1%。返青期常规耕作冬小麦分蘖数比常规秸秆覆盖增加0.4%，少耕比少耕秸秆还田增加11.4%。成熟期常规耕作冬小麦穗数比常规秸秆覆盖增加9.7%，少耕比少耕秸秆还田增加6.5%。

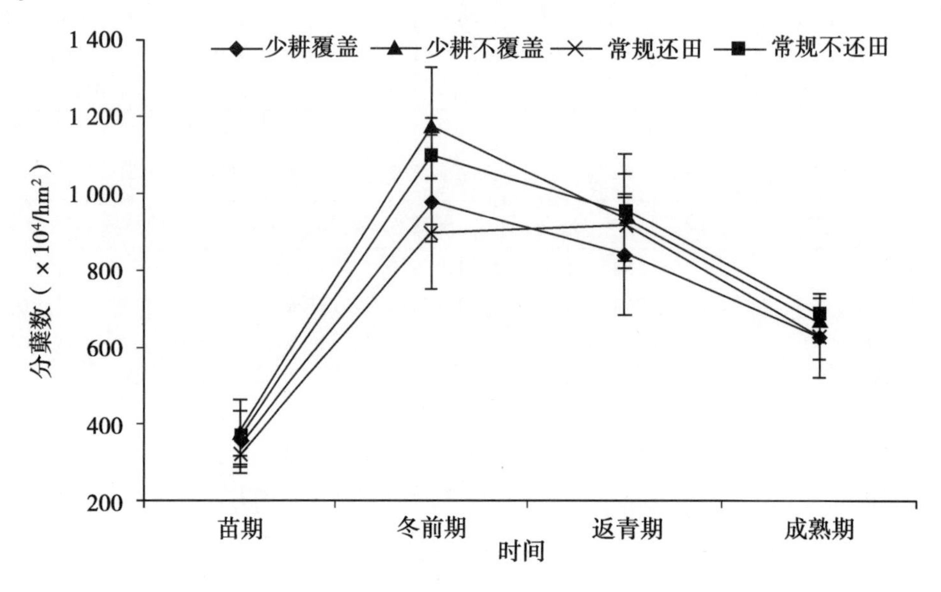

图3-45　2012—2013年不同耕作措施对冬小麦茎蘖动态的影响

保护性耕作较常规耕作显著改善了冬小麦苗期的土壤水分状况，越冬期0~60cm土壤水分状况的改善有利于冬小麦越冬（侯贤清等，2009），且秸秆覆盖可稳定土壤表层小环境、保墒增墒和充足的养分，春季冬小麦的出苗和冬前分蘖均较高（逄焕成，1999），本文的研究结果与其一致，少耕秸秆覆盖处理的基本苗数和冬前分蘖均为高于常规耕作（图3-46）。Baumhardt认为保护性耕作和秸秆覆盖可以增加土壤贮水量，进而增加作物产量和水分利用效率（Baumhardt et al，2002）。

4. 冬小麦生育期土壤含水率变化

少耕秸秆覆盖明显地提高不同深度的土壤含水率（图3-47、图3-48）。冬小麦播种前土壤贮水量较高，苗期小麦耗水量少，土壤水分含量较高，少耕秸秆覆盖麦田0~80cm土层土壤平均土壤含水率为41.4%，常规秸秆还田为38.1%，少耕秸秆覆盖较常规秸秆还田的土壤湿度提高了3.3%。冬前分蘖期0~20cm土层土壤含水率较苗期降低，20~80cm土层土壤含水率变化不大，少耕秸秆覆盖麦田0~80cm土层平均土壤含水率为39.7%，常规秸秆还田为37.6%，少耕秸秆覆盖比常规秸秆还田提高了2.1%。越冬期的土壤含水率较苗期和冬季分蘖期都有明显的降低，少耕秸秆覆盖0~80cm的平均土壤含水率为20.3%，常规秸秆还田为18.0%，少耕秸秆覆盖较常规秸秆还田提高了2.3%。拔节期少耕秸秆覆盖0~80cm内平均土壤含水率为35.7%，常规秸秆还田为31.9%，少耕秸秆覆盖比常规秸秆还田提高了3.9%。孕穗期冬小麦耗水量较高，0~80cm土层含水率较拔节期降低6.3%~20.8%，少耕秸秆覆盖0~80cm土层平均土壤含水率为30.6%，常规秸秆还田为26.1%，少耕秸秆覆盖较常规秸秆还田提高了4.5%。灌浆期时少耕秸秆覆盖0~80cm土层平均土壤含水率为31.6%，常规秸秆还田为29.2%，少耕秸秆覆盖比常规秸秆还田提高了2.4%。成熟期时少耕秸秆覆盖0~80cm土层平均土壤含水率为39.0%，常规秸秆还田为36.2%，

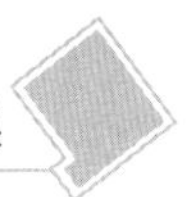

图3-46 处理

少耕秸秆覆盖比常规秸秆还田提高了2.8%。0~80cm土层范围内，在苗期、冬季分蘖期、越冬期、返青期、拔节期、孕穗期和成熟期的少耕秸秆覆盖处理土壤含水率明显大于常规处理，在小麦主要生育期，少耕秸秆覆盖比常规秸秆还田平均高出3%。

5. 冬小麦苗期—返青期麦田土壤水分含量变化

冬小麦苗期到返青期是影响作物总茎数的关键期，耕作措施对土壤水分含量影响如图6所示，从时间上看，总体趋势是少耕秸秆覆盖处理土壤含水量高于常规秸秆还田。从苗期开始土壤贮水量降低，在越冬期达到最低点，随着春季到来，冰水融化，土壤贮水量开始上升。苗期—越冬前常规秸秆还田耕层（0~20cm）土壤贮水量显著低于少耕秸秆覆盖，且下降幅度大，2月中旬土壤贮水量开始上升，到3月初这段时间少耕秸秆还田略高于把常规秸秆还田，在3月初到3月底返青阶段少耕秸秆覆盖耕层土壤贮水量上升幅度增大。与常规秸秆还田相比，0~20cm、20~40cm、40~80cm少耕秸秆覆盖的土壤体积含水量分别提高15%、2%、12%。

6. 两种耕作措施对冬小麦田土壤温度变化的影响

（1）苗期土壤日温变化。以2012年10月18日为例说明全天温度变化（图3-50）。耕作方式对土壤温度日变化的影响主要集中在土壤表层0~10cm范围内，少耕秸秆覆盖和常规秸秆还田的土壤日温差异明显，7：00~8：00气温降到最低后回升，至16：00左右达到一天中最高，之后又降低。当气温下降时，少耕秸秆覆盖土壤温度下降慢、幅度小，常规秸秆还田土壤温度下降快、幅度大，少耕秸秆覆盖温度高于常规秸秆还田，而气温回升时，常规秸秆还田土壤温度回升快、幅度大，少耕秸秆覆盖土壤温度回升慢，在10：00~20：00时间段，常规秸秆还田土壤温度高于少耕秸秆覆盖。一天中土壤最高温度和最低温度均为常规秸秆还田处理，温度曲线的振幅大于少耕秸秆覆盖处理，少耕秸秆覆盖土壤温度变化表现出滞后效应。15cm处土壤温度日变化幅度较5cm小，00：00~14：00少耕秸秆

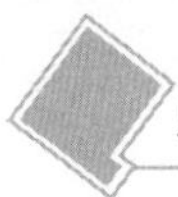

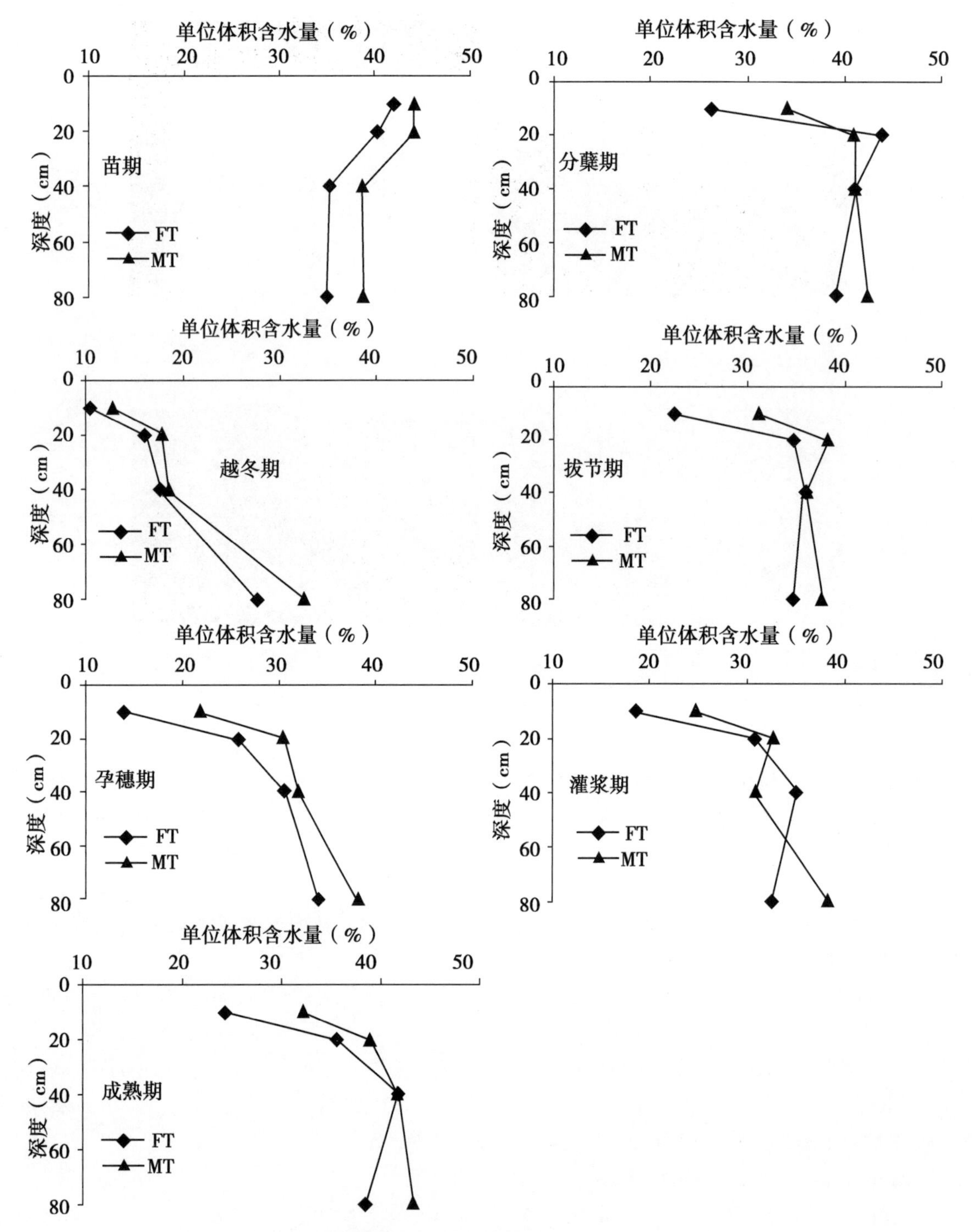

图 3-47　不同耕作措施下冬小麦生育期麦田 0～80cm 土层土壤含水率变化

FT：习惯灌溉×常规耕作×秸秆；MT：习惯灌溉×少耕×秸秆。下同

覆盖高于常规秸秆还田，之后常规秸秆还田略高于少耕秸秆覆盖。30cm 处少耕秸秆覆盖处理土壤日温在 04：00～18：00 略高于常规秸秆还田。土壤日温变化在土壤层次上反映出，60cm 处土壤温度在一天中波动最小，5cm 处波动最大，土壤日平均温度 60cm 深度处 >30cm 深度处 >15cm 深度处 >5cm 深度处。

图 3-48　表层特征比较

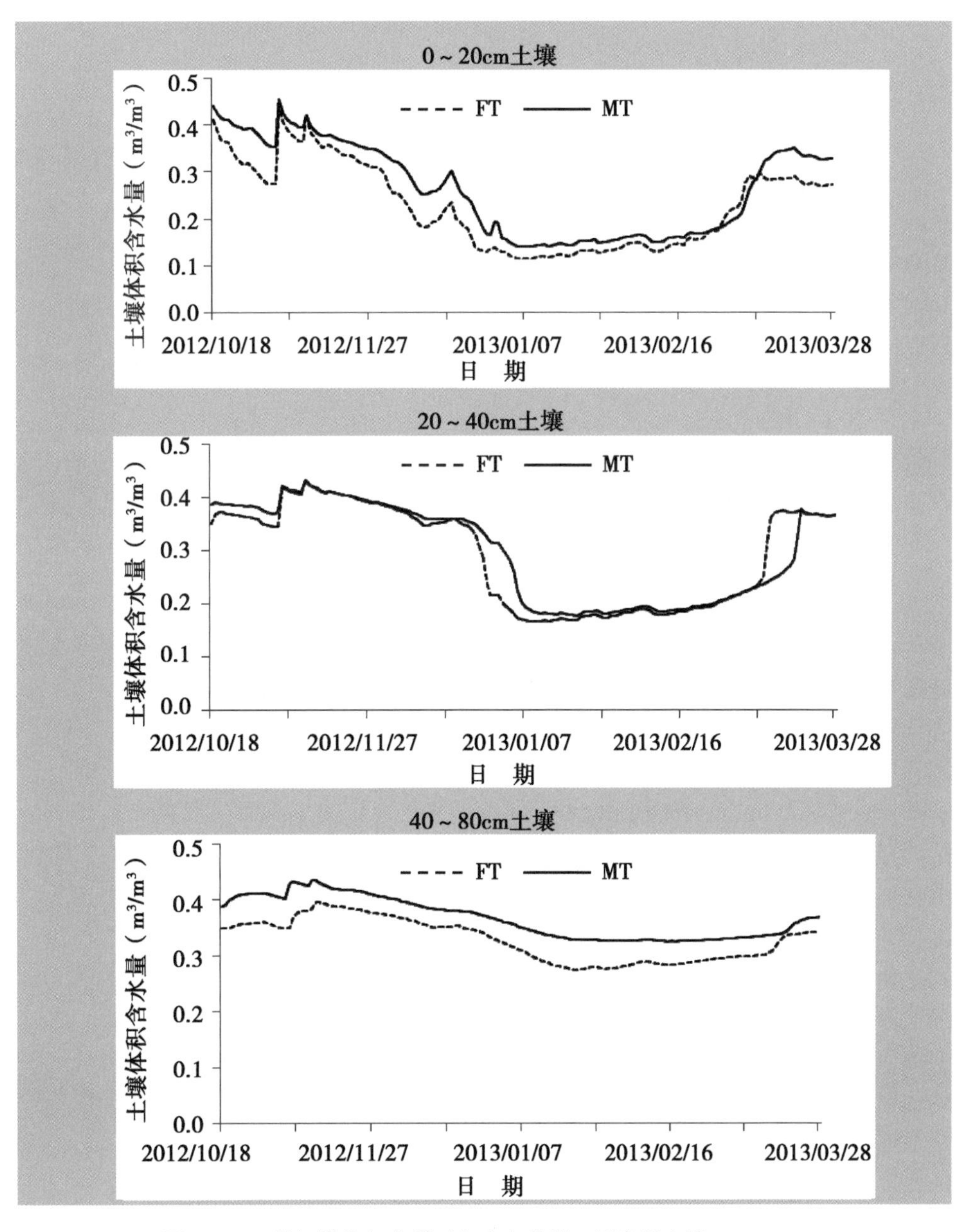

图 3-49　常规耕作与少耕对冬小麦苗期—返青期土壤 0~20cm、20~40cm、40~80cm 土层土壤体积含水量的影响

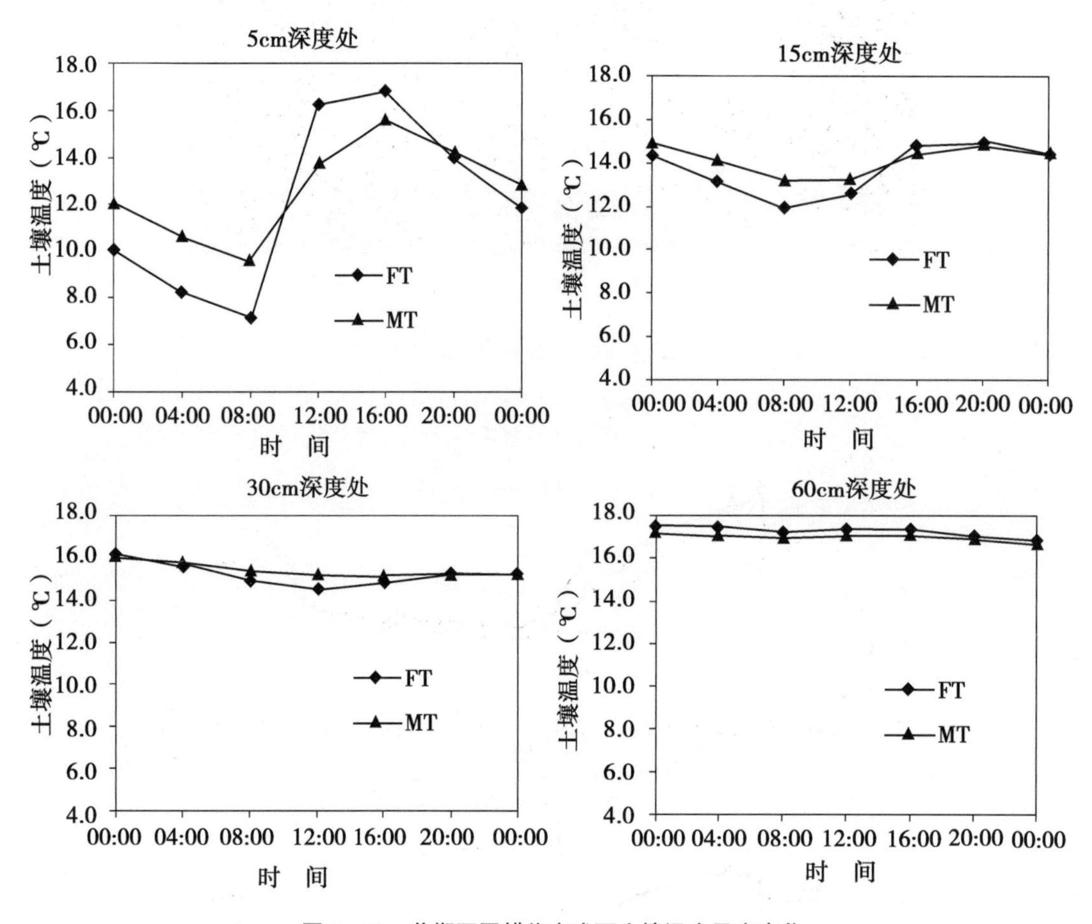

图 3-50 苗期不同耕作方式下土壤温度昼夜变化

（2）冬前分蘖期土壤日温变化。选择 2012 年 11 月 15 日说明全天温度变化（图 3-51）。冬前分蘖期土壤日温变化趋势与苗期不同，在 5cm 处一天内温度变化趋势总是少耕秸秆覆盖高于常规秸秆还田，日温差异明显。30cm 处土壤温度出现异常低于 0℃，尤其是常规秸秆还田日均温约达 -0.6℃，降温明显。60cm 处土壤温度恢复正常值，与 15cm 处均大于 0℃。

（3）越冬期土壤日温变化。以 2013 年 1 月 30 日说明全天温度变化（图 3-52）。进入冬季，随着气温下降，在 5cm、15cm、30cm 和 60cm 深度处冬小麦田土壤温度显著低于播种—越冬期，随着土壤深度的增加，土壤温度升高，依次为 60cm 处 > 30cm 处 > 15cm 处 > 5cm 处，热量由下向上传输，0~40cm 土层土壤温度低于 0℃，40~80cm 范围内土壤温度比其上层高，在 0℃以上。越冬期土壤日温波动小，尤其是 30cm 和 60cm 处约为零波动，少耕秸秆覆盖和常规秸秆还田一天中最高温度均在 16：00 左右，不同层次的土壤温度均为少耕秸秆覆盖高，有明显的保温作用。

（4）返青期土壤日温变化。以 2013 年 3 月 16 日为例说明全天温度变化（图 3-53）。春季气温回升，土壤温度随之升高，温度由上向下逐渐降低，土壤热量由表层向深层传递。由图 3-53 可见，与越冬期相反，返青期麦田各层土壤温度均为常规秸秆还田处理高于少耕秸秆覆盖处理，随着土层深度的增加，少耕秸秆覆盖土壤温度与常规秸秆还田差值减小，温差高于越冬期，少耕秸秆覆盖处理表现明显降温效应。

由不同处理表现出不同的土壤水分含量和温度变化体现了耕作对土壤物理环境的影响差异，耕作不仅是一种耕作措施，同时连接地表大气与地下，在一定区域内影响土壤水分和温度（Moroizumi et al，2002）。少耕秸秆覆盖保持较高的土壤贮水量，一是维持土壤结构，土壤孔隙状况较好，有

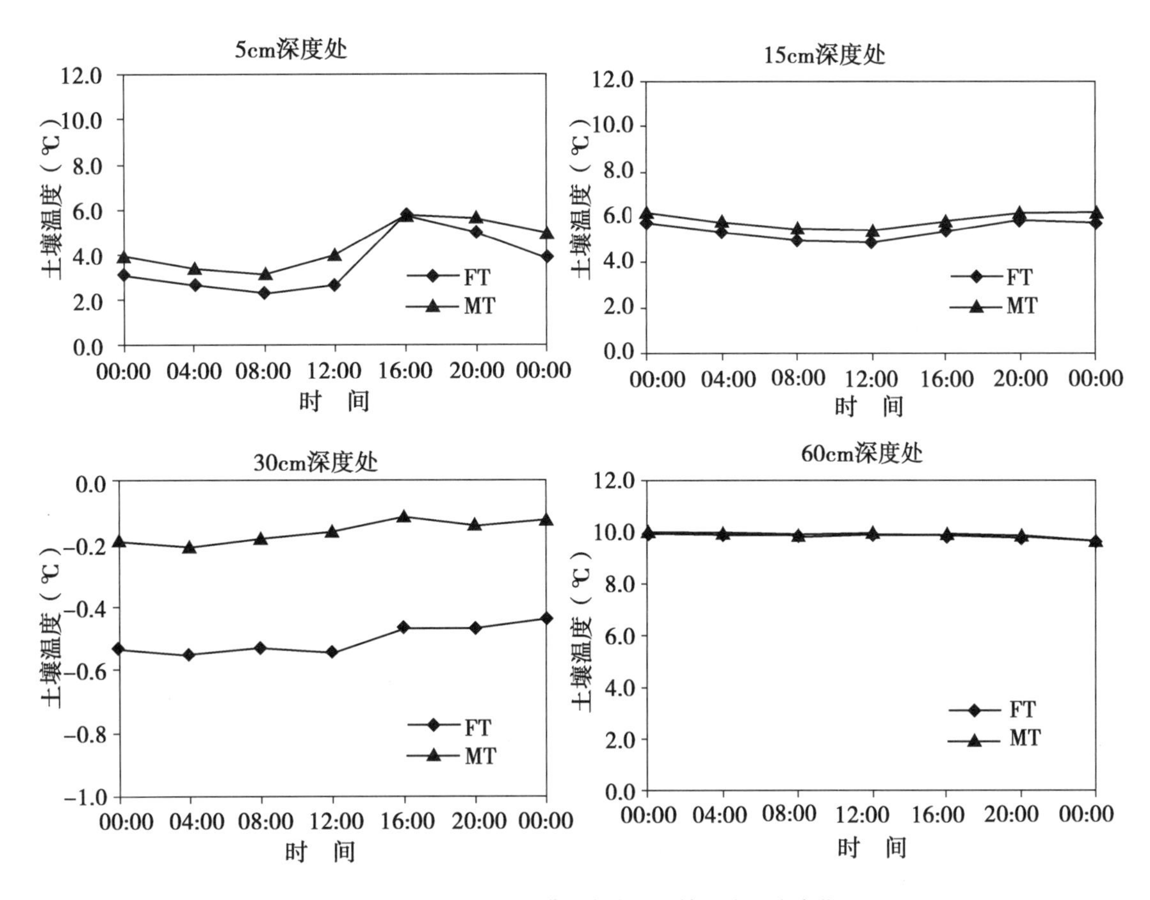

图 3-51　冬前不同耕作方式下土壤温度昼夜变化

效持水孔隙比例增加（Paré et al，1999）；二是由于秸秆覆盖作用，保护地表免受降雨和灌水的击打和冲刷（Triplett et al，1968），土壤团粒结构稳定，有较强的导水性；三是秸秆覆盖阻碍土壤水分蒸发（Jones et al，1968），并增加土壤微生物对土壤的作用，改善土壤理化性状，增强雨水入渗。Bescansa 等对耕作措施与秸秆覆盖对半干旱地区土壤水分保持效果的研究认为，耕作措施对土壤水分的影响大于秸秆覆盖的效应（Bescansa et al，2006）。因此，保护性耕作对土壤水分含量增加的机理是尽可能保持土壤原有的理化性状，使得土壤有较好的孔隙状况，水分渗透增加，进而土壤水分含量增加（Barzegar et al，2003），同时秸秆覆盖对表层土壤的保护和遮阳作用抑制了水分蒸发。

少耕秸秆覆盖在不同生育阶段对土壤的温度效应不同，尤其表现出越冬期的增温作用和返青期的降温作用，这与陈继康等的试验结果一致，他认为保护性耕作影响土壤温度的主要原因之一是秸秆覆盖度，而且主要作用于冬小麦拔节前（陈继康等，2009）。当大气温度降低时，常规耕作土壤作业时土壤耕层翻转，增加土壤孔隙，地表裸露，无任何保护措施，地表散热快，而少耕土壤受到耕作的干扰少，地表受到秸秆覆盖保护，减缓热量散失，此时是保护性耕作表现增温作用。少耕秸秆覆盖在返青期温度低于常规秸秆覆盖耕作，一是常规耕作的地表裸露，太阳辐射直接接触到地表，地面升温快，二是因少耕秸秆覆盖对太阳光反射率高，热传导率低，地面升温慢（Al-darby et al，1987；Cox et al，1990）。

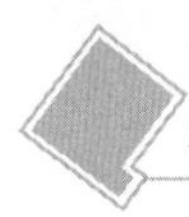

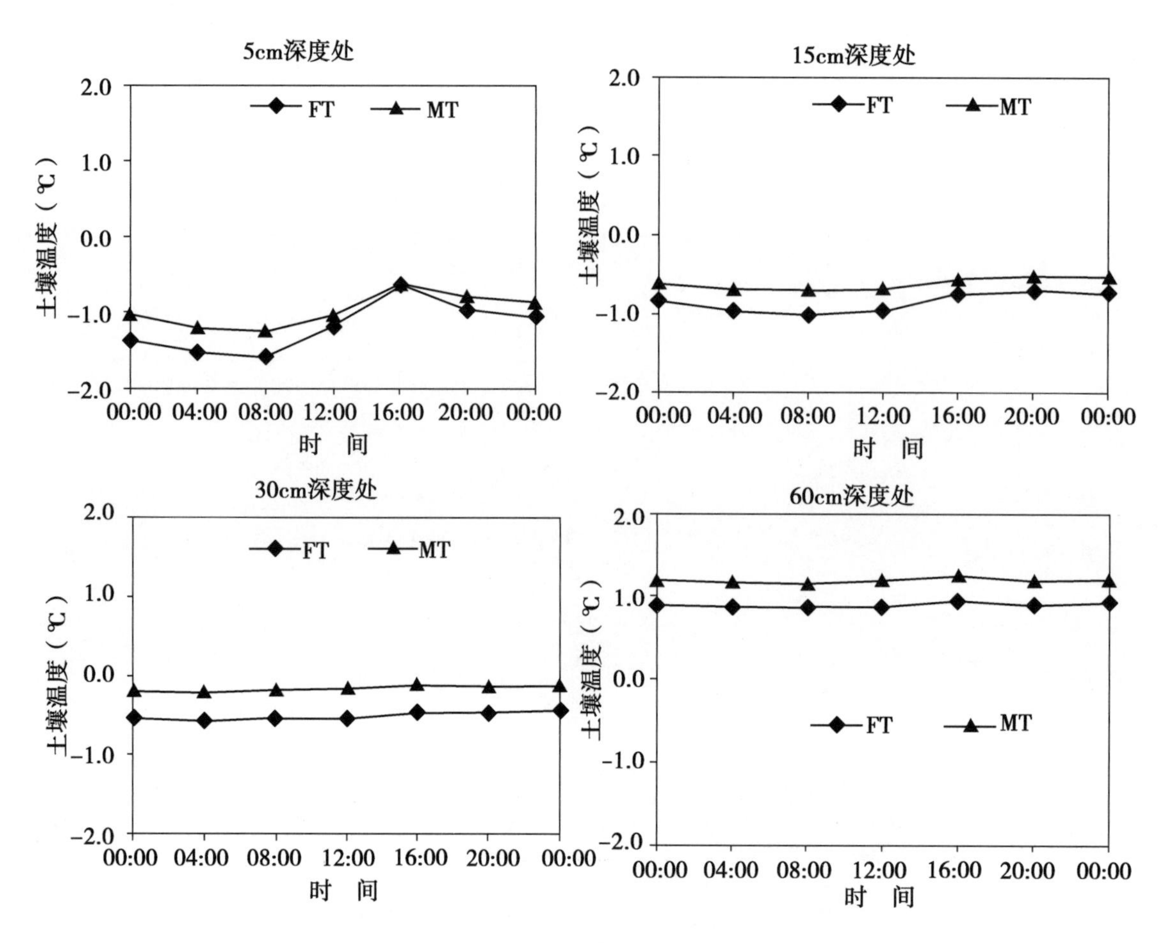

图 3－52　越冬期不同耕作方式下土壤温度昼夜变化

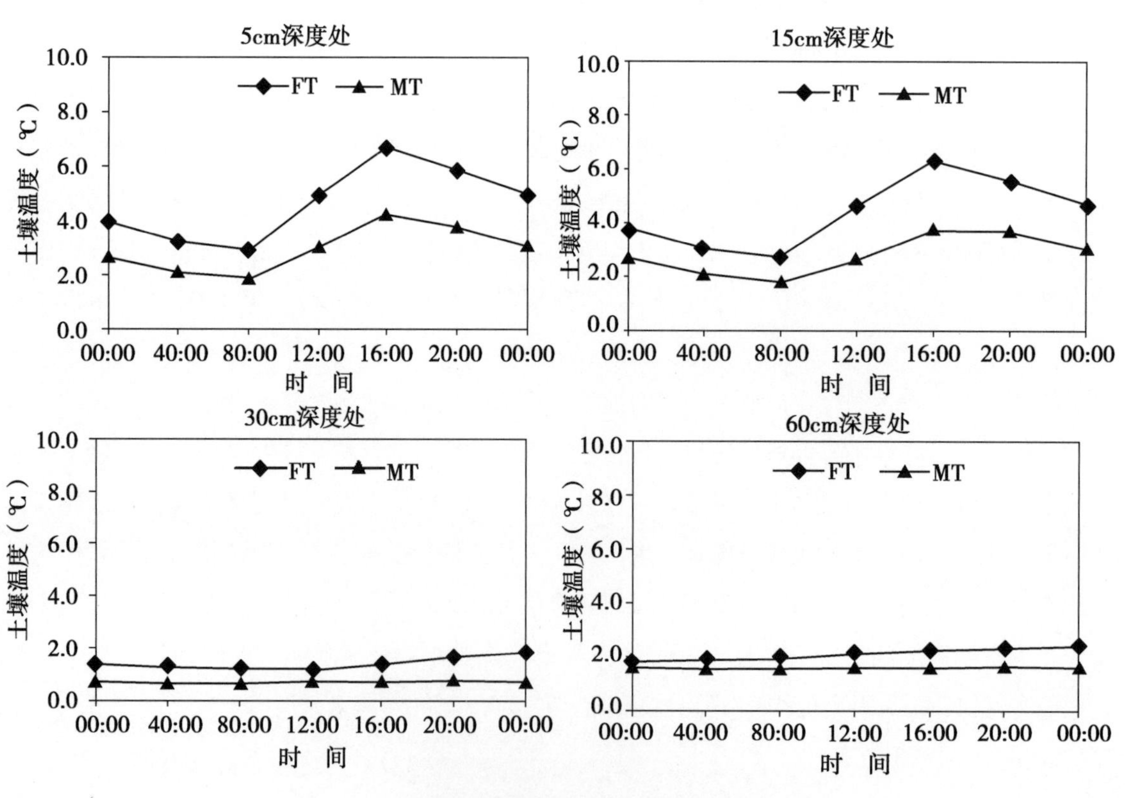

图 3－53　返青期不同耕作方式下土壤温度昼夜变化

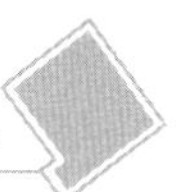

参考文献

[1] 蔡典雄，王小彬，高绪科．关于持续性保持耕作体系的探讨［J］．土壤学进展．1993，21（1）：1－8.

[2] 蔡立群，罗珠珠，张仁陟，等．不同耕作措施对旱地农田土壤水分保持及入渗性能的影响研究［J］．中国沙漠，2012，（5）：1 362－1 368.

[3] 蔡立群，齐鹏，张仁陟．保护性耕作对麦—豆轮作条件下土壤团聚体组成及有机碳含量的影响［J］．水土保持学报，2008，（2）：141－145.

[4] 陈继康，张宇，陈军胜，等．不同耕作方式麦田土壤温度及其对气温的响应特征——土壤温度特征及热特性［J］．中国农业科学．2009（8）：2 747－2 753.

[5] 郭彦军，韩建国．农牧交错带退耕还草对土壤酶活性的影响［J］．草业学报，2008（5）：23－29.

[6] 洪晓强．渭北旱塬不同耕作法蓄水效果研究［J］．水土保持通报，1996（4）：51－53.

[7] 侯贤清，韩清芳，贾志宽，等．半干旱区夏闲期不同耕作方式对土壤水分及小麦水分利用效率的影响［J］．干旱地区农业研究，2009（5）：52－58.

[8] 胡国臣，张清敏，王忠，等．地下水硝酸盐氮污染防治研究［J］．农业环境保护，1999，18（5）：228－230.

[9] 黄高宝，郭清毅，张仁陟，等．保护性耕作条件下旱地农田麦豆双序列轮作体系的水分动态及产量效应［J］．生态学报，2006，（4）：1 176－1 185.

[10] 黄高宝，李玲玲，张仁陟，等．免耕秸秆覆盖对旱作麦田土壤温度的影响［J］．干旱地区农业研究，2006，（5）：1－4，19.

[11] 贾国梅，张宝林，刘成，等．三峡库区不同植被覆盖对土壤碳的影响［J］．生态环境，2008，（5）：2 037－2 040.

[12] 巨晓棠，谷保静．我国农田氮肥施用现状、问题及趋势［J］．植物营养与肥料学报，2014，20（4）：783－795.

[13] 巨晓棠，刘学军，邹国元，等．冬小麦/夏玉米轮作体系中氮素的损失途径分析［J］．中国农业科学，2002，35（12）：1 493－1 499.

[14] 巨晓棠，张福锁．中国北方土壤硝态氮的累积及其对环境的影响［J］．生态环境，2003，12（1）：24－28.

[15] 寇长林，巨晓棠，高强，等．两种农作体系施肥对土壤质量的影响［J］．生态学报，2004，24（11）：2 548－2 556.

[16] 雷金银，吴发启，王健，等．毛乌素沙地南缘保护性耕作对土壤化学性质的影响［J］．干旱地区农业研究，2008，（6）：1－7.

[17] 李保国．理论在土壤科学中的应用及其展望．土壤学进展，1994，22（1）：1－10.

[18] 李江涛，张斌，彭新华．施肥对红壤性水稻土颗粒有机物形成及团聚体稳定性的影响。土壤学报，2004，41（6）：913－917.

[19] 李江涛，钟晓兰，赵其国．耕作和施肥扰动下土壤团聚体稳定性影响因素研究．生态环境学报，2009，18（6）：2 354－2 359.

[20] 李玲玲，黄高宝，张仁陟，等．免耕秸秆覆盖对旱作农田土壤水分的影响［J］．水土保持学报，2005，（5）：94－96，116.

[21] 李生福．陇中半干旱地区少免耕法对土壤含水量的影响初报［J］．土壤通报，1994（3）：133－134.

[22] 李小刚，崔志军，王玲英．施用秸秆对土壤有机碳组成和结构稳定性的影响［J］．土壤学报，2002，（3）：421－428.

[23] 刘鹏涛，冯佰利，慕芳，等．保护性耕作对黄土高原春玉米田土壤理化特性的影响［J］．干旱地区农业研究，2009，（4）：171－175.

[24] 刘贤赵，康绍忠．降雨入渗和产流问题研究的若干进展及评述［J］．水土保持通报，1999（2）：60－65.

[25] 鲁向晖，隋艳艳，王飞，等．保护性耕作技术对农田环境的影响研究［J］．干旱地区农业研究，2007（3）：66－72.

[26] 马成泽，周勤．不同肥料配合施用土壤有机碳盈亏分布．土壤学报，1994，31（1）：34－40.
[27] 马永良，宇振荣，江永红，等．曲周试区玉米秸秆不同还田方式对土壤氮素影响的探讨［J］．土壤，2003，（1）：62－65.
[28] 逄焕成．秸秆覆盖对土壤环境及冬小麦产量状况的影响［J］．土壤通报，1999（4）：31－32.
[29] 彭文英，张雅彬．免耕对粮食产量及经济效益的影响评述［J］．干旱地区农业研究，2006，（4）：113－118.
[30] 强学彩，袁红莉，高旺盛．秸秆还田量对土壤 CO_2 释放和土壤微生物量的影响［J］．应用生态学报，2004，（3）：469－472.
[31] 沈裕琥，黄相国，王海庆．秸秆覆盖的农田效应［J］．干旱地区农业研究，1998（1）：48－53.
[32] 史东梅，卢喜平，刘立志．三峡库区紫色土坡地桑基植物篱水土保持作用研究．水土保持学报，2005，19（3）：75－79.
[33] 史奕，陈欣．有机胶结形成土壤团聚体的机理及理论模型．应用生态学报，2002，13（11）：1 495－1 498.
[34] 隋跃宇，张兴义，焦晓光，等．长期不同施肥制度对农田黑土有机质和氮素的影响［J］．水土保持学报，2005，（6）：190－192，200.
[35] 孙景生，康绍忠．我国水资源利用现状与节水灌溉发展对策［J］．农业工程学报，2000（02）：1－5.
[36] 王法宏，冯波，王旭清．国内外免耕技术应用概况［J］．山东农业科学，2003（6）：49－53.
[37] 王继红，刘景双，于君宝，等．氮磷肥对黑土玉米农田生态系统土壤微生物量碳、氮的影响［J］．水土保持学报，2004，（1）：35－38.
[38] 王新建，张仁陟，毕冬梅，等．保护性耕作对土壤有机碳组分的影响［J］．水土保持学报，2009（2）：115－121.
[39] 邢光熹，施书莲，杜丽娟，等．苏州地区水体氮污染状况［J］．土壤学报，2001，38（4）：540－546.
[40] 邢素丽．有机无机配施对土壤养分环境及小麦增产稳定性的影响．农业环境科学学报，2010，29（增刊）：135－140.
[41] 严洁，邓良基，黄剑．保护性耕作对土壤理化性质和作物产量的影响［J］．中国农机化，2005（2）：31－34.
[42] 杨景成，韩兴国，黄建辉，等．土壤有机质对农田管理措施的动态响应［J］．生态学报，2003（4）：787－796.
[43] 杨志臣，吕贻忠，张凤荣，等．秸秆还田和腐熟有机肥对水稻土培肥效果对比分析［J］．农业工程学报，2008（3）：214－218.
[44] 尤民生，刘雨芳，侯有明．农田生物多样性与害虫综合治理［J］．生态学报，2004，24（1）：117－122.
[45] 袁新民，同延安，杨学云，等．有机肥对土壤 NO_3^-－N 累积的影响．土壤与环境，2000，9（3）：197－200.
[46] 张福锁，陈新平，陈清，等．中国主要作物施肥指南［M］．北京：中国农业大学出版社，2009.
[47] 张负申．不同施肥处理对娄土和黄绵土有机质氧化稳定性的影响．河南农业大学学报，1996，30（1）：80－84.
[48] 张海林，高旺盛，陈阜．保护性耕作研究现状、发展趋势及对策［J］．中国农业大学报，2005，10（1）：16－20.
[49] 张海林，等．保护性耕作研究现状、发展趋势及对策［J］．中国农业大学学报，2005（1）：16－20.
[50] 张洁，姚宇卿，金轲，等．保护性耕作对坡耕地土壤微生物量、碳、氮的影响［J］．水土保持学报，2007（4）：12－129.
[51] 张蓝水．用科学发展观统领保护性耕作——“亚太地区保护性耕作发展国际研讨会”中方观点综述［J］．农机市场，2007，12（35）：10－12.
[52] 张亚丽，张兴昌，邵明安，等．秸秆覆盖对黄土坡面矿质氮素径流流失的影响［J］．水土保持学报，2004，（1）：85－88.
[53] 赵荣芳，陈新平，张福锁．华北地区冬小麦—夏玉米轮作体系的氮素循环与平衡［J］．土壤学报，2009（04）：684－697.
[54] 钟茜，巨晓棠，张福锁．华北平原冬小麦/夏玉米轮作体系对氮素环境承受力分析［J］．植物营养与肥料学报，2006，12（3）：285－293.
[55] 朱希刚．华北平原水资源农业利用问题．调研世界，1998（4）：9－12.

[56] Al-Darby A M, Lowery B. Seed zone soil temperature and early corn growth with three conservation tillage systems [J]. Soil Science Society of America Journal, 1987, 51 (3): 768 - 774.

[57] Arshad M A, Gill K S. Barley, canola and wheat production under different tillage-fallow-green manure combinations on a clay soil in a cold, semiarid climate [J]. Soil and Tillage Research, 1997, 43 (97): 263 - 275.

[58] Barzegar A R, Asoodar M A, Khadish A, et al. Soil physical characteristics and chickpea yield responses to tillage treatments [J]. Soil & Tillage Research, 2003, 71 (1): 49 - 57.

[59] Baumhardt R L, Jones O R. Residue management and tillage effects on soil-water storage and grain yield of dryland wheat and sorghum for a clay loam in Texas [J]. Soil & Tillage Research, 2002, 68 (2): 71 - 82.

[60] Bescansa P, Imaz M J, Virto I, et al. Soil water retention as affected by tillage and residue management in semiarid Spain [J]. Soil and Tillage Research, 2006, 87 (1): 19 - 27.

[61] Betioli Junior E, et al. Least Limiting Water Range and Degree of Soil Compaction of an Oxisol After 30 Years of No-tillage [J]. Revista Brasileira de Ciencia do Solo, 2012, 36 (3): 971 - 982.

[62] Canter L W. Nitrates in groundwater [M]. New YorK: CRC Press Inc. Lewis Publishers, 1997: 204.

[63] Chen H Q, Hou R X, Gong Y S. Effects of 11 years of conservation ti1lage on soil organic matter Fractions in wheat monoculture in Loess Plateau of China [J]. Soil Tillage Research, 1996, 106: 85 - 94.

[64] Cox W J, Zobel R W, Van Es H M, et al. Tillage effects on some soil physical and corn physiological characteristics [J]. Agronomy Journal, 1990, 82 (4): 806 - 812.

[65] Cui F, Zheng X, Liu C, et al. Assessing biogeochemical effects and best management practice for a wheat-maize cropping system using the DNDC model [J]. Biogeosciences, 2014, 11 (1): 91 - 107.

[66] Dao T H. Tillage and winter wheat residue management effects on water infiltration and storage [J]. Soil Science Society of America Journal, 1993, 57 (6): 1 586 - 1 595.

[67] Fragstein P, Von-Fragstein P, Kristensen L, et al. Manuring, manuring strategies, catch crops and N-fixation. In: Lars Kristensen, Christopher Stopes, eds. Nitrogen Leaching in Ecological Agriculture [C]. Bicester: ABA, 1995: 287.

[68] Franzluebbers A J, Hons F M, Zuberer D A. Tillage and crop effects on seasonal soil carbon and nitrogen dynamics [J]. Soil Science Society of Amecrica Journal, 1995, 59: (6) 1 618 - 1 624.

[69] Huang G B, Guo Q Y, Zhang R Z, et al. Soil water dynamics and Productivity under Conservation tillage on a two phases spring wheat-field pea rotation in rainfed area [J]. Acta Eeologica Siniea, 2006, 26 (4): 170 - 180.

[70] Jabro J D, Lotse E G, Simmons K E. Bake field study of macro-pore flow under saturated conditions using a bromide tracer [J]. Journal of Soil and Water Conservation, 1991, 46 (5): 376 - 380.

[71] Jin X J, Huang G B. Tillage effects on soil water and water use efficiency in rainfed areas of Middle Gansu Provinee [J]. Journal of soil and Water Conservation, 2005, 19 (5): 109 - 112.

[72] Jones J N, Moody J E, Shear G M, et al. The no-tillage system for corn (Zea mays L.) [J]. Agronomy Journal, 1968, 60 (1): 17 - 20.

[73] Kay B D, Vanden Bygaart A J. Conservation tillage and depth stratification of porosity and soil organic matter [J]. Soil and Tillage Research, 2002, 66 (2): 107 - 118.

[74] Malhi S S, Bhalla M K, Piening L J, et al. Effect of stubble height and tillage on winter soil temperature in central Alberta [J]. Soil Tillage Research, 1992, 22: 243 - 251.

[75] Moreno F, et al. Soil physical properties, water depletion and crop development under traditional and conservation tillage in southern Spain [J]. Soil and Tillage Research, 1997, 41 (96): 25 - 42.

[76] Moroizumi T, Horino H. The effects of tillage on soil temperature and soil water [J]. Soil Science, 2002, 167 (8): 548 - 559.

[77] Mwendera E J, Feyen J. Tillage and evaporativity effects on the drying characteristics of a silty loam evaporation prediction models [J]. Soil and Tillage Research, 1997, 41 (1): 127 - 140.

[78] Panettieri M, et al. Effect of permanent bed planting combined with controlled traffic on soil chemical and biochemical properties in irrigated semi-arid Mediterranean conditions [J]. Catena, 2013, 107 (4): 103 - 109.

[79] Paré T, Dinel H, Moulin A P, et al. Organic matter quality and structural stability of a Black Chernozemic soil under different manure and tillage practices [J]. Geoderma, 1999, 91 (3): 311 -326.

[80] Pulleman M M, Marinissen J C Y. Physical protection of mineralizable C in aggregates from Jong-term pasture and arable soil [J]. Geoderma, 2004, 120 (3): 273 -282.

[81] Reicosky D C, Dugas W A, Torbert H A. Tillage-induced soil carbon dioxide loss from different cropping systems [J]. Soil & Tillage Research, 1997, 41: 105 -118.

[82] Rodriguez M A, Continuo J, Martins F. Efficacy and limitations of critical as a nitrogen catch crop in a Mediterranean environment [J]. European Journal of Agronomy, 2002, 17 (3): 155 -160.

[83] Roekstrom J, Kaumbutho P, M walley J, et al. Conservation farming strategies in East and Southern Africa: Yields and rain water productivity from on-farm action research [J]. Soil&Tillage Research, 2009, 103 (1): 23 -32.

[84] Sharma P, Abrol V, Sharma R K. Impact of tillage and mulch management on economics, energy requirement and crop performance in maize-wheat rotation in rainfed subhumid inceptisols, India [J]. European Journal of Agronomy, 2011, 34 (1): 46 -51.

[85] Six J, Bossuyt B, Degryze H, et al. A history of research on the link between (micro) aggregates, soil biota, and soil organic matter dynamics. Soil & Tillage Research, 2004, 79 (1): 7 -31.

[86] Triplett G B, Van Doren D M, Schmidt B L. Effect of corn (Zea mays L.) stover mulch on no-tillage corn yield and water infiltration [J]. Agronomy Journa, 1968, 60 (2): 236 -239.

[87] Unger P W, Stewart B A, Parr J F, et al. Crop residue management and tillage methods for conserving soil and water in semi-arid regions [J]. Soil and Tillage Research, 1991, 20 (2): 219 -240.

[88] Zhang F S, Cui Z L, Chen X P, et al. Integrated nutrient management for food security and environmental quality in China [J]. Advance in Agronomy, 2012, 116: 1 -40.

第四章　设施蔬菜清洁生产技术体系

第一节　限减量施肥技术*

蔬菜的设施栽培是一种高投入、高产出的生产体系，菜农对肥料的投入普遍较为重视。为了追求高产量，菜农在土壤养分含量已经很高的情况下仍大量增施氮肥，导致过量的氮素不能被作物吸收利用，进而在较长时间内以不同的形态残留在土壤当中，成为威胁生态环境的化学定时炸弹（陈秀荣和周琪，2005；Sakadevan et al，1998；龚子同和黄标，1998）。

20 世纪 90 年代以来，因不合理施用氮肥而使农田硝态氮大量积累现象日益普遍，保护地菜田尤为突出。Qing Chen 等的调查结果显示：北京市郊农田每年氮肥的平均施入量为 682kg/hm^2，是作物需求量的 3～5 倍（Qing Chen et al，2004）。刘宏斌的研究表明，保护地菜田全年氮肥的用量高达 1 731.7kg/hm^2，相当于作物吸氮量的 4.47 倍，氮盈余量高达 1 344.0kg/hm^2（刘宏斌等，2004）。杜连凤等调查了北京近郊 5 个县 26 块菜田，分析发现氮肥用量为 1 741.0kg/hm^2，是粮田氮肥用量的 4.5 倍（杜连凤等，2009）。河北省定州市蔬菜种植基地大棚土壤 0～120cm 硝态氮累积量明显高于农田，相当于农田的 8.5 倍（袁丽金等，2010）。

土壤中硝态氮超标的一个重要原因是氮肥过量施用，无法均衡地控制和调节土壤肥力。解决硝态氮过量残留问题的关键在于严格控制化学氮肥施用，并以施用有机肥为主，这是因为有机肥矿化过程长，养分逐渐释放，能够满足蔬菜各时期养分需求。同时，设施菜地由于长期大量频繁灌水，极易造成氮素淋溶，因此采取何种措施降低土壤硝态氮残留，提高氮素利用率，是降低地下水污染风险所亟需解决的问题。

针对北方设施菜地主茬季番茄化学氮肥过量施用，土壤硝态氮大量残留，土壤硝态氮淋溶造成地下水污染风险极大的现状，经过试验和示范研究，提供了一种通过限减量施肥降低北方设施番茄土壤硝态氮残留的方法，该方法能够减少氮素淋溶，降低地下水污染风险，同时，该方法还能提高肥料利用率，并有较高的经济效益。

一、技术特征

通过利用优化施肥降低北方设施番茄土壤硝态氮残留，从而减少硝态氮对地下水污染的风险。适用于北方设施菜地蔬菜种植区春番茄的生产并且土壤类型、施肥、管理及种植模式与本试验设施蔬菜区相同或相似的地区。

二、技术要点

蔬菜的设施栽培是一种高投入、高产出的生产体系，菜农对肥料的投入普遍较为重视。尤其是氮肥的投入量远远高于作物所需，大量氮素在强灌溉下极易淋溶，增加了污染地下水的风险。因此，适量减少氮肥的投入量是减少氮素淋溶的有效方法，通过田间对比试验设置不同的氮肥投入梯

---

* 本节撰写人：张继宗　张春霞

度，提出一个适合北方设施菜地的兼顾经济和环境效益的减量施肥方案。

番茄是北方设施蔬菜种植广泛的蔬菜，生育期相对较长，一年生的一般生长期 4～6 个月，如果是在环境条件比较好的情况下会更长一点。本项技术以番茄为例，介绍技术要点。

（一）品种选择

北方地区适宜春季设施栽培的番茄品种主要有东圣粉王 F1、东圣小宝 101 等品种。

（二）育苗

（1）营养土的配置。将充分腐熟的有机肥和经过日晒的熟土按 8：2 的比例混合，均匀铺在苗床上。

（2）种子处理。将筛选的番茄种子放在 55℃的温水中浸泡 15min，并不断搅拌，然后放在清水中浸种 3～8h，捞起后用纱布包好在 25～30℃的条件下催芽，有 50% 种子露白后即可播种。

（3）播种。11 月中旬播种于设有保暖设备的苗床，每平方米 15g，覆盖 0.5cm 营养土。

（4）苗期管理。待幼苗有 1 片真叶时移入塑料营养钵内，采用大棚内套小环棚，加盖无纺布和塑料膜，整个育苗期间以防寒保暖为主，夜间温度不低于 15℃，以利花芽分化。定植前 7 天注意通风降温，加强炼苗。

（三）整地

及早翻耕，翻地前施的有机肥为鲜牛粪 90 000kg/hm^2，过磷酸钙（含 P_2O_5 为 17%）为 1 500kg/hm^2，硫酸钾（含 K_2O 为 52%）230.88kg/hm^2 为钾肥总量的 40% 和尿素（含 N 为 46%）157kg/hm^2 为氮肥总量的 20%。将肥料翻入土后，与 0～20cm 耕层土壤充分混合。起垄宽 60cm，沟宽 45cm，沟深 15～20cm。

（四）定植

待秧苗有 7～8 张叶片时可以定植，定植选在晴天进行，每畦两行，定植密度株距 30cm。

（五）田间管理

（1）光照、温度。定植一周内需闷棚保温，以利缓苗，7 天后可逐步揭膜透光，晚上需盖膜，保持棚内温度白天在 20～25℃，晚上 15℃以上。遇阴雨天气，注意通风，控制湿度，降低病害发生。遇寒流和霜冻则需加强保温，防止番茄冻害。

（2）肥水管理。由于前期地温低，灌水不利于根的生长，因此，一般不需补充水分，第一花序坐果后，可结合浇灌追肥若干次，使追肥氮素总量为全生育期氮素总量的 80%（尿素 628kg/hm^2），初花期 10%、初果期 20%、盛果期 50%（分 4 次施用）；钾肥追肥量占全生育期的 60%（硫酸钾 421.32kg/hm^2），即初花期 10%、初果期 15%、盛果期 35%（分 4 次施用）。

（3）病虫害防治。对主要病害灰霉病、叶霉病、早疫病等可采用高效、低毒、低残留的农药。

（4）采收。番茄果实有 3/4 面积变红时，营养价值最高，是作为鲜食的最佳时期，采收时剔除病果、畸形果，分级装箱上市。

三、技术的应用效果

在当地试验和示范结果显示：在比当地习惯性施肥减少 40% 氮肥用量前提下，番茄保持稳产，总经济效益明显提高，且有效减少硝酸盐向地下水的淋洗，促进了生态保护。

2010 年 11 月至 2011 年 5 月及 2011 年 11 月至 2012 年 5 月在河北省徐水县留村乡荆塘铺村大棚具有 18 年棚龄的设施菜地上进行主茬番茄种植。该该区地处北纬 38°09′～39°09′，东经 115°19′～115°46′，属大陆性季风气候，四季分明，光照充足，年日照时数平均 2 744.9h。年平均气温

11.9℃，年无霜期平均 184 天，年均降水量 546.9 mm，夏季多雨，降水量占全年的 75% 左右，试验土壤为褐土（表 4－1）。

表 4－1 供试土壤理化性质

土层（cm）	pH 值（H_2O）（1∶2.5）	有机质（g/kg）	全氮（g/kg）	碱解氮（mg/kg）	速效磷（mg/kg）	速效钾（mg/kg）	土壤容重（g/cm^3）
0～20	7.74	41.51	2.50	172.84	562.76	325.82	1.49
20～40	8.20	13.43	0.84	63.80	248.87	147.42	1.56
40～60	8.21	5.00	0.26	17.58	27.24	89.32	1.53
60～80	8.20	3.68	0.21	14.65	17.55	75.65	1.61
80～100	8.18	2.74	0.18	10.74	13.85	61.30	1.60
100～120	8.42	3.30	0.21	10.74	15.76	55.37	1.58
120～140	8.32	2.17	0.12	8.79	14.89	54.01	1.61
140～160	8.20	2.92	0.15	9.44	16.96	57.65	1.63
160～180	8.19	2.17	0.12	8.79	13.26	48.54	1.65
180～200	8.26	0.66	0.09	8.14	11.21	35.32	1.66

试验设置 5 个施肥处理，每个处理 3 次重复，随机区组排列（表 4－2、图 4－1）。

表 4－2 试验各处理无机肥施用情况 （单位：kg/hm^2）

处理	总量			基肥			初花期			初果期			盛果期		
	N	P_2O_5	K_2O	N	P_2O_5	K_2O	N	P_2O_5	K_2O	N	P_2O_5	K_2O	N	P_2O_5	K_2O
CK	0	255	300.13	0	255	120.06	0	0	30	0	0	45.02	0	0	105.05
OM	0	255	300.13	0	255	120.06	0	0	30	0	0	45.02	0	0	105.05
MC	600	255	300.13	120	255	120.06	60	0	30	120	0	45.02	300	0	105.05
MO1	360	255	300.13	72	255	120.06	36	0	30	72	0	45.02	180	0	105.05
MO2	270	255	300.13	54	255	120.06	27	0	30	54	0	45.02	180	0	105.05
MCC	600	255	300.13	120	255	120.06	60	0	30	120	0	45.02	135	0	105.05

注：CK 为氮素空白；OM 为单施有机肥；MC 为常规施肥；MO1 为优化施肥 60%；MO2 为优化施肥 45%；MCC 为常规＋填闲

图 4－1 番茄限减量施肥试验

（一）合理限减量施肥能保证番茄产量和经济效益

2010 年 11 月至 2011 年 5 月试验显示，优化施肥 60% 与常规施肥比较，番茄产量增加了 4.09%，经济效益增加了 4.48%，优化施肥 45% 较常规施肥番茄产量增加了 3.42%，经济效益增加了 3.69%。适量减少常规无机氮量，不会降低番茄产量和菜农经济效益（图 4－2、图 4－3）。2011 年 11 月至 2012 年 5 月试验显示，优化施肥 60% 可提高番茄产量和菜农经济效益。优化 60% 氮肥与常规施肥和优化 45% 比较，番茄产量分别增加了 2.6%、4.61%，经济效益分别增加了 2.9%、4.44%，说明减少至常规无机氮量的 60%，不会减少番茄产量和菜农经济效益（图 4－4、图 4－5）。

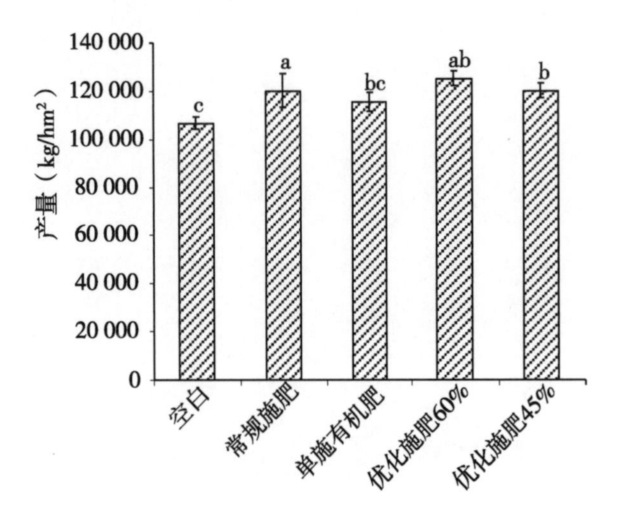

图 4－2　不同施肥处理番茄产量试验（一）
（2010 年 11 月至 2011 年 5 月）

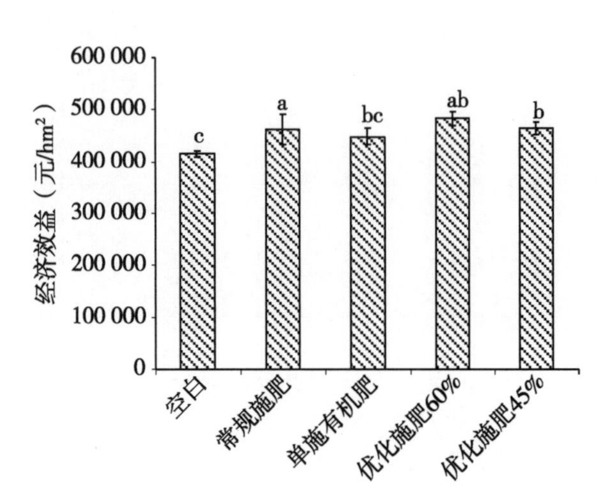

图 4－3　不同施肥处理经济效益试验（一）
（2010 年 11 月至 2011 年 5 月）

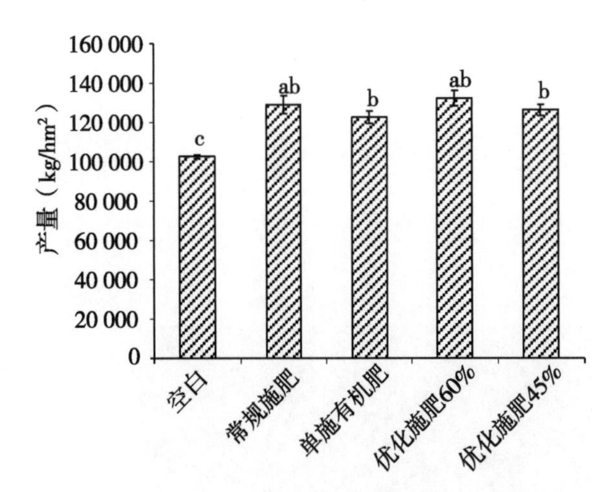

图 4－4　不同施肥处理番茄产量试验（二）
（2011 年 11 月至 2012 年 5 月）

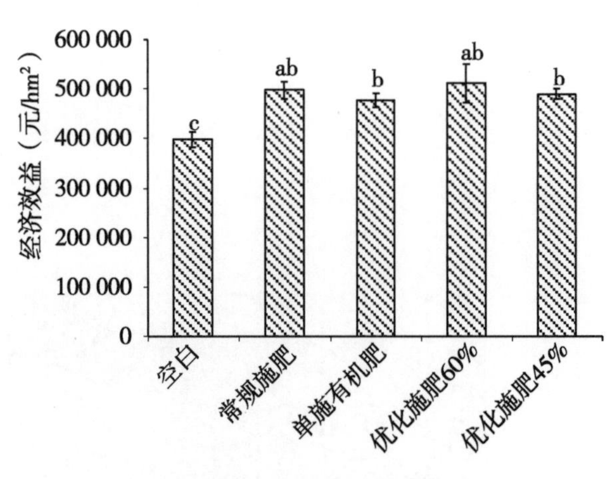

图 4－5　不同施肥处理经济效益试验（二）
（2011 年 11 月至 2012 年 5 月）

（二）合理限减量施肥能降低土壤硝态氮含量

两次试验结果均显示，优化施肥在番茄收获后，各施肥处理土层 0～200cm 各层土壤硝态氮含量，均以常规施肥处理最大，优化施肥 60% 和优化施肥 45% 均降低了土壤硝态氮含量（图 4－6、图 4－7）。

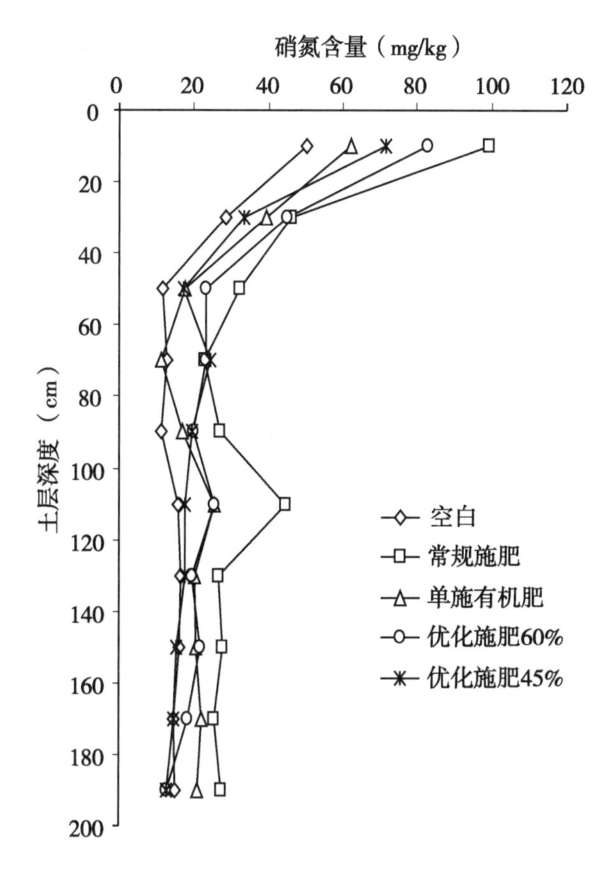

图4－6　不同施肥处理在番茄收获后土层0～200cm的土壤硝态氮含量试验（一）（2010年11月至2011年5月）

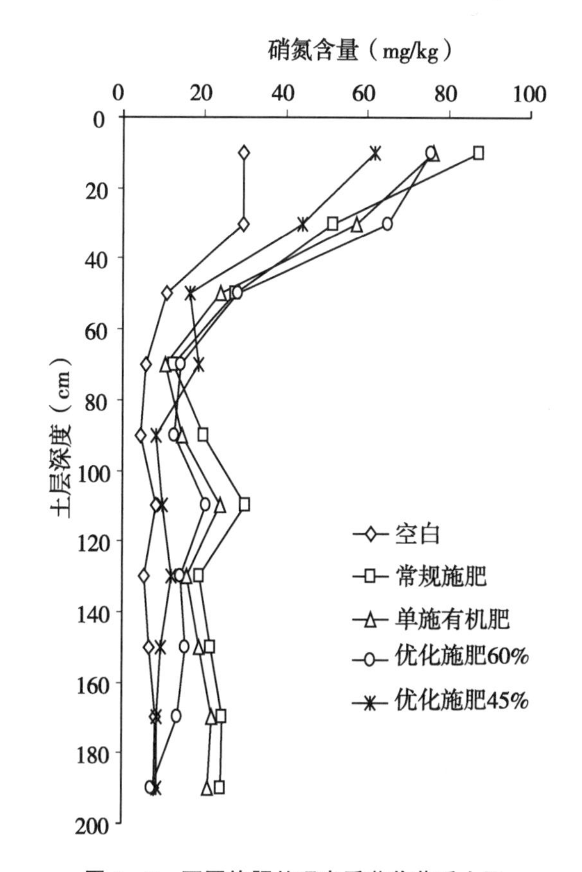

图4－7　不同施肥处理在番茄收获后土层0～200cm的土壤硝态氮含量试验（二）（2011年11月至2012年5月）

（三）合理限减量施肥能显著提高氮素利用率

优化施肥的氮素利用率与常规施肥的差异达到显著水平（表4－3、表4－4）。氮素利用率以优化施肥60%最高，两次试验分别达6.46%和6.87%，显著高于其他处理，说明减氮施肥可以显著提高氮素利用率，降低氮素损失。优化施肥60%处理比优化施肥45%处理的氮素利用率提高了25.6%。

表4－3　2010年11月至2011年5月不同施肥方案的氮素利用率

施肥方案	氮素吸收量（kg/hm^2）			氮素利用率（%）
	植株	果实	总量	
空白	46.31	47.79	94.1	
单施有机肥	56.36	61.62	117.98	4.28 c
常规施肥	73.73	78.04	151.77	4.98 bc
优化施肥60%	73.58	79.84	153.42	6.46 a
优化施肥45%	72.64	75.29	147.93	5.65 b

表 4-4　2011 年 11 月至 2012 年 5 月不同施肥方案的氮素利用率

施肥方案	氮素吸收量（kg/hm²）			氮素利用率（%）
	植株	果实	总量	
空白	43.85	47.24	91.09 c	
单施有机肥	54.36	59.87	114.23 c	4.15 c
常规	73.53	79.67	153.2 a	5.36 b
优化 60%	74.02	80.13	154.15 a	6.87 a
优化 45%	61.19	75.23	136.42 b	5.47 b

通过 2011 年和 2012 年连续两年对不同梯度优化施肥处理的分析，可以得出如下结论：

（1）优化施肥 60% 和优化施肥 45% 较常规施肥在一定程度上都可以提高番茄产量、菜农经济效益和氮素利用率，优化施肥 60% 提高幅度最大，番茄产量提高了 2.67% ~4.09%，菜农经济效益增加了 3.30% ~4.48%，氮素利用率增加了 1.5% 左右。

（2）优化施肥 60% 和优化施肥 45% 可以降低土层中硝态氮含量。

（3）优化施肥能够兼顾经济效益和环境效益，在施用常规有机肥的基础上，无机氮量减少至常规无机氮量的 60%，是适合当地推广施用的设施番茄施肥水平。

第二节　北方日光温室番茄有机无机配施技术*

我国畜禽养殖业粪便排放总量为 32.64 亿 t 鲜重，全国单位面积农用地畜禽粪便负荷为 26.8 t/hm²，氮、磷素负荷分别为 158.42kg/hm² 和 47.92kg/hm²（苑亚茹，2008）。目前，菜田是我国畜禽粪便的消纳场所之一，但是，设施蔬菜生产中农民凭经验超量施用畜禽粪肥和化肥的现象非常普遍。据调查，我国河北、山东蔬菜主产区，设施番茄畜禽粪肥用量为 75 ~150m³/hm²，化肥氮磷钾投入量平均在 400 ~800kgN/hm²（张彦才等，2005；刘兆辉等，2008）。如果按照畜禽粪肥的氮素当季利用率 50% 计算，有机无机肥总氮投入量在 1 000 ~1 500kg/hm²，而设施番茄 80 ~120 t/hm² 产量的氮磷吸收量仅为 N 200 ~220kg、P_2O_5 160 ~230kg，超过番茄养分需求量 4 ~6 倍（王丽英等，2011）。畜禽粪便中大量氮磷养分和盐分离子使土壤氮磷积累，土壤次生盐渍化严重（王丽英等，2008；王婷婷等，2011）。畜禽粪肥过量施用的主要原因是农民认为畜禽粪肥的作用以培肥地力为主，没有考虑有机肥带入的养分量。欧盟组织考虑环境友好目标，制定有机农业生产中畜禽粪便在冬季施用，施用量不高于 170kgN/hm²；国际上一般依据土壤肥力和作物养分需求量，以氮或磷投入量来推荐有机肥用量（Eghball et al，1999；Atiyeh et al，2000；Dauda et al，2009；Maguire et al，2006）。欧洲硝酸盐污染高风险区域每年有机肥投入氮量不得超过 250kgN/hm²。我国研究学者李国学提出农田畜禽粪便承载量为 30 ~45t/hm²；武深树提出洞庭湖区旱地蔬菜种植区猪粪当量有机肥安全施用量为 60t/（hm²·年）（武深树等，2009）；李祖章认为南方稻田猪粪施用量超过 45t/hm² 能显著增加铜、锌、铬、镉重金属积累（李祖章等，2010）。我国国家标准畜禽粪便还田技术规范 GB/T 25246—2010 规定：以不施化学追肥为前提，每茬番茄畜禽粪便的限制用量为猪粪 35t/hm²，鸡粪为 56t/hm²（以猪粪为基数 1，鸡粪系数为 1.6），牛粪为 28t/hm²（牛粪系数为 0.8）（赵建生等，2006）。按通常农民施用畜禽粪肥时的含水量 50% 计算，每茬施用鲜基猪粪、鸡粪和牛粪的限量分别为 70t/hm²、112t/hm² 和 56t/hm²。如果按照该限制用量施用，加上农民传统 400 ~500kgN/

* 本节撰写人：王丽英　张彦才

hm^2 施氮量，氮肥总投入远远超过合理推荐用量。

如何减量推荐有机肥，依据土壤养分水平调控化肥配施量，使土壤养分供应保证作物产量和品质，降低环境风险是设施蔬菜养分管理的关键。因此，依据土壤肥力水平和番茄养分需求量，合理推荐畜禽粪肥和化肥，并获得高产、优质，减少氮素损失，是畜禽粪便设施菜田安全利用的重要前提。为了保证设施蔬菜安全生产，应该在测土的基础上，根据不同生态类型区、不同土壤肥力和蔬菜种类，严格控制不同种类畜禽粪肥用量，合理配施化肥，才能保证高产、优质和环境友好，实现蔬菜安全生产和可持续发展的目标。通过田间试验研究，建立了基于氮、磷推荐畜禽粪便有机肥的有机无机配施技术，为设施番茄畜禽粪肥安全施用提供科学依据。

一、技术特征

该技术是以“减氮、控磷、安全、清洁生产”为目标，以“减量化、养分高效”为原则，以氮或磷推荐畜禽粪便有机肥用量，番茄生育期追肥按照氮素供应目标值方法推荐追肥氮量；氮磷钾施肥总量依据土壤肥力水平、作物需求量和收获后土壤养分残留确定，形成以“氮磷钾总量控制，苗期磷肥灌根，结果期、生育期氮钾分期调控”为核心的北方日光温室番茄有机无机配施技术。

二、技术要点

综合番茄干物质、产量、品质和土壤养分含量指标，总结了冀中地区日光温室冬春茬—秋冬茬番茄轮作模式的有机无机配施技术要点。在高土壤肥力条件下，以氮磷推荐有机肥，依据关键生育期氮素供应目标值和根层土壤无机氮含量调控化肥氮配施的有机无机肥调控模式中，以磷推荐有机肥每季 70 ~ 100kgP/hm^2，每季追施氮肥 213kgN/hm^2，或以氮推荐有机肥每季 200kgN/hm^2，膜下滴灌追施氮肥 113kgN/hm^2。在中等土壤肥力条件下，底施 200kgN/hm^2 鸡粪、牛粪或猪粪，设施番茄秋冬茬追施 130kgN/hm^2，冬春茬膜下滴灌追施氮肥 200kgN/hm^2 的有机—无机氮素管理模式，磷钾推荐量分别为番茄目标产量条件下磷钾吸收量的 0.8 倍、1.2 倍。

冬春茬—秋冬茬栽培模式（图 4 – 8、图 4 – 9）：冬春茬番茄底施发酵风干鸡粪、牛粪或猪粪 300 ~ 500kg/亩。定植时和定植后 30 天分别滴灌可溶性磷肥（磷酸二氢钾）1kg/亩。从番茄第一穗果实膨大期开始追肥，每穗果实膨大期间追施 2 次，共追肥 8 次；每次追施尿素 4.5 ~ 5.0kg/亩，硫酸钾 5.5 ~ 7.0kg/亩；秋冬茬番茄底施发酵风干鸡粪、牛粪或猪粪 180 ~ 260kg/亩，定植时和定植后 30 天分别滴灌可溶性磷肥（磷酸二氢钾）1kg/亩，从第一穗果实膨大期开始追肥，每穗果实膨大期间追肥 2 次，共追肥 6 次；每次追施尿素 3.5 ~ 4.5kg/亩，硫酸钾 4.5 ~ 6.0kg/亩。如果选用其他肥料种类，按照养分量换算即可。灌溉时期依据作物长势、土壤含水量和天气状况确定，每季定植时灌溉 15 ~ 20m^3/亩，追肥或滴灌清水时每次灌溉量 10 ~ 12m^3/亩，间隔灌水时间为 7 ~ 10 天。

由于畜禽粪便养分含量差异较大，建议结合土壤测试和畜禽粪便养分含量测试进行应用，或查询主要有机肥养分含量计算畜禽粪便施肥量。冬季低温寡照气候条件下应适当减少追肥及灌溉次数和用量，避免温室内空气湿度过高引发病害发生。

三、技术的应用效果

该技术适用于我国北方中高土壤肥力水平的日光温室冬春茬—秋冬茬番茄轮作种植体系。该技术较传统施肥管理保证番茄产量不降低的前提下，降低有机肥用量 33.3% ~ 66.7%、化肥氮 28% ~ 35%、化肥磷 55% ~ 92%。果实品质符合国家无公害产品标准，收获后土壤保持在中等肥力水平，缓解土壤次生盐渍化和酸化程度，生产环境质量清洁。冬春季番茄目标产量为 8 000 ~ 9 000 kg/亩，秋冬季番茄目标产量为 6 000 ~ 7 500kg/亩。

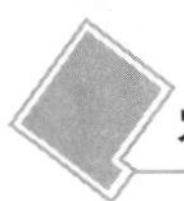

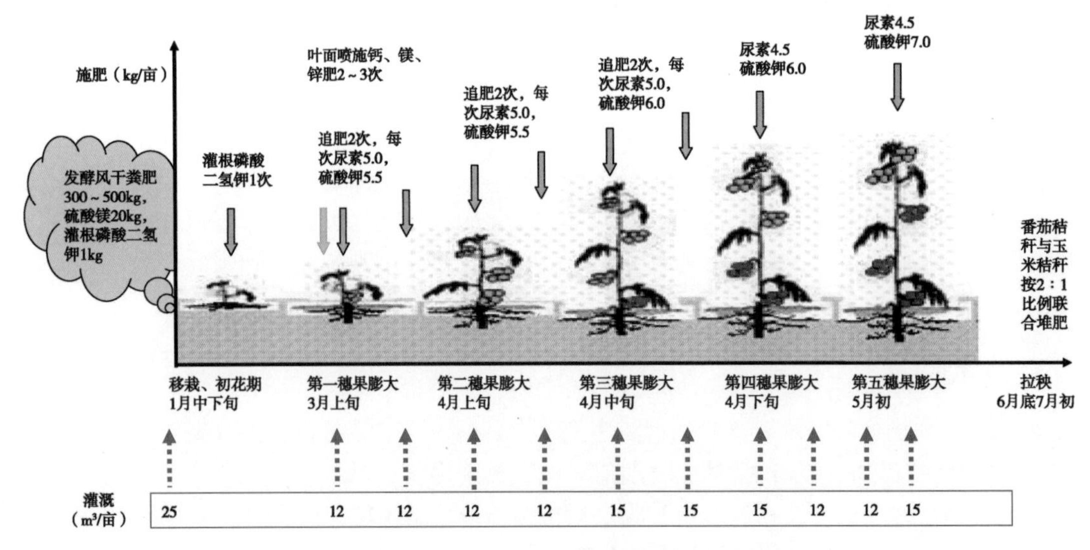

图4－8　北方日光温室冬春茬番茄有机无机配施技术

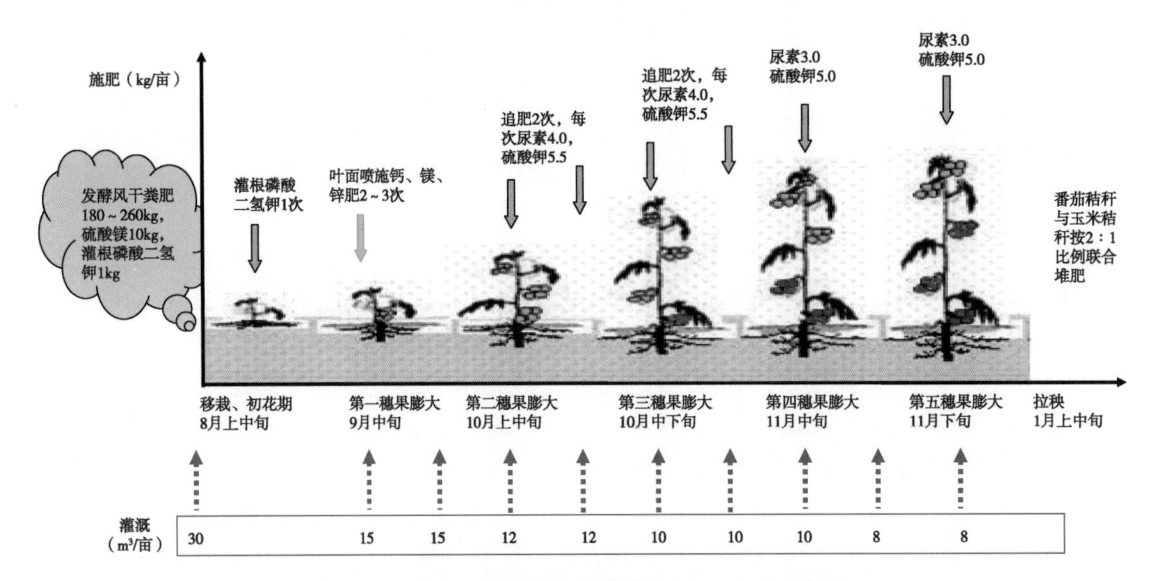

图4－9　北方日光温室秋冬茬番茄有机无机配施技术

（一）以氮磷推荐有机肥对番茄产量的影响

以氮磷推荐有机肥的有机无机调控模式对番茄产量的影响表明（表4－5），综合三季番茄产量结果表明，以氮推荐M_{400N}处理产量最高，比对照M_0和M_{600N}处理分别增产7.7%和5.6%；以磷推荐M_{70P}的产量显著高于对照M_0，增产5.5%，但与M_{170N}和M_{400N}处理差异不显著。与传统施肥相比，M_{70P}、M_{170N}和M_{400N}处理的番茄产量分别增产11.6%、8.1%、14.0%。综合分析，本试验条件下，以磷推荐M_{70P}和以氮推荐M_{400N}的番茄产量较高。

（二）以氮磷推荐有机肥对果实品质的影响

以氮磷推荐有机肥的有机无机调控对番茄果实品质的影响表明（表4－6），果实硝酸盐含量随有机肥推荐量的增加而降低，所有处理硝酸盐含量均低于我国农产品质量安全无公害蔬菜标准。以氮磷推荐有机肥M_{70P}、M_{170N}、M_{400N}和M_{600N}处理的果实硝酸盐含量分别比M_0处理降低9.9%、8.9%、7.6%、17.5%。可见，与M_0相比，有机无机肥配施有利于降低番茄果实硝酸盐含量。随

着有机肥推荐量的增加，番茄可溶性糖和糖酸比先增加后降低。

表 4－5　以氮磷推荐有机肥的有机无机调控对番茄果实产量的影响　（单位：t/hm²）

处理	2010AW	2011WS	2011AW	2010—2011 年	比对照增产率（%）	比传统施肥增产率（%）
M_0	82.2 ab	129.2 c	52.3 b	263.7 b	—	5.8
M_{70P}	83.3 a	139.6 ab	55.2 ab	278.1 ab	5.5	11.6
M_{170N}	84.3 a	131.2 bc	54.0 ab	269.5 ab	2.2	8.1
M_{400N}	81.4 ab	144.3 a	58.3 a	284.0 a	7.7	14.0
M_{600N}	76.6 b	140.7 a	51.7 b	269.0 ab	2.0	7.9
传统施肥				249.2 c	－5.5	—

注：① M_0：不施有机肥，化学氮肥依据氮素供应目标值推荐；② M_{70P}：以磷推荐，底施有机肥 70kgP/（hm²·年），秋冬季和冬春季各底施 35kgP/hm²，追施氮肥；③ M_{170N}：以氮推荐，底施有机肥 170kgN/（hm²·年），秋冬季和冬春季底施分别为 70 和 100kgN/hm²，追施氮肥；④ M_{400N}：以氮推荐，底施有机肥 400kgN/（hm²·年），秋冬季和冬春季各底施 200kgN/hm²，追施氮肥；⑤ M_{600N}：以氮推荐，底施有机肥 600kgN/（hm²·年），秋冬季和冬春季各 300kgN/hm²，追施氮肥。各处理追肥氮肥量等于每季番茄各生育时期氮素供应目标值—追肥前土壤无机氮量。下同

表 4－6　基于氮磷推荐有机肥对 2011 年秋冬季盛果期番茄果实品质的影响

处理	硝酸盐（mg/kg）	V_C（mg/kg）	可溶性糖（%）	可滴定酸（%）	糖酸比	可溶性固形物（%）
M_0	231.9 a	7.33 a	6.12 ab	0.44 a	14.04 ab	4.03 b
M_{70P}	209.0 ab	7.54 a	5.88 b	0.49 a	11.92 b	4.37 a
M_{170N}	211.3 ab	7.60 a	6.34 ab	0.45 a	14.21 a	4.07 ab
M_{400N}	214.3 a	7.13 a	8.38 a	0.49 a	13.92 ab	4.37 a
M_{600N}	191.3 b	7.81 a	5.41b	0.42 a	12.12 b	3.83 b

（三）不同种类畜禽粪便有机肥对番茄产量的影响

不同种类畜禽粪肥与化肥配施对设施番茄产量的影响结果表明（表 4－7），两季番茄的总产量，猪粪处理最高，分别比鸡粪和牛粪处理增产 4.0% 和 5.6%。鸡粪处理的非商品果产量最高，分别比牛粪和猪粪处理高 8.1% 和 9.7%。

表 4－7　不同种类畜禽粪肥与化肥配施对设施番茄产量的影响

处理	2010 年秋冬茬		2011 年冬春茬			两季总产量（t/hm²）
	商品果（t/hm²）	非商品果（t/hm²）	商品果率（%）	产量（t/hm²）	产量（t/hm²）	
鸡粪 CM_{400N}	85.82 a	7.36 a	92.46 a	93.18 a	111.09 a	204.27 a
牛粪 DM_{400N}	86.54 a	6.81 a	92.43 a	93.35 a	107.83 a	201.18 a
猪粪 PM_{400N}	90.42 a	6.71 a	93.08 a	97.14 a	115.24 a	212.38 a

注：鸡粪 CM_{400N}、牛粪 DM_{400N}、猪粪 PM_{400N} 分别表示每年施有机肥氮总投入量为 400kgN/hm²，冬春季和秋冬季分别底施 200kgN/hm²，追施氮肥。每个处理追施氮量相同，秋冬茬番茄追施 130kgN/hm²，冬春茬番茄追施 200kgN/hm²。下同

（四）不同种类畜禽粪便有机肥对番茄品质的影响

综合番茄果实品质指标，牛粪处理的果实硝酸盐含量和水分含量低，可溶性固形物含量最高，风味品质和耐贮存性好（霍建勇等，2005）；但鸡粪处理的果实可溶性糖含量和维生素 C 含量较高。

表 4 -8　不同种类畜禽粪肥与化肥配施对番茄果实品质的影响

处理	2010 年盛果期		2011 年冬春茬初果期			2011 年冬春茬盛果期		
	硝酸盐（mg/kg）	V_C（mg/100g）	可溶性糖（mg/g）	硝酸盐（mg/kg）	V_C（mg/100g）	可溶性糖（mg/g）	硝酸盐（mg/kg）	可溶性固形物（%）
鸡粪 CM_{400N}	310.46 a	8.50 a	21.16 a	272.72a	8.97 a	19.34 a	200.67 a	4.30 a
牛粪 DM_{400N}	302.63 a	8.24 a	17.78 b	233.61a	8.62 a	19.84 a	186.22 a	4.83 a
猪粪 PM_{400N}	312.05 a	7.21 a	17.96 b	282.11a	8.86 a	18.86 a	211.18 a	4.43 a

（五）不同种类畜禽粪便有机肥对番茄收获后土壤无机氮含量的影响

不同种类畜禽粪肥与化肥配施对根层土壤无机氮的影响结果表明（图 4 - 10），番茄土壤无机氮变化趋势为：鸡粪处理 > 猪粪处理 > 牛粪处理，鸡粪处理土壤无机氮含量最高，猪粪次之，牛粪处理土壤无机氮含量一直处于最低水平。等氮量三种粪肥施用土壤无机氮含量的差异，可能是由于鸡粪和猪粪碳氮比低，为速效性粪肥，氮素矿化速率快，氮素供应能力较高；而牛粪碳氮比高，为缓效性粪肥，其供氮强度低于鸡粪和猪粪处理。

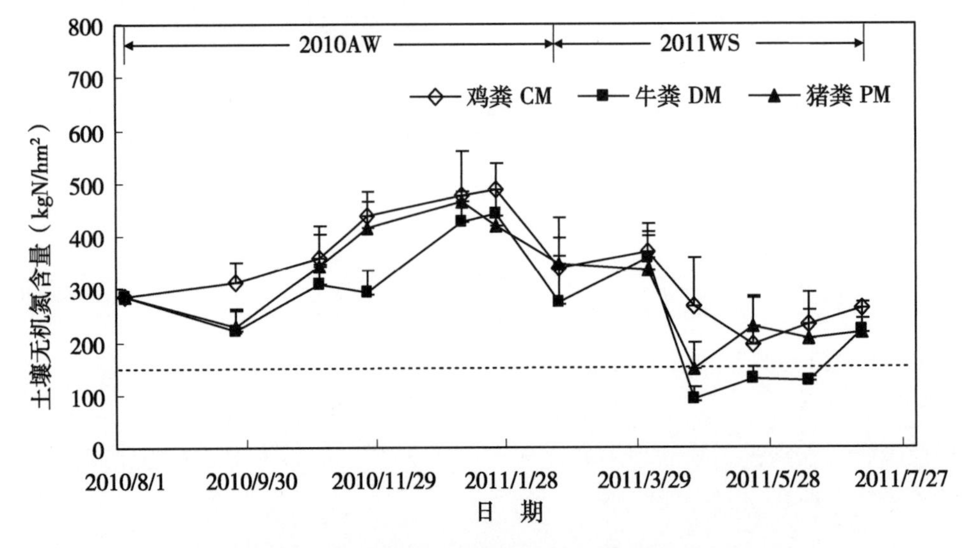

图 4 - 10　不同种类畜禽粪肥与化肥配施对根层土壤无机氮动态变化的影响（0 ~ 30cm）

注：图中虚线为番茄高产和低氮素损失的适宜氮素供应值 150kgN/hm^2

（六）不同种类畜禽粪便有机肥对番茄收获后土壤电导率的影响

土壤电导率高低顺序为：鸡粪处理 > 猪粪处理 > 牛粪处理（图 4 - 11）。鸡粪对土壤盐分积累的影响最大，猪粪次之，牛粪最低。从苗期到结果期，鸡粪处理土壤电导率一直高于牛粪和猪粪处理；苗期和结果初期、盛期，鸡粪处理的土壤电导率超过大多数作物能忍耐的电导率临界值 400μS/cm，但没有超过作物生理盐害临界值 600μS/cm（惠云芝等，2003）；猪粪处理只在苗期较高，超过 400μS/cm；牛粪处理土壤电导率波动不大，而且均低于 400μS/cm；拉秧时，鸡粪处理土壤电导率比定植前明显升高，猪粪和牛粪处理变化不大。

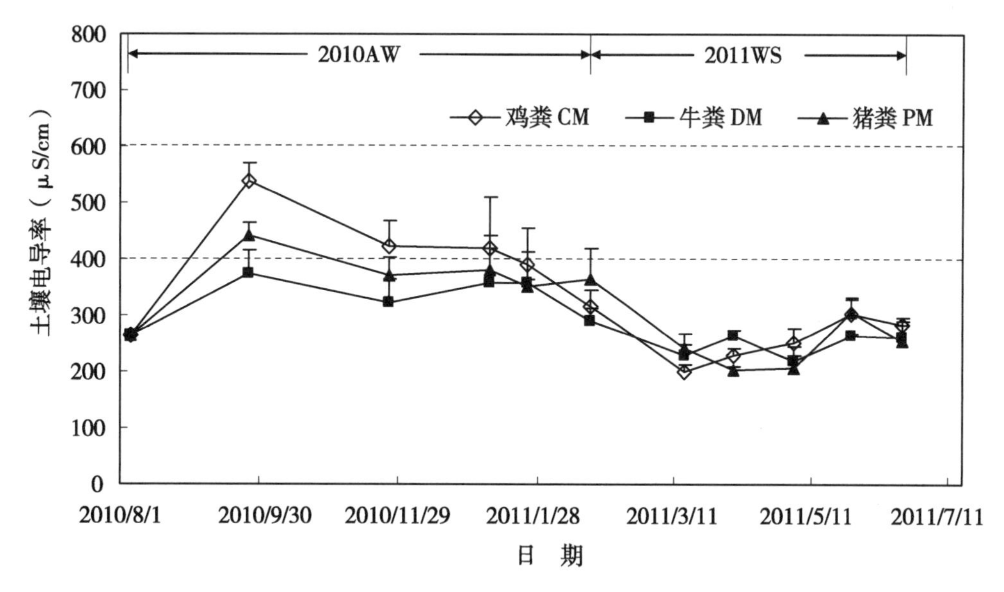

图 4－11　不同种类畜禽粪便与化肥配施对根层土壤电导率动态变化的影响

注：图中虚线分别为作物能忍耐的电导率临界值 400μS/cm 和生理盐害临界值 600μS/cm

第三节　北方蔬菜残体联合堆肥技术*

蔬菜废弃物具有含水率、有机物和营养成分高等特点，主要蔬菜废弃物特点及常见病虫害见本章附表 1。蔬菜废弃物含水率一般在 75% ~94.8%，pH 值范围为 6.00 ~9.23；以干基计算，废弃物的全氮（TN）含量为 2.02% ~5.69%，全磷（TP）含量为 0.29% ~3.25%，全钾（TK）含量为 0.49% ~5.37%，碳氮比为 8.27 ~22.35；蔬菜废弃物的固体含量在 8% ~19%，挥发性固体的含量占总固体 80% 以上，其中包括 75% 的糖类和半纤维素，9% 的纤维素及 5% 的木质素（Maniadakis et al，2004；Lu et al，2004）。另外，蔬菜废弃物还携带一些有害病原菌及农药残留，也可能出现重金属富集现象。堆肥化是一种处理工艺或方法，是一种受控制的生物降解和转化过程。通过堆肥化过程，由不稳定有机物转化为稳定的腐殖质，堆肥产品是一种良好的土壤改良剂和有机肥料（Schievano et al，2009）。好氧堆肥依靠专性和兼性好氧细菌的作用使有机物降解，堆体温度高，可以最大限度地消灭病原菌，有机物的分解速率较快，堆肥的周期较短，所需设备比较简单，适用于秸秆类蔬菜废弃物，目前我国绝大多数蔬菜废弃物以好氧堆肥为主。蔬菜废弃物堆肥的初始物料条件、堆肥过程和堆肥产品质量评价标准均与畜禽粪便堆肥类似。但鉴于蔬菜废弃物含水率高、C/N 值低和携带病原菌等特点，其堆肥过程又具有独特之处，且堆肥产品质量有更加严格的标准。本文对蔬菜废弃物堆肥化研究做了一些归纳，提出堆肥初始条件、堆肥过程以及堆肥质量的参数和评价指标。

一、技术特征

堆肥化初始条件、过程参数与控制以及堆产品的指标参数与物料组成、配比、堆肥过程的温度、水分和通风条件控制密切相关。北方蔬菜残体联合堆肥技术是以有机废弃物“无害化、资源化、再循环、再利用”为原则，利用蔬菜残体养分含量和含水率高、玉米秸秆碳氮比高的特点，将蔬菜残体和玉米秸秆进行高温好氧堆肥，既腐熟有机物料，又杀害物料中有害病原菌，获得的堆肥

---

* 本节撰写人：王丽英　张彦才

可用于农业生产。该技术充分利用种植业和养殖业废弃物，将废弃物无害化和资源化，实现温室蔬菜清洁生产和清洁田园。

二、技术要点

（一）场地选择

场地选择以不影响正常农业生产的就近、适用为原则。棚室蔬菜产区可选择在棚室四周，露地菜田可选择在地头空地上。有条件的可建造堆肥池，没有条件也可选择原位简易堆肥法（地面堆肥或挖坑堆肥）。

建造堆肥池可以在温室/大棚旁边的空闲地上挖宽1.5～2 m，深0.5～1.0 m，长度根据堆肥物料的多少可调的半地上坑；或者在平地上，四周垒出0.5～1.0 m的砖砌池或水泥池。有条件的处理场地可以选择背风的山坳中或在周边设施的下风口，防止风吹扩散异味。为防止堆肥渗滤液对水体的影响，场地应与饮用水体保持200 m以上距离。

（二）堆肥工艺

堆肥的过程可划分为4个阶段，中温、高温、降温和稳定阶段。工艺流程见图4－12。

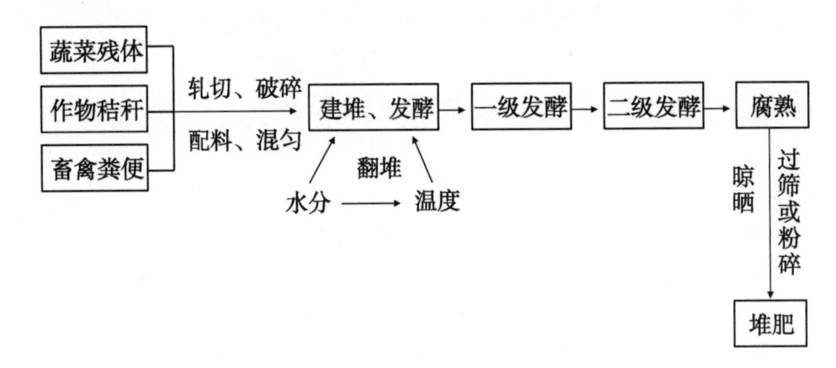

图4－12 堆肥工艺流程图

（三）堆肥原料来源及种类

堆肥的主要原料来源有植物残体、畜禽粪便等有机废弃物以及化学肥料的氮源和磷源。植物残体包括低碳氮比和高碳氮比两类，低碳氮比类如瓜果类植物残体（番茄、黄瓜、辣椒秸秆）、根菜类残体（萝卜、胡萝卜）、叶菜类残体（白菜、青菜、芹菜）等，高碳氮比类如玉米秸秆、小麦秸秆。如果采用低氮比的蔬菜类作物残体进行堆肥时，需添加高碳氮比的有机废弃物料调整混合物料的C/N比使之达到适宜范围。畜禽粪便主要选用未发酵的鸡粪、牛粪、猪粪、鸽子粪等有机废弃物。化学类氮源和磷源主要包括尿素和过磷酸钙等。

（四）堆肥物料预处理

堆制前将蔬菜秸秆上的绳、铁丝等物品去掉。为了加快腐熟，缩短堆肥时间，将蔬菜秸秆、玉米秸秆或其他作物残体轧切成3～10cm的小段，特别是辣椒、茄子等蔬菜秸秆的纤维含量和木质化程度高，堆肥前必须用粉碎机粉碎；畜禽粪便用铁锹等工具破碎使之最大粒径在5cm以内。

（五）配料、堆制

将番茄、黄瓜或辣椒等蔬菜秸秆、玉米秸秆按照4∶1至1.5∶1的比例进行混料，通过晾晒秸秆或添加部分干秸秆，使物料水分含量在50%～65%，从感官上判断的标准是用手攥物料，水从物料中要滴出但不流出的状态。为了加快物料升温和腐熟，可添加秸秆腐熟菌剂，每吨物料添加菌剂

用量为 3 ~ 5kg。堆肥的氮源和磷源采用新鲜鸡粪，添加量为物料重量的 30% ~ 50%，以满足微生物发酵所需的氮和磷（图 4 - 13）。

堆体制作以快速升温、保温、容易操作为原则。堆体的宽度为 1.6 ~ 2 m，堆高 1.0 ~ 1.5 m，长度以材料多少和场地大小而定，但堆体体积一般不小于 1 m^3，以保持堆肥过程的温度和湿度。制堆时，可以把物料按比例混合后放入堆肥池，也可以分层堆积，一般分 3 层堆积，一、二层各厚 40 ~ 50cm，第三层厚 20 ~ 30cm，层与层之间和第三层上均匀地撒上秸秆腐熟剂和鲜鸡粪的混合物，秸秆腐熟剂和鲜鸡粪的混合物的用量比自下而上为 4 : 4 : 2。冬季堆肥时，物料堆好后用泥封严或用塑料布覆盖，加快升温。夏季堆肥时需要覆盖堆体，防止雨水淋洗和氮素损失。

图 4 - 13　蔬菜残体、玉米秸秆和畜禽粪便联合堆肥流程

（六）翻堆和通风

如果有通风设备或条件：从堆肥第 3 天开始通风，每天上午通风 30min，下午通风 60min，通风量 0.2m^3/（min · m^3）。各阶段的温度，高温期控制为 55 ~ 70℃，极限温度为 70℃，超过 70℃开始通风。

如果没有通风设备或条件，需要人工或机械翻堆 2 次，分别在物料堆制后 7 ~ 10 天和 20 ~ 25 天，翻堆物料以均匀通气、供氧为准。

（七）堆肥过程工艺控制

整个堆肥过程持续 30 ~ 45 天，堆肥期间，堆体温度不能太低，也不能太高；太低反应速度慢，不能达到热灭活无害化要求；当温度超过 70℃时，温度持续过高导致放线菌等有益菌被杀死，不利于堆肥过程进行。

1. 一级发酵过程（包括温度、水分、碳氮比、翻堆次数、物理性状）

一级发酵过程包括升温期、高温和中温期，持续 10 ~ 15 天。物料堆肥在一级发酵过程中，55℃高温的时间不少于 7 天或在 65℃以上持续 3 天，通过加水或翻堆脱水使物料含水率保持在 50% ~ 60%，碳氮比为 20 ~ 35，pH 值为 7.5 ~ 8.5。在堆肥 7 ~ 10 天翻堆 1 次。

在此阶段，大部分物料呈淡黄色或黄绿色，堆体内废弃物全部萎蔫、变软，堆体塌陷严重，堆体体积下降到原来的1/2，堆体中菌丝明显，物料有臭味。

2. 二级发酵过程（包括温度、水分、碳氮比、翻堆次数）

堆肥二级发酵过程中温度开始降低，基本降至堆肥初期水平，高于室外温度持续20～30天；夏季堆体温度在30～50℃，冬季堆体温度在20～35℃；通过加水或翻堆使物料含水率在50%～55%，碳氮比≤30，pH值稳定在6.5～8.5。堆肥20～25天翻堆1次。

在此阶段，物料颜色从灰黑色变为黑褐色，堆体体积已不再下降，物料从微臭到无臭味。

（八）堆肥产品质量

农业清洁生产中的作物残体堆肥用作有机肥，需要满足有机肥料产品质量《有机肥料 NY 525—2012》标准，主要技术指标包括有机质、总养分、水分、pH值、重金属限量指标、蛔虫卵死亡率和粪大肠菌群数等。

（九）堆肥检测指标与方法

1. 堆肥腐熟程度指标

本技术主要采用物理指标和生物学指标。

物理指标包括温度、气味和颜色。堆体温度主要依据我国国家标准 GB 7959—1987，堆体在55℃以上持续7天或在65℃以上持续3天，此时可杀除绝大多数致病菌，即达到堆肥腐熟；但蔬菜废弃物易携带病毒病菌，其致死温度为65～70℃，则瓜果类蔬菜废弃物堆肥最高温度为70℃持续3h作为堆肥腐熟的温度指标。当堆体颜色逐渐发黑，至腐熟时呈黑褐色或黑色以及堆肥过程中不好的气味会逐渐减弱直至消失则表明达到堆肥腐熟。

生物学指标——发芽试验。将风干堆肥产品5g放入200ml烧杯中，加入60℃的温水100ml浸泡3h后过滤，将滤出汁液取10ml，倒进铺有二层滤纸的培养皿，播种100粒白菜种子，进行发芽试验。另设对照，培养皿中使用的是蒸馏水，种子与发芽试验方法与上述相同。一般认为发芽率为对照的90%以上，说明产品已腐熟合格，或种子发芽指数（GI值）达到50%以上为堆肥腐熟，达到80%～85%以上为完全腐熟。

2. 堆肥技术指标

堆肥技术指标应该符合表4－9的要求。

表4－9　堆肥的技术指标

项目	指标
有机质含量（以干基计）（%）	≥10
总养分（以N）含量（以干基计）（%）	≥0.5
总养分（以P_2O_5）含量（以干基计）（%）	≥0.3
总养分（以K_2O）含量（以干基计）（%）	≥1.0
水分（游离水）含量（%）	<20
酸碱度（pH值）	6.5～7.5

3. 堆肥重金属含量和卫生学指标

堆肥重金属含量卫生学指标应符合最新的有机肥标准NY 525—2012，铬、铅、砷、镉和汞分别小于150mg/kg、50mg/kg、15mg/kg、3mg/kg和2mg/kg，蛔虫卵死亡率≥95%，粪大肠杆菌数≤100个/g（ml）。

4. 堆肥采样

根据堆肥质量（或体积）确定取样点数，见表4－10。用土钻或铁锹，在离地面15cm以上，

距肥堆顶部5～10cm以下取样。每个样品取200g，混匀后（按取样点数要求，多个样品混合）缩分为4。在1/4样品中，去除土块等杂质后，留取250g供分析化验用。

表4－10　堆肥的取样指标

质量（t）	取样点个数
<5	5
5～30	11
>30	14

注：取样时应交叉或梅花形布点取样

5. 测试与计算方法

含水率、pH值、全氮、全磷、全钾的测定方法见《有机肥料检测标准NY 525—2002》。

GI值＝（堆肥处理的种子发芽率×种子根长）×100%/（对照的种子发芽率×种子根长）

三、技术的应用效果

本技术适用于北方集约化蔬菜产区辣椒、番茄等蔬菜废弃物的堆肥化，在小规模的半地下简易堆肥池或中等规模的堆肥池进行堆制。

（一）物料配比对堆体温度变化的影响

与外界温度相比，从堆肥开始第一天物料开始升温，进入升温期，3个处理的升温顺序为：番茄：玉米秸秆比例为2：1、1：1、1：2，3个处理大于55℃高温的时间分别为9天、7天和10天，均达到国家堆肥标准，实现无害化。添加鸡粪和微生物菌剂对番茄与玉米秸秆堆肥具有升温快、温度高的特点（图4－14），而且添加鸡粪和微生物菌剂后，堆肥温度差异不显著。添加不同鸡粪量对堆肥温度差异不显著，但添加鸡粪比例越高，前期升温越快（图4－15）。

（二）物料初始含水率对堆体温度的影响

物料初始含水率和翻堆次数对堆肥过程中堆体温度的影响较大（图4－16），结果表明，不同物料含水率对堆体升温速度影响不大，但影响升温的高度和温度保持时间。翻堆1次工艺，物料初始含水率50%的堆体温度在堆肥第2天升高至50℃以上，而物料含水率60%和70%处理的堆体温度升高到60℃以上，并维持了3天（图4－16a）；翻堆2次工艺与翻堆1次工艺规律一致，物料初始含水率60%、70%处理升温快、温度高，温度保持时间比50%含水率处理长（图4－16b）。自动通风控制工艺，一级发酵阶段，堆体升温趋势、高度和温度保持时间与翻堆1次、2次工艺处理类似，但二级发酵阶段中，70%物料初始含水率的堆体温度低，而且迅速降温（图4－17），可能是物料堆体没有经过翻堆，堆体内部含水率较高，影响了发酵过程和微生物的活动，温度保持能力低。

（三）翻堆工艺处理对堆体温度的影响

翻堆工艺处理对堆体温度的影响结果表明，翻堆1次、2次或自动通风处理对一级发酵阶段的温度影响不大，对二级发酵过程的温度影响差异显著（图4－17）。翻堆处理可以快速降温，翻堆次数增加，降温越明显，自动通风控制可能对堆体中心部位的通风量较低，影响了降温，40℃以上温度保持到堆肥第18天。

堆肥电导率的结果表明，不同番茄秸秆与玉米秸秆混合比例以及添加鸡粪或微生物菌剂对堆肥电导率的影响较大（图4－18），番茄秸秆比例越高，物料电导率降低；添加鸡粪50%处理比30%的堆肥电导率显著降低与鸡粪增加盐渍化的结果不一致，还需进一步研究。添加0.3%和0.5%的微生物菌剂对堆肥电导率的影响差异不显著；但番茄秸秆与玉米秸秆为2：1＋30%鸡粪处理添加

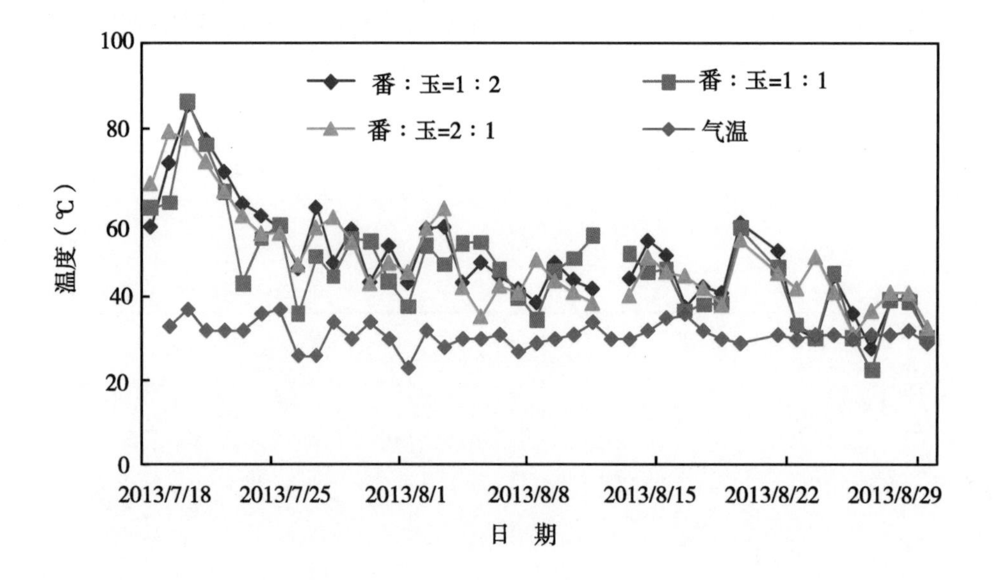

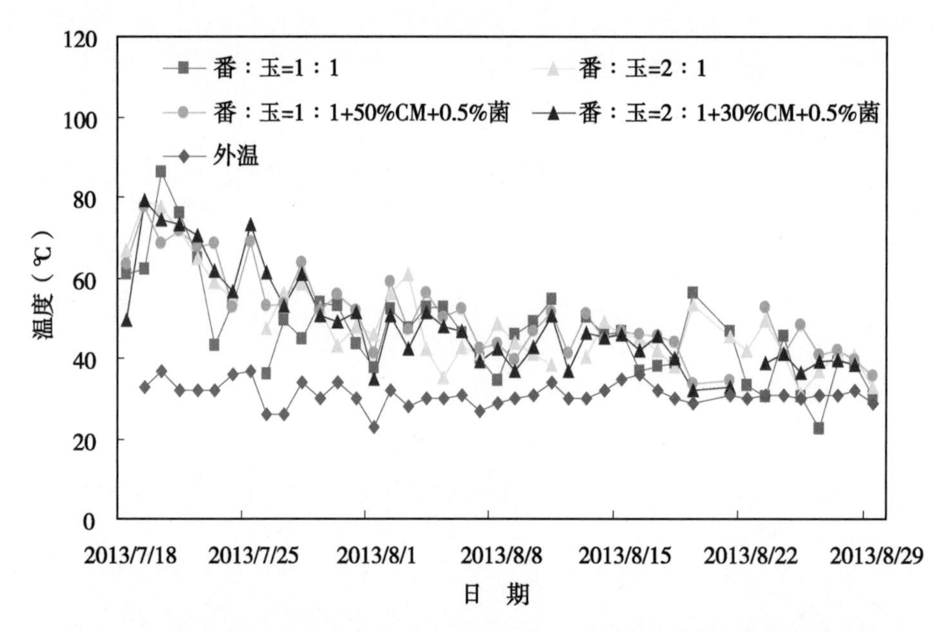

图4－14　不同番茄与玉米秸秆比例以及添加鸡粪和微生物菌剂对堆肥温度的影响

0.5%微生物菌剂前后的物料电导率堆肥9天前差异不显著，堆肥16天以后差异显著，添加菌剂后电导率增加。

堆肥铵态氮含量的结果表明，添加鸡粪和微生物菌剂后，堆肥铵态氮含量显著增加，但随着鸡粪添加量由30%增加到50%后，电导率没有显著增加（图4－19a）。番茄秸秆与玉米秸秆1：1＋50%鸡粪处理添加菌剂后物料铵态氮降低；但番茄秸秆与玉米秸秆2：1＋30%鸡粪处理添加0.5%微生物菌剂后，铵态氮含量增加。硝态氮含量的结果表明，堆肥前16天，物料处于高温阶段，仍然以物料初始的铵态氮形态为主，堆肥硝态氮含量处于较低水平（700mg/kg以下），而且受物料配比的影响较小（图4－19b）。当堆腐27天和44天时，各处理的硝态氮含量明显增加，特别是番茄秸秆与玉米秸秆比例1：2处理，番茄秸秆与玉米秸秆1：1添加30%鸡粪、番茄与玉米秸秆1：1添加50%鸡粪和0.5%菌剂以及2：1比例添加50%鸡粪和0.3%菌剂处理。

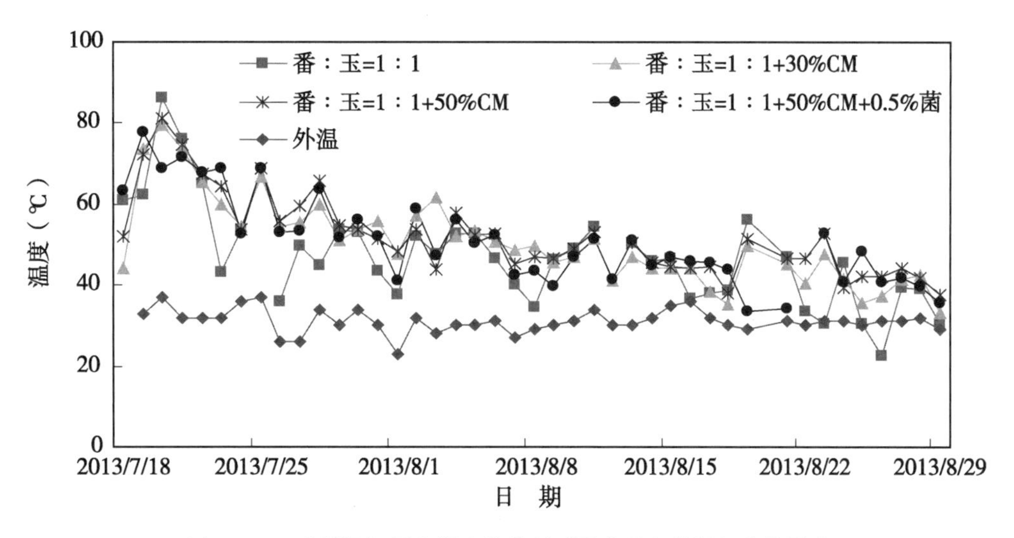

图 4－15　鸡粪添加量和微生物菌剂对番茄秸秆堆肥温度的影响

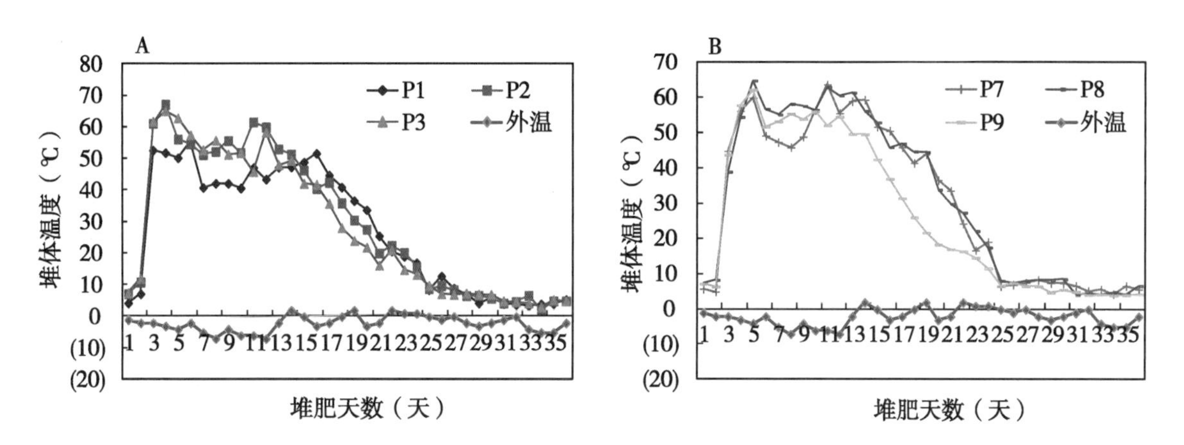

图 4－16　物料初始含水率对番茄秸秆联合堆肥堆体温度的影响

A. P1、P2、P3 含水率为 50%、60%、70%；B. 自动通风，P7、P8、P9 含水率为 50%、60%、70%

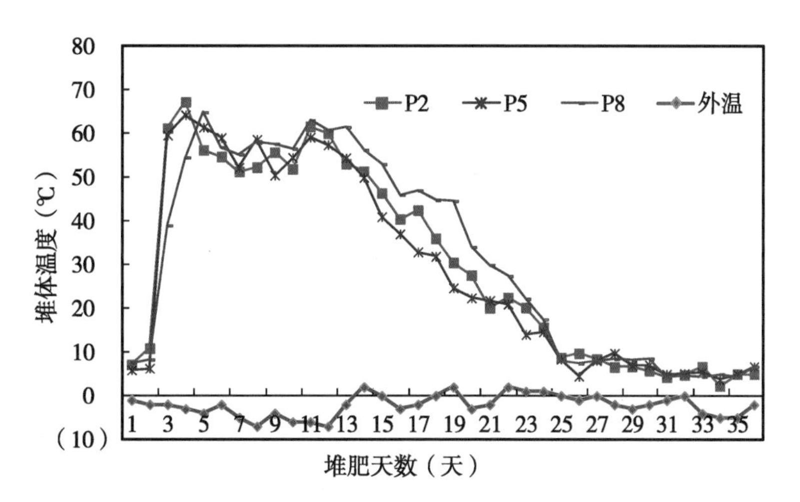

图 4－17　翻堆工艺处理对番茄秸秆联合堆肥堆体温度的影响

备注：P2 翻堆 1 次，P5 翻堆 2 次，P8 自动通风控制，各处理物料初始含水率为 60%

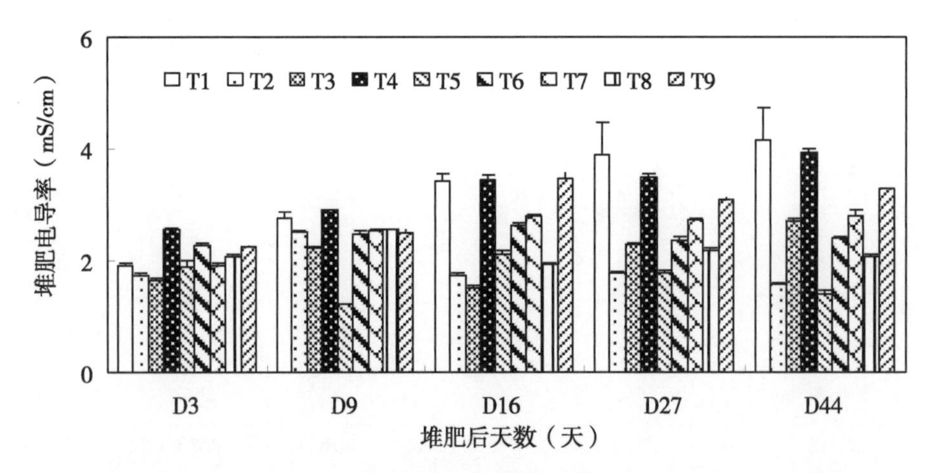

图 4-18 不同物料配比、鸡粪和微生物菌剂对番茄秸秆堆肥电导率的影响

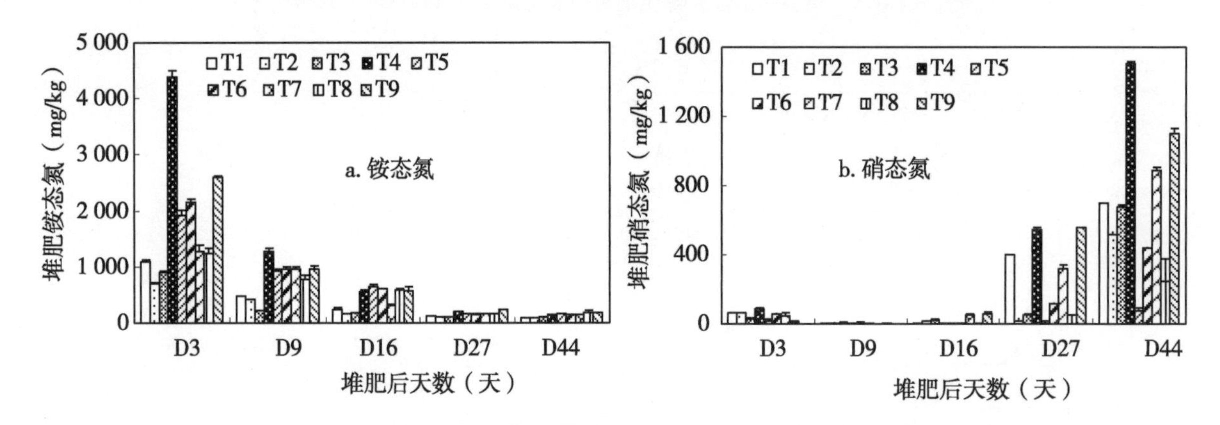

图 4-19 不同物料配比、鸡粪和微生物菌剂对番茄秸秆堆肥铵态氮和硝态氮含量的影响

（四）初始含水率和翻堆工艺对堆肥物料性质的影响

初始物料含水率对堆肥含水率的影响结果表明（表 4-11），一级发酵过程中水分消耗较多，堆体升温后（DAC5）的物料含水率下降至 33.55% ~60.06%。堆肥第 10 天翻堆后，堆体再次升温，含水率下降，直到堆肥第 20 天，物料含水率不再降低。翻堆 1 次和 2 次处理的堆肥含水率低于自动通风控制处理的含水率。

表 4-11 物料初始含水率和翻堆工艺处理对番茄秸秆堆肥物料含水率的影响 （单位：%）

按天数编号	翻堆工艺								
	翻堆 1 次			翻堆 2 次			自动通风控制		
初始含水率	50.00	60.00	70.00	50.00	60.00	70.00	50.00	60.00	70.00
DAC0	54.09	59.52	63.47	43.74	55.45	67.45	64.97	63.68	67.11
DAC5	47.29	33.55	47.75	49.91	50.38	54.02	40.43	46.45	60.06
DAC8	43.04	41.83	42.56	37.75	38.69	47.67	33.44	39.98	53.19
DAC16	40.62	54.62	55.64	45.78	53.95	56.68	50.98	54.09	58.86
DAC20	39.22	52.51	56.19	47.99	58.14	58.27	52.01	45.74	62.12
DAC27	43.95	60.97	64.85	58.27	57.06	62.12	63.15	58.52	68.00
DAC37	52.79	58.88	62.29	57.17	60.21	63.98	61.24	64.36	67.10

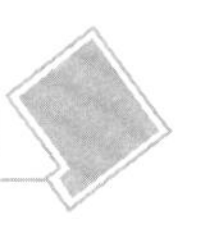

堆肥电导率的结果表明，堆肥一级发酵和二级发酵过程中，堆肥电导率较高。降温后的后腐熟过程，堆肥电导率较低。堆肥结束后，电导率在 2～3mS/cm，符合堆肥质量标准。

堆肥铵态氮含量的结果表明（图 4－20），堆肥过程的一级发酵和二级发酵阶段堆肥铵态氮含量较高，堆体降温后的后腐熟阶段，堆肥铵态氮含量逐渐降低。物料初始含水率对堆肥铵态氮含量的影响有差异，含水率越高，铵态氮含量越低；翻堆次数越高，堆肥铵态氮含量越高，自动通风控制处理的铵态氮含量低于翻堆 1 次和翻堆 2 次处理。

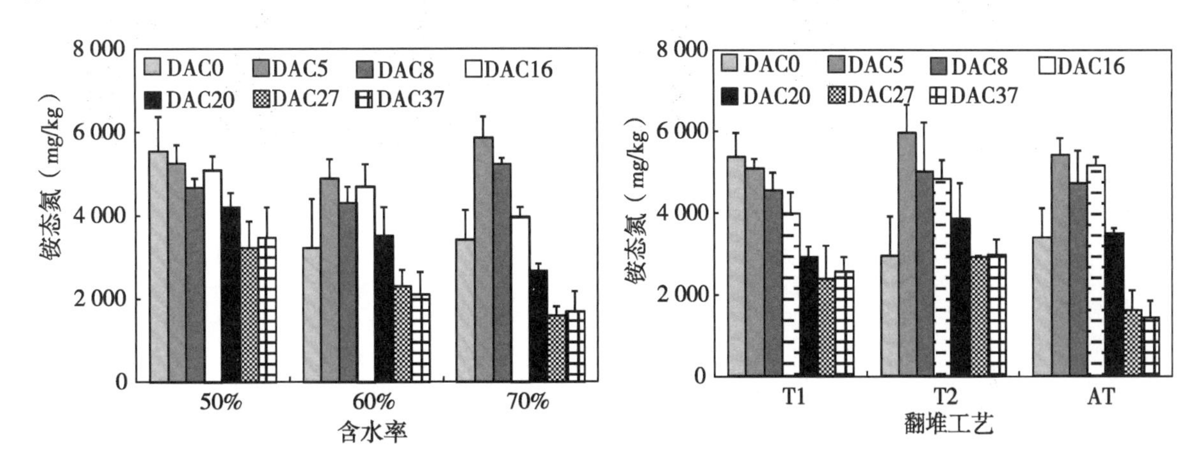

图 4－20　物料初始含水率和翻堆工艺对番茄秸秆堆肥铵态氮含量的影响

堆肥硝态氮含量的结果表明（图 4－21），随着堆体温度的增加，堆肥硝态氮含量增加。堆肥一级发酵过程阶段，堆肥硝态氮含量随物料含水率的增加而降低，堆肥第 20 天以后，即物料后腐熟阶段，随物料含水率的增加，堆肥硝态氮含量增加。翻堆工艺对物料硝态氮含量的影响结果表明，堆肥第 20 天（翻堆前），物料硝态氮含量最低。翻堆 2 次的堆肥硝态氮含量低于翻堆 1 次和自动通风控制处理。

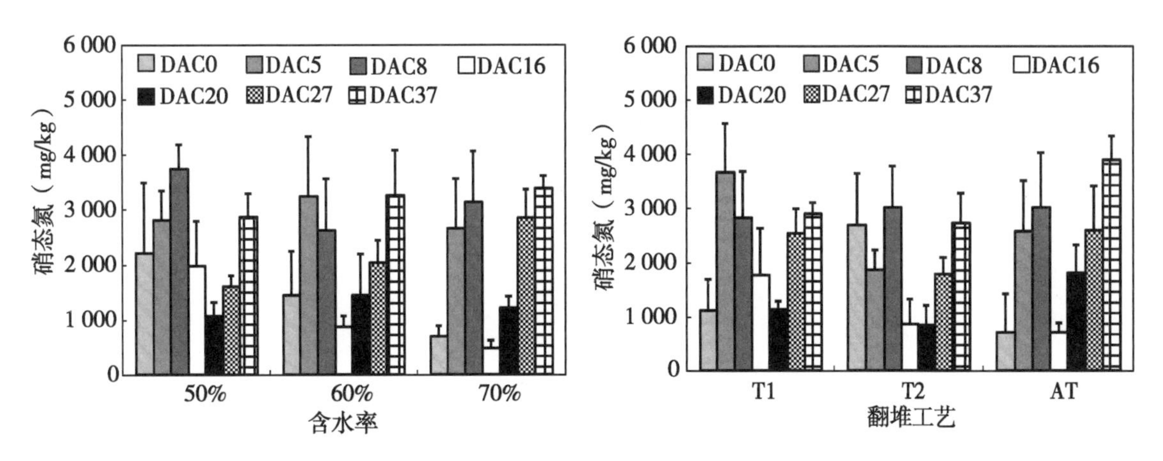

图 4－21　物料初始含水率和翻堆工艺对番茄秸秆堆肥硝态氮含量的影响

堆肥发芽指数［发芽率指数（GI,%）＝（堆肥浸提液的种子发芽率×种子根长）/（蒸馏水的种子发芽率×种子根长）×100］结果表明（图 4－22），堆肥的第一周，物料的发芽指数较低，为 60%～80%。堆肥第 16 天开始，堆肥的发芽指数超过 80% 以上。堆肥结束时，发芽指数达到 100%。初始物料含水率 70% 的堆肥在一级和二级发酵过程中发芽指数高于其他两个处理，但后腐熟阶段和堆肥结束时的发芽指数与其他处理差异不显著。翻堆次数对堆肥结束时发芽指数的影响差异不显著。

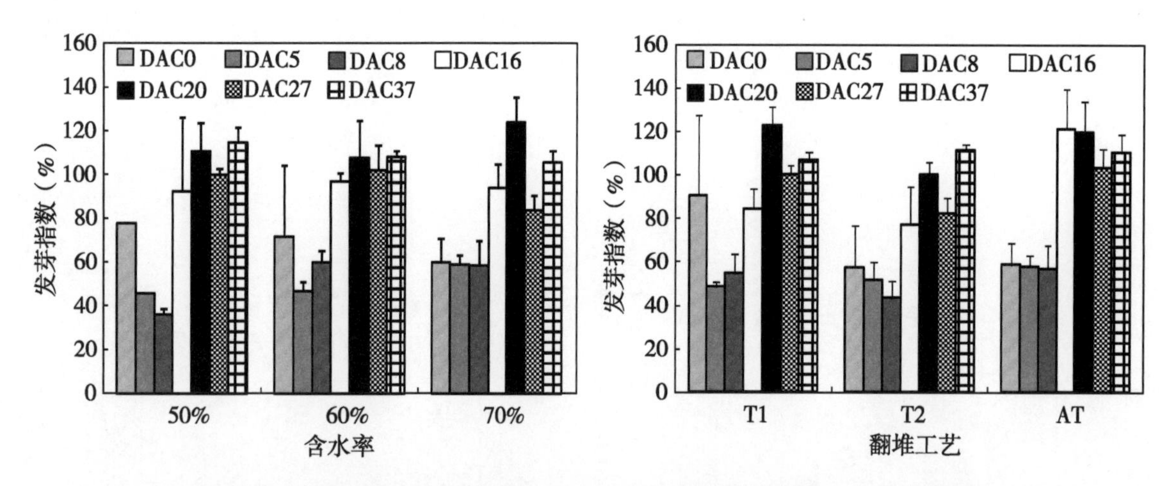

图 4－22　物料初始含水率和翻堆工艺对番茄秸秆堆肥发芽指数（GI）的影响

综合分析表明，该技术充分利用了蔬菜残体养分含量和含水率高、玉米秸秆碳氮比高的特点，添加鲜鸡粪作为氮源，微生物菌剂作为调控因子，将蔬菜残体和玉米秸秆进行联合高温好氧堆肥。研究结果表明，物料配比为番茄秸秆：玉米秸秆比例为 2：1，添加鸡粪 30%，微生物菌剂添加量为总物料的 0.5%，物料初始含水率为 60%、70% 的物料组成，堆肥过程中翻堆 2 次和自动通风控制两种翻堆处理的堆肥温度升温快、堆肥一级发酵过程中堆体温度高于 50℃ 的高温保持时间为 7～10 天，堆肥的无机氮含量低，发芽指数较高，堆肥质量比较好。

附表 1　主要种类蔬菜废弃物特点及常见病虫害

种类		水分（%）	TN（%）（DW）	TP（%）（DW）	TK（%）（DW）	养分（%）	C/N	pH 值	常见病虫害（王润珍和白忠义，2011）
叶菜类	芹菜	85.00	2.70	0.67	5.00	8.37	15.00	6.20～6.50	斑枯病、心腐病、灰霉病、斑潜蝇、根结线虫等
	白菜	90.80	2.72～5.56	0.56～0.77	4.40～4.99	4.94	8.57	6.00	干烧心病、霜霉病、菜青虫、小菜蛾等
	甘蓝	87.64	2.33	0.43	1.85	4.61	22.35	6.10	软腐病、黑腐病、病毒病、菜青虫、蚜虫等
	高山娃娃菜	75.00%	3.17	0.57	4.66	5.42	9.76	6.20～6.50	孤丁病、抽疯病、菜青虫、小菜蛾、蚜虫等
	花椰菜	88.24	4.23	0.53	0.80	5.56	8.27	6.20～6.50	黑根病、黑腐病、霜霉病、菜青虫、蚜虫等
	紫甘蓝	89.62	3.78	0.46	1.57	5.81	9.75	6.20～6.50	软腐病、黑腐病、小菜蛾、蚜虫等
	生菜	93.90～94.80	3.56～4.77	0.47～0.61	4.93～5.37	5.59	10.00	6.20～6.50	褐腐病、干烧心病、灰霉病、蚜虫等
	青菜	88.00～88.70	3.99～5.69	0.35～0.54	1.85～2.01	5.70	9.80	6.20～6.50	地老虎、菜青虫、甜菜青虫、小菜蛾等
	莲花白	89.91	3.67	0.30	1.58	5.54	10.00	6.20～6.50	软腐病、黑腐病、霜霉病、甘蓝夜蛾等
瓜果类	西红柿秧	84.38	2.43	3.25	0.72	6.39	12.40	8.82	猝倒病、病毒病、灰霉病、蚜虫等
	茄子秧	79.12	2.02	1.62	0.49	4.13	16.90	6.16	绵疫病、褐纹病、黄萎病、茶黄螨等
	彩椒秧	83.68	2.73	2.99	1.30	7.02	11.80	9.23	白粉病、炭疽病、白粉虱等
根茎类	萝卜	91.25	4.04	0.52	1.99	6.68	8.94	7.00～7.50	软腐病、糠心病、黑腐病、蛴螬、菜螟等
	胡萝卜	87.04	3.23	0.49	2.96	6.68	12.23	7.00～7.50	病毒病、糠心病、软腐病、黑斑病、菜螟、菜蚜等
葱蒜类	大葱	91.00	2.21	0.37	1.92	8.2	11.92	7.30～8.20	紫斑病，霜霉病，锈病，蓟马，葱蝇等
	蒜	91.00	2.27～2.62	0.29～0.49	1.09～1.45	8.2	12.38	6.60	紫斑病、锈病、霜霉病、葱蝇、蓟马等

参考文献

[1] 陈秀荣，周琪．人工湿地脱氮除磷特性研究 [J]．环境污染与防治，2005，27 (7)：536－529.

[2] 杜连凤，吴琼，赵同科，等．北京市郊典型农田施肥研究与分析 [J]．中国土壤与肥料，2009 (3)：75－78.

[3] 樊治成，郭洪芸，张曙东，等．大蒜不同品种干物质生产与氮、磷、钾和硫的吸收特性．植物营养与肥料学报，2005，11 (2)：248－253.

[4] 龚子同，黄标．关于土壤中化学定时炸弹及其触爆因素的探讨 [J]．地球科学进展，1998，13 (2)：184－191.

[5] 黄鼎曦，陆文静，王洪涛．农业蔬菜废物处理方法研究进展和探讨．环境污染治理技术与设备，2002，3 (11)：38－42.

[6] 惠云芝．有机肥对番茄产量、品质及土壤培肥效果的影响研究 [D]．长春：吉林农业大学硕士论文，2003.

[7] 霍建勇，刘静，冯辉．鲜食粉果番茄可溶性固形物含量及遗传分析 [J]．沈阳农业大学学报，2005，36 (2)：152－154.

[8] 李祖章，谢金防，蔡华东，等．农田土壤承载畜禽粪便能力研究 [J]．江西农业学报，2010，22 (8)：140－145.

[9] 刘宏斌，李志宏，张云贵，等．北京市农田土壤硝态氮的分布与累积特征 [J]．中国农业科学，2004，37 (5)：692－698.

[10] 刘荣厚，王远远，孙辰，等．蔬菜废弃物厌氧发酵制取沼气的实验研究．农业工程学报，2008，24 (4)：209－213.

[11] 刘兆辉，江丽华，张文君，等．山东省设施蔬菜施肥量演变及土壤养分变化规律 [J]．土壤通报，2008，45 (2)：296－303.

[12] 王丽英，张彦才，陈丽莉，等．不同种类畜禽粪肥与化肥配施对设施番茄产量、品质和土壤养分的影响 [J]．华北农学报，2011，26 (增刊)：152 －156.

[13] 王丽英，张彦才，翟彩霞，等．平衡施肥对连作日光温室黄瓜产量、品质及土壤理化性状的影响 [J]．中国生态农业学报，2008，16 (6)：1 375－1 383.

[14] 王婷婷，王俊，赵牧秋，等．有机肥对设施菜地土壤磷素状况的影响 [J]．土壤通报，2011，42 (1)：132－145.

[15] 武深树，谭美英，黄璜，等．湖南洞庭湖区农地畜禽粪便承载量估算及其风险评价 [J]．中国生态农业学报，2009，17 (6)：1 245－1 251.

[16] 席旭东，晋小军，张俊科．蔬菜废弃物快速堆肥方法研究．中国土壤与肥料，2010，(3)：62－66.

[17] 袁丽金，巨晓棠，张丽娟，等．设施蔬菜土壤剖面氮、磷、钾剖面积累及对地下水的影响 [J]．中国农业生态学报，2010，18 (1)：1－7.

[18] 袁顺全，曹婧，张俊峰，等．蔬菜秧与牛粪好氧堆肥实验研究．中国土壤与肥料，2010，(4)：61－64.

[19] 苑亚茹．我国有机废弃物的时空分布及农用现状 [D]．北京：中国农业大学硕士论文，2008.

[20] 张继，武光朋，高义霞，等．蔬菜废弃物固体发酵生产饲料蛋白．西北师范大学学报：自然科学版，2007，(4)：85－89.

[21] 张相锋，王洪涛，聂永丰，等．高水分蔬菜废物和花卉、鸡舍废物联合堆肥的中试研究．环境科学学报，2003a，24 (2)：147－151.

[22] 张彦才，李巧云，翟彩霞，等．河北省大棚蔬菜施肥状况分析与评价 [J]．河北农业科学，2005，9 (3)：61－67.

[23] 张玉凤，董亮，李彦，等．植物源叶面肥对大葱产量、品质及养分利用的影响．华北农学报，2009，(S2)：296－300.

[24] 赵建生，焦晓燕，杨治平，等．有机肥料使用量对土壤环境、夏甘蓝产量和品质的影响 [J]．华北农学报，2006，21 (5)：123－126.

[25] Atiyeh R，Arancon N，Edwards C，et al. Influence of earthworm-processed pig manure on the growth and yield of

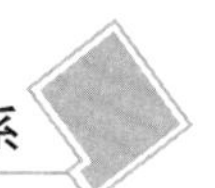

greenhouse tomatoes [J]. Bioresource technology, 2000, 75 (3): 175 - 180.

[26] Dauda S, Ajayi F, Ndor E. Growth and yield of water melon (Citrullus lanatus) as affected by poultry manure application [J]. J. Agri. Soc. Sci., 2008 (4): 121 - 124.

[27] Eghball B, Power J F. Phosphorus and nitrogen-Based manure and compost applications corn production and soil phosphorus [J]. Soil Science Society of America Journal, 1999, 63 (4): 895 - 901.

[28] Lu W J, Wang H T, Nie Y F, et al. Effect of inoculating flower stalks and vegetable waste with lingo-cellulolytic microorganisms on the composting process [J]. Journal of Environmental Science and Health, part B, 2004, 39 (5): 871 - 887.

[29] Maguire R O, Mullins G L, Brosius M. Evaluating long-term nitrogen-versus phosphorus-based nutrient management of poultry litter [J]. Journal of environmental quality, 2006, 37 (5): 1 810 - 1 816.

[30] Maniadakis K, Lasaridi K, Manios Y, et al. Integrated waste management through producers and consumers education: composting of vegetable crop residues for reuse in cultivation [J]. Journal of Environmental Science and Health, part B, 2004, 39 (1): 169 - 183.

[31] Chen Q, Zhang X S, Hongyan Zhang N Y, et al. Evaluation of current fertilizer practice and soil fertility in vegetable production in Beijing region [J]. Nutrient Cycling in Agroecosystems, 2004, 69: 51 - 58.

[32] Sakadevan K, Bavor H J. Phosphate adsorption characteristics of soils, slags and zeolite to be used as substrates in constructed wetland systems [J]. Water Research, 1998, 32 (2): 393 - 399.

[33] Schievano A, D'Imporzano G, Adani F. Substituting energy crops with organic wastes and agro-industrial residues for biogas production [J]. Journal of Environmental Management, 2009, 90 (8): 2 537 - 2 541.

第五章　农村固体废弃物资源化利用技术体系

第一节　农村生活废弃物分类处理模式*

一、农村生活废弃物来源

近年来，我国农村经济迅速发展，农民的生活水平不断提高，农民在享受物质产品的同时也暴露出另一个问题：农村生活废弃物数量与日俱增，成分越来越复杂，治理难度不断增加。农村生活废弃物污染问题已成为影响农民生活生产、农村城镇化建设和可持续发展的重要因素（马香娟等，2002；王金霞等，2011）。

以前，农村生活废弃物主要是来自厨房剩余的废弃物，但是这些废弃物有的可以用做畜禽的饲料，有的即使废弃也很容易被腐熟降解，不会对环境造成太大的影响。但是，近些年来，农村居民的消费结构已经发生了很大的变化，生活中使用的物品越来越多，尤其是以塑料袋为主的塑料制品的使用，对农村环境的影响很大；还有很多金属制品的使用，使用后得不到有效的回收再利用；同时，随着人们经济水平的提高，一次性的物品在人们的生活中出现的次数越来越多，例如婴儿用品、妇女卫生用品以及旧的衣帽鞋袜等固体废弃物，还有废旧的玻璃、电池、电器、光盘磁带、玩具等，造成了大量的农村固体废弃物。不但导致大量的资源浪费，也造成了环境污染。另外，一些小城市由于资金和技术的局限，常常把城市废弃物向郊区、农村等地“输送”，大量未经处理的生活废弃物已由城市向农村转移。

二、农村生活废弃物分类方法

农村生活废弃物成分复杂，许多可分解与不可分解、可回收与不可回收、有害与无害物品的垃圾混为一体。实现农村生活废弃物的资源化，关键是源头分类，即从生活废弃物产生的家庭开始进行分类。不从源头上对生活废弃物进行分类，资源化利用就无从谈起。由于农村刚刚开始分类收集的实践，而且国家也没有制定统一的农村生活废弃物的分类标准，因此，农村生活废弃物的分类方式可借鉴城市生活废弃物分类标准。我国城市较早地开展了废弃物分类收集的实践，各地建立起了多种分类方式，有的分为可燃废弃物和不可燃废弃物；有的分为干废弃物和湿废弃物；有的分为无机废弃物和有机废弃物。结合城市生活废弃物的分类和农村居民的接受能力，农村生活废弃物的分类与其有所区别，一般可以将农村生活废弃物分为 4 类：①可回收利用废弃物（塑料、玻璃、纸张、金属等）；②有机废弃物（厨余、果皮等）；③无机废弃物（建筑垃圾、炉渣、碎瓷器等）；④有毒有害废弃物（过期药品、废旧电池、废弃日光灯、农药瓶等）。

三、农村生活废弃物处理技术

目前，我国农村生活废弃物的处理大部分地区还处于原始的、放任自流的状态，靠自生自灭等

---

* 本节撰写人：李世贵

传统方式进行处理，不符合科学发展的要求。农村生活废弃物处理要坚持遵循减量化、无害化、资源化的原则，采用多种传统处理方式与新技术相结合的办法，对农村生活废弃物进行有效处理。

（一）分类分拣

针对农村居民的区域，按一定数量村户，设置不同分类区，即无机废弃物投放区、有机废弃物投放区、有毒有害废弃物投放区，并用不同颜色和标记进行区分，然后由专人保洁员进行分拣处理，拣出可回收废品、易降解有机物和无机物，然后对分拣出的废弃物进行相应的处理。

（二）卫生填埋

填埋作为生活废弃物的最终处理方法，是解决生活废弃物的重要途径。填埋分为简单填埋和卫生填埋。其做法是采用防渗、铺平、压实和覆盖等措施将处理后的残留物埋入地下，经过长期的物理、化学和生物作用使其达到稳定状态，并对气体、渗液等进行治理，再多次用土压实进行全覆盖，将废弃物产生的危害降到最低。

（三）高温焚烧

农村生活废弃物中的废塑料等可燃成分很多，具有很高的热值，采用科学合理的焚烧方法是完全可行的。生活废弃物经过烘干、引燃和焚烧3个阶段转化为残渣和气体，可经济有效的实现废弃物减量化（燃烧后废弃物的体积可减少80%～95%）和无害化（废弃物中的有害物质在焚烧过程中因高温而被有效破坏）。经过焚烧后的灰渣可作为农家肥使用，同时可将产生的热量用于发电和供暖。

（四）堆肥处理

由于农村生活废弃物中有机物成分（厨余、瓜果皮和植物残体等）含量高，采用堆肥法进行处理行之有效。堆肥过程就是在一定的工艺条件下，利用自然界存在的微生物对生活废弃物进行有机物发酵、降解，使之变成稳定的有机质，并利用发酵过程产生的热量杀死有害微生物达到无害化处理的生物化学过程。按需氧情况分为好氧堆肥与厌氧堆肥两种。好氧堆肥是在好氧条件下通过微生物活动，把生活废弃物中一部分的有机物氧化成无机物。周期短，发酵完全、基本上不产生二次污染，但肥效容易损失，运转费用高。厌氧堆肥是厌氧条件下，将生活废弃物中的有机物堆积起来进行发酵，通过微生物代谢将有机物质分解，制成有机肥料，并使固体废物达到无害化，操作简单。但时间长，比较适合农村使用。

（五）沼气发酵

沼气是一种再生的生物能源，是安全、卫生、价廉、热效率高的气体燃料。沼气发酵是以有机废弃物、作物秸秆、人畜粪尿等作为主要原料，在密闭厌氧的条件下，固态有机物质经过液化、产酸等降解过程，最后变成甲烷为主、多种成分混合的气体即沼气。沼液经各种微生物作用可形成多种氨基酸，并含有微量元素、葡萄糖、生长素等多种有效成分，是很好的无害化营养物质，可作为养猪、养鱼的饲料。沼渣营养丰富，是蘑菇的优质培养料，也是优质的农家肥。

（六）农村生活废弃物处理模式分析

随着我国提出建设社会主义新农村及美丽乡村工程，农村生活废弃物的处理才逐渐开始被人们重视。然而由于我国农村环境的特殊性以及各种制约因素，使得农村的生活废弃物处理不能简单套用现有城市废弃物处理的方案，这就需要从我国农村的自身特点和限制条件出发，寻找适合农村的生活废弃物的处理技术和方案，选择各自的长处及综合各种处理方法的优点，从而达到生活废弃物的源头减量化、资源化处理。

目前，农村生活废弃物处理的主要模式是“户分类、村收集、乡（镇）转运、县处理”的农村废弃物源头分类、资源化处理模式，是指农户首先将生活废弃物按照一定分类方法堆放、贮存，以村为单位将废弃物运输至乡（镇）垃圾中转站，乡（镇）环卫部门负责将废弃物集中运输至县级处理场地进行无害化处理。

户分类——源头分类。实现农村生活垃圾的资源化，关键是源头分类，即从废弃物产生的家庭开始进行分类。不从源头上对生活废弃物进行分类，资源化利用就无从谈起。

村收集——有偿收集。村里设专人分类收集，一是对厨余废弃物，采取就地生态处理，经生态堆肥装置处理，3 个月后即可作为优质有机肥料利用；二是塑料、橡胶、废铜烂铁等可回收废弃物由村里实行有偿收集，卖给专门的加工厂作为原材料重新利用；三是碎砖、石块等灰土垃圾可用来生产砌块砖，还可以作为生产水泥的辅料以及堆置农家肥、填坑造地等；对于一般的有害废弃物，如废旧电池、灯管灯泡、废漆桶、一次性输液器、过期药品等，统一回收，由村里集中送到有分解、处理资质和能力的单位，或由镇里集中密闭封存。

乡（镇）转运 ——公司化运作。由乡（镇）政府出资并派专门人员负责转运各村收集的废弃物，各镇将废弃物运送到统一地点进行处理。这些转运人员可以是由政府委派，也可以委托运输公司进行废弃物转运。

县处理——资源化、产业化处理。县处理这一环节的发展重点是变废为宝，走废弃物处理产业化道路。由县政府出资建立废弃物焚烧厂或者发电厂，进行集中无害化处置。除生态堆肥外，当前主要采用卫生填埋和焚烧发电两种。

目前，这一模式是符合我国国情的农村生活废弃物处理方式，但必须高度重视废弃物分类及分类后的资源化利用，分析农村生活废弃物的成分，将大部分生活废弃物在源头进行处理，减轻转运及后续处理的压力，使农村生活废弃物的处置真正实现减量化、无害化和资源化（胡春芳等，2010；郜宗智，2010）。

根据本课题前期调查研究，总结出“就地处理与分类转运模式”。具有解决我国当前农村生活废弃物处理共性问题的潜力，同时，运行其成本在村民可以承受的范围内，具有技术经济两方面的可行性。具体如下。

- 可降解腐熟废弃物：就地处理（村民处理）；
- 有毒有害废弃物：市、省处理为主；
- 不可回收废品：焚烧或填埋（县、市处理为主）；
- 可回收废品：回收公司 + 垃圾管理一体化（县、乡处理）；
- 建筑废弃物：就近处理，用于铺路或填坑（乡、村级处理）。

减少农村生活废弃物的处理量和转运量，最大程度地减轻县级处理压力，缩减成本。该农村生活废弃物处理模式的主要特点如下。

1. 分类处置

通过宣传教育树立居民变废物为资源的循环经济理念，普及废弃物分类等知识，实现农村生活废弃物在农户水平分类，并在此基础上，根据废弃物种类和特性采用不同的处置方式，可通过以下几方面措施或技术来实现。

金属、塑料、玻璃等可回收废品：这一部分废弃物主要包括废纸、塑料、玻璃、金属、布料和废旧电子产品等，对该部分废弃物进行回收再利用，使其再次进入生产过程。可设立若干定点有偿回收站，通过对村民的经济激励实现对其金属、塑料、玻璃等可再利用的废弃物资源进行自觉分类，从而较低成本实现可回收废弃物资源化再利用的目的。同时，制定地方级优惠政策并采取相关扶持措施，如价格补偿、减税、贷款等，鼓励并刺激当地资源回收再利用企业的发展，大力研发废

弃物资源化利用技术，通过市场化管理、企业化运作，让废弃物资源化技术产生经济效益，使回收再利用行业在企业化运作带动下长期运行。

建筑垃圾：包括砖瓦陶瓷、渣土等，用于铺路或填坑。

可腐熟降解废弃物：主要包括厨余废弃物、瓜果皮、植物残体等，由村民就地处理，可堆肥处理、产生沼气能源等。以最大程度实现农村生活废弃物减量化。

而有毒有害废弃物和其他废弃物则直接进入最后的无害化程序，主要采取焚烧或填埋方式。其中有毒有害废弃物包括废油漆和溶剂及其包装物、废矿物油及其包装物、废胶片及废像纸、过期药品、化妆品、废荧光灯管、废温度计、废血压计、废电池以及电子类危险废物等。而其他废弃物是除以上几种废弃物之外剩余的废弃物。

2. 就地处理结合转运处理

通过就地处理与转运处理相结合的废弃物收集、储运模式，可更高效地实现农村生活废弃物减量化、资源化、无害化，改善农村环境。

可回收废品：由县、乡一级处理，同时注重当地回收利用公司的作用，通过经济效益拉动，提高其积极性，最终实现政府—回收利用公司一体化废弃物管理系统。通过综合处理回收利用，从而减少污染，节省资源。

建筑废弃物：就近由乡、村一级进行统一利用或处理。

可降解废弃物：由村民就地进行堆肥、产沼气等处理。

而应直接进入最后的无害化程序的有毒有害废弃物、其他废弃物则转运到经济条件较优越，技术和设备较先进的县、市或省一级进行集中处理。其中有毒有害废弃物包括废电池、废日光灯管、废水银温度计、过期药品等，交由市、省进行特殊安全处理，其他废弃物以县、市一级的焚烧或填埋法为主。

第二节　农村生活废弃物循环利用的发酵技术*

农村生活废弃物指农户在生产生活过程中产生的废弃物，主要包括人畜排泄物、果树枯枝落叶、剩饭剩菜、坏掉的瓜果蔬菜等（周瑾伟，2014）。这些废弃物被随意堆积在村口和庭院，不仅影响环境的美观，甚至滋生细菌和散发恶臭，危害着人类的健康。有机生活废弃物的处理方法包括填埋法、焚烧法、厌氧发酵法和堆肥法等，其中，厌氧发酵法和堆肥法属于生物处理法，能够最大限度地循环再利用生活废弃物的成分（陈庆金，2001）。Edelmann 等（1999）认为由于生态方面的原因，厌氧消化将会比好氧堆肥更重要。在厌氧处理中，所有的气体都被收集了。Lastella 等（2002）人的研究也证明通过厌氧方法来处理有机废物是理想的方法。农村生活废弃物多为有机固体废弃物，相比其他废弃物更容易降解，是一种优质的沼气发酵原料，具有很高的产沼气潜力，大约每吨有机固体废弃物能产生 100～150m^3 的沼气，沼气的产值要远高于其他废弃物，同时不必担心发酵原料的供应问题（蔡振明等，1993；刘翔波等，2009）。通过建立沼气发酵池，不仅能够解决农村生活废弃物的处理问题，而且能够满足农户对能源的需求，是非常有效的有机废弃物能源回收系统（张无敌等，1997）。

一、技术特征

厌氧发酵指的是有机固体废弃物在特定的厌氧环境下，多种微生物对有机质进行分解，最后将

* 本节撰写人：于玲玲

其中的碳以甲烷和二氧化碳释放出来的过程（刘荣厚等，2008）。有机固体废弃物的发酵依据总固体（TS）含量高低分为湿发酵和干发酵。干法发酵要求废弃物的含固率一般为24%～40%，没有或几乎没有自由流动的水；湿法发酵废弃物的含固率一般为10%～15%，需要给废弃物加大量的水，所产生的废水比较多（Luning，2003）。干法和湿法发酵产生沼气量基本相等，由于干法发酵含固率高，其反应器的容积负荷比湿法大，但湿法发酵由于物料处于完全混合状态，更利于微生物的接触，有些情况下反而比干法需要更小的反应器容积，但由于湿法中的浆液处于完全混合的状态，因此更容易受到氨氮、盐分等物质的抑制。与湿法工艺相比，干法工艺具有的优势包括：①可以适应各种来源的固体有机废弃物；②操作简单，运行费用低，并提高了容积产能能力；③需水量低或不需水，节约水资源；④产生沼液少，废渣含水量低，后续处理费用低；⑤运行过程稳定，无湿法工艺中的浮渣、沉淀等问题；⑥减少了臭气排放等（刘战广等，2009；曲静霞等，2004；叶小梅等，2008；王伟等，2010）。但干法发酵也有缺点，如由于反应基质浓度高，导致反应中间产物和能量在介质中传递、扩散困难，由于水分含量少容易引起酸中毒；反应基质不均匀，系统连续运行不稳定；搅拌阻力大，搅拌基质困难等（李想等，2006；李强等，2010；钟志堂等，2010）。因此，应根据实际情况选择合适的厌氧发酵工艺。

农村生活废弃物厌氧发酵产沼气主要分为以下4个阶段（李传运等，2005），如表5－1所示。

表5－1　厌氧发酵4个阶段的微生物和产物

发酵阶段	微生物	产物
水解	纤维素分解菌、脂肪分解菌、蛋白质分解菌	单糖、肽、氨基酸、甘油、脂肪酸
酸化	胶醋酸细菌、梭状芽孢杆菌	醋酸、氢（长链脂肪酸、芳族酸）
酸性衰退		氨、胺、碳酸盐、少量 CO_2、N_2、CH_4、H_2、副产物 H_2S、吲哚、粪臭素、硫酸
甲烷化	甲烷菌	CH_4、CO_2、水

二、技术要点

将农村生活废弃物初步分选处理后，将易降解的有机废弃物投入沼气池中进行厌氧发酵，产生的沼气可作为清洁能源使用，如照明、做饭和家用电器（电视、冰箱、洗衣机等）供电；沼液和沼渣可以作为肥料用于蔬菜地的施肥，同时蔬菜收获后的一些蔬菜残体等废弃物可作为发酵原料重新投入沼气池，收获的蔬菜可以供人食用，一部分可作为畜禽（猪）的饲料；养殖的畜禽（猪）可以供人食用，也可售卖产生经济价值，畜禽粪便可作为发酵的重要原料投入沼气池进行发酵；人和畜禽（猪）呼出的 CO_2 气体可作为蔬菜的叶面肥料，蔬菜释放的 O_2 又可为人和畜禽（猪）的呼吸提供保证（陶朴良等，2001）。通过建立沼气池，可以将种植业和养殖业有机的结合起来，不仅可以减轻环境污染，保护林地资源，同时也可满足人类生活对能源的需求和产生经济价值，是一种环境友好型的生态循环模式（朱立志等，2009），应该在广大农村大为推广（图5－1）。

三、技术的应用效果

本课题组针对当前农业和农村废弃物处理问题研发出一套农业废弃物干法厌氧发酵产沼气的试验装置。本装置针对牲畜粪便、秸秆发酵时间长，对厌氧环境以及温度、湿度变化敏感，表征发酵反应进程的产气状态难以测量，以及传统的发酵试验需要操作人员在长达一至数月的时间内，以人工的方式连续监测物料的产气量及内部温、湿度变化，工作强度大等问题，为实现发酵过程的自动

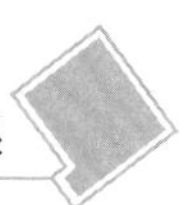

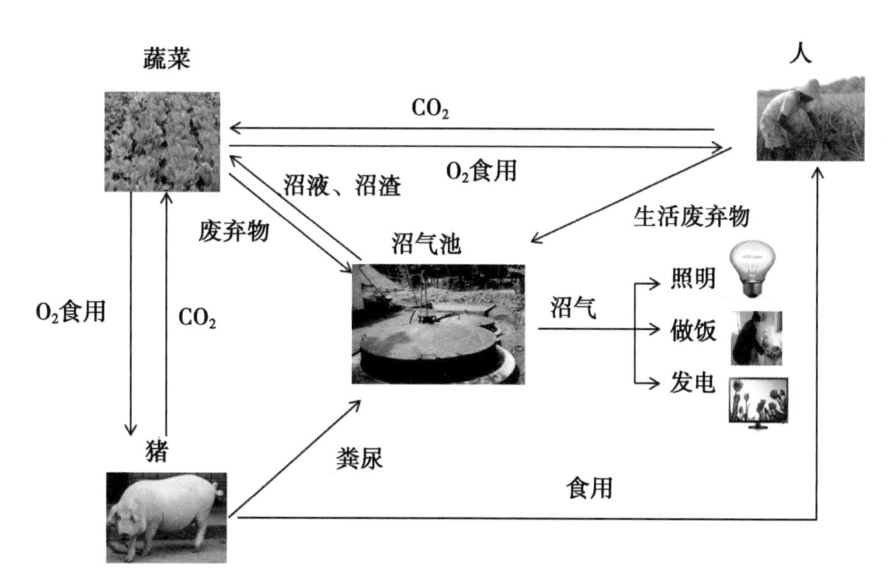

图5-1　农村生活废弃物循环利用流程

化监测与控制而研发出的一套能够实现温度、湿度多路传感器信号采集，具有全自动加温、冷却、排气控制，数据实时显示与记录等多种功能于一体的试验控制程序，以满足当前试验测试及未来工程化推广的需求。

基于上述背景，以VB. Net为开发工具，设计了人机操作界面，编写了传感器数据采集、设备开关控制、信息记录、图形显示等功能代码，完成了干法厌氧发酵试验系统软件开发，实现了物料发酵的全自动化控制。

本试验装置参见图5-2和图5-3，包括罐体1、移动支架和仪表系统，其中，罐体1包括罐体

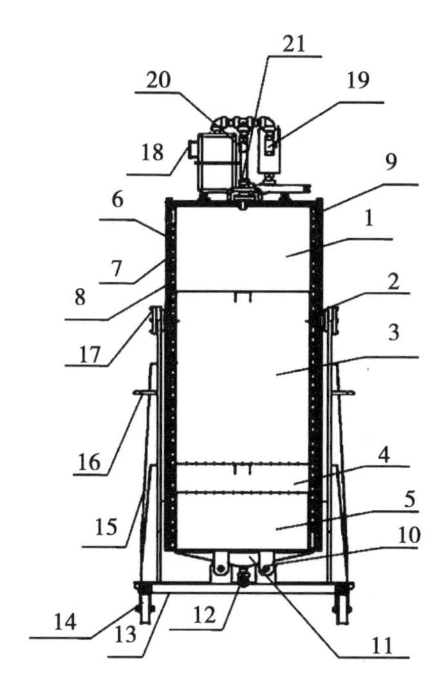

图5-2　干法厌氧发酵罐结构示意图

注：图中序号说明见正文

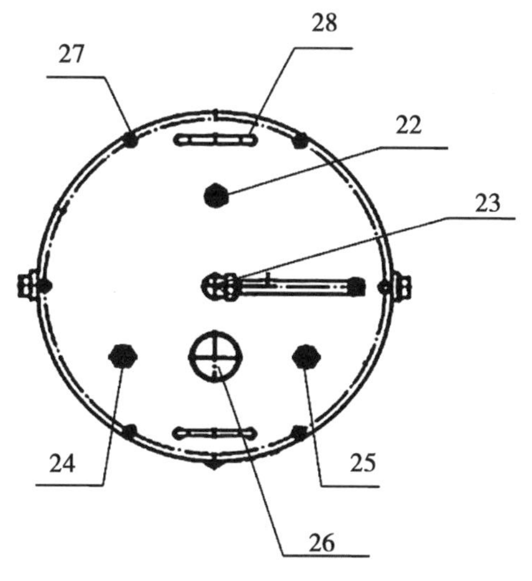

图5-3　干法厌氧发酵罐顶盖部件示意图

注：图中序号说明见正文

内部和罐体外部，罐体内部包括物料筐3、砾石筐4和支撑套筒5，物料筐3用于盛放厌氧发酵试验原料，物料筐顶部开放，设有提拉孔，便于取放；底部为筛网结构，有助于固液分离；砾石筐4用于盛放砾石，以过滤物料渗出液中的固体颗粒，砾石筐结构与物料筐相似；支撑套筒5安放在发酵罐体的底部，一方面支撑罐体内部盛放的砾石和物料，另一方面为物料析出的液体提供存储空间。罐体外部为罐体提供控温、保温功能，包括伴热带6、冷却水管7、橡塑隔温层8和金属反光膜9，罐体最外部安装有两个支撑耳轴2。伴热带6和冷却水管7彼此间隔缠绕在发酵罐体外壁，伴热带6通过电加热的方式提高罐体温度，冷却水管则依靠外部水泵进行冷却水循环，降低罐体温度。在发酵过程中，应根据外部自然温度情况，灵活运用加热、冷却系统，实现调温、控温功能。在伴热带6和冷却水管7外层包覆橡塑保温层8和金属反光膜9，其中，橡塑保温层8用于隔绝发酵罐体与外部环境的热交换，金属反光膜用于反射太阳光线，避免发酵罐体在夏季被太阳炙烤升温。罐体底部包括集液腔11、排液管12和罐体固定孔10，罐体固定孔10的作用是通过螺栓将罐体与罐体支架固定，保证试验装置稳固。移动支架包括底板13、滚轮14、侧支撑板15、把手16、轴承17等组成，主要实现罐体支撑、固定和移动罐体的作用。罐体两侧伸出的支撑耳轴2通过轴承与移动支架相连，因此可倾斜罐体以便于进/出物料。仪表系统包括燃气流量表18、人工排气阀19、电控排气阀20、进气口21，可实现电控或人工的排气控制，并对排气量进行累积显示。罐体顶部是发酵罐体的重要部位，承担进/出物料、取样、安放传感器、喷淋液体、排气等多项功能，包括排气口22、液体喷淋孔23、温度传感器24、湿度传感器25、取样孔26、螺栓孔27、提手28。排液管12连接一个水管，通过电泵的作用，将发酵产生的沼液向上通过液体喷淋孔23进入到发酵罐体内，水管顶端连接一个喷淋头，将沼液喷淋到物料上。

本干法厌氧发酵罐的试验方法按如下步骤：

（1）装料。取下发酵罐顶盖，若在后续操作过程中需要倾斜发酵罐体，则必须去除发酵罐体底部排水管、冷却水管的附属连接物，锁紧移动框架的4个万向轮，卸掉罐体底部与移动框架之间的紧固螺栓。依次将支持套筒、砾石筐、物料筐由发酵罐顶部装入。确认砾石筐、物料筐均安放稳固后，向物料筐内装填试验物料。

（2）封闭罐体。检查、清理发酵罐顶部口沿，检查、清理发酵罐顶盖，确保罐体顶部与顶盖结合面无污物残留、液体残留。为增强密封性能，可在罐体顶部与顶盖结合面涂抹适量凡士林、黄干油。6组直径8mm的螺栓组件将顶盖与罐体紧固。螺栓组件包括：螺栓、弹簧垫圈、平垫片，螺栓应首先套入弹簧垫圈，再套入平垫片，然后以组件的形式旋入顶盖的螺栓孔。6组螺栓每次应按1—4—2—5—3—6的顺序拧紧，全过程应分2~3次逐步实施，以确保结合面压合平整。

（3）取样器的安放与使用。①旋开发酵罐顶盖的取样器安装盖，将锥筒状取样器经顶盖的取样器安装孔缓慢、平稳地推入物料内。推入过程中，应旋转取样器，以保证足量的试验样本落入取样器内部。②取样过程应尽量减少发酵罐开放时间，取样器安放到位后，及时适度旋紧取样器安装盖。

（4）安装传感器。在扣合罐盖后，先插入取样器，继而分别插入温度、湿度传感器。在确认各安装接口的气密性之后，最后连接液体喷淋管。

（5）罐体固定。①扶正罐体，确保罐体底部的固定孔与移动框架的固定孔彼此对齐，穿入并拧紧紧固螺栓，使罐体与移动框架固定。②连接罐体底部排水管、冷却水管的外部连接件，完成试验准备工作。试验开始时，主控计算机先进行试验参数设定，设定数据存储路径，然后点击开始试验。试验装置实际图如图5－4和图5－5所示，整体效果如图5－6所示。

干法厌氧发酵试验系统控制软件界面如图5－7和图5－8所示，以标签页面的形式分别设置了“试验设定”“发酵温度监测”“物料湿度监测”3个功能页面，其中，“试验设定”页面主要完成

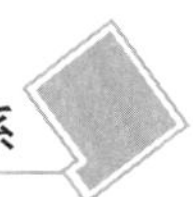

图 5-4　发酵罐整体图

图 5-5　继电器板

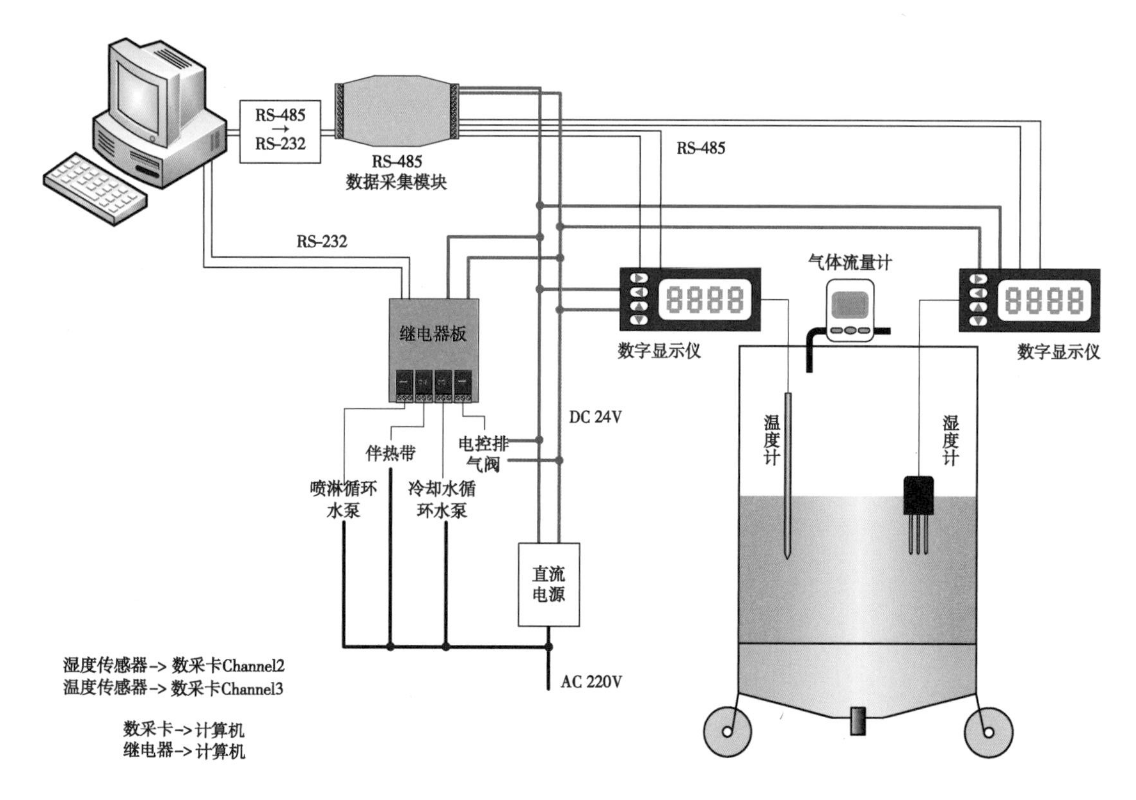

图 5-6　干法厌氧发酵试验装置整体效果图

试验基本信息、试验控制参数的输入，也可接受试验人员对喷淋水泵、伴热带等设备的实时控制。

“发酵温度监测”“物料湿度监测”页面主要用于物料温度、湿度状态变化的图形显示。

软件右侧显示发酵累积时间，以及各设备的开关状态。

干法厌氧发酵试验系统控制软件共包括“传感器信号采集”“设备开关控制”“试验数据存储”“试验数据图形显示”4 个功能模块。

“传感器信号采集”“试验数据存储”“试验数据图形显示”3 个模块以固定周期被依次循环调用，先后完成温度、湿度双通道的信号采集，追加试验记录并保存数据文件，更新试验数据图形。

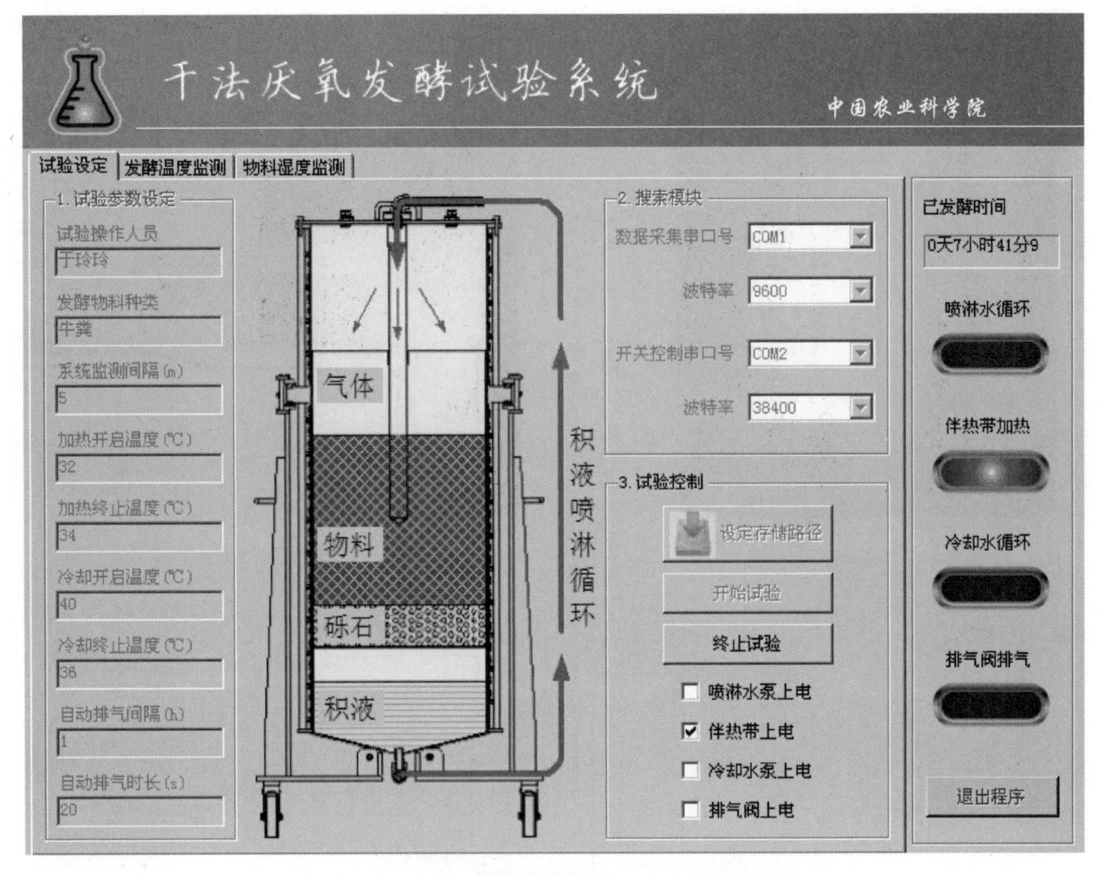

图 5 -7　干法厌氧发酵试验系统软件试验设定界面

"设备开关控制"模块一方面以"传感器信号采集"模块所提供的温度信号为输入，按逻辑判断进行加热/冷却装置的开关控制，实现自动控温功能；另一方面即时响应试验操作人员的人工输入，控制喷淋水进行液体循环，控制电控排气阀进行强制排气。喷淋水泵的启动/停止由操作人员通过程序界面手动控制，调节物料的湿度。伴热带、冷却水泵的启动/停止，是本模块将传感器信号采集模块所提供的当前温度信号与"加热开启温度""加热终止温度""冷却开启温度""冷却终止温度"进行逻辑判断，通过自动加温、冷却，使试验装置内部的温度保持基本稳定，保证发酵过程的顺利进行。电控排气阀的启动/停止是本模块按规定的时间间隔，自动控制电磁阀的通/断，及时释放物料发酵过程中所产生的气体。

系统的工作流程为：

（1）进行"试验参数""串口通信""试验控制"项目的参数设定，输入的数据包括操作人员、物料种类等基本信息，也包括诸如系统监测间隔、加热/冷却控制温度等试验控制参数，以及设定串口波特率、指定试验数据存储路径等。

（2）开始试验，在试验过程中定时监测物料的温度、湿度变化，自动调节罐内温度、人工控制液体循环，并在后台进行试验数据的自动记录，更新相关试验数据的图形显示。

（3）终止试验，系统停止信息采集，关闭各控制通道，完成最后试验数据的存储。

本试验装置的技术关键点在于：

（1）将发酵罐体与监控系统通过数据线连接起来，监控系统通过主控计算机，提供自动化的信息采集、数据记录、排气、加热、冷却等过程控制功能，同时可对发酵罐内的温度、湿度等状态信息进行监测与记录，并以图形化的人机界面显示。

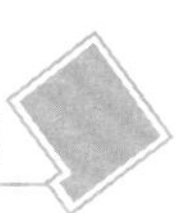

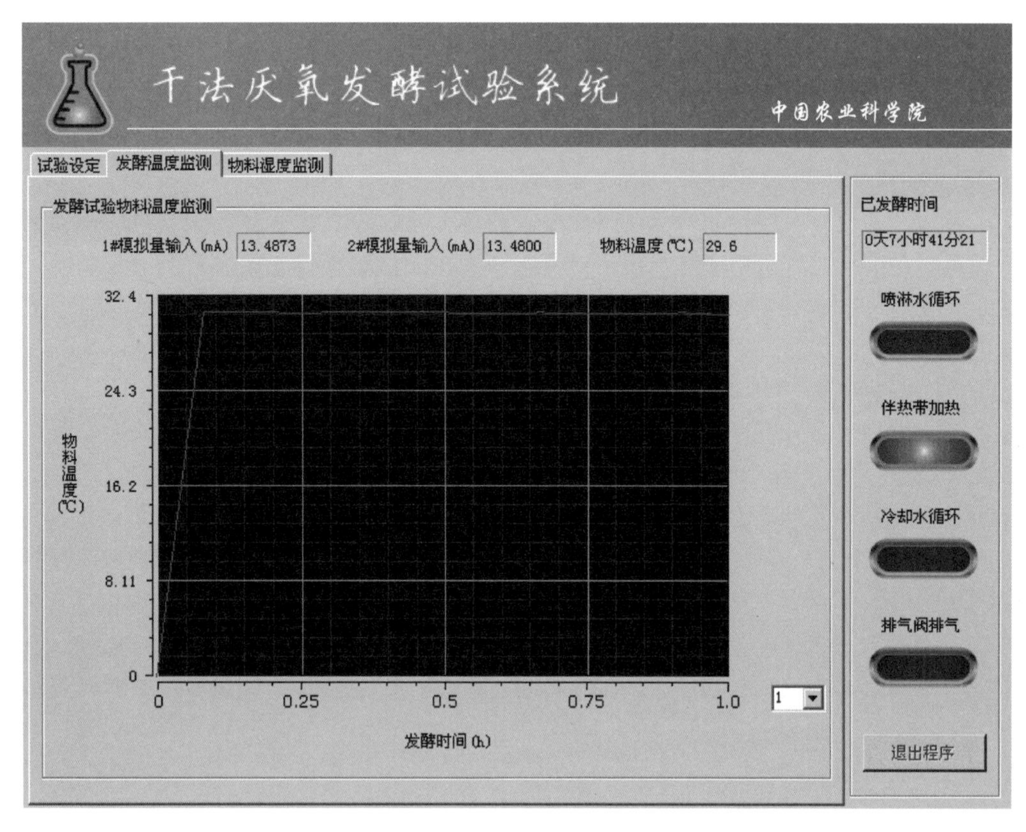

图 5－8　干法厌氧发酵试验系统软件试验监测界面

（2）数据记录文件可实时地采集数据。

（3）发酵过程中产生的沼液，可通过计算机的控制，作为接种物从发酵罐底部通过水管向上循环喷淋到发酵物料上。

本试验装置是为解决干法厌氧发酵工艺过程中进出料困难、操作复杂等问题，设计的一种以农业废弃物中的农作物秸秆、畜禽粪便等为试验原料，能够确保整个发酵工艺连续进行、智能化操控、安全实用的干法厌氧发酵装置及方法。本装置操作方便，提供自动化的信息采集、数据记录、排气、加热、冷却等过程控制功能，为农业和农村生活废弃物进行干法厌氧发酵产沼气技术进行了新的探索，提供了干法厌氧发酵产沼气技术今后发展的新的研究思路，对农业废弃物资源化利用领域具有重要的意义。

第三节　农村生活废弃物资源化利用工程*

农村生活废弃物资源化利用途径主要采用堆肥处理和产生沼气能源等，在本节农村生活废弃物资源化利用工程中主要介绍堆肥处理工程。

农村生活废弃物堆肥处理是通过微生物对有机废弃物进行好氧发酵的处理方法，使有机物稳定化和腐熟的过程，其腐熟产物在达到国家和地方农用相关要求后，用于农田或菜地。农村废弃物堆肥方式分为庭院式堆肥和集中式堆肥两种，其中，庭院式堆肥是指村民利用简易堆肥装置进行堆肥处理，集中式堆肥系统须有适当的规模，且堆肥场地按照标准堆肥厂的工程要求进行建设，具有进

* 本节撰写人：李世贵

场废弃物预处理、有机成分发酵、渗滤液和尾气净化处理、产品储存及加工等功能，工程项目主要包括预处理场地、发酵场地、堆肥设备。

预处理工程：垃圾进场后进行预处理的场地，便于后续输送、堆垛和必要的翻堆作业。

发酵场地：主要用于有机物料进行堆垛的场地，包括垃圾一次发酵场地、二次发酵场地以及腐熟产品的堆放场地。

制肥厂房：用于将腐熟的堆肥产品进行烘干、粉碎、造粒等后续加工，形成颗粒状或粉末状有机肥，然后经装袋后形成有机肥成品，也可直接运送至田间地头进行施用。

成品库：腐熟堆肥产品经加工后，根据农业有机肥季节性需要以及运输时间的限制，设立成品库，主要用于存放堆肥产品。

堆肥设备：好氧堆肥厂中所涉及的分选、翻堆等所有的机械设备和系统。

河北省保定市荆塘铺村农村生活废弃物堆肥处理工程实例：

荆塘铺村的农户每家发放两个小型垃圾桶，一个为投放可腐熟降解类的废弃物，另一个为投放其他废弃物，有毒有害废弃物需单独回收后集中处理。在相对固定的生活废弃物集中投倒点放置容量大的垃圾桶（2 个、3 个或 4 个不等，具体视每个点的废弃物量而定）用于分别收集生活废弃物中的可腐熟降解类的废弃物和其他废弃物。其中，建筑废弃物可直接用于铺路或填坑。在村头找一块合适的地（面积约为 $400m^2$）建一个生活废弃物堆肥处理场，聘请 1 名清洁工（配备垃圾清运车辆）每天将可腐熟降解类的生活废弃物收集后运送至生活废弃物堆肥处理场，发酵腐熟后制成有机肥。

堆肥技术方案见图 5 －9。

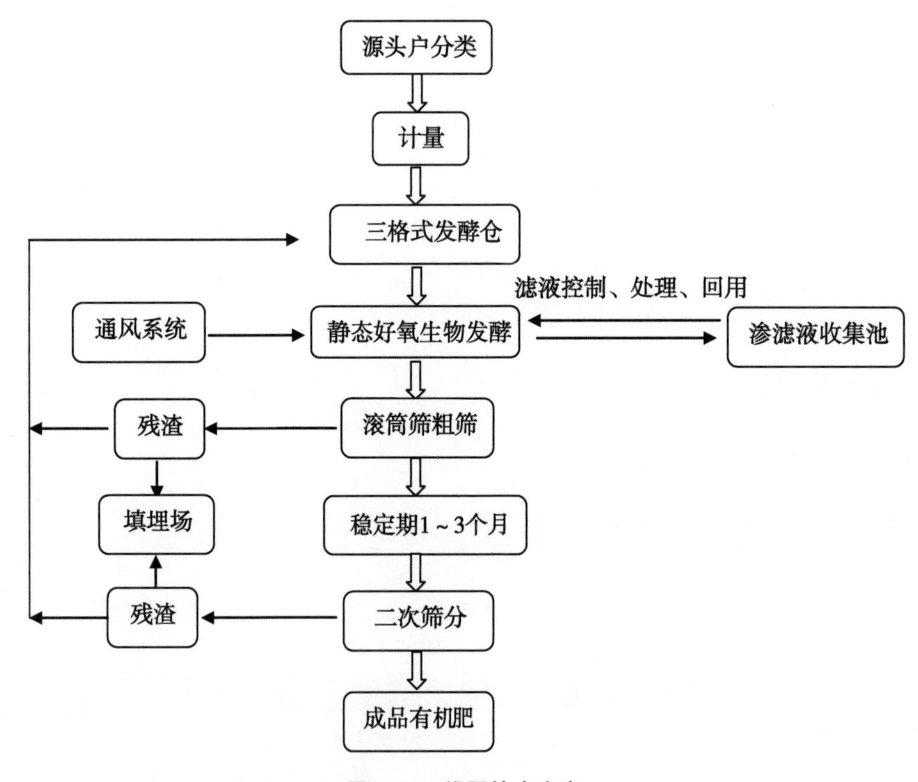

图 5 －9　堆肥技术方案

可腐熟降解生活废弃物堆肥实施方案：

有机物料腐熟剂的添加量约为 0.1%，原料成分视具体情况定，可以添加部分畜禽粪便和秸秆，

调节C、N比，然后一起混合发酵。

发酵周期大约为1～1.5个月，每隔15天左右翻堆一次。发酵腐熟后，过筛，筛下物制作为有机肥，筛余物可以倒回发酵仓中重新发酵腐熟。

整体设计见图5－10。

其中，生活废弃物处理场，长20m，宽20m，周围围墙高2.5m。

发酵仓长11m，其中仓体长6m，坡体长5m，宽3m，高2m，分3个发酵仓。渗滤池，长6m，宽2m。

所需设备：空压机（用于鼓风）、小型铲车（用于翻堆）、小型泵（用于渗滤液回用）和网筛（用于生活垃圾的筛分），网孔大小约为1cm，过筛时物料湿度低于20%。

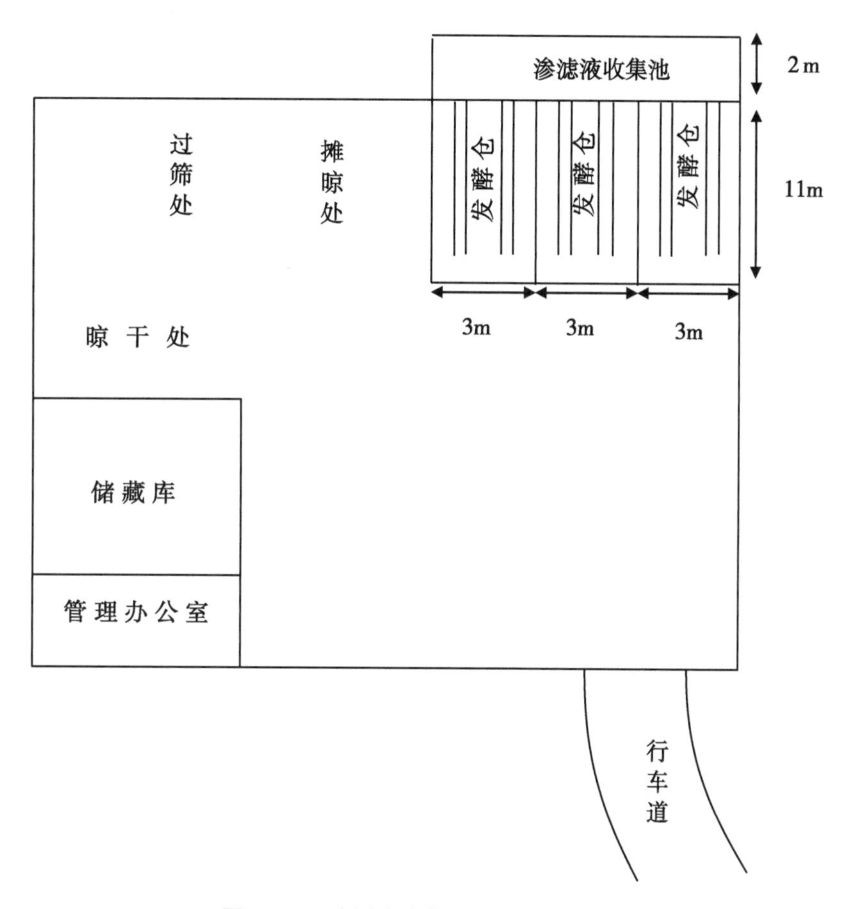

图5－10 生活废弃物处理场平面示意图

荆塘铺村人口按2 000人算，人均每天产可腐熟废弃物约为0.3kg，每天产可腐熟垃圾2 000×0.3＝600kg。每个废弃物处理发酵仓地面硬化时中间铺设两道通风孔，用于通风及渗漏液收集。每个废弃物处理发酵仓的容积约为6m×2m×3m＝36m^3 折合成废弃物重量约为36t，为荆塘铺村约2个月的可腐熟生活废弃物产量。

三格式堆腐发酵试验：原料按比例混合好后，堆腐发酵过程在发酵仓中进行。该发酵仓架设防雨顶棚，发酵仓包括仓顶、仓壁，并且在每格仓底纵向平均分布两道长×宽×高＝6m×0.3m×0.15m的通风槽，在每道通风槽上铺设带孔不锈钢钢板一块，每块不锈钢钢板长×宽×厚＝6m×0.28m×0.05m，在每块不锈钢钢板上梅花状分布400个直径为0.06m的通气孔以利于通风透气。在通风槽上铺好不锈钢钢板后，钢板上部刚好与仓底平齐。发酵仓分为三格，每格为长方形，每格中堆腐发酵的有机废弃物堆体大小为：长×宽×高＝6m×3m×1.5m。上述农村有机废弃物堆腐发酵方法中，所述堆体物料的含水量为55% ~60%。在发酵仓第一格中堆腐发酵一段时间后，将发酵原料翻倒入发酵仓第二格，再经过一段时间的堆腐发酵后，翻倒入发酵仓第三格，进行最后的堆腐发酵，整个堆腐发酵过程大约为1 ~1.5个月。

将混合好的堆腐发酵原料在堆腐发酵前后取样，对所有样品的全氮、全磷、全钾、有机质等养分含量进行检测，检测方法参见NY 525—2012。结果表明，农村有机废弃物经过三格式堆腐发酵后全磷含量显著增加，增幅为6.79%；而有机质、全氮和全钾含量有所降低，降幅分别为5.84%、4.35%和5.23%；但总养分含量则有所增加。综合分析可以得出农村废弃物经过三格式堆腐发酵后有利于养分的保全。

将农村废弃物三格式堆腐发酵后的样品进行种植黄瓜和青椒的田间试验，对其肥效进行验证。结果表明堆腐熟发酵后样品对黄瓜和青椒的增产效果显著，对黄瓜的增产效果为18.76%，对青椒的增产效果为16.06%。

将农村有机废弃物进行三格式堆腐发酵是对其进行资源化利用的有效途径，并且该发酵工艺简便易行，非常适合于在农村地区推广应用。

农村生活废弃物处理处置尽量使用现有成熟的资源化技术（图5 -11、图5 -12、图5 -13），

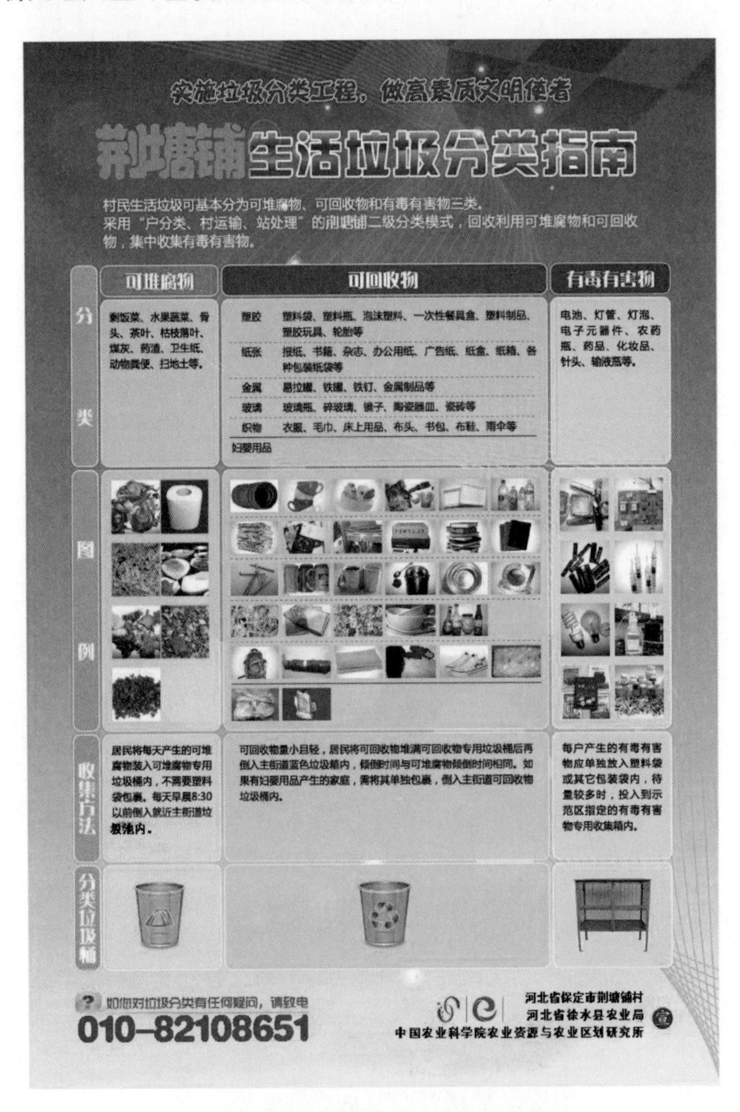

图5 -11　农村生活垃圾分类指南示意图

在生活废弃物处理过程中，除了采用堆肥处理方法外，也提倡采用能够实现农村生活废弃物资源化的其他技术方法，如在沼气池推广较好的地区，将已建成的大量沼气池与生活废弃物的处理和利用相结合。

图 5－12　河北省保定市荆塘铺村农业废弃物循环利用示范工程

图 5－13　农村生活废弃物堆腐后过筛作有机肥

合理地将农村有机废弃物进行资源化利用，既可保护生态环境，又提高了经济效益，有利于实现农村废弃物的循环利用和农业的可持续发展。

第四节　牛粪利用示范工程*

一、技术特征

在试验研究的基础上，开发了一种适用于畜禽粪便、秸秆、生活垃圾等有机废弃物的快速好氧发酵处理技术，充分利用太阳能、生物发酵能并采用防寒沟等保温增温配套措施，配以机械翻搅以及堆肥过程关键参数数据采集系统，可保证北方地区冬季连续运行的好氧发酵设施。该项技术已获得两项实用新型专利：有机废弃物好氧发酵设施，专利号：ZL200720002941.4；一种有机固体废弃物好氧发酵工程关键参数数据采集系统，专利号：ZL201120270407.8。

适合北方寒冷地区的农村有机固体废弃物规模化堆肥系统由堆肥槽、通风系统、太阳能增温及保温设施构成，其系统构成见图5－14。该系统的技术特点：该系统利用深层发酵物料作为吸热介质，吸收、储存温室聚集的太阳能，同时在温室外两侧，沿堆肥槽轴线方向平行建设两条填有锯末、秸秆等保温材料的防寒沟，以防止夜晚气温降低时发酵物料热量向外扩散；在堆肥槽底部设置通风系统，定时给堆肥物料鼓风，补充堆肥所需氧气；将畜禽粪便、生活垃圾等有机废弃物与大颗粒柔性物料（如块状玉米秸等）混合形成混合物料，从设施的一端进入发酵槽进行好氧发酵，混合物料料层厚度为1.2～1.5 m，混合物料经过好氧堆肥后生产有机肥料，实现农村有机固体废弃物的无害化处理与资源化利用。

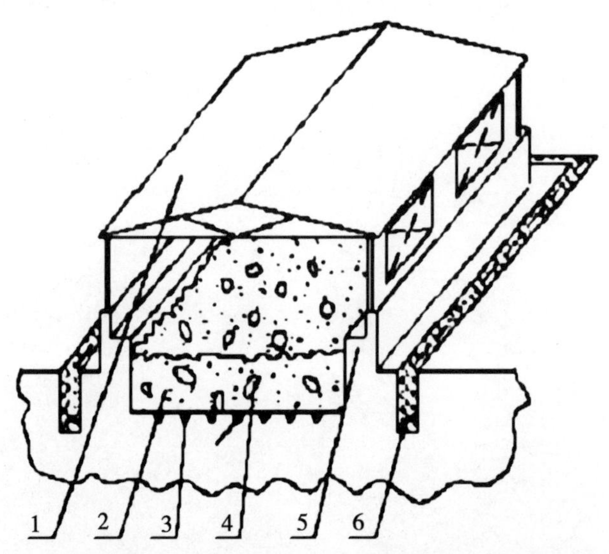

1. 温室；2. 小颗粒物料；3. 通风系统；4. 大颗粒物料；5. 堆肥槽；6. 防寒沟

图5－14　农村有机固体废弃物强制通风静态堆肥系统示意图

堆肥过程关键参数数据采集系统包括电源供给单元、数据采集器、传感器单元、数据远程传输单元组成的对环境温湿度、有机固体废弃物堆层氧浓度和温度同时进行多点监测，并实时显示和远程传输所测数据。该数据采集系统可以对环境温湿度、有机固体废弃物堆层氧浓度和温度同时进行多点监测，数据采集量大、精确度高，所监测数据可用于科学指导工程运行，确保堆肥获得最佳运行效果。

---

* 本节撰写人：刘东生　李想

二、技术要点

在保温效果良好的太阳能温室大棚内，为了方便物料的进出，建有一个两端开敞的半地下式发酵槽，将生活垃圾、秸秆及畜禽粪便等有机废弃物与大颗粒柔性物料（如块状玉米秸等）混合形成混合物料，从设施的一端进入发酵槽进行好氧发酵，混合物料料层深度保持在1.5～1.8m。

为了使好氧发酵过程不受地域和气温变化的影响连续运行，该实用新型利用深层发酵物料作为吸热介质，吸收、储存太阳能；同时在温室大棚外两侧，沿发酵槽轴线方向平行建设两条填有锯末、秸秆等保温材料的防寒沟，以防止夜晚气温降低时发酵物料热量向外扩散。

在发酵槽底部设置高压通风系统，定时给发酵物料鼓风，补充发酵所需氧气，并每周翻堆一次，混合物料经过40天左右的好氧发酵后，将发酵好的有机肥料从设施的另一端运出，用于农业生产，实现有机废弃物的资源化利用。

堆肥过程关键参数数据采集系统操作过程：使用前将温湿度传感器、氧浓度传感器和温度传感器进行校准。然后，分别将温湿度传感器、氧浓度传感器和温度传感器布设在被测点位置，接通蓄电池与数据采集器，进行温湿度、氧浓度和温度模拟信号采集，采集到的各模拟信号由传感器线缆传输至数据采集器，进行实时显示，并通过数据传输线传输至数据无线发射模块，再通过无线信号传输至无线接收模块进行显示和处理。在有机固体废弃物好氧发酵工程一个好氧发酵周期结束后，先断开蓄电池与数据采集器，收起温湿度传感器、氧浓度传感器和温度传感器，以备下一个好氧发酵周期监测使用。

三、技术的应用效果

该项技术在河北省徐水县鸿发牧场开展了试验示范（图5－15、图5－16），设计处理牛粪及秸秆3t/d，处理后达到《有机肥料》（NY 525—2002）。主要技术参数：以奶牛牛粪作为主要堆肥原料，以玉米秸秆作为添加剂，按照湿基体积比1：1进行混合；堆垛宽2m，高1m，堆肥第一周翻堆2次，随后每周翻堆一次，堆肥周期为40天。工艺流程见图5－15。

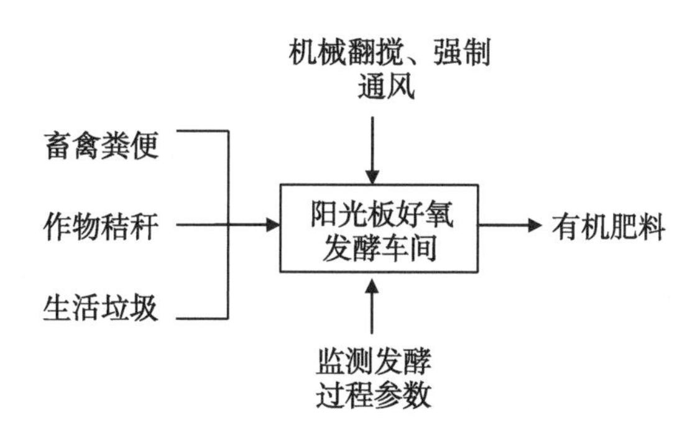

图5－15　工艺流程图

堆肥物料的性状见表5－2。

表5－2　堆肥原料基本性状

原料	牛粪	玉米秸秆	混合物料
C/N	19.4	47.9	23.7
含水率（%）	81	70	75

堆肥物料温度变化情况是反映好氧堆肥运行状况好坏的重要评价参数。堆肥物料、堆肥设施室

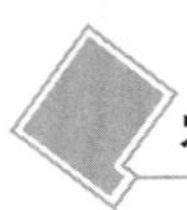

A

B

图 5－16　示范工程

内温度、室外温度变化见图 5－17。从图 5－17 中可以看出，室内温度明显高于室外温度，温室的增温效果明显，达 10℃左右。发酵物料的初始温度由开始时的 11.6℃在经过 2 天后就上升到了 52.4℃，整个发酵周期内温度连续保持在 50℃以上的天数达 16 天，40 天后发酵物料温度达 26.7℃。由此可见，在 C/N 为 23.7：1、含水率为 75%、发酵周期内每小时通风 20min 停 40min、堆层厚度为 1.2m 的工艺条件下，实现了北方地区畜禽粪便、作物秸秆等农村有机固体废弃物冬季好氧发酵的稳定运行。

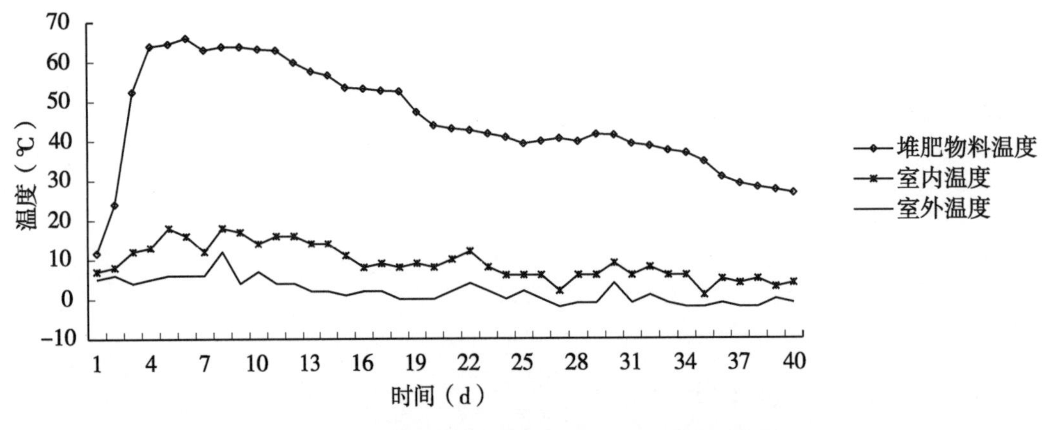

图 5－17　发酵物料、室内、室外温度变化趋势图

堆肥前后物料的全氮、全磷、全钾变化情况见图 5－18。堆肥过程对全氮、全磷、全钾等 3 种主要营养物均呈现浓缩效应，提高了堆料中氮、磷、钾的相对含量。堆肥后物料的总养分（$N+P_2O_5+K_2O$）含量为 6.41，符合《有机肥料》（NY 525—2002）对总养分的要求。

堆肥周期结束后，堆肥物料的蛔虫卵死亡率、大肠菌值测试结果见表 5－3。从测试结果看，蛔虫卵死亡率、大肠菌值均符合《有机肥料》（NY 525—2002）对卫生学指标的要求，可将其作为有机肥还田。堆肥实现了畜禽粪便和作物秸秆的无害化，这与发酵物料温度保持在 50℃以上的天数达 16 天有关。

开展了生产的有机肥料的农学与环境效应研究。试验设 7 个处理：处理 1，不施牛粪、不施化肥；处理 2，不施牛粪、优化化肥用量；处理 3，施用干牛粪 2 000kg/亩；处理 4，施用干牛粪 4 000kg/亩；处理 5，施用干牛粪 6 000kg/亩；处理 6，施用干牛粪 9 000kg/亩；处理 7 施用干牛粪 12 000kg/亩。小区面积 $32m^2$（4m×8m），重复 3 次。试验前采集有机肥样品，测定养分含量、重

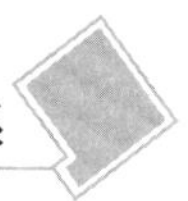

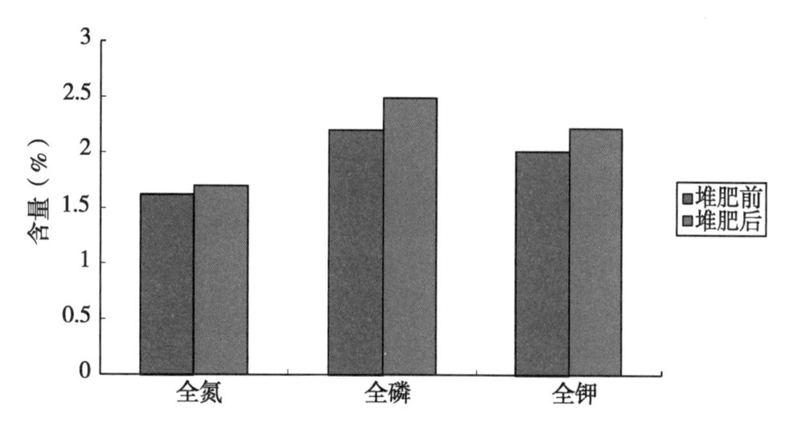

图 5－18　发酵前后物料全氮、全磷、全钾对比图

金属 Cu、Zn、Pb、Cd、Cr；采取耕层（0～20cm）土壤混和样，分析土壤重金属 Cu、Zn、Pb、Cd、Cr，有机质、全 N、速效 P、速效 K 养分，土壤 pH 值，土壤容重。试验过程中，调查田间出苗情况（基本苗和分蘖数），调查株高、穗位等相关农艺性状。收获后小区考种，并计算籽粒和秸秆产量，测定秸秆全 NPK 养分含量，测定籽粒中各种 Cu、Zn、Pb、Cd、Cr 元素含量等；采取耕层（0～20cm）土壤混和样，分析土壤重金属 Cu、Zn、Pb、Cd、Cr，有机质、全 N、速效 P、速效 K 养分，土壤 pH 值，土壤容重。

表 5－3　堆肥后物料卫生学指标测试结果

项目	测试结果	标准限值（NY 525—2002）	比较
蛔虫卵死亡率（%）	100	95～100	合格
大肠菌值	4.1×10^{-2}	10^{-1}～10^{-2}	合格

试验结果表明：

（1）与不施肥相比，施化肥和有机肥能够增加冬小麦及夏玉米产量，但增产作用较小。有机肥的增产效果与化肥相当，随着有机肥用量的增加，冬小麦及夏玉米产量呈先增后减的趋势，其中，施 90 000kg/hm^{2}有机肥的增产效果最为明显，但各施肥处理之间差异不显著。详见表 5－4。

表 5－4　不同施肥处理对小麦、玉米籽粒产量、秸秆产量及生物产量的影响

（单位：kg/hm^2）

处理	小麦		玉米	
	籽粒产量	生物产量	籽粒产量	生物产量
NF	5 368b	11 272b	9 325b	20 363b
CF	5 653ab	12 171ab	10 150ab	21 956ab
OF_{30000}	5 553ab	12 161ab	10 092ab	21 263ab
OF_{60000}	5 953a	12 501a	10 063ab	22 006a
OF_{90000}	6 020a	12 641a	10 296a	22 590a
OF_{135000}	5 686ab	12 241ab	10 296a	22 167a
OF_{180000}	5 586ab	12 131ab	9 931ab	21 744ab

注：同列不同小写字母代表差异间达到 0.05 显著水平

（2）与施化肥相比，施有机肥主要增加了小麦和玉米植株中的磷、钾含量，当有机肥施用量高于60 000kg/hm²时作用明显。详见表5－5。

（3）有机肥对土壤培肥的作用要优于化肥。随着有机肥用量的增加，土壤全氮、有机质、速效氮、磷及钾含量呈增加的趋势，土壤pH值和容重呈递减趋势。详见表5－6。

表5－5　不同施肥处理对冬小麦和夏玉米植株养分吸收量的影响　（单位：kg/hm²）

处理	小麦			玉米		
	氮素吸收量	磷素吸收量	钾素吸收量	氮素吸收量	磷素吸收量	钾素吸收量
NF	254.87b	30.12b	185.78c	340.85b	14.46c	675.04b
CF	280.27ab	33.88ab	201.52b	375.93ab	16.89b	724.20b
OF_{30000}	271.02ab	32.74b	196.59b	359.50b	17.08ab	729.35b
OF_{60000}	298.09a	35.90ab	229.62a	371.37ab	17.59ab	778.22a
OF_{90000}	295.49a	36.64a	222.55a	401.20a	17.40ab	779.79a
OF_{135000}	280.85ab	36.68a	222.88a	397.74a	18.26ab	775.83a
OF_{180000}	281.11ab	36.97a	229.46a	379.75ab	20.18a	720.18ab

表5－6　不同施肥处理对小麦及玉米收获后土壤养分含量的影响

处理	pH值	容重（g/cm³）	有机质（g/kg）	全氮（g/kg）	速效氮（mg/kg）	速效磷（mg/kg）	速效钾（mg/kg）
种植作物前	7.93	1.52	30.03	2.33	173.50	264.20	559.00
小麦收获后							
NF	7.92a	1.53a	29.06c	2.30c	171.95c	257.72d	550.21c
CF	7.96a	1.51a	31.20c	2.37c	189.28b	273.78d	568.23bc
OF_{30000}	7.85ab	1.41b	34.40bc	2.83bc	201.70b	403.42c	638.80b
OF_{60000}	7.77b	1.38b	39.35b	2.90bc	200.39b	524.51bc	652.07b
OF_{90000}	7.75b	1.37b	46.97a	3.23b	206.93b	591.41b	671.55b
OF_{135000}	7.68bc	1.32bc	49.84a	3.10b	218.70ab	660.06b	750.71a
OF_{180000}	7.66c	1.29c	50.44a	4.00a	238.96a	852.30a	792.00a
玉米收获后							
NF	7.90a	1.54a	29.02c	2.25c	168.68c	250.00d	540.21c
CF	7.85a	1.53a	30.97c	2.34c	179.14bc	268.78d	561.26c
OF_{30000}	7.68b	1.43ab	33.80bc	2.77bc	180.45bc	388.86c	618.80b
OF_{60000}	7.62b	1.39b	39.26b	3.16b	191.89b	504.13c	632.07b
OF_{90000}	7.68b	1.39b	46.33a	3.18b	198.43b	571.17bc	651.55b
OF_{135000}	7.61b	1.35b	48.50a	3.77a	216.70ab	640.14b	719.71ab
OF_{180000}	7.53c	1.30c	50.05a	4.04a	236.35a	827.80a	756.00a

参考文献

[1] 蔡振明，高爱忠，祁梦兰．固体废物的处理与处置［M］．北京：高等教育出版社，1993.

[2] 陈庆金，刘焕彬，胡勇有．固体有机垃圾厌氧消化处理的研究进展［J］．中国沼气. 2001，19（3）：3－8.

[3] 郜宗智．农村生活垃圾带来的环境问题及治理技术［J］．现代农业科技，2010（9）：295－297.

[4] 胡春芳，闵文江．农村生活垃圾处理方式调查［J］．河北农业科学，2010，14（9）：106－107.

[5] 李传运，邵军，刘强．厌氧发酵技术在生活垃圾资源化处理中的应用［J］．环境卫生工程，2005，13（5）：51－53.

[6] 李强，曲浩丽，承磊，等．沼气干发酵技术研究进展［J］．中国沼气，2010，28（5）：10－14.

[7] 李世贵，郭海，徐小峰，等．南方城市近郊农村生活垃圾现状调查与处理模式研究［J］．农业环境与发展，2012，29（2）：61－64.

[8] 李想，赵立欣，韩捷，等．农业废弃物资源化利用新方向——沼气干发酵技术［J］．中国沼气，2006，24（4）：23－25.

[9] 刘荣厚，王远远，孙辰，等．蔬菜废弃物厌氧发酵制取沼气的试验研究［J］．农业工程学报，2008，24（4）：209－213.

[10] 刘翔波，李强，张敏．农村生活废弃物沼气发酵的潜力研究［J］．中国沼气，2009，27（2）：24－28.

[11] 刘战广，朱洪光，王彪，等．粪草比对干式厌氧发酵产沼气效果的影响［J］．农业工程学报，2009，25（4）：196－200.

[12] 马香娟，陈郁．农村生活垃圾问题及其解决对策［J］．能源工程，2002（3）：25－27.

[13] 曲静霞，姜洋，何光设，等．农业废弃物干法厌氧发酵技术的研究［J］．可再生能源，2004（2）：40－41.

[14] 陶朴良，张无敌，宋洪川，等．沼气发酵综合利用的现状和发展趋势［J］．能源工程，2001（5）：9－11.

[15] 王金霞，李玉敏，黄开来，等．农村生活固体垃圾的处理现状及影响因素．中国人口·资源与环境，2011，21（6）：74－78.

[16] 王伟，崔昌龙，张楠，等．秸秆干法发酵产沼气技术的研究［J］．黑龙江农业科学，2010（8）：129－130.

[17] 叶小梅，常志州．有机固体废物干法厌氧发酵技术研究综述［J］．生态与农村环境学报，2008，24（2）：76－79.

[18] 张无敌，刘士清，周斌，等．我国农村有机废弃物资源及其沼气潜力［J］．自然资源，1997（1）：67－71.

[19] 钟志堂，朱虹．有机固体废弃物干法厌氧发酵技术［J］．农业装备技术，2010，36（3）：44－46.

[20] 周瑾伟．农村生活废弃物沼气发酵的潜力研究［J］．甘肃农业，2014（24）：62－64.

[21] 朱立志，邱君．农业废弃物循环利用［J］．环境保护，2009（8）：8－11.

[22] Buffiere P，Loisel D，Bernet N，et al. Towards new indicators for the prediction of solid waste anaerobic digestion properties［J］．Water Science and Technology，2005，53（8）：233－241.

[23] Edelman W，Schleiss k，Joss A. Ecological，energetic and economic comparison of anaerobic digestion with different competing technologies to treat biogenic wastes［J］．Water Science Technology，2000，41（3）：263－274.

[24] Lastella G，Testa C，Comacchia G，et al. Anaerobic digestion of semi-solid organic waste：biogas production and its purification［J］．Energy Conversion& Management，2002（43）：63－75.

[25] Luning L，Van Zundert E H M，Brinkmann A J F. Comparison of dry and wet digestion for solid waste［J］．Water Science and Technology，2003，48（40）：15－20.

第六章　农业与农村生活污水资源利用技术体系

第一节　养殖肥水灌溉技术*

养殖是世界发达国家发展畜牧业的一条重要经验，也是我国现代畜牧业建设的发展趋势，已成为我国农村经济的支柱产业和各地加快现代化农业建设的工作重点，在农业行业发展中占据重要地位。随着集约化饲养程度的不断提高，畜禽养殖过程中产生大量废水，根据"全国第一次污染源普查公报"数据，我国畜禽养殖业粪便年产量为2.43亿t，尿液等废水产生量1.63亿t（中华人民共和国环境保护部，2010）。养殖废水处理和利用率极低，已成为影响我国环境质量的重要污染源之一，增加了环境污染物的排放，同时造成养分资源的极大浪费。作为一个农业大国，我国农业年用水量达到全年总用水量的60%以上，水资源贫乏及地域分布不均匀造成我国严重的农业用水危机，北方农灌区地下水严重超采，导致地下水位下降等诸多生态环境问题。

养殖肥水就是规模化养殖场产生的尿液、冲洗水、残余粪便及生产过程中产生的水的总称，经过一定的处理工艺，达到一定水质标准的厌氧水。养殖肥水中含有高量的有机质和养分，将其作为水和养分资源进行农田灌溉，可促进农作物的生长和土壤肥力的提高，对提高农田土壤质量和缓解农业水资源危机具有重要意义。经处理后的养殖废水集水和养分于一体，应用低压管道灌溉技术，进行农田灌溉，在为作物提供水、肥的同时，也促进了养殖废弃物的循环利用。达到了施肥与灌溉的双重目的，实现粮食生产和环境保护的双赢。

养殖肥水灌溉农田已逐渐被全球农业生产所接受。许多研究表明，肥水灌溉增加作物产量，肥水替代化肥50%～75%，可获得与化肥处理相当的产量，且在一定程度上提高水稻氮素利用率（乔冬梅等，2010；黄红英等，2013）。养殖肥水中磷总量和利用率高，同时含有大量有机质，经灌溉进入土壤后，肥水中活性物质能活化土壤吸附的磷，使土壤被固定的磷具有明显的后效（Hermanna et al，2011）。同时，肥水灌溉后增加土壤孔隙度、土壤有机碳含量，长期肥水灌溉影响土壤化学性质（黄红英等，2013；Alicia et al，2011；Belaid et al，2012）。

然而，养殖肥水灌溉对冬小麦—夏玉米的相关报道，大都为单季试验结果，针对缺水背景下华北地区冬小麦—夏玉米轮作体系开展的养殖肥水连续灌溉田间研究鲜见报道，肥水灌溉轮作体系氮磷养分利用的研究还比较薄弱，有待于进一步加强。因此，研究连续灌溉牛场肥水对作物产量、肥水中氮磷利用和土壤养分残留的影响，以期为北方地区合理进行肥水灌溉、降低养殖肥水灌溉的养分损失提供科学依据。

一、技术特征

（一）节约水、肥资源

将养殖肥水进行农田灌溉，在作物的生长季节，可以进行肥水或者肥水和清水的灌溉，不施用化学肥料，节约生产成本。

---

* 本节撰写人：张克强　杜会英

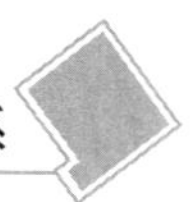

（二）减少环境污染

将养殖肥水利用低压管道进行灌溉，避免肥水无秩序排放，污染水体环境，同时减少灌溉过程中废水的蒸发和渗漏损失，减少环境污染。

（三）增加灌溉效率

养殖肥水的管道灌溉，防止肥水对渠道冲刷，减少渠道输水损失，缩短轮灌周期，扩大灌溉面积，具有显著的经济效益和社会效益。

二、技术要点

（一）肥水灌溉技术原则

肥水灌溉的灌水量、灌水次数及灌水时期应当充分考虑作物耗水需肥量、气候条件、土壤水分动态、土壤环境状况及作物生育等。

（二）控制水质

对灌溉水质标准的控制是实施肥水灌溉的关键。控制水质的途径包括以下两方面。①厌氧池和贮存池的修建与完善。②对肥水的收集设施进行改造，比如要改进渠道汇水结构，一般情况下，肥水收集管道要封闭。

（三）肥水灌溉作物的合理选择

经过试验研究可以发现，作物对养分的吸收积累随着不同的植株部位而有变化，会出现果实、籽粒、叶、茎、根逐渐递增的现象。所以，在选择肥水灌溉的作物时，需要对不同部位食用作物实行不同的灌溉方式。

（四）肥水灌溉制度

肥水灌溉时期应尽量避开作物籽粒吸收养分结果的时段，不同的作物可制定不同的肥水灌溉次数和灌溉量，一般为 2～3 次，灌溉量应控制在 800～900m^3/hm^2。如种植小麦、玉米等作物，一般可在小麦越冬期、拔节期和抽穗期及玉米种植后进行灌溉。有清水水源的地方，可以进行清水与肥水轮灌或混灌方式，如一般平水年小麦清水灌溉 4 次，玉米清水灌溉一次，用肥水替代灌溉，可以在小麦越冬期、拔节期和玉米种植后灌溉 3 次肥水，其他时期根据土壤水分和作物需水特性进行灌溉。

（五）适用范围

养殖肥水农田灌溉，农田与养殖场距离较近，同时灌溉农田中需铺设管道。

（六）推广模式

在推广过程中，采用了“小区示范—扩大示范—大面积推广”的推广方式。在技术上，采取技术依托单位、地方农业主管部门和养殖企业相结合，养殖企业与农户相结合，水利措施与农业措施相结合，推广、研究与创新相结合。

三、技术的应用效果

（一）试验地概况与试验设计

试验于 2010 年 10 月至 2013 年 10 月在河北省徐水县进行。冬小麦—夏玉米轮作是当地主要的种植制度，冬小麦当年 10 月上旬耕种，次年 6 月中旬收获，冬小麦秸秆还田；夏玉米在小麦收获后一周内耕种，当年 9 月底收获，夏玉米秸秆人工收获，作为青贮饲料喂养奶牛。本试验选用的冬小麦品种为济麦 22，夏玉米品种为农大 221。试验地种植前耕层土壤有机质 24.5g/kg、pH 值 7.76、全氮 1.39g/kg、硝态氮 13.09 mg/kg、铵态氮 2.24 mg/kg、速效磷 48.08 mg/kg。

试验灌溉用牛场肥水为经过厌氧处理的牛粪尿和挤奶车间冲洗水，牛场肥水水质特征为 pH 值 7.12 ~ 7.33，化学需氧量 291.34 ~ 455.36 mg/L，总氮 99.27 ~ 105.28 mg/L，NO_3^- – N 0.51 ~ 0.89 mg/L，NH_4^+ – N 69.12 ~ 91.58 mg/L，总磷 21.30 ~ 28.40 mg/L。

试验共设 5 个处理，分别为：不施肥、作物各生育期进行清水灌溉（CK）；在冬小麦生育期进行 2 次（越冬期和灌浆期）牛场肥水灌溉，作物其他生育期进行清水灌溉（T1）；在冬小麦生育期进行 3 次（越冬期、拔节期、灌浆期）牛场肥水灌溉，作物其他生育期进行清水灌溉（T2）；在冬小麦生育期进行 4 次（越冬期、拔节期、抽穗期和灌浆期）牛场肥水灌溉，作物其他生育期进行清水灌溉（T3）；农民习惯施肥，冬小麦播种时施复合肥（15 – 21 – 6）375kg/hm²，冬小麦拔节期追肥尿素 600kg/hm²，玉米播种时施复合肥（25 – 10 – 10）600kg/hm²，生育期灌溉清水（CF）（表 6 – 1）。各处理在作物收获后进行取样分析，每个小区中剩余的秸秆粉碎后进行相应的还田。每个处理 3 次重复，小区面积 60 m²（长 15 m × 宽 4m）。所有处理每次灌水定额均为 830 m³/hm²，灌水量利用超声波流量计计量，灌溉误差 1% 以内。所有处理在冬小麦全生育期灌水 4 次，夏玉米生育期灌水 1 次。

表 6 – 1　冬小麦—夏玉米施肥灌溉养分投入

处理	冬小麦				夏玉米				年投入量 (kg/hm²)	
	肥料施用量 (kg/hm²)		肥水灌溉磷量 (kg/hm²)		肥料施用量 (kg/hm²)		秸秆还田量 (kg/hm²)			
	N	P_2O_5	N	P_2O_5	N	P_2O_5	N	P_2O_5	N	P_2O_5
CK	0	0	0	0	0	0	40	21	40	21
T1	0	0	160	91	0	0	59	26	219	117
T2	0	0	240	137	0	0	64	31	304	168
T3	0	0	320	182	0	0	73	35	393	217
CF	332	79	0	0	150	60	85	28	567	167

冬小麦收获时每个小区采收两个 1 m² 的小麦样品，风干后脱粒，分籽粒和秸秆两部分称量其干重，记产。夏玉米每个小区收获 10 株，分肉穗和秸秆两部分，风干、脱粒、称量干重，记产。将冬小麦和夏玉米籽粒、秸秆样品烘干、粉碎、混匀，然后用浓 H_2SO_4—H_2O_2 消解，采用流动注射分析仪（FIA – 6000 +）测定籽粒和秸秆的磷含量。

土壤样品采集为冬小麦和夏玉米收获后，深度为 100cm，用土钻在每个试验小区按照“S”形分 0 ~ 20cm、20 ~ 40cm、40 ~ 60cm、60 ~ 80cm 和 80 ~ 100cm 5 个层次取样，同层次样品混合，带回实验室自然风干，测定土壤速效磷含量。

（二）牛场肥水灌溉对冬小麦产量的影响

牛场肥水灌溉对冬小麦产量的影响如表 6 – 2 所示。结果显示，连续 3 年牛场肥水灌溉带入氮量增加了冬小麦产量，肥水灌溉带入氮为 240kg/hm²（灌溉 3 次）时，冬小麦产量最高。相对于不施氮处理，牛场肥水灌溉处理（T1 ~ T3）不同年份的增产效果均达到了 5% 显著性水平，肥水灌溉 3 年后，较不施肥处理增产变幅为 34.79% ~ 39.72%，平均为 36.77%。牛场肥水灌溉处理每季小麦可节约化学氮肥 160 ~ 320kg/hm²，在连续 3 年种植中，2011 年肥水灌溉处理冬小麦产量显著高

于习惯施肥处理，2012 年废水灌溉处理与习惯施肥处理差异不显著，到 2013 年，T2 和 T3 处理冬小麦产量显著高于习惯施肥处理，肥水灌溉带入的氮具有显著的增产效果。

（三）牛场肥水灌溉对夏玉米产量的影响

表 6－3 结果表明，牛场肥水灌溉处理显著提高夏玉米籽粒产量，牛场肥水灌溉处理夏玉米增产变幅为 37.62%～44.49%，平均为 40.82%。夏玉米增产效果随着灌溉年限的增加逐渐明显，2011—2012 年肥水灌溉处理（T1～T3）与习惯施肥处理夏玉米籽粒产量差异不显著，到 2013 年，T3 处理籽粒产量显著高于习惯施肥处理，可见冬小麦季进行牛场肥水灌溉有利于后季夏玉米产量的增加。

表 6－2　牛场肥水灌溉对冬小麦产量的影响

处理	施氮量（kg/hm²）	冬小麦籽粒产量（kg/hm²）			平均产量（kg/hm²）	增产率（%）
		2011	2012	2013		
CK	0	7 806.67 ± 115.04c	4 725.70 ± 205.37b	3 885.28 ± 230.19c	5 472.55	
T1	160	9 669.07 ± 198.12a	5 879.61 ± 176.25a	6 579.96 ± 185.92ab	7 376.21	34.79
T2	240	9 655.90 ± 75.96a	6 259.80 ± 212.05a	7 023.51 ± 165.31a	7 646.40	39.72
T3	320	9 486.00 ± 55.11a	6 043.02 ± 132.35a	6 770.05 ± 185.12a	7 433.02	35.82
CF	332	9 068.27 ± 72.52b	5 789.56 ± 227.34a	6 019.68 ± 327.34b	6 959.17	27.17

注：同列数据不同字母表示差异达 5% 显著水平

表 6－3　牛场肥水灌溉对夏玉米产量的影响

处理	施氮量（kg/hm²）	夏玉米籽粒产量（kg/hm²）			平均产量（kg/hm²）	增产率（%）
		2011	2012	2013		
CK	40	6 334.20 ± 574.31b	5 950.80 ± 259.87b	5 439.60 ± 248.48c	5 908.20	
T1	59	7 597.80 ± 257.17a	8 283.60 ± 152.35a	8 510.40 ± 177.79b	8 130.60	37.62
T2	64	7 907.40 ± 515.73a	8 452.80 ± 288.65a	8 517.60 ± 308.19b	8 292.60	40.36
T3	73	8 078.40 ± 688.09a	8 557.20 ± 232.22a	8 974.80 ± 75.60a	8 536.80	44.49
CF	235	7 660.80 ± 687.02a	8 402.40 ± 118.80a	8 366.40 ± 93.11b	8 143.20	37.83

注：同列数据不同字母表示差异达 5% 显著水平

（四）牛场肥水灌溉对冬小麦—夏玉米轮作系统氮磷吸收利用的影响

1. 对植株氮吸收利用的影响

将冬小麦季和夏玉米季作为一个整体，研究牛场肥水灌溉带入氮量与整个体系氮累计利用率的关系，见表 6－4。结果表明，随着肥水灌溉季节的延长，肥水中氮素后效逐渐显现，从第 4 季开始以增幅递减的方式增加。肥水灌溉处理第 6 季作物累计氮肥利用率的变幅为 47.87%～67.63%，平均为 56.66%，显著高于第 1 季的利用率（17.41%～44.52%）。在同一种植季中，牛场肥水灌溉处理累计氮利用率随肥水灌溉带入氮的增加而降低，T1 处理（牛场肥水灌溉带入氮量为 160kg/hm²）氮累计利用率显著高于其他肥水灌溉处理，从第 2 季开始，肥水灌溉处理（T1～T3）氮累计利用率均显著高于习惯施肥处理，牛场肥水灌溉能显著提高冬小麦—夏玉米轮作体系的氮累计利用效率，且其效果明显。

2. 对植株磷吸收利用的影响

牛场肥水灌溉促进了冬小麦植株磷吸收，相对于不施肥处理，肥水灌溉处理冬小麦植株磷吸收

表 6-4 冬小麦—夏玉米轮作体系累计氮肥利用率动态变化

	处理	第 1 季	第 2 季	第 3 季	第 4 季	第 5 季	第 6 季
冬小麦—夏玉米轮作体系氮累计用量（kg/hm²）	CK	0	46	46	83	83	118
	T1	160	225	385	436	596	662
	T2	240	301	541	597	837	922
	T3	320	385	705	763	1 083	1 165
	CF	332	572	904	1 124	1 456	1 701
冬小麦—夏玉米轮作体系氮素吸收量（kg/hm²）	CK	213. 38 ±2. 20b	124. 18 ±12. 90b	144. 39 ±4. 54b	101. 63 ±7. 23b	119. 55 ±9. 16c	87. 70 ±4. 49b
	T1	284. 61 ±9. 96a	171. 10 ±7. 30a	208. 12 ±15. 64a	165. 34 ±21. 77a	227. 05 ±0. 77b	182. 64 ±16. 56a
	T2	276. 03 ±3. 16a	169. 93 ±11. 89a	226. 89 ±17. 92a	169. 17 ±8. 64a	270. 05 ±5. 26a	180. 68 ±15. 55a
	T3	269. 08 ±3. 97a	189. 29 ±5. 79a	229. 80 ±6. 23a	204. 67 ±7. 20a	265. 32 ±6. 88a	190. 42 ±9. 46a
	CF	280. 21 ±9. 33a	174. 75 ±19. 77a	219. 68 ±12. 80a	163. 36 ±18. 72a	249. 20 ±14. 39ab	174. 33 ±19. 84a
冬小麦—夏玉米轮作体系氮累计吸收量（kg/hm²）	CK	213. 38 ±2. 20b	337. 66 ±12. 19b	481. 94 ±14. 72b	583. 57 ±11. 28b	703. 13 ±7. 73c	790. 83 ±3. 50c
	T1	284. 61 ±9. 96a	455. 70 ±12. 84a	663. 82 ±15. 42a	829. 16 ±34. 63a	1 056. 21 ±35. 37b	1 238. 85 ±48. 01b
	T2	276. 03 ±3. 16a	445. 96 ±10. 92a	672. 86 ±21. 81a	842. 02 ±28. 19a	1 112. 07 ±33. 03b	1 292. 75 ±35. 28ab
	T3	269. 08 ±3. 97a	458. 37 ±5. 97a	688. 17 ±8. 04a	892. 84 ±19. 98a	1 158. 16 ±14. 25a	1 348. 58 ±16. 08a
	CF	280. 21 ±9. 33a	454. 96 ±14. 49a	674. 78 ±32. 23a	838. 00 ±30. 99a	1 087. 19 ±6. 66b	1 261. 52 ±25. 12b
冬小麦—夏玉米轮作体系氮累计利用率（%）	T1	44. 52 ±6. 34a	52. 27 ±13. 04a	47. 13 ±6. 25a	56. 16 ±6. 03a	59. 13 ±5. 58a	67. 63 ±6. 35a
	T2	26. 11 ±1. 71b	36. 11 ±7. 09b	35. 29 ±2. 71b	43. 41 ±5. 50b	48. 92 ±3. 97b	54. 49 ±4. 43b
	T3	17. 41 ±1. 91bc	31. 40 ±3. 01b	29. 26 ±1. 30b	40. 55 ±2. 27b	42. 02 ±1. 37b	47. 87 ±1. 77b
	CF	20. 14 ±3. 44c	20. 54 ±5. 35c	21. 32 ±4. 18c	22. 64 ±3. 16c	26. 38 ±0. 95c	27. 68 ±1. 75c

注：同列数据不同字母表示差异达 5% 显著水平

量2011年增加了20.75%～35.44%，2012年增加了29.75%～40.24%，2013年增加了69.12%～119.38%，且肥水灌溉处理冬小麦植株磷吸收量明显高于习惯施肥处理。在肥水灌溉的3个处理中，2011年肥水灌溉2次处理冬小麦植株磷吸收量显著低于4次肥水灌溉处理，与3次肥水灌溉处理差异不显著；2012年肥水灌溉处理之间差异不显著；2013年肥水灌溉3或4次处理冬小麦植株磷吸收量显著高于灌溉2次处理。

麦季肥水灌溉同样对玉米植株磷吸收量产生显著影响，结果表明（图6-1），夏玉米季磷吸收量均随着冬小麦季肥水灌溉带入磷量的增加而增加，三季夏玉米种植，肥水灌溉处理植株磷吸收量均显著高于对照处理，T1处理夏玉米植株磷吸收量比对照处理增加了11.76～15.67kg/hm²，T2处理夏玉米植株磷吸收量比对照处理增加12.44～18.48kg/hm²，T3处理夏玉米植株磷吸收量比对照处理增加15.35～24.09kg/hm²。肥水灌溉第二和第三个轮作周期中，进行3次或4次肥水灌溉处理夏玉米植株磷吸收量显著高于2次肥水灌溉和习惯施肥处理。

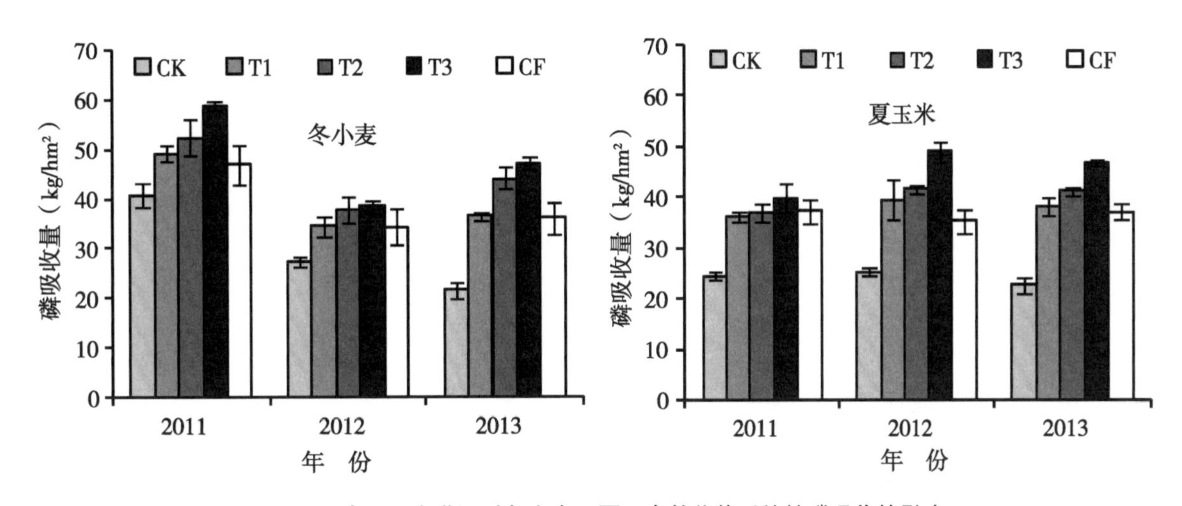

图6-1　牛场肥水灌溉对冬小麦—夏玉米轮作体系植株磷吸收的影响

将冬小麦和夏玉米作为一个整体，研究肥水带入磷与整个体系磷（P）累计利用率的关系，见表6-5。结果表明，随着肥水灌溉时间的延长，肥水中磷后效逐渐显现，冬小麦—夏玉米轮作体系磷累计利用率以先降低后增加，从第4季开始以增幅递减的方式增加。肥水灌溉处理第6季作物累计磷表观利用率的变幅为40.00%～47.65%，显著高于第1季的磷表观利用率（18.06%～21.15%），可见牛场肥水灌溉对作物后效显著。在同一种植季中，牛场肥水灌溉处理累计磷表观利用率随灌溉带入磷量的增加而降低，不同灌溉次数处理间，磷表观利用率差异不显著。从第4季开始，肥水灌溉处理磷累计利用率均显著高于习惯施肥处理，可见牛场肥水灌溉能显著提高冬小麦—夏玉米轮作体系的磷利用效率，且其效果明显。

表6-5　冬小麦—夏玉米轮作体系累计磷利用率动态变化

处理	第1季	第2季	第3季	第4季	第5季	第6季
	冬小麦—夏玉米轮作体系磷累计吸收量（kg/hm²）					
CK	40.77±2.32c	65.25±2.41c	92.67±1.36c	117.93±1.64c	139.46±2.34d	162.06±4.02d
T1	49.23±0.72ab	85.47±1.01ab	121.04±0.65ab	160.54±4.24b	196.95±4.94c	235.23±6.41c
T2	52.42±3.76ab	89.35±1.94ab	127.15±4.08ab	168.74±3.92ab	212.83±6.05b	253.92±5.44b
T3	55.22±2.10a	95.06±4.36a	133.50±5.59a	182.63±7.10a	229.85±6.12a	276.56±5.62a
CF	46.91±4.07bc	84.12±6.42b	118.47±10.09b	153.74±9.57b	189.76±7.34c	226.75±7.90c

（续表）

处理	第1季	第2季	第3季	第4季	第5季	第6季
冬小麦—夏玉米轮作体系磷累计利用率（%）						
T1	21.15 ±3.99a	39.38 ±5.74a	31.04 ±1.53a	41.45 ±3.03a	40.25 ±3.75a	47.65 ±4.98a
T2	19.41 ±2.79a	32.64 ±3.18ab	25.72 ±1.67a	34.68 ±0.44a	35.51 ±1.27a	41.54 ±1.10a
T3	18.06 ±0.35a	31.04 ±1.64ab	23.19 ±2.25a	34.12 ±2.51a	33.53 ±1.71a	40.00 ±1.73a
CF	17.55 ±5.05a	25.49 ±4.79b	23.63 ±7.61a	24.67 ±4.88b	27.96 ±4.88b	33.48 ±1.76b

注：同列数据不同字母表示差异达5%显著水平

（五）牛场肥水灌溉对土壤速效养分的影响

1. *对每季冬小麦收获后土壤硝态氮积累的影响*

对每季冬小麦收获后土壤中的硝态氮积累进行分析，结果表明（图6－2），肥水灌溉增加了0～100cm土体硝态氮积累量，随着灌溉带入氮量的增加，每季冬小麦收获后，0～100cm内土层NO_3^-－N积累量增加。肥水灌溉带入氮为320kg/hm^2（生育期内4次肥水灌溉）时，100cm剖面NO_3^-－N积累量显著高于灌溉2～3次肥水处理，且在80～100cm土层NO_3^-－N积累量显著高于其他肥水灌溉处理，与习惯施肥差异不显著。肥水灌溉氮带入量为160～240kg/hm^2（灌溉2～3次），冬小麦收获后0～40cm土层NO_3^-－N积累量显著增加，40～100cm土层NO_3^-－N积累量差异不显著，说明4次肥水灌溉后100cm土层有大量NO_3^-－N积累，且有向下淋溶的趋势。杨军等研究证实，肥水灌溉增加土壤中硝态氮的积累量，随着肥水灌溉量的增加，硝态氮积累量增加，本试验结果与此一致。对不同年份冬小麦收获后土壤硝态氮积累量进行分析，不施氮处理在种植第二年后，40cm以下土层硝态氮积累量低于5kg/hm^2；T1处理硝态氮积累量较低，2012年和2013年40cm以下土层低于6kg/hm^2，到80～100cm土层硝态氮积累量仍低于5kg/hm^2；T2处理40cm以上土层年际间变化较大，40～80cm土层硝态氮积累量相对较稳定，80～100cm土层硝态氮积累量呈现降低趋势；T3处理60cm以上土层硝态氮积累量随肥水灌溉年限的增加而增加，60～100cm土层变化不明显，但积累量均高于20kg/hm^2；CF处理随种植年限的增加，0～100cm土层硝态氮积累量增加，且2013年冬小麦收获后，0～100cm土层硝态氮积累量均高于30kg/hm^2。养殖肥水中水、氮耦合于一体，在过量供氮的条件下，施入的氮不经过土壤固持与矿化过程，有部分直接进入渗漏水，存在潜在的环境风险，因此，应严格控制肥水灌溉带入的氮量，而其在土壤中的分布和对地下水安全的影响尚需开展长期的研究。

2. *对土壤无机氮残留的影响*

对每个轮作周期收获后土壤中的无机氮进行分析，结果表明（表6－6），连续3年肥水灌溉显著增加了0～100cm土体无机氮残留量，随着肥水灌溉带入氮量的增加，土壤残留无机氮显著增加。T1和T2处理（肥水灌溉带入氮量为160～240kg/hm^2）时无机氮残留3年间差异不显著，T3处理（肥水灌溉带入氮量为320kg/hm^2）2年后0～100cm土体无机氮残留显著增加。土壤残留的无机氮以NO_3^-－N为主，其残留量显著高于NH_4^+－N，占无机氮残留量的62.56%～89.70%，平均为75.51%。NO_3^-－N含量受肥水灌溉的影响较大，每个轮作周期结束时，随着牛场肥水灌溉带入氮量的增加，0～100cm内土层NO_3^-－N残留量增加，T3处理（肥水灌溉带入氮量320kg/hm^2）100cm土体剖面NO_3^-－N残留量显著高于T1处理（肥水灌溉带入氮量160kg/hm^2），且在80～100cm土层NO_3^-－N残留量显著高于其他肥水灌溉处理，与习惯施肥差异不显著（2012年除外），说明T3处理100cm土层有大量NO_3^-－N累积，且有向下淋溶的趋势。T1和T2处理（肥水灌溉带入氮160～240kg/hm^2）不同年份间0～100cm土层NO_3^-－N残留量差异不大；T3处理（肥水灌溉

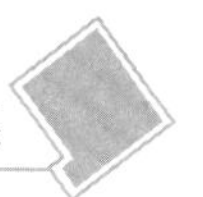

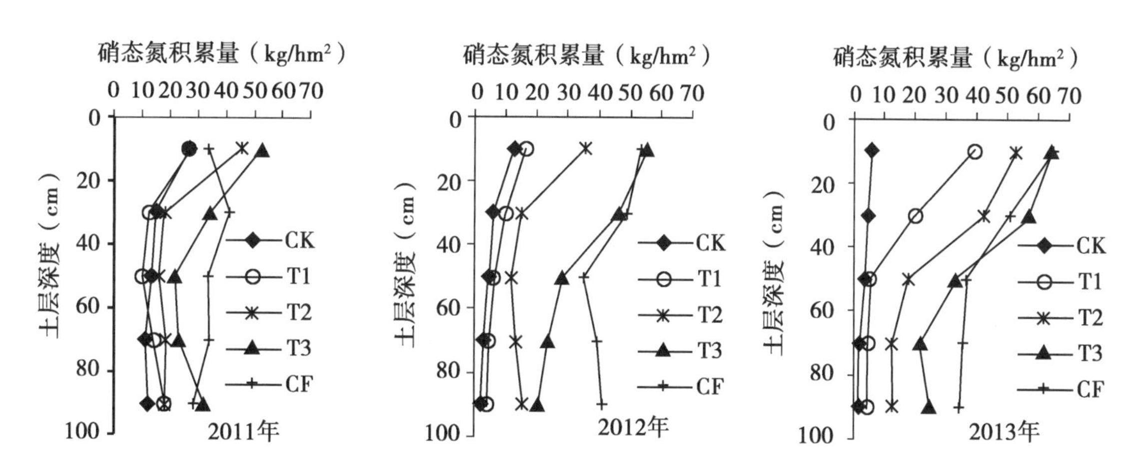

图 6-2　牛场肥水灌溉对冬小麦收获后土壤硝态氮的影响

带入氮 320kg/hm²）土壤 NO_3^- -N 残留有增加的趋势，2012 年和 2013 年轮作种植结束后，100cm 土体内 NO_3^- -N 残留量较 2011 年增加了 2.56% 和 15.08%。在 3 个轮作周期的种植中，同一轮作周期肥水灌溉处理绝大多数土层中 NH_4^+ -N 质量浓度差异不显著，0～100cm 土体 NH_4^+ -N 残留量在轮作周期间变幅为 16.09～59.84kg/hm²，随灌溉年限的增加而增加，2012 年和 2013 年残留量显著高于 2011 年，第 3 个轮作周期结束时，NH_4^+ -N 残留量是第 1 个轮作周期的 2.25～3.65 倍。

3. 对土壤速效磷的影响

对每个轮作周期中冬小麦和夏玉米收获后土壤中速效磷进行分析，结果表明（图 6-3），就整

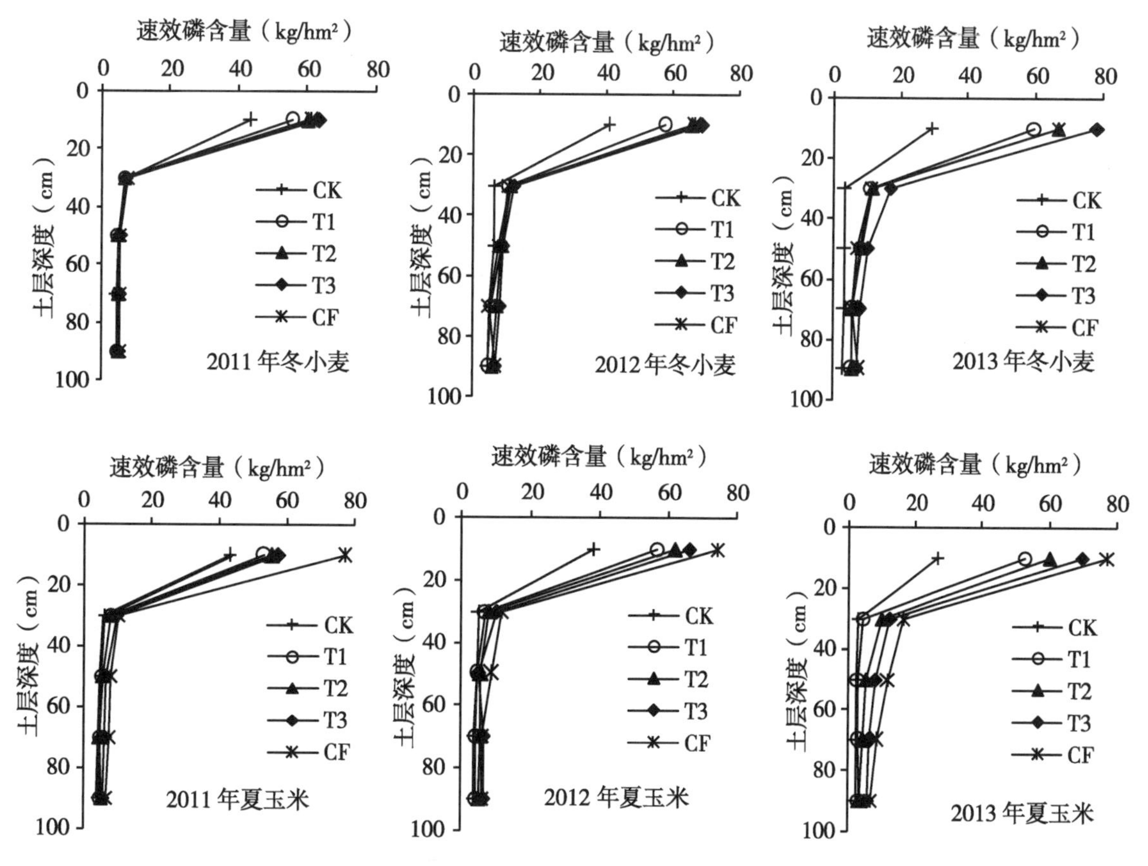

图 6-3　牛场肥水灌溉对冬小麦—夏玉米收获后土壤速效磷的影响

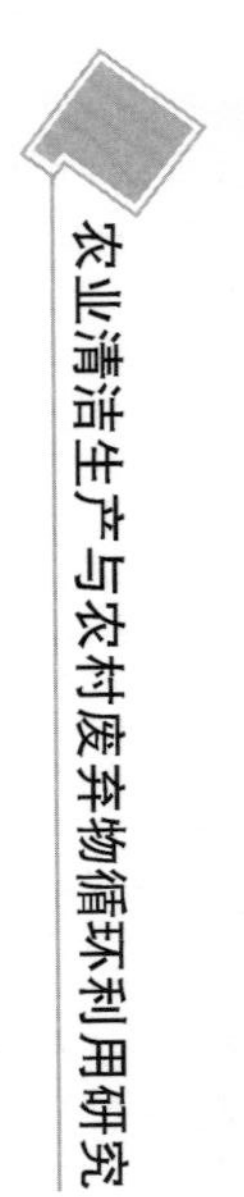

表 6-6　每一个轮作周期玉米收获后不同土层无机氮残留量

（单位：kg/hm²）

年份	处理	NO_3^--N						NH_4^+-N						无机氮
		0～20cm	20～40cm	40～60cm	60～80cm	80～100cm	0～100cm	0～20cm	20～40cm	40～60cm	60～80cm	80～100cm	0～100cm	0～100cm
2011年玉米收获后	CK	21.73b	9.44b	5.73b	5.75c	4.80b	47.45d	4.61a	4.49a	3.77a	3.73a	4.81a	21.41c	68.86d
	T1	32.52b	12.43b	11.43b	6.13c	6.74b	69.25c	3.39b	3.77ab	3.66a	3.58a	3.68b	18.08bc	87.34cd
	T2	51.45a	19.42ab	14.17ab	10.80bc	10.08b	72.33b	3.37b	2.90b	3.15a	3.42a	3.25b	16.09ab	122.01bc
	T3	57.76a	25.75a	23.13a	17.52ab	18.61a	142.77a	3.33b	3.21ab	3.36a	3.08a	3.40b	16.38a	159.15ab
	CF	56.56a	26.82a	23.42a	23.262a	22.70a	152.76a	3.72ab	3.45ab	4.61a	3.64a	3.03b	18.45a	171.21a
2012年玉米收获后	CK	8.51c	7.45d	5.43c	2.47e	2.19d	26.05d	3.68a	3.28b	3.14a	3.19c	2.83b	16.12c	42.16d
	T1	23.77b	15.39c	8.29c	7.41d	6.78cd	61.64c	5.42a	6.13b	5.56a	5.06bc	5.42ab	27.59b	89.13c
	T2	31.40b	24.45b	16.62b	11.66c	9.02c	93.15b	12.47a	9.42ab	8.89a	7.12abc	8.87ab	46.77ab	148.91b
	T3	45.55a	39.72a	27.26ab	17.45b	16.45b	146.43a	11.58a	13.51a	11.27a	10.72ab	10.82a	57.9ab	204.32a
	CF	47.63a	44.61a	21.32b	22.1a	24.59a	160.25a	10.09a	8.32ab	7.02a	11.95a	12.08a	49.46a	209.72a
2013年玉米收获后	CK	7.09c	4.56b	3.06c	2.08c	1.05d	17.84c	3.62b	2.74b	2.95a	3.31a	2.19b	14.81c	41.13d
	T1	34.72b	16.18ab	10.50bc	7.27bc	6.65cd	75.32b	8.34ab	6.59ab	6.81a	5.77a	13.11a	40.62b	95.98c
	T2	41.64b	21.54ab	18.30ab	13.46ab	11.60c	106.54b	6.22ab	10.74ab	7.86a	8.35a	14.74a	47.91b	135.53b
	T3	55.50ab	44.66a	26.19a	20.15a	17.79ab	164.29a	12.20a	14.45a	9.02a	7.27a	16.89a	59.83ab	200.12a
	CF	68.43a	39.73a	26.97a	22.30a	22.59a	180.02a	6.79ab	8.83ab	7.16a	3.82a	11.06ab	37.66a	217.68a

注：每年同列数据不同字母表示差异达5%显著水平

个剖面而言，0～20cm土层速效磷含量显著高其他土层，连续3年肥水灌溉处理0～100cm土壤剖面速效磷与不施肥相比显著增加，这一显著性增加的现象在肥水高量磷带入（182kg/hm^2）处理和化肥磷施用处理土壤同样观测到。0～20cm土层，冬小麦收获后，速效磷含量呈现CK<T1<T2<CF<T3，随肥水灌溉带入磷量的增加，速效磷显著增加；夏玉米收获后，0～20cm土层速效磷含量呈现CK<T1<T2<T3<CF，肥水灌溉3年后，T3处理速效磷含量显著高于T1处理，与T2处理差异不显著，但均显著低于CF处理。20～40cm土层，冬小麦收获后，T3处理速效磷含量显著高于T1、T2和CF处理；夏玉米收获后，T3处理速效磷含量显著高于T1和CK处理，与CF处理差异不显著。40～60cm土层，前两个轮作周期结束后，不同处理土壤速效磷之间差异不显著，第3个轮作周期冬小麦和夏玉米收获后，土壤速效磷含量施磷处理显著高于不施磷处理。60～80cm土层，各处理速效磷含量差异不显著。80～100cm土层，各处理速效磷含量差异不显著，且CK、T1和T2处理速效磷含量小于5 mg/kg。

（六）牛场肥水灌溉对冬小麦—夏玉米轮作体系氮平衡的影响

冬小麦—夏玉米轮作体系氮素平衡结果如表6－7。结果表明，牛场肥水灌溉（图6－4）的3个处理，在氮素的输入中，牛场肥水灌溉氮素输入占总输入量的33.70%～49.78%，起始无机氮、矿化氮和灌溉水（地下水）带入氮为713kg/hm^2，占氮素输入量的39.00%～52.81%，小麦秸秆还田氮占总输入量的11.21%～13.48%；土壤氮素输出中，T3处理（肥水灌溉氮带入量为320kg/hm^2）作物累计氮吸收量和土壤无机氮残留量显著高于T1和T2处理（肥水灌溉氮带入量为240kg/hm^2和320kg/hm^2）。氮表观利用率随氮投入量的增加显著降低，T1处理（肥水灌溉氮带入量160kg/hm^2）氮表观利用率显著高于T2和T3处理（肥水灌溉氮带入量为240kg/hm^2和320kg/hm^2），而氮表观残留率显著低于T3处理，与T2处理差异不显著。体系中氮表观损失率随灌溉带入氮的增加而增加，T3处理氮损失率显著高于T1处理，但所有肥水灌溉处理氮损失率均显著低于习惯施肥处理。

表6－7　冬小麦—夏玉米轮作体系氮素平衡

处理	氮输入（kg/hm^2）						氮输出（kg/hm^2）			表观利用率（%）	氮表观残留率（%）	氮表观损失率（%）
	化学肥料氮	起始无机氮	矿化氮	灌溉带入氮	小麦秸秆还田氮	氮输入总量	作物吸收	土壤残留无机氮	表观损失			
CK	0	170	480	63	118	831	790c	41c	0d			
T1	0	170	480	518	182	1 350	1 239b	96b	15d	67.63a	4.08b	28.29c
T2	0	170	480	745	202	1 597	1 293b	136b	168c	54.49b	5.95ab	39 56bc
T3	0	170	480	973	205	1 828	1 349a	200a	279b	47.87b	8.63a	45.39b
CF	1 446	170	480	63	255	2 414	1 262b	218a	934a	27.68c	7.31a	65.01a

注：同列数据不同字母表示差异达5%显著水平

（七）牛场肥水灌溉对作物收获后土壤表层有机质、硝态氮和全磷的影响

对轮作种植收获后土壤中的硝态氮、全磷和有机质进行分析，结果表明（表6－8），NO_3^-－N、TP和O.M.含量随着牛场肥水灌溉次数的增加而增加，牛场肥水灌溉4次，带入氮量为393kg/hm^2、磷量为217kg/hm^2，60～100cm土壤中NO_3^-－N质量浓度显著高于肥水灌溉2次处理，与习惯施肥差异不显著，肥水灌溉2～3次，土壤中硝态氮差异不显著；TP和O.M.随灌溉次数的增加呈现增加的趋势，但未达到5%显著水平。表6－9显示，冬小麦收获后土壤速效磷与肥水中氮带入、玉米产量、土壤有机质和全磷呈极显著相关性，与肥水磷带入量、冬小麦产量和土壤硝态氮呈显著相关；夏玉米收获后土壤速效磷与肥水带入磷、土壤硝态氮和全磷呈极显著正相关，与肥水

A.冬小麦肥水灌溉

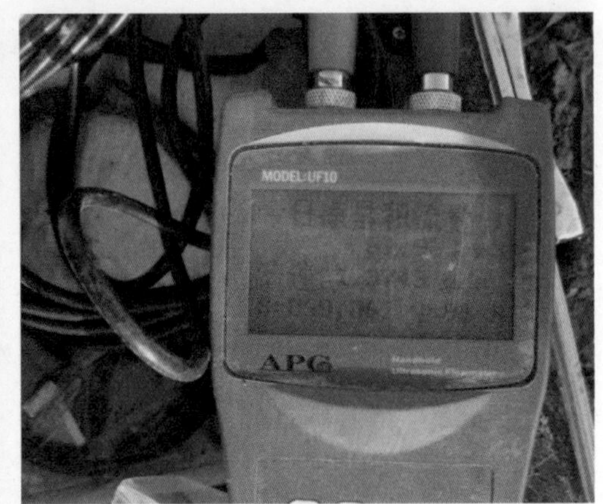

B.灌溉量计量

图 6－4　肥水灌溉试验和过程中使用的器材

带入氮、夏玉米产量和土壤有机质呈显著相关。肥水中氮磷交互效应促进磷土壤速效养分的积累。

表 6－8　轮作周期结束后土壤硝态氮、全磷和有机质的变化

处理	NO_3^- －N（kg/hm²）					TP（kg/hm²）	O. M.（%）
	0～20cm	20～40cm	40～60cm	60～80cm	80～100cm		
CK	7. 09c	4. 56b	3. 06c	2. 08c	1. 05d	0. 93	2. 19
T1	34. 72b	16. 18ab	10. 50bc	7. 27bc	6. 65cd	1. 14	2. 44
T2	41. 64b	21. 54ab	18. 30ab	13. 46ab	11. 60c	1. 14	2. 42
T3	55. 50ab	44. 66a	26. 19a	20. 15a	17. 79ab	1. 21	2. 46
CF	68. 43a	39. 73a	26. 97a	22. 30a	22. 59a	1. 17	2. 43

（八）牛场肥水灌溉的经济环境效益

1. 经济效益

以华北地区冬小麦—夏玉米轮作种植为例，冬小麦种植过程中，农民习惯施肥种植前施底肥（复合肥）375kg/hm²、拔节期追肥尿素 600kg/hm²，夏玉米播种时施底肥（复合肥）600kg/hm²，复合肥按照每千克2. 5 元，尿素按照每千克 1. 8 元，冬小麦—夏玉米一个轮作周期种植每公顷购买化学肥料需要花费 3 500元。冬小麦—夏玉米轮作条件下，冬小麦产量比习惯施肥增产 400～650kg/hm²，

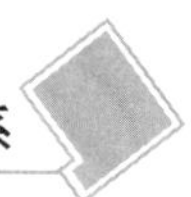

夏玉米产量比习惯施肥增产 100 ~ 350kg/hm²，养殖肥水灌溉冬小麦—夏玉米，一个轮作周期作物产量比习惯施肥增加 500 ~ 1 000kg/hm²，冬小麦和夏玉米售价按照每千克 2.0 元，则农民每周期增加收入 1 000 ~ 2 000元。在一个轮作周期中，农民每公顷节约化学肥料和产量增加共计增加收入 4 500 ~ 5 500元。

表 6 - 9　土壤表层速效磷含量与肥水带入氮磷、作物产量土壤有机质、硝态氮和全磷的相关分析

	$Olsen\text{-}P_w$	$Olsen\text{-}P_m$	N_{input}	P_{input}	Y_w	Y_m	O. M.	$NO_3^- - N$	TP
$Olsen\text{-}P_w$	1								
$Olsen\text{-}P_m$	0.927**	1							
N_{input}	0.989**	0.918*	1						
P_{input}	0.812*	0.970**	0.811	1					
Y_w	0.899*	0.750	0.856*	0.580	1				
Y_m	0.972**	0.882*	0.933**	0.746	0.967**	1			
O. M.	0.959**	0.890*	0.907*	0.763	0.939**	0.991**	1		
$NO_3^- - N$	0.871*	0.988**	0.870*	0.992**	0.638	0.800	0.816*	1	
TP	0.991**	0.933**	0.962**	0.819*	0.910*	0.984**	0.986**	0.874*	1

注：* $P < 0.05$，** $P < 0.01$

2. 环境效益

控制养殖肥水污染对改善农村、农业生产及居民生活环境非常重要，是目前我国政府所关注的重点问题之一，也是发展和谐社会必须解决的重要问题。将养殖废水经过厌氧处理，可有效解决养殖废水排放所造成的污染问题，减少病虫害传染源，美化环境。养殖肥水农田灌溉，可带动一系列相关产业共同发展，实现治污与致富同步、环保与创收双赢。

第二节　生活污水处理与利用技术*

一、技术特征

针对北方地区冬季气候寒冷导致农村生活污水处理效率低这一关键技术问题，进行了农村生活污水处理筛选、优化、集成，研发了一种适合于寒冷地区的农村生活污水处理系统及其工艺，已获得国家发明专利，专利号：201110213344.7。该项技术包括厌氧水解池、好氧生物滤池、水平潜流人工湿地等 3 个功能单元，可高效去除生活污水中有机物和氮磷，其特点在于：整套系统为全地下式，并且人工湿地水位可控调节，有利于冬季系统保温，保证了寒冷地区农村生活污水处理系统的常年稳定运行；好氧生物滤池可高效去除污水中的氮；人工湿地采用了高效复合填料，即使在冬季没有植物生长的情况下也可高效去除污水中的磷；充分利用地势高差进行工艺布局，为微动力型农村生活污水处理系统，运行成本低。该项技术的结构如图 6 - 5 所示。

二、技术要点

如图 6 - 5 所示，适合于我国北方地区的农村生活污水处理系统由污水厌氧水解池、好氧生物

* 本节撰写人：刘东生　李想

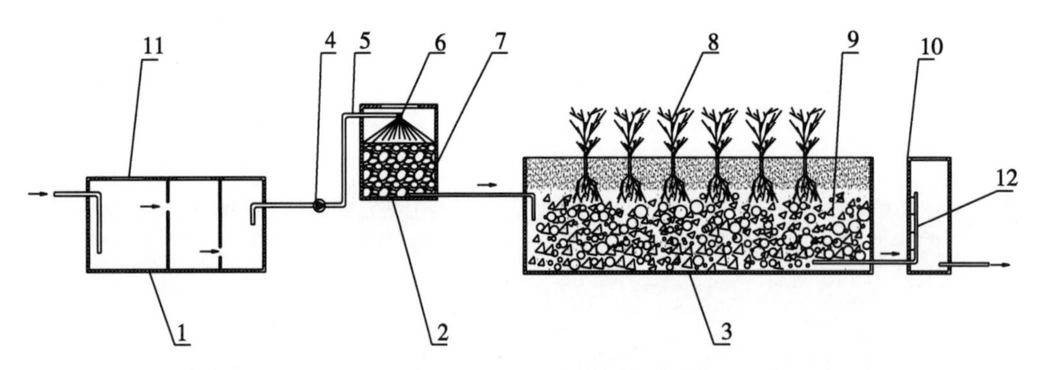

1. 污水厌氧水解池；2. 好氧生物滤池；3. 水平潜流人工湿地；4. 水泵；5. 管道；
6. 雾化喷头；7. 轻质滤料；8. 水生植物；9. 除磷填料；10. 液位控制器；
11. 人孔；12. 半塑性软管

图6－5　生活污水处理与利用技术结构示意图

滤池、水平潜流人工湿地、水泵及管道组成。其中好氧生物滤池包括雾化喷头和轻质滤料；水平潜流人工湿地包括水生植物、除磷填料、液位控制器。

厌氧水解池为全地下式，并设有人孔，便于清淤。

好氧生物滤池为全地下式，轻质滤料的粒径为2～4mm，轻质滤料层厚为60cm，雾化喷头距离轻质滤料表层为30～50cm，喷洒直径为1.2～1.5m。

水平潜流人工湿地的除磷填料层厚不小于1.2m，除磷填料在吸附饱和后进行更换，更换周期为每10年1次。

液位控制器中半塑性软管其长度在铅直方向上可在40～100cm范围内调节。

适合于我国北方地区农村生活污水处理的工艺流程：待处理污水从进水口流入厌氧水解池内，经沉淀、厌氧菌作用，初步分解和去除污水中有机物，停留时间为18～24h；利用水泵将经厌氧水解池处理的污水通过好氧生物滤池中雾化喷头，均匀地喷洒在轻质滤料表层，通过复氧与好氧菌的反硝化作用进一步去除有机物和氮，每天等间隔喷洒12次，水力负荷为40～60cm/d；好氧生物滤池出水进入水平潜流人工湿地，主要在除磷填料的吸附作用下，以及微生物分解和水生植物吸收作用下去除污水中的磷，同时对氮有一定的去除作用，出水达标排放进入环境水体，水力负荷为0.1～0.15 m^3/（m^2·d）。试验结果表明，当生活污水进水COD_{cr}浓度为200～450mg/L，NH_3-N浓度为20～90mg/L，TP浓度为2～6.5mg/L，处理系统出水$COD_{cr} \leq 60$mg/L，$NH_3-N \leq 15$mg/L，TP≤1mg/L，达到《城镇污水处理厂污染物排放标准》（GB 18918—2002）一级B标准。

三、技术的应用效果

该项技术的示范工程位于北京市昌平区中国农业科学院试验基地，设计处理规模4t/d。主要工艺技术参数：厌氧水解池水力停留24h，好氧生物滤池水力负荷为60cm/d，人工湿地水力负荷0.15m^3/（m^2·d）。示范工程建设与安装调试图片见图6－6。

示范工程运行效果较好。出水COD都在50mg/L以下，达到《城镇污水处理厂污染物排放标准》一级A标准；出水TN都在20mg/L以下，达到《城镇污水处理厂污染物排放标准》一级B标准；出水NH_4^+-N基本都在15mg/L以下，达到《城镇污水处理厂污染物排放标准》一级B标准；出水TP基本都在1.5mg/L以下，达到《城镇污水处理厂污染物排放标准》一级B标准。详见图6－7、图6－8、图6－9、图6－10。

图 6－6　示范工程

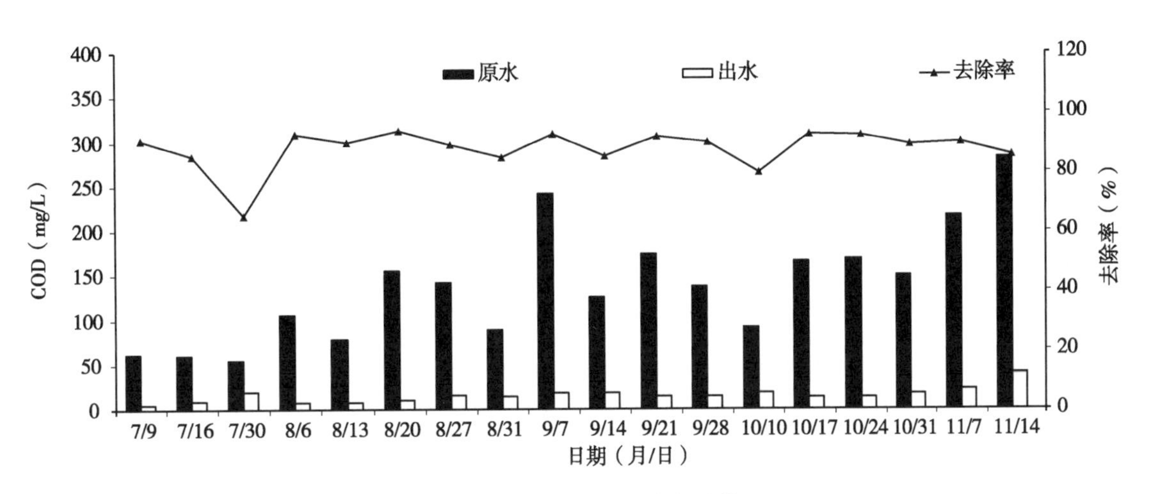

图 6－7　进出水 COD 变化趋势

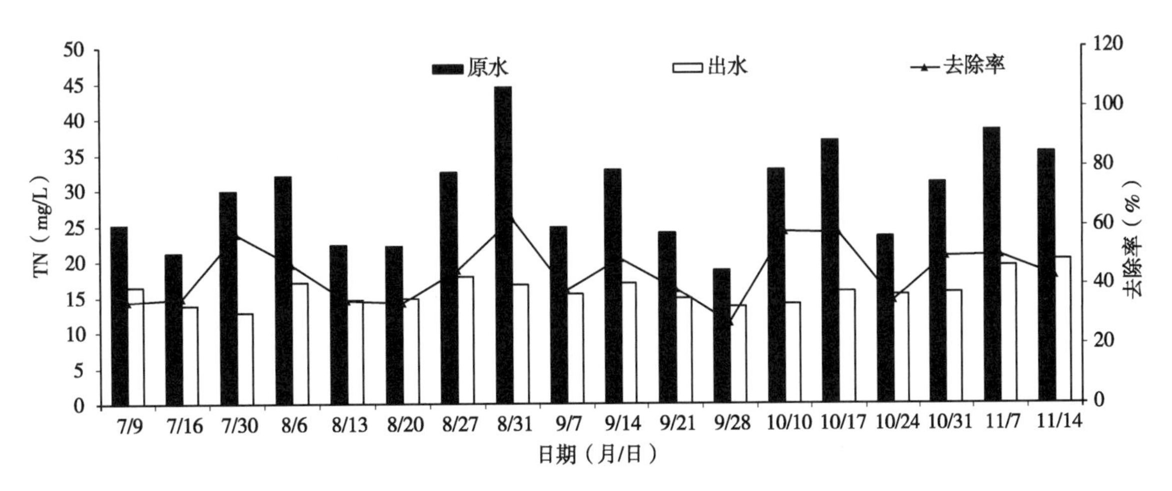

图 6－8　进出水 TN 变化趋势

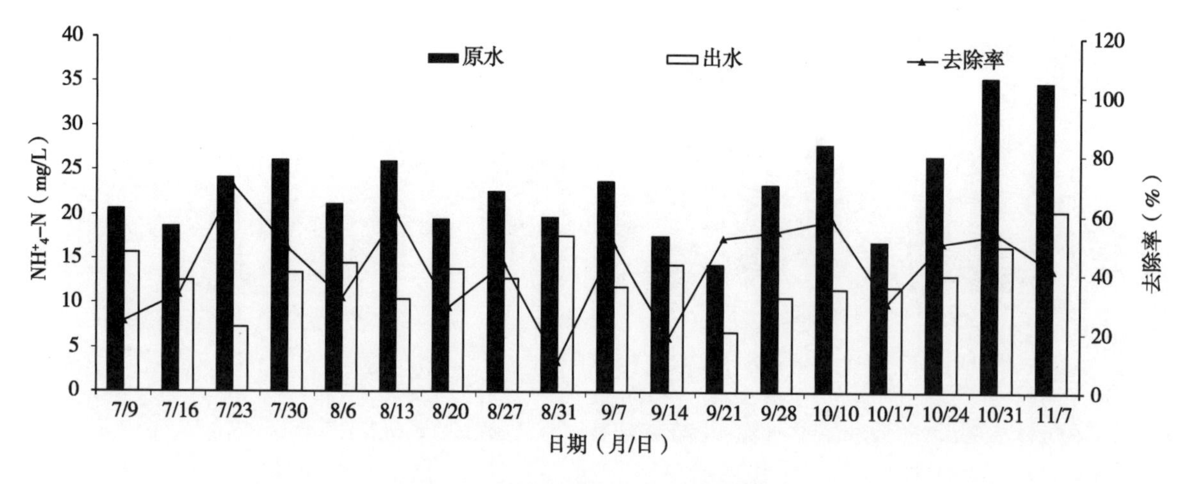

图6－9　进出水 NH_4^+－N 变化趋势

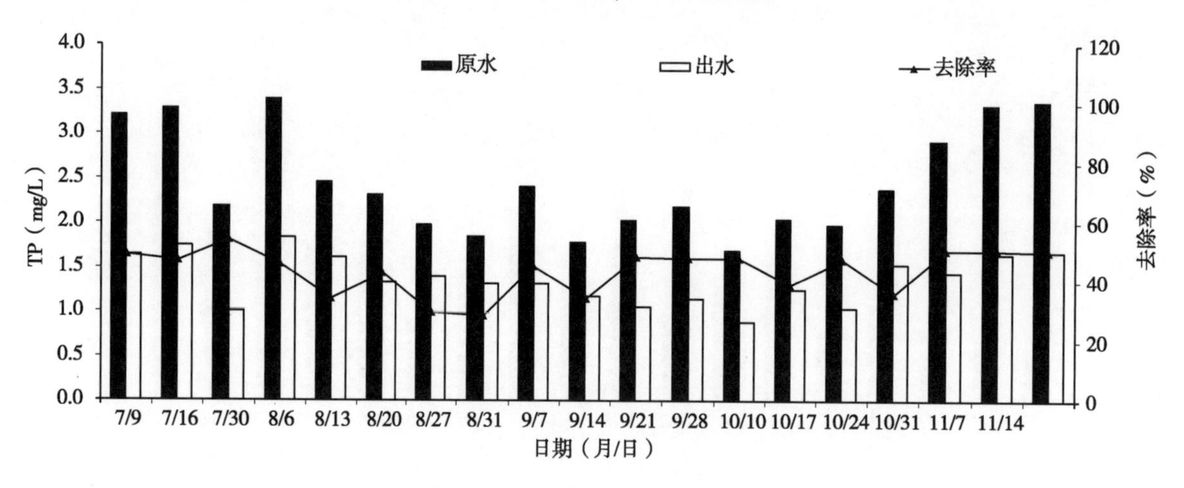

图6－10　进出水 TP 变化趋势

参考文献

[1] 黄红英，曹金留，常志州，等．猪粪沼液施用对稻、麦产量和氮磷吸收的影响［J］．土壤，2013，45（3）：412－418.

[2] 乔冬梅，齐学斌，樊向阳，等．养猪废水灌溉对冬小麦作物—土壤系统影响研究［J］．灌溉排水学报，2010，29（1）：32－35.

[3] 中华人民共和国环境保护部．第一次全国污染源普查公报［R］．北京：中华人民共和国国家统计局，2010.

[4] Alicia M C，Fuensanta G O，Jorge M S，et al. Short-term effects of treated wastewater irrigation on Mediterranean calcareous soil［J］．Soil and Tillage Research，2011，112（1）：18－26.

[5] Belaid N，Catherine N，Monem K，et al. Long term effects of treated wastewater irrigation on calcisol fertility：A case study of Sfax-Tunisia［J］．Agricultural Sciences，2012，3（5）：702－713.

[6] Hermanna G，Shore S L，Steinbergera Y. Effects of cattle-lagoon slurry on a soil microbial community can be observed until depths of 50m［J］．Applied Soil Ecology，2011，49（5）：32－39.

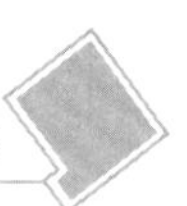

第七章　农业循环经济闭合体系*

第一节　循环农业基本理论

一、循环农业与清洁生产

（一）循环农业概念

循环农业是相对于传统农业发展提出的一种新的发展模式，是运用可持续发展的思想和循环经济理论与生态工程学的方法，结合生态学、生态经济学、生态技术学原理及其基本规律，在保护农业生态环境和充分利用高新技术的基础上，调整和优化农业生态系统内部结构及产业结构，提高农业生态系统物质和能量的多级循环利用，严格控制外部有害物质投入和农业废弃物的产生，最大限度地减轻环境污染。循环农业发展遵循“3R”原则，即减量化（Reduce）、再使用（Reuse）、再循环（Recycle），其目的是真正实现农业生产源头预防和全过程治理，其核心是农业资源的节约、循环利用，最大程度地发挥农业生态系统功能，推进农业经济活动最优化，把资源节约、循环利用、效益增值有机结合起来，推进农业可持续发展与农村生活环境的优美。

（二）农业清洁生产

农业清洁生产其实质就是在农业生产全过程中，通过生产和使用对环境友好的绿色农用化学品，如化肥、农药、地膜等，改善农业生产技术，减少农业污染源的产生，减少农业产品消费和服务过程对环境的风险。农业清洁生产技术涵盖了既可满足农业生产需要，又可合理利用资源保护环境的实用农业生产技术。在生产过程中要求：①清洁投入，包括原料、农用设备和能源等投入品的清洁；②清洁产出，主要指清洁农产品，在食用和加工过程中不致危害人体健康和生态环境；③清洁生产过程，采用清洁生产程序、技术与管理，尽量少用（或不用）化学农用品，确保农产品具有科学的营养价值及无毒、无害。在各地实践过程中，形成了一批循环农业与清洁生产模式。

二、循环农业的主要特征

循环农业强调农业产业间的协调发展和共生耦合，调整产业之间的相互联系和相互作用方式，构建合理有序的农业生态产业链，发挥农业的多功能性。循环农业主要特征包括以下 4 个方面。

（一）循环农业是遵循循环经济理念的新生产方式

循环农业要求经济活动按照“投入品→产出品→废弃物（副产品）→再生产→新产出品”的反馈式流程组织运行；强调在生产链条的输入端尽量减少自然资源与辅助能的投入，中间环节尽量减少自然资源消耗，输出端尽量减少生产废弃物及农业副产品的排放，从而真正实现源头预防和全过程治理。循环农业模式是在现代农业生产经营组织方式下，由新型的农业生产过程技术范式、优化的农业产业组合形式构成的，集安全、节能、低耗、环保、高效、可持续发展特征于一体的现代

* 本章撰写人：尹昌斌　李贵春

农业生产经营活动的总称。

（二）循环农业是一种资源节约与高效利用型的农业经济增长方式

循环农业把传统的依赖农业资源消耗的线性增长方式，转换为依靠生态型农业资源循环来发展的增长方式。提高水资源、土地资源、生物资源的利用效率，开发农业副产品等农业有机废弃物再生利用的新途径，探索促进生物质资源循环利用新方法。运用农业高新技术及先进的适用技术，最大限度释放资源潜力，减轻资源需求压力。

（三）循环农业是一种产业链延伸型的农业空间拓展路径

循环农业实行全过程的清洁生产，使上一环节的废弃物（副产品）作为下一环节的投入品，在产品深加工和资源化处理的过程中延长产业链条，通过循环农业产业体系内部各要素间的协同作用和共生耦合关系，建立起比较完整、闭合的产业网络，全面提高农业生产效益及农业可持续发展能力。

（四）循环农业是一种建设生态友好型闭合循环经济体系和建设美丽乡村的切入点

循环农业遏制农业污染和生态破坏，在全社会倡导资源节约的增长方式和健康文明的消费模式，使农业生产和生活真正纳入到农业生态系统循环中，实现生态的良性循环与乡村建设的和谐发展，最终形成资源、产品、消费品与废弃物之间的转化与协调互动，合理布局、优化升级农村产业，构建农村区域人民共同参与的循环农业经济体系，为建设美丽乡村提供基础支撑。

三、农业循环经济的架构

20 世纪 80 年代以来，我国陆续开展了生态农业建设和农业产业化的摸索与实践，在全国范围内形成了各具特色的农业循环经济模式。

（一）从宏观层面上构建国家循环经济体系

在围绕提高资源产出率，健全激励约束机制，积极构建循环型产业体系，推动再生资源利用产业化，推行绿色消费，加快形成覆盖全社会的资源循环利用体系下，构建国家循环经济体系，使农业循环经济模式与其他产业发展有机协调起来。

（二）从中观层面上建立农业循环经济体系

在遵循农村经济发展与生态环境保护、自然资源保护与开发增值相协调的原则下，在生态系统承载能力下，充分发挥当地生态区位优势及农产品的比较优势，构建农村生态、环境和经济效益协调统一的农业产业化体系，实现资源的最佳配置、废弃物的有效利用以及环境污染最低的目标。

（三）从微观层面上创建农业循环经济的生产体系

现代农业发展面临着如何创建资源高效利用、要素合理配置、农民持续增收、生态逐步改善的新型农业生产体系这一重大课题。构建新型农业生产体系，要摒弃以数量为目标的初级农产品生产的传统观念，树立包括源头、过程、末端等全过程控制的管理理念，推进农业向区域化布局、规模化发展、产业化经营、专业化分工、标准化生产和社会化服务方向发展，形成与生态链、价值链相一致的产业链，建成农业循环经济的网络化生产体系。

四、循环农业发展的目标

发展循环农业，实现农业功能的以下 3 个方面转变：一是由生产功能向兼顾生态社会协调发展转变。发展循环农业，要改变目前重生产轻环境、重经济轻生态、重数量轻质量的思路，既注重在

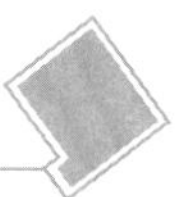

数量上满足供应，又注重在质量上保障安全；既注重生产效益提高，又注重生态环境建设与保护。二是由单向式资源利用向循环型转变。传统的农业生产活动表现为“资源—产品—废弃物”的单程式线性增长模式，产出越多，资源消耗就越多，废弃物排放量也就越多，对生态的破坏和对环境的污染就越严重。循环农业以产业链延伸为主线，推动单程式农业增长模式向“资源—产品—再生资源”循环的综合模式转变。三是要由粗放高耗型向节约高效型技术体系转变。依靠科技创新，推广促进资源循环利用和生态环境保护的农业技术，提高农民采用节地、节水、节种、节肥、节药、节电、节柴、节油、节粮、减人等节约型技术的积极性，提高农业产业化的技术水平，实现由单一注重产量增长的农业技术体系向注重农业资源循环利用与能量高效转换的循环农业技术体系转变。经过多年的实践，各地循环农业发展涌现出一大批典型模式，下面逐一作简要介绍。

第二节 循环农业主要模式

一、农户庭院式循环农业模式

（一）原理与特点

1. 模式原理

庭院循环农业模式依据物质循环利用原理，在一定区域范围内有效地进行物质和能量多层次多途径循环利用，减少营养物质外流与浪费。一般根据农户庭院特点，充分利用房前屋后、屋顶宅基资源及院外的鱼塘、责任田、果园等土地资源，进行空间生态位开发和生产要素配置的优化耦合，充分利用人畜粪污、厨房残羹、生活垃圾、庭院绿化及太阳能利用等，达到基本生产生活单元内部生物间的协调、循环和物质的多层次再生、高效利用，实现农村生活环境优美。

2. 模式特点

该模式利用农民居住空间即住宅、厨房、浴室、屋顶、圈舍、厕所、草地等院落环境及屋外鱼塘、果园等空间，以沼气为纽带，将庭院种植、养殖与家庭生活相结合，达到生物间的协调、循环、再生和物质的多级利用，使农村庭院建成一个高产优质、高效、低耗的微型生态系统。其特点可以概括为以下几点。

一是需要空间小。模式运行发生在农户庭院和周边鱼塘、果园或小型养殖圈场等狭小的空间内，构成一个闭路循环系统。

二是资源循环链条简单。在庭院循环模式中，涉及农业农村生活废弃物能量化、肥料化的过程，资源链条单一，但能解决农村资源浪费、环境脏乱差等问题。

三是模式运行简便。在模式运行中各组成单元之间以太阳能为动力，以沼气为纽带，实现沼气积肥同步，种植饲养并举，建立一个生物种群较多的食物链结构、能流、物流循环较快的能源生态系统。

3. 发展原则

发展庭院循环农业应遵循以下原则。

一是因地制宜，根据当地的气候特征、资源优势开发利用适合本地气候资源、环境条件的庭院农业循环模式，切忌盲目效仿。

二是良性循环，利用庭院中一切可以利用的空间和资源，以沼气为纽带，把养殖业和种植业结合起来，达到家居温暖清洁化、庭院经济高效化、农业生产无害化，形成农户生活、生产单位内部的生态良性循环。

三是多级利用，按照食物链及其营养级的比例关系，调整农业结构，构建农业产业链条，提高资源利用效率，防止资源浪费和环境污染。

（二）技术组装与集成

庭院循环农业模式，规模小，产业链条简单，习惯于采用本地化、操作简单的技术。因地制宜地选择庭院循环农业技术组合，包括标准沼气池工程，多采用厌氧发酵，为家庭提供照明和做饭燃料，为种植提供有机肥料；猪、羊、牛、家禽等标准畜禽舍和畜禽养殖技术；卫生厕所及沼气热水器或太阳能热水器洗澡房技术；沼气灶和节煤柴灶的整洁化厨房；庭院绿化美化等园艺栽培技术。

（三）模式案例：广西天峨县庭院生态种养模式

1. 概况

天峨县六排镇位于广西天峨县境东南部，坐落在红水河畔，东与南丹县相连，南与岜暮乡为界，西面与南面分别与向阳和八腊乡接壤，北与坡结乡毗邻。全镇总面积约 397 km^2，耕地面积 1100 hm^2，其中，水田 500 hm^2，旱地 600 hm^2，林地面积 2.49 万 hm^2。六排镇云榜村兴隆屯是从龙滩水电站库区搬迁出来的一个移民新村，全村 26 户 104 人。全村在生态富民“十千百万”示范工程的扶持下，在楼顶和房前屋后推广高效生态循环模式，发展庭院经济。

2. 产业链循环路径

该模式是在有限的庭院空间实施生态种植业和生态养殖业，发展庭园生态循环经济，有效地解决了移民新村土地资源少与生产发展的矛盾。云榜村兴隆屯庭院经济在楼顶推广 4 种模式（图 7－1）：①养鸡与种菜相结合，即在楼顶建鸡舍养鸡，猪舍台上种菜；②建猪舍养猪，全屯在楼顶建猪舍 18 间，面积 72m^2，年养猪 200 头；③实施“蛙＋灯＋葡萄”，即在楼顶种葡萄，建池养蛙，挂诱虫灯诱虫喂养青蛙；④建六画山鸡舍 27 个，面积 810m^2，投苗鸡 4 900羽。在房前屋后推广“沼＋蛙（鳖）＋灯”模式，全屯建沼气 26 座，建蛙池、鳖池各 13 个，总面积 282m^2，在池中养蛙、养鳖。

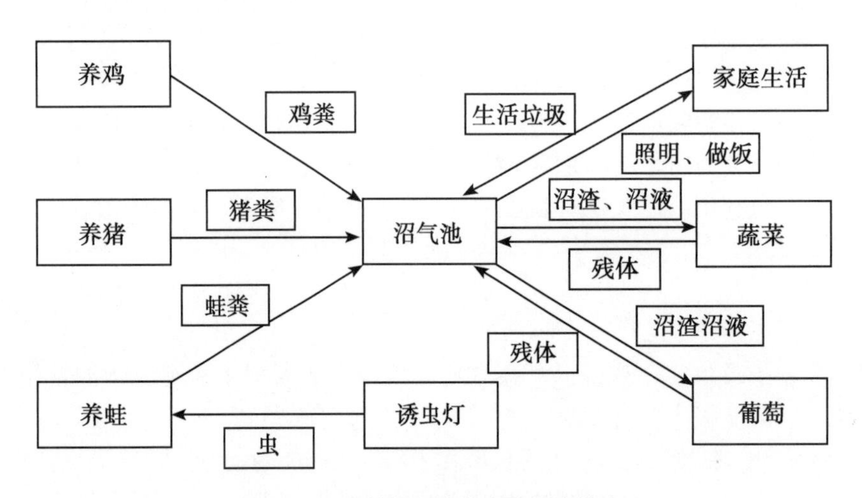

图 7－1　云榜村兴隆屯庭院经济模式

3. 模式效益与推广条件

兴隆屯通过大力推广庭院生态种养模式，实现年人均纯收入 4500 多元。此模式实施集约种养、高效种养，能在有限空间实现最大产出，适合土地资源缺乏的贫困大石山区借鉴和推广。

二、产业园区循环农业模式

（一）原理与特点

1. 模式原理

产业园区型循环农业模式以企业、产业间的循环链条建设为主要途径，通过多维立体产业集合体，构建起能源、物流多重循环关系，产业间有其不同的生产组织形式、资源产品链结构和经营管理方式，在园区内合理布局产业，产业链条上最大限度地再生利用、深度利用农业废弃物资源，以更少的资源消耗、更低的环境污染，生产出高产优质的农产品，使有限的农业资源得到高效、永续利用。

2. 模式特点

循环农业园区模式在我国发展较快，在不同的地区形成了一批比较成熟，且颇具特色的推行模式，如种植养殖和沼气池配套组合的循环农业园区、动植物共育和混养的循环农业园区、以养鱼为中心的循环农业园区、山林基地种养结合的循环农业园区、种养加为一体化循环农业园区等。这些循环农业园区的共同特点是运用现代科学技术和管理方法，把种植业和林业、牧业、渔业以及相关加工业有机地结合在一起，通过物质闭路循环、能量多级利用，价值增生，在闭合产业链条间建立相互促进、利用、协调发展的关系，不仅能够实现农产品生产优质、高效、低耗，向人们提供各种绿色食品和其他生物资源，而且作为生态系统的组成部分还发挥着调节生态系统的重要功能。

（二）技术组装与集成

产业园区发展离不开先进的配套技术和产业组织理念。产业园区根据自身发展需求，建立配套的技术体系，主要有农业栽培技术、养殖技术、物质循环利用技术和农产品加工技术等，组装或集成园区发展技术支撑体系。以北京德青源“五位一体”循环农业模式为例，该模式组装与集成了沼气发酵与发电、饲料加工、养鸡、蛋品加工、干清粪、水环绕防疫等先进的技术工艺，构成适宜于园区良性发展的技术体系。

（三）模式案例

1. 北京德青源“五位一体”循环农业模式

（1）园区概况。北京德青源生态农场位于北京松山国家自然保护区，是国家高新技术产业化现代农业示范基地，也是全国农业标准化示范区。园区利用沼气发电、污水处理、太阳能利用等生态科技手段，形成以养殖业为主导、废弃物完全资源化利用为特色的“生态养殖—蛋品清洁加工—鸡粪制沼发电—沼渣制肥—绿色种植”为一体的新型农业企业循环经济模式。园区现有蛋鸡存栏 260 万只，蔬菜温室 2 500亩，玉米种植基地 10 万亩，固态有机肥料生产能力 6 600t/年，液态有机肥生产能力 73 000t/年，沼气热电联供工程年提供电力 1 000万 kW·h。

（2）产业链循环路径。该模式通过再生能源（沼气）、绿色种植、日光温室养鸡、生物有机肥及蛋品加工等因子的合理配置，形成以沼气为能源，以鸡粪为肥源，种植业、养殖业（鸡）与蛋品加工相结合，能流、物流良性循环，资源高效利用，综合效益明显的农业废弃资源循环利用系统（图 7－2）。在种植环节上，把种植业设施蔬菜与玉米秸秆等废弃物加工成养鸡厂饲料原料；在养殖环节上，建设大型沼气发电工程，将养殖、食品加工废弃物和废水转化为绿色电力和热源，在完全解决企业对热电需求的同时，还供周边居民生活使用，实现了全流程能源的正输出；在废弃物利用环节上，建设了鸡粪从鸡舍到发酵场的封闭式地下传送系统，降低了气味污染；利用发酵残留的沼液沼渣等制备有机肥，用于自身的有机种植业。最终通过利用人、生物与环境之间的能量转换定律和生物之间共生、互养规律，结合本地资源结构，建立一个或多个以“一业为主、综合发展、多级转换、良性循环”的高效无废料系统。

（3）模式效益与推广条件。在该模式良性运行下，2010 年与 2005 年相比，总产值提高 125.6%，土地产出率提高 125.6%，单位工业增加值用水量降低 37.9%，沼气发电 1 400万 kW·h，相当于减排温室气体 8.4 万 t。有机种植园 500 亩，每天满足 35 万人对有机蔬菜的需求，2 000亩大棚、10 万亩玉米的订单农业种植基地带动 6 万农民致富。沼气发电为周边村庄提供清洁能源，沼

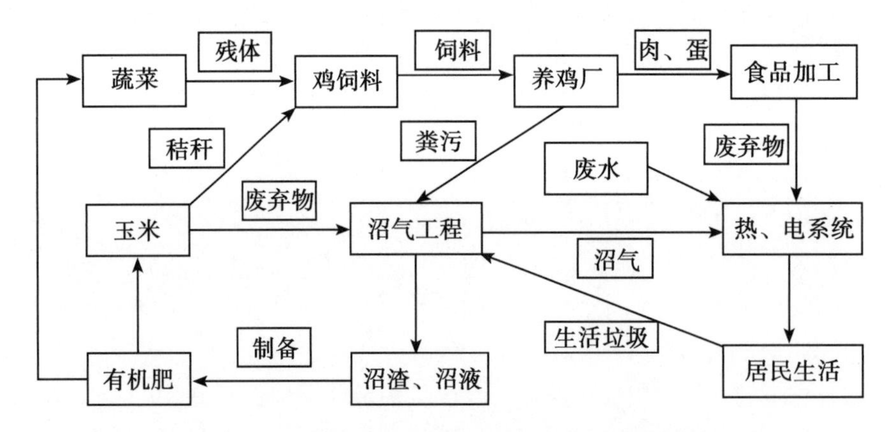

图 7-2　德青源“五位一体”循环农业模式流程图

液和沼渣为附近农民的有机蔬果生产提供了最佳的有机肥料，这样既解决环境问题，又带动当地农村经济发展。该模式适合在有一定养殖业基础、拥有一定技术支撑能力和较好农作物种植条件的地区推广。

2. 湖南桃源能量物质多层次、多结构的循环利用模式

（1）概况。桃源县济庆农牧业发展有限公司堆金庆大宏种猪场位于常德市桃源县茶庵铺镇尚寺坪村，以繁养牲猪为主，辅以经济林、茶园种植和渔业养殖、沼气能源开发、饲料生产加工为一体的综合养殖企业。园区建设总投资达 3 000万元，占地 78 亩，是湘西北规模最大、现代化程度最高、经济效益最好、集母猪繁育与商品猪销售的科学化养殖基地。

（2）产业链循环路径。园区以生猪养殖为主，辅以经济林果、茶叶种植，渔业养殖，沼气能源开发为一体的综合养殖企业，建有“一栏二池三园”即猪栏，鱼池、沼气池，茶园、果园、饲料园，沿着“玉米喂猪、猪粪化沼、沼气照明、取暖、沼液喂鱼、沼渣肥地”的循环模式，实现了园区内“猪、沼、茶（林、果）、鱼”能量物质多层次、多结构的循环利用（图 7-3）。

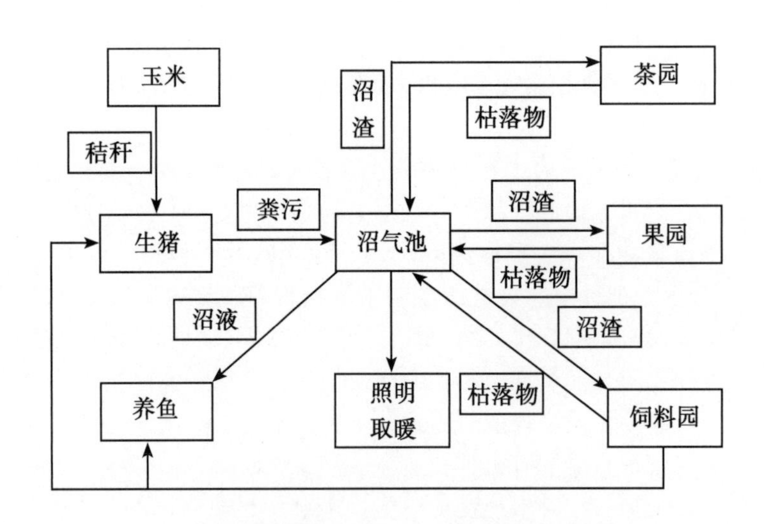

图 7-3　桃源能量物质多层次、多结构的循环利用模式

（3）效益分析与推广条件。养殖场占地 31 亩，存栏母猪 340 多头，年出栏生猪 10 000多头，鲜鱼 2 500多 kg，年产值 1 500万元。充分利用 500m^3 沼气池，使 100% 的猪粪尿、废水得到无害化处理、资源化利用，产生的沼气，不仅解决了养殖场生产生活用能，还为周边 20 多户村民提供清

洁能源，年节约用电5万余kW·h；沼液通过20多m^3的储备塔，经沼液管网输送到茶园，茶园用上了优质清洁的有机肥，年节约化肥6.6t（折纯），节约化肥成本4.6万元。该模式适宜于有一定种养规模的农业园区推广应用。

三、区域循环农业模式

（一）原理与特点

区域循环农业模式是把区域作为整体单元，全盘统筹区域经济与资源，优化农业产业结构，理顺种植、养殖、农产品加工、农村服务等相关产业的逻辑关系，发挥区域资源优势，建立生态整合机制与产业共生机制，形成资源、产品、消费品与废弃物之间的转化与协调互动，合理规划、优化升级农村产业，构建区域人们共同参与的循环农业经济体系，体现区域农业发展的整体性、协调性和可持续性。

（二）技术组装与集成

区域循环农业发展技术包括区域内农作栽培、畜禽养殖、有机肥生产及农产品加工等技术，涵盖农业生产各个领域，共同组装与集成适宜于当地资源环境条件与发展特征的技术体系。在农作物种植中为达到增产、节水、减肥与低污染的目的，常采用节水、节肥、秸秆还田、深耕、深施肥以及测土配方施肥等技术；在畜禽养殖业减少环境污染方面多采用干清粪分离、木屑垫圈及养殖场除臭等技术；畜禽粪污及农业废弃物综合利用方面多采用农村户用沼气、集约化畜禽养殖场大中型沼气工程、粪便堆沤有机肥和其他资源化利用技术等，通过农业废弃物进行综合治理与循环利用，以达到无害化、减量化、生态化和资源化利用的目的，从源头上加以控制源排放。

（三）模式案例

1. 河北大厂区域循环农业发展模式

（1）概况。大厂回族自治县位于河北省中部，地处京津唐之间，西隔潮白河与北京市通州区相望，总面积176km^2，县辖3个镇、2个乡，农业人口9万多人，是我国北方著名的牛羊集散地和饲养基地，超千头牛的大型养殖场6个，中小型养牛场近百个，生猪年出栏9万头，牛出栏10万头，羊的饲养量26万只，鸡鸭的饲养量达200万只，每天产粪便45万t。全县种植小麦9万亩、玉米12.5万亩，年产秸秆25万t。

（2）产业链循环路径。本模式是以种植、养殖废弃物资源化利用为重点的区域循环农业发展模式，以种植、养殖废弃物资源化利用为重点构建循环农业，延长主导产业链条，推进农业增效、农民增收。一是以户为主体的废弃物资源化利用，将单一模式变成种养结合，将养殖户的畜禽粪便经熟化处理后，与种植户折算秸秆，用于农业生产，而产生的秸秆再为养殖户提供饲料，达到种植业、养殖业互相带动、互相促进的目的。二是以规模企业为主体，构建循环链条，大厂福华肉类有限责任公司建有规模化沼气工程，生产出的沼气作为能源供养殖场照明、取暖；将沼渣沼液作为肥料卖给农民用于农作物生产，公司既实现了废弃物资源化利用，又提高了经济效益，改善了生产、生活环境。三是以新技术为依托，为剩余秸秆寻求新的利用途径。该县引进了北京菲美得机械有限公司研制开发的HP-1型秸秆压块机，并在本县玉米种植集中区域建立了压块厂，生产成型燃料，能源化利用废弃秸秆资源。目前，该厂每天燃烧400kg玉米压块燃料，可供全厂230人常年洗澡。经过燃烧后的灰渣，磨碎后又可还田，使玉米秸秆得到了充分利用。

（3）效益分析与推广应用。据县农业部门调查测算，通过种养结合，近3年间小麦亩增产25.4%，玉米增产36.5%，部分施到果园里，当年新枝增加27%以上，每年还可节约化肥60%左右，不仅大幅提高了废弃物资源化利用率和资源产出率，还促进农民就地增收。该模式以种植业为基础，养殖业为主体，建立了种养结合、农业废弃物资源开发利用的农业循环经济模式，对种植业、养殖业等为主的农业大县发展循环经济具有较强的借鉴意义。

2. 临漳县区域循环农业发展模式

（1）概况。临漳县位于太行山东麓，河北省南部，位居晋冀鲁豫四省要冲和中原经济腹地，扼守燕赵南大门，自古有“天下之腰脊，河北之襟喉”之称。气候类型属暖温带半干旱半湿润大陆性季风气候。临漳县围绕延长产业链条、培育新的经济增长点，充分利用资源，初步探索出符合当地实际的循环农业发展模式，一是以农产品提升型为主的园区建设，主要培育了以蟠桃为主的绿色林果业，以韭菜、西葫芦为主的蔬菜等产业，以双孢菇、平菇栽培为主的食用菌产业，养殖业以及饲料加工业，可再生能源—沼气产业和有机肥粗加工等5个产业。二是以废弃物利用为主的沼气带动模式，按照以可再生能源促循环农业发展的思路，重点培育养殖业、饲料加工业和有机肥生产、户用沼气池、食用菌栽培等。三是“四位一体”模式，主要发展以沼气池为纽带的蔬菜、蟠桃大棚生产，集大棚养殖为一体，实现养殖业、种植业的互补和良性循环。四是农业废弃物作为工业生产原料进行高附加值的利用，其工业废弃物制成有机肥作为资源再回归农业，达到了工农业循环结合、互相促进的目的。

（2）产业链循环路径。全县一是发展以食草动物为主的畜牧养殖业，配套建设中小型沼气工程，实现了畜禽粪便等废弃物资源化利用。现发展奶牛3.6万头，年利用秸秆12万t，占秸秆总量的23.2%，养羊46万只，利用秸秆33.6万t，占秸秆总量的65.6%。畜牧养殖配套中小型沼气工程28处总容积1 500m^3，年产沼渣、沼液100多万t，初步形成了猪、牛—沼—果（菜）等“四位一体”循环模式。二是利用牛粪和玉米秸秆、麦草发展食用菌500万m^2，建成食用菌产业园2个。三是为加强农业生产的节能减排和农业循环技术的推广，全县重点推广生物农药，配方测土施肥等系列节约型、集成型技术，制定畜牧养殖、蔬菜、果品和粮食生产等无公害农产品技术操作标准，培育了蟠桃、蔬菜产业园等农业龙头企业，带动节约型农业技术的推广。四是引进北京嘉禾科技有限公司的技术，利用麦秸资源年产10万t麦草纸浆，并利用生产废弃物生产10万t木质素和15万t生物有机肥，达到了“零排放”的目标，使该地区麦秸得到有效利用，并实现增值。

（3）效益分析与推广条件。通过以上4种模式的应用，对全县农业发展增收起到了很好的效果。畜牧业产值占农业总产值的比例得到提高，培育出食用菌产业成为该县新的经济增长点，全县3年时间食用菌总产值达5亿元；农业龙头企业得到发展。无公害、绿色、有机农产品栽培基地得到进一步发展，农业、林果业经济效益和总产值进一步提高，带动了农民收入的增加。该模式以种养业紧密结合为农业废弃物资源开发利用典范，在种植业、养殖业均较集中的农业区域发展该模式较适宜。

四、设施农业清洁生产与资源循环利用模式

（一）原理与特点

设施农业是以一定设施和工程技术为手段，按照生物生长发育要求，通过改变局部范围环境气象因素，为生物生长发育提供较适宜的环境条件，在一定程度上摆脱了对自然环境依赖，可以开展有效农业生产。设施农业清洁生产与资源循环利用模式按照“减量化、再利用、资源化”原则，在先进工程设施和清洁生产技术支撑下，以设施农业秸秆、蔬菜残体等废弃物为原料，以节水、节肥、节药、提质、增效为目标，实施设施农业生产的减量化、清洁化、安全化、高效化生产。其特点主要表现为：一是充分体现绿色发展理念，废弃物资源循环利用、能源高效利用，污染物追求“零”排放；二是充分体现高科技含量，在设施农业中植物工厂和特种设施养殖其设施设备除了要充分体现自动化、机械化、微电子智能化等一系列高新技术外，还在生产各个环节上体现技术清洁

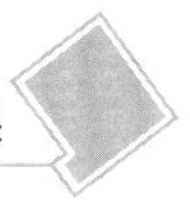

化；三是系统工程复杂，是农业、环境、生物、物理、土木工程等为一体的跨部门、多学科综合的系统工程。

（二）技术组装与集成

设施农业清洁生产与资源循环利用模式采用技术种类多。在农作物栽培方面有育苗温床、室内无土栽培、膜下栽培和膜下滴管等技术；在病虫害防治方面有温汤浸种、高温土壤消毒、银灰膜或银灰拉网、挂条驱避害虫、黑光灯、频振式杀虫灯、以虫治虫与生物农药等技术；蔬菜残体再利用方面有“分类粉碎＋合理配比＋高效菌种＋发酵设备”一体化处理的有机肥生产技术、残体深埋技术等，这一系列技术共同构成了设施农业清洁生产技术体系。

（三）模式案例

1. 蔬菜残体快速堆腐及肥料化利用模式

（1）概况。回龙湖有机蔬菜生产基地由湖南回龙湖现代农业科技有限公司于2007年投产创建，坐落在长沙县黄花镇新江村，基地专业生产有机农产品，按照有机农业生产要求组织生产，完善配套设施，发展生态农业、设施农业、节水农业、合理利用资源、减少环境污染，为广大市民提供安全、健康、美味、营养的有机农产品，2010年组织生产有机蔬菜品种30多个，蔬菜良种覆盖率90%，推广有机蔬菜生产技术5项，分别为频振诱蛾灯技术、性引诱杀虫技术、黄板诱蚜技术、枯草芽孢杆菌防病技术和白僵菌治虫技术。建有标准化有机蔬菜专业生产基地2 500余亩，全年生产有机蔬菜1 000多t，年总产值达500多万元，丰富了长沙蔬菜市场的花色品种。

（2）产业链循环路径。该模式以对蔬菜残体采取“分类粉碎＋合理配比＋高效菌种＋发酵设备”一体化处理，生产有机肥为主要特征，针对规模化蔬菜基地产生的废弃菜叶、藤蔓、病株等蔬菜残体，形成“分类粉碎＋合理配比＋高效菌种＋发酵设备”一体化处理系统。通过设备，将蔬菜残体分类切碎、杀灭病源、发酵除臭、培养益菌、恢复土壤活性、行程有机生态位，24h变成粗发酵物。通过粗发酵物添加土壤有益生物菌群和相关养分，再经过7天后熟培养，形成颜色、气味、养分均佳的粗发酵物。

（3）效益分析与推广条件。据统计，一个万亩规模蔬菜生产基地处理有机废弃物10 000t，可生产5 000t的活性有机肥。通过应用蔬菜残体快腐技术，可将废弃物制成优质的有机肥料，归返土壤，可大大增加土壤有机质和养分，解决土壤板结和耕性变差等不利因素，实现蔬菜基地的良性循环和可持续发展，亩均可节约成本400元以上。该技术成熟，发酵全套生产工艺可靠，自动化程度高，操作方便，适宜于蔬菜基地推广应用。

2. 大棚葡萄内置式秸秆生物反应堆模式

（1）概况。湖南省澧县张公庙镇地处澧县县城西郊，总面积53km^2，辖18个行政村、2个居委会，3万人。现已开发高效葡萄产业园达500多hm^2，亩均纯收入达1万多元，全镇20个村800多个农户因葡萄受益，建成了全国规模最大、有2 000多个品种的葡萄种质资源圃，年产3 000t的葡萄酒厂，构建起集产、学、研和加工、旅游于一体的现代农业产业。该镇深化产业结构调整，大力发展高效葡萄产业；强化技术培训，大力提高葡萄种植技术；构建市场体系，大力拓宽产品营销市场；打造龙头企业，大力促进葡萄产业化进程。

（2）产业链循环路径。张公庙葡萄合作社开展大棚葡萄内置式秸秆生物反应堆技术模式，一般每亩大棚葡萄消化秸秆3 000～5 000kg、菌种6～10kg、植物疫苗3～5kg、麦麸180～300kg、饼肥100～200kg；葡萄种植密度为150株/亩、每亩平均产量为2 000kg。每年10月在大棚葡萄园靠近处开沟，向沟内铺放干稻草等，一般底部铺放整秸秆，上部放碎软秸秆。铺完踏实后，厚度25～30cm，沟两头露出10cm秸秆茬，撒菌种、浇水、撒疫苗、覆土20cm后整平，再在垄上打孔，孔深以穿透秸秆层为准，以进氧气促进秸秆转化。该模式是在设施葡萄园内置式秸秆生物反应堆，通过开沟、铺秸秆、撒菌种、撒疫苗、覆土、打孔，实现秸秆资源化利用，减少化肥、农药的施用量。

（3）效益分析与推广条件。该模式不仅为棚内葡萄提供高浓度CO_2、热量，使大棚的温度提高4～6℃，而且能够使大棚葡萄产量提高50%左右，改善葡萄品质，上市期提早10～15天。同时每亩大棚年可处理4～5亩稻田秸秆量，降低化肥、农药的施用量，改善农业生态环境，培肥土壤地力，改良土壤理化性状。一般每亩实现节本增收5 800～6 500元。可在大棚蔬菜、果树等产出较高的农作物，且秸秆资源丰富地区推广应用。

五、“种养”有机结合的生态农业循环模式

（一）原理与特点

近十年来，在全国建立起许多与当地农业产业相适宜的种养或种养加有机结合的生态农业循环模式，如果树—牧草—草鸡、生猪—西兰花、猪—沼—作物、稻—鱼、草—鸡、牧草—羊、稻—鸭—油等模式。“种养”有机结合的生态农业循环模式原理是根据循环经济和养分平衡原理，将种养业结合成一个有机整体，基于作物养分需求和畜禽粪便养分排放量，建立家畜单位标准的作物农田纳畜量。简单地讲，种植业向牲畜、家禽、特种养殖业提供粮食、饲草、秸秆、果菜残体等原料，养殖过程中产生的尿液、粪便等粪污再生产加工成有机肥料返还到农田，实现有机种养模式的永续循环。有机肥返还农田的数量，针对不同农田的作物种植种类确定畜禽粪便环境承载力，防止畜禽养殖场附近土壤严重“超载”、养分失调甚至污染。

“种养”有机结合的生态农业循环模式特点主要体现在3个方面，一是资源循环利用，物质在“秸秆—饲料—有机肥—农田”间永续循环；二是养分平衡，养分平衡是种养有机结合的关键，必须确立作物农田纳畜量，避免农田污染或养分不足；三是循环链条多样性，种植业和养殖业在不同的区域均有很多种类型和规模，不同的作物种植和养殖组合，形成不同的循环链条，构成种养之间循环链条的多样性。

（二）技术组装与集成

该模式关键技术有农作物秸秆、蔬菜残体等饲料化技术，秸秆、畜禽粪污肥料化技术，农田纳畜量技术等。农作物秸秆、残体等饲料化技术发展较快，目前有氨化饲料、青储饲料、生化蛋白饲料、糖化饲料和碱化饲料技术等；秸秆、畜禽粪污肥料化利用技术较成熟，有厌氧堆肥、好氧堆肥、液体基质、有机生物基质、有机复合肥等技术；依靠农田消纳畜禽粪污，实现种养有机结合，需根据养分平衡，确定基于家畜单位标准的作物农田秸秆载畜量和作物农田纳畜量评价技术。

（三）模式案例

1. 浙江蓝天种养有机结合的生态农业循环经济模式

（1）概况。浙江蓝天生态农业开发有限公司地处杭州市余杭区径山镇，是浙江省科技型农业龙头企业，公司创建于2000年6月。在园区发展过程中，立足生态农业，始终注重科技投入与创新，成立了由环境工程、畜牧、兽医、生物工程、淡水养殖等方面的专家咨询小组，对公司的养殖生产、管理进行全程技术指导，为公司生产、经营和发展提供决策依据。公司以市场为导向、以效益为中心，走“生态立园、科技兴园”之路，规划在未来打造成以“科技示范型、管理现代型、运作生态型、产业规模型、产品绿色品牌型、营销现代网络型”的都市生态农业园区。现拥有生态鳖标准池塘1 010亩，工厂化温室育种基地3.2万m^2，水库2 500亩，基本建成年产中华鳖良种2 000万只，商品生态鳖60万kg；建有年产万吨的饲料厂、年产2万头的种猪场、有机肥厂、梨园等；建

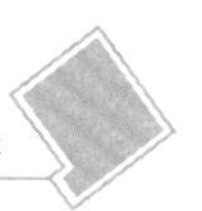

立余杭龟鳖专业合作社，组织20户近千亩发展生态鳖产业。先后被授予省级科技型农业龙头企业，杭州市农业龙头企业，首批省级高效生态农业园区，全国首家国家级循环经济标准化示范区。

（2）产业链循环路径。该模式是以养殖业为主体、种养有机结合的生态农业循环经济发展模式。围绕生猪养殖向上下游产业延伸，以废弃物循环利用为关键节点，发展了蚯蚓、甲鱼、湖羊等养殖业和水稻、牧草、黄花梨、大棚蔬菜种植业及周边山地茶叶种植等产业群。养殖所产生的猪粪发酵生产饲料养殖蚯蚓，再将蚯蚓制成高蛋白质饲料用于养殖甲鱼和其他水产品，养殖业的污水和部分猪粪制成有机肥用于种植业，种植业的秸秆再为养殖业提供饲料，形成了集畜禽、水产、种植产业链进一步延伸的“种养”有机结合的农业循环经济体系（图7－4）。

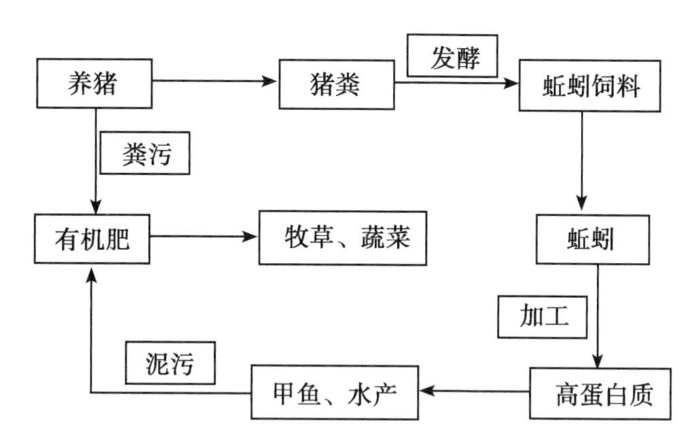

图7－4　浙江蓝天种养有机结合的生态农业循环经济模式

（3）效益与推广条件。2010年与2005年相比，总产值提高53.7%，实现利税892万元的同时，资源产出率提高29.4%，能源产出率提高29.4%。该模式适宜在有一定养殖业传统，拥有一定技术支撑能力，有较好土地和水资源条件的地区推广。

2. 丹阳康乐废弃物无害化处理与农牧结合资源化循环利用技术模式

（1）概况。常州市康乐农牧有限公司是一家专业现代化种猪育种企业，是国家生猪核心育种场，国家农业产业化重点龙头企业。公司始建于1995年，在常州、丹阳等地建有4个基地场，占地1 800多亩，母猪群8 000头，年可出栏各类生猪180 000头。引进国外整套智能化养猪设施，包括全自动喂料、全封闭、全漏缝、全自动环境控制，并采用最有利于生物安全的“多点式、分胎次”饲养模式。依托高校科研院所的技术支持，组建了江苏省种猪分子选育工程技术中心，生猪高效健康养殖公共技术服务平台，运用现代分子育种技术，培育具有自主知识产权的抗病性强、高繁殖性能的种猪产品，实现由传统畜牧养殖业向现代畜牧养殖业跃升。

（2）产业链循环路径。该模式是以养殖业为主导的“三分离一净化”废弃物无害化处理与农牧结合资源化循环利用技术模式（图7－5）。引进国外优质品种母猪1 000头，常年存栏猪5 000头，年出栏种猪、苗猪18 000多头，每天产生粪污60t。针对粪污造成的环境污染问题，构建了雨污分离、干湿分离、固液分离、高效改良PFR生物厌氧发酵、多级塘生物生态深度净化、太阳能臭氧一体化消毒等多技术集成处理技术模式。模式将猪场粪污与雨水管网分离，将粪便和污水进行了干湿分离，粪便输送至沼气池进行沼气发酵，沼肥用于周边农田和苗圃的追肥；废水输送至高效PFR生物厌氧反应器进行厌氧发酵和深度处理，经过臭氧消毒等深度处理后废水用于水生植物培育、养殖鱼虾、农田灌溉、回水冲圈和菜地灌溉等，解决了粪污收集环节、分类处理环节、多途径农牧结合利用环节的关键技术难题，实现了养殖业废弃物的资源化循环利用。本工艺具有处理效率高、低成本处理、废物资源化利用率高的特点。

（3）效益分析与推广条件。项目实施后在沼气、节水节肥、经济植物栽培、遏制疾病传播、提

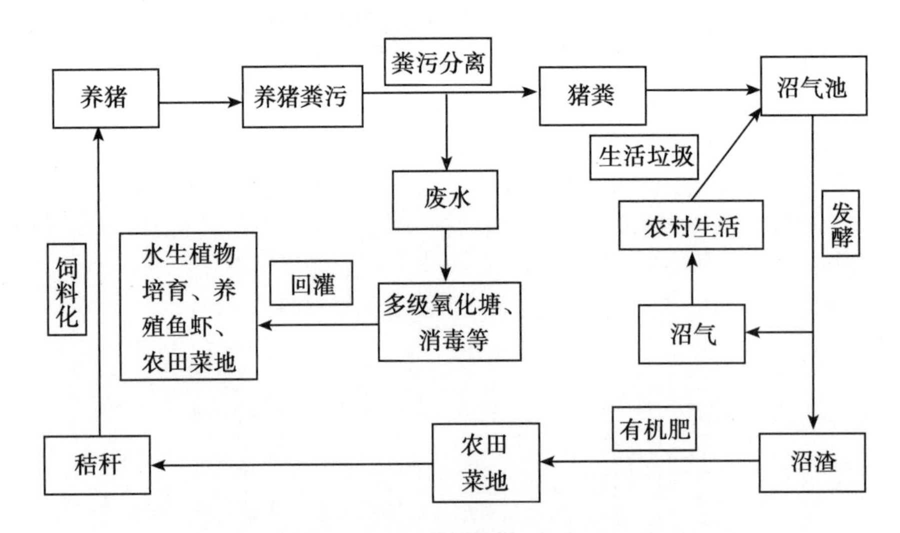

图7-5　丹阳康乐农牧结合资源化循环利用技术模式

高动物成活率等方面年可获得83.66万元的经济收益，经济效益、社会效益和生态效益显著。该模式适合在有一定闲置土地养殖业和种植业同步发展区域，需要一定的技术支撑，依托一定规模种植业消纳，能够有效地实现养殖业废弃物的多途径安全循环利用，适用于以发展循环农业为主方向的典型种养结合区。

六、乡村清洁工程循环模式

（一）原理与特点

乡村清洁工程循环模式是针对农村环境脏、乱、差，农业环境污染问题突出以及资源浪费严重等现状，以田园清洁、家园清洁、水源清洁为重点，以农业清洁生产技术为手段，以生产发展、生活宽裕、生态良性循环为目标，将农产品生产、农业资源利用和农村环境治理相结合，构建以村为单位的农业资源循环利用体系，实现生活环境清洁化、资源利用高效化和农业生产无害化的生态新村发展模式。该模式由农业部于2005年4月提出来的，并在河北、湖南、四川、安徽和重庆等8省市开展试点。

乡村清洁工程循环模式涉及农业生产、农村生活和生态文明建设等诸多方面。一是农村生活环境美化。以户为单元，配套建设单户或联户生活污水净化池或沼气池，循环利用人畜粪便、生活污水、生活垃圾、废弃物秸秆等，消除农村污染源，实现村容村貌整洁。以村为单位，统一建设乡村物业综合管理站，配备垃圾清运设施和运输工具，分类清运和处理农村生活垃圾及农作物秸秆。二是农民生态文明意识提高。以宣传教育和村民规章制度相结合，由从制度约束到自觉维护乡村环境卫生，提高农民生态文明意识。在不同地区因地制宜开展乡村清洁工程模式：

（1）“三结合”模式。在种植业为主导、养殖业欠发达的传统农区，重点解决农村生活污水、生活垃圾和秸秆污染问题，建设污水净化、垃圾秸秆堆肥、社区化服务的净化工程。

（2）“四结合”模式。在经济条件相对较好、传统养殖业发展初具规模的地区，重点解决农村生活污水、人畜粪便、生活垃圾、秸秆污染等问题，建设农村户用沼气、污水净化、垃圾秸秆堆肥、社区化服务的净化工程。

（3）集约型模式。在养殖小区和集约化养殖场集中的养殖业发达地区，针对集约化养殖的畜禽粪便以及农村生活垃圾造成的污染问题，建设粪便和污水处理、沼气和有机肥生产以及企业化运作和物业化管理相结合的集约型模式。

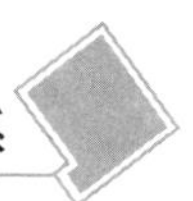

（二）技术组装与集成

乡村清洁工程循环模式支撑技术主要包括农业清洁生产、农业废弃物资源循环利用和废弃物无害化处理以及清洁能源等技术。农业清洁生产技术是农业生产技术群，包括以农业生态工程和综合防治为重点的农业生产技术体系。农业生态工程技术包括无公害农产品生产、生态循环农业、坡耕地水土流失综合防治、农作物保护性耕作等技术。农业综合防治技术包括科学施肥施药、无公害农药、生物和物理防治病虫害等技术。资源循环利用技术指人们循环往复和充分利用生物圈中的原料、产品、废物和能量，使资源利用效率和环境效益双赢的技术，包括作物秸秆、生活垃圾、畜禽粪便、生活污水等综合利用技术。农业废弃物无害化处理技术包括生活垃圾的卫生填埋、焚烧，畜禽粪便生产沼气、制造有机肥，生活污水的净化，农业化学投入品包装材料收集处理，秸秆饲料化利用等技术。

（三）模式案例：秦皇岛新建村循环农业发展模式

1. 概况

秦皇岛新建村位于山海关区，现有63户，200人，耕地面积159亩。为彻底改变农村环境恶化和资源浪费严重等现象，村“两委”班子带领全体村民，从实际出发，坚持因地制宜、统筹兼顾，体现前瞻性与现实性相结合的原则，以废弃物资源化利用和清洁生产为切入点，以废弃物资源化循环利用技术为手段，构建资源循环利用体系，探索农村污染“零”排放的生态新村模式，实现家居环境清洁化、资源利用高效化和农业生产无害化。

2. 产业链循环路径

该村清洁工程循环模式是以村为建设单元，以农业、农村废弃物为利用重点，兼顾提高农村生活质量和农产品质量安全，覆盖面广，以村为单元可控性强。一是全村耕地统一管理，实行规模化经营，统一配方施肥与病虫害防治，在田间建设有害垃圾收集池，定期收集清运，实现了田园清洁。二是全村养殖业统一经营，畜禽养殖统一安放在村外规划养牛小区，养殖废弃物制成优质有机肥，用于果树栽培，生产无公害果品。三是农村生活和旅游垃圾配备垃圾收集箱，每户配备垃圾收集桶，农家饭庄配备专用垃圾桶，村配备垃圾清运车，安排专人负责每天清运到物业服务站的垃圾处理池，分类处理，资源化再利用，实现了家园清洁。四是生活污水采用污水回收池（桶），由村统一配备污水运送车，定期进行收集、清运到村污水处理总池，作统一无害化处理，然后排入植物净化池进行二级处理，最后回灌周边农田，实现水源清洁（图7－6）。

3. 效益分析与推广条件

该模式的实施，新建村的垃圾、污水等生产生活废弃物完全得到处理和资源化利用，村庄绿化、街院净化、道路硬化、整体美化，取得了显著的环境效益、生态效益和经济效益。促进了乡村旅游的健康持续发展，受到各级政府和相关部门的肯定。该模式在北方经济条件较好的村庄，尤其是旅游景区内的村庄具有较普遍推广价值。

第三节　典型案例探析

一、山西省晋城市循环农业发展模式与实践

（一）晋城市基本情况

1. 地理区位

晋城市位于山西省东南部，总面积9 490km^2，地处东经111°55′～113°37′，北纬35°12′～

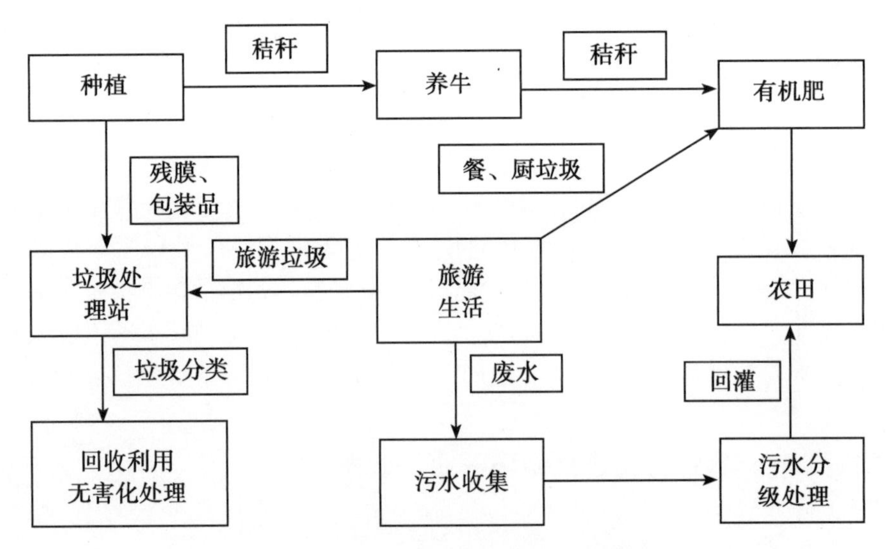

图7－6 秦皇岛新建村循环农业发展模式

36°00′，现辖高平市、晋城城区、泽州县、阳城县、陵川县和沁水县共一市一区四县。晋城市自古为通向中原大地河南省的门户，东、南两面与河南新乡、济源、焦作等诸市接壤，素有“中原屏翰，冀南雄镇”的美誉。背靠郑汴洛中原城市群，与河南省会郑州、古都开封、洛阳隔黄河相望。东北远眺古都安阳，河北邯郸。西隔中条与运城相邻，豫冀晋三省通衢。

2. 社会经济基础

2012 年晋城市常住人口为 229 万人，生产总值 1 012亿元，财政总收入 214 亿元，农村居民年人均纯收入 8 037元，城镇居民人均可支配收入 22 565元，主要经济指标位居山西省前列。晋城煤炭产业发展态势良好，无烟煤储量占全省 1/2、全国 1/4，“兰花炭”享誉国内外。全市各类民营经济组织发展到 5. 9 万家，注册资金达 267 亿元，规模以上企业 451 家。全市大力发展优质、高产、高效农业，努力加快资源高效利用和循环利用，积极推进高效农业套种技术、秸秆综合利用、农村沼气、秸秆生产食用菌技术等，促进城乡生态循环农业发展。2007 年，晋城市被列为全国循环农业示范市。

3. 农业发展现状

晋城市在稳定粮食生产的基础上，积极推进以畜牧、蚕桑、中药材、蔬菜、干鲜果、小杂粮、食用菌为主的特色产业。2012 年，晋城市肉、蛋产量分别达到 20 万 t、7. 5 万 t，猪、牛、羊、鸡存栏分别达到 155. 9 万头、3. 9 万头、74. 7 万只和 836. 2 万只，出栏分别达到 258. 4 万头、2. 2 万头、45. 3 万只和 682. 2 万只。2013 年年底，全市桑园面积已达 17. 4 万亩，蚕桑总收入达 2. 2 亿元。蔬菜播种面积达到 15. 4 万亩，总产量 58 万 t，总产值 10. 8 亿元。果园面积 20. 1 万亩，其中，苹果面积为 11. 7 万亩，梨 3. 4 万亩，山楂 2. 4 万亩，其他 3. 5 万亩。2013 年全年粮食播种面积 295. 9 万亩，小麦 87. 9 万亩，玉米 134. 5 万亩，豆类 55. 8 万亩，谷子 11. 6 万亩。

（二）循环农业发展的经验启示

1. 政府引领，资源整合，推进循环农业发展

推进循环农业发展是加快产业转型、实现传统农业向都市现代农业转变的有效途径。由政府相关部门组成领导小组，保证循环农业发展规划和相关政策的顺利实施，通过积极发展循环农业、生态农业和现代设施农业，形成相互转化、综合增效的农业循环经济模式。沼气秸秆气户户通工程建设总投资匡算为 5 亿元，每建成一个沼气秸秆气村级服务网点，市、省及国家共补助 5 万元；对列

入大中型沼气站建设的新建规模养殖户先行给予50%的养殖资金扶持；市财政累计安排推广工作经费467万元。政府制定并相继出台了《晋城市农村可再生能源开发利用促进办法》《晋城市农村沼气秸秆气安全事故应急预案》《沼气发电技术》《粪便进行无害化处理技术》《沼液、沼渣处理技术规范》《动物血浆蛋白粉提取技术规程》等系列循环农业产业链标准。

2. 集成创新，产业融合，开拓循环农业发展之路

以企业为主体发展循环农业，充分运用晋城市大中型农业企业的资金和技术优势，开展循环农业关键技术的研发。通过促进企业研发中心的建设、循环农业示范基地的创建，加快采用高新技术和先进适用技术改造，提升传统农业，推进了饮料加工业、麻产品加工业、蚕丝加工业、玉米加工业、马铃薯加工业、小杂粮加工业、肉制品加工业、醋产品加工业及中药材加工业的产业化经营。农产品加工业已成为资源型企业投资、转产的一个主要接替产业。目前，投资、转产农产品加工的煤铁商企业已超过50家，总投资达到10亿元，形成固定资产5.84亿元，非农企业投资、转产农业企业呈现出良好的经营运行态势。

3. 部门联合，上下联动，共建循环农业示范市

农业循环注重资源保护与合理利用，在借鉴传统农业精髓的同时，积极运用先进的技术手段和管理手段，创造出富有成效的循环农业模式。晋城市积极开展了多种形式的宣传和培训，提高农民节能减排、循环生产和清洁生产的意识。充分利用电视、电台、报纸、网络、手机短信等宣传平台，全方位宣传沼气秸秆气政策、技术和经验，编印了《农村沼气秸秆气建设快讯》和《创建国家循环农业示范市动态专报》。组织开展了“百日千村万户行”服务活动，采取“三包三带三促进”的办法，深入到“户户通”工程涉及的1 700多个项目村，帮助农民解决沼气建设中的实际问题。通过建立清洁的生产和生活方式，资源化利用粪便、污水、垃圾、秸秆等生产、生活废弃物，把“三废”（畜禽粪便、作物秸秆、生活垃圾和污水）变“三料”（肥料、燃料、饲料），产生“三益”（生态效益、经济效益、社会效益），以“三节”（节水、节能、节肥）促“三净”（净化田园、净化家园、净化水源），实现“生产发展、生活宽裕、生态良性循环”的目标。

（三）循环农业发展仍具有较大潜力

随着农业生产方式转变、农村劳动力转移，规模经营农户大量出现，农业废弃物排放与利用出现了新的问题，而且目前实施的农业循环经济项目普遍存在节能不经济、环保没效益的现象。秸秆综合利用率不高，养殖业粪污量庞大，处理设施不能满足需求，部分项目可持续发展面临较大的运营压力，全市沼气秸秆气综合使用率仅为60%。

1. 秸秆综合利用率不高，潜力较大

目前，秸秆资源化利用率空间较大。一是秸秆还田率不高，由于受传统种植习惯影响，小麦种植区秸秆还田后被焚烧的现象严重。如泽州、阳城、沁水是一年两作的种植模式，小麦联合收获后，覆盖大量小麦秸秆的地表普通条播机难以完成复播作业，只能靠人工清理秸秆后再用条播机播种，农民没有精力和时间将秸秆及时从田间清除，便形成了放火烧秸秆、燃后再种的习惯。二是秸秆能源化利用率不高。秸秆收获期集中，能够收集秸秆的时间短，造成秸秆收集困难，如果降低收集标准，难免会导致所收集的秸秆含水量过高，容易发热腐烂，产气率下降，成本升高，如果严格要求又会影响秸秆收集数量，造成库存不足，难以保证周年供气。规模大的工程相对地收集储存秸秆的难度增加。

2. 养殖业粪污庞大，处理设施不能满足需求

2012年晋城市主要畜禽饲养量2 000多万头，年产粪便可达600万t以上。根据环保部门要求，粪污“必须”进行无害化处理，然而畜牧业是薄利、微利行业，治理畜禽粪便污染需要相当多的投资，日常运行费用大，农民和畜牧经营者难以承受。尽管晋城市规模养殖比例已经达到80%，但散

养户规模小数量多，且多数分布在村庄中，造成人畜禽混居、粪便污染等诸多问题。养殖业粪污产生量越来越大，随着生活水平的提高，对村庄周边的养殖环境也提出了新的要求。开展粪污资源化利用的要求也越来越高，对处理设施的建设与运营也提出了新的要求。

3. 部分项目可持续发展面临较大的运营压力

部分项目由于技术原因，或者运营方式的不合理，导致前几年上的项目，效益存在较大的偏差，难以正常运行。秸秆气化工程，由于存在焦油二次污染问题和原材料成本太高，导致所有工程停产停工；养殖场养猪数量不稳定、秸秆还田等因素导致养殖粪便、秸秆等沼气发酵原料供应不足，沼气站供气不稳定，挫伤了农户使用沼气的积极性，影响沼气的发展和运行。沼气站这类公益性事业，向农户收取的燃气费较低，难以支撑沼气站的日常运行开支和沼气站后期维修、管理费用，沼气站运行资金严重短缺影响到沼气站的生产安全。全市100%秸秆气化站、30%大中型沼气站和60%的养殖小区沼气工程由村集体建设管理，福利供气。全市因经营原因而停用的小型沼气站有74处，占64%；秸秆气化站有25个，占27%；大中型沼气站4处，占7%。

（四）进一步推进循环农业发展的思考

1. 加大研发投入，推进秸秆综合利用

秸秆综合利用项目是一种公益性清洁生产的项目，生产成本高于盈利使之没有办法正常实施和运转。政府需加大对秸秆综合利用项目的投入，使其能稳定发展，保护农业生态环境，增进生态文明建设；大力宣传秸秆还田技术，颁布禁烧秸秆相关政策，引导农民改变焚烧秸秆的种植习惯；通过产学研结合，加强技术创新，开发适用秸秆资源化利用，推进秸秆综合利用；因地制宜，大力推广秸秆燃料转化技术，将秸秆转化成物质燃料；发展秸秆加工产业，推行秸秆肥料化和饲料化；玉米芯、麸皮、棉籽壳等农作物下脚料制作菌棒生产食用菌，大力发展食用菌产业。

2. 加强管治，加大投入，推广生态养殖

发展生态循环畜牧业，构建畜牧业生产与副产品链条化经营新体系，力争达到畜牧业发展与生态环境保护“双赢”的目标。推行生态循环养猪模式，积极推广绿色健康养猪法，扶持和引导规模猪场建设沼气设施，建立“猪—沼—菜”“猪—沼—苗”“猪—沼—果”等生态循环养猪模式。政府有关部门需出台奖励政策，提高畜禽养殖户使用生态养殖技术的自觉性和主动性。高度重视畜禽养殖污染的无害化处理和粪污资源化利用，把畜禽养殖废弃物综合利用作为标准化规模养殖的重要方向，以综合利用为主，推广种养结合生态模式，实现粪污资源化利用。

3. 市场化运作，优化循环农业项目

按市场化运作方式建设和运营规模养殖场沼气站，降低原料收集成本，保持运行稳定，合理价格销售，保持收益基本平衡，尽可能提升经营者效益。例如，高平市华康猪业有限公司建设的沼气站，以每立方米1.5元价格向周边农户供气，沼渣沼液用于公司200栋蔬菜大棚和200亩苗木基地做优质的有机肥料，每年可以生产180万kg绿色、无公害的蔬菜。秸秆沼气站的运行管理涉及原料收集、处理，进出料操作，管网、设备维修维护，用户管理等。作为一个复杂的系统，需要专业管理团队来完成成本核算，优化操作程序，实行质量控制等，培育成立市场化专业管理公司，将现有的秸秆沼气站打包委托代管，独立核算，优化资源配置，提升管理水平。

（五）晋城市循环农业发展典型模式

循环农业以低消耗、低排放、高效率为基本特征，按照循环经济理念进行农业生产。发展循环农业是实现农业可持续发展的重要途径，也是推进现代农业建设的客观要求。近年来，晋城市紧紧围绕发展循环农业、构建循环农业示范市这一目标，着力发展晋城市农业和农村经济，促进农业以最小的成本获得最大的经济效益和生态效益，有效缓解晋城市资源约束矛盾，实现农业可持续发

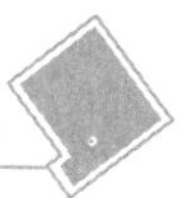

展。目前，晋城市循环农业发展模式形成了以秸秆高效利用和以粪便加工利用为纽带的循环农业发展模式（图7－7）。

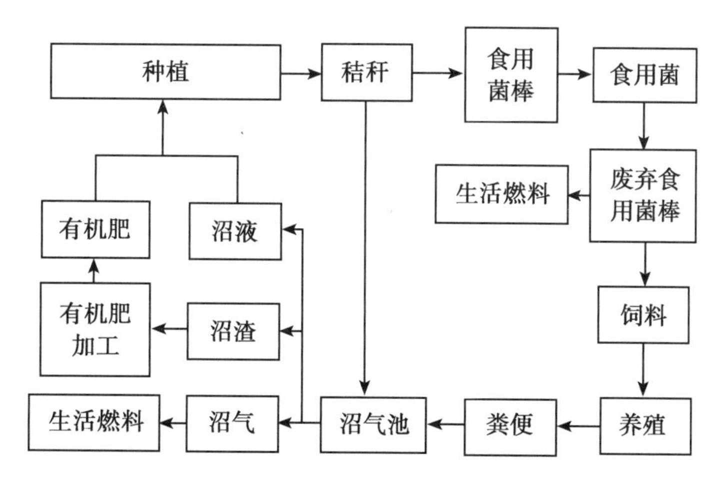

图7－7　晋城市循环农业发展技术路线

1. 以秸秆高效利用为纽带的循环农业发展模式

2013年，全市年粮食播种面积296万亩，参照农业行业标准《农作物秸秆资源调查与评价技术规范》和《非常规饲料资源开发与利用》有关资料，主要农作物秸秆资源量按以下比例测算：玉米谷草比1∶1.37，小麦1∶1.03，大豆1∶1.71。主要农作物秸秆产量114万t左右，其他杂粮、经济作物等30余万t，农作物秸秆资源量在150万t左右。目前，在合理高效处理与资源化利用大田间秸秆形成几个方面的良性运行模式。

（1）“秸秆—沼气—蔬菜”模式。晋城市阳城县东城办美泉村建成规模为1 000m^3厌氧发酵塔和500m^3温式贮气柜的大型秸秆沼气站，日可处理农作物秸秆1 000kg，常温发酵可日产沼气300m^3，辅以增湿措施，进行中温发酵，可日产沼气500m^3。目前，437户农户全部用上清洁的沼气能源，年可为村民增收节支50余万元。生产沼气所产生的沼渣、沼液也全部得到了有效利用，在本村建成的200亩蔬菜大棚内开展沼渣、沼液综合利用实验、示范，大力推广沼液浸种、沼液喷肥灌溉等综合技术，实现大棚蔬菜滴灌节水无公害施肥，生产出的产品优质、环保、安全。村民承包的土地施肥全部用沼液、沼渣，节约施肥成本，增强土地肥力。沼渣、沼液已成为本村紧缺资源，村民争抢使用，现已走出一条适合本村实际的农业循环经济之路。

（2）“秸秆—食用菌—养殖—种植”模式。晋城市泽州县泽地萃绿农开发有限公司食用菌产业，主要生产金针菇、杏鲍菇、灵芝、北虫草等产品。其循环链条为：用玉米芯、麸皮、棉籽壳等农作物下脚料制作菌棒生产食用菌；生产食用菌一部分直接销售、一部分冻干加工；食用菌生产所产生的废弃菌棒一部分用于锅炉取暖，一部分制作饲料进行肉羊养殖；养殖产生的粪便经堆沤后再施入农田，实现了农业内部间的良性循环。公司每年可利用玉米芯、麸皮、棉籽壳等农作物下脚料12 000余t、生产食用菌5 000余t、鲜羊肉500余t，实现产值6 000万元，安排劳动力就业240余人，取得了良好的经济效益、社会效益和生态效益。

（3）“秸秆—沼气—有机肥—种植”模式。山西百孚百富生物能源开发有限公司在晋城市陵川县西河底镇西河底村建造年处理5万t农作物秸秆综合利用项目，工程总用地面积150亩，设计能力为日产沼气6万m^3，其中2万m^3提纯后可供沼气工程周边村镇和陵川县城的2万户居民生活用气，另4万m^3提纯后供加气站作车用燃料。年共产沼气为2 190万m^3，年可消纳农作物秸秆5万t，年可消纳畜禽粪便1.25万t。年产固态生物有机肥2.25万t，年产CO_2产品0.75万t。项目建成运行后，可实现年创税收285.05万元，企业创利润1124.44万元，可直接提供就业岗位300人，间接提供就业岗位千余人，使项目直接惠及当地社会。整个项目采用先进的工艺和生产技术，企业内部上下游实现无缝链接、无污染排放，体现了工业和农业之间良性循环，是现代工业和农业的复合生产模式。

2. 以粪便加工利用为纽带的循环农业发展模式

晋城市畜牧业发展迅猛，随之而来的是由粪便等垃圾造成的各种生态环境问题。处理生猪养殖粪便排放、避免污染可借鉴如下模式。

（1）“养殖—沼气—有机肥—种植”模式。晋城市泽州县晋宏实业有限公司，位于泽州县下村镇南庄坪，公司内下设生猪养殖场、饲料加工厂、沼气制造站、有机肥制造厂等。公司紧密结合农业和农村经济发展的实际情况，立足长远，全力实施可持续发展的沼气建设，使养殖场粪便污水进行了资源化利用，形成了大型循环农业生产基地。2007年建起了$3\times600m^3$大型沼气站，每年可处理猪粪1.24万t，尿污水1.64万t，产沼气100万m^3、沼液1.6万t。解决了公司、大南庄等村2 700户农户生活用气；生产的沼渣、沼液除直接用于发展了无公害农作物300亩粮田、200亩菜地和100亩果园外，还建了年产1万t的有机肥厂，形成了集“养殖—沼气—有机肥—种植”为一体的循环生态农业经济生产基地。

（2）“猪—沼—菜（果）”模式。煤炭企业转型发展的山西凯永循环农业园区位于高平市河西镇仙井村。园区领导坚持发展循环经济，建设以沼气为纽带，集规模养殖、设施种植、种苗繁育、有机配肥、科技服务、加工冷藏、休闲采摘为一体的现代化农业循环园区。秉承“高产、优质、高效、生态、安全”的现代农业的发展要求，将植物生产、动物转化、微生物还原的生态原理运用到农业生产中，推行“猪—沼—菜（果）”的循环生态模式，采用标准化高效节能技术进行无公害标准化蔬菜生产。

（3）“猪—沼—粮”模式。晋城市泽州县高都镇保福村康鑫良种养殖专业合作社年存栏生猪1万余头，为处理养殖粪便污染，投资600余万元建设了$2\times600m^3$大型沼气工程，解决了1 000余户的生活用能，年产沼渣4 300余t、沼液4.5万t。为充分发挥沼液的作用，结合优势农产品示范基地项目的实施，村里新修了沼液贮蓄池，并配套自动喷灌等设施，使全村1 800余亩小麦能够利用沼液进行喷灌。沼渣沼液可培肥地力，提高农作物产量及品质，形成了“猪—沼—粮”的循环农业示范区。

二、浙江省宁海县生态循环农业的发展模式与实践

（一）宁海县基本情况

1. 地理位置

宁海县位于浙江省东部沿海，地处北纬29°06′~29°32′，东经121°09′~121°49′，位于长江三角洲南翼，北连奉化县，东北濒临象山港，东连接象山县，东南面临三门湾，南接壤三门县，西与天台、新昌为界。全县面积1 843km^2，辖4个街道、11个镇、3个乡。气候温暖湿润，四季分明，同三线高速公路和省道甬临线纵贯县境，县城距宁波机扬64km，离北仑港80km。

2. 社会经济基础

2011年全县常住人口为58.6万人，实现生产总值323.2亿元，城镇居民人均可支配收入和农民人均纯收入分别达33 045元和14 756元。个体工商户22 873家，内资企业8 493家，外资企业36家。财政收入50.1亿元，财政支出36.3亿元，教育支出7.1亿元，比2010年增长24.8%，社会保障和就业支出3.2亿元，增长62.7%，医疗卫生支出3.4亿元，增长54.8%。

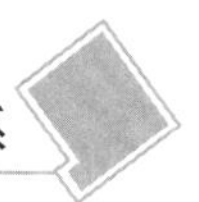

3. 农业发展与生态循环农业建设

2011年，宁海县农林牧渔业总产值48.1亿元，其中，农业产值14.9亿元，林业产值1.2亿元，牧业产值7.2亿元，渔业产值23.9亿元，农林牧渔服务业产值0.2亿元。全县农作物播种面积44.7万亩，粮食产量10.5万t，生猪存栏量和出栏量分别为14.9万头和18.3万头，水产品总产量14.6万t。全县农业专业合作社总数达到600余家，全县评选出27家农业龙头企业。获批无公害农产品产地68个，无公害农产品64个，绿色食品18个，有机食品21个。生态循环农业建设卓有成效，2010年出台了《宁海县生态循环农业实施意见》，投资9 026万元完成国家现代农业示范项目的主体工程，2个市级循环示范项目通过验收，启动3个生态循环农业示范项目，完成1个国家大中型沼气工程项目，启动2个国家沼气工程项目与核心区内4个精品园建设项目。

（二）生态循环农业发展的经验启示

1. 点、线、面“三级”紧密结合，推进生态循环农业发展

宁海县委、县政府高度重视生态循环农业示范县构建工作，经过两年扎实推进，使具有宁海特色的“点上小循环、区域中循环、县域大循环”三级生态循环农业模式得到大力的完善和提升，形成了以企业为重点的内部小循环、以互利为纽带的产业中循环、以农业废弃物物流配送为纽带的县域大循环。为了节约资源、减少污染的排放，达到再生利用的目的，企业内部建成“畜禽—沼气—粮食”“畜禽—沼气—蔬菜”等多种生态种养殖的循环农业模式；为了提高资源的再利用率，积极推进产业间的有机耦合，建立生态循环型“种养饲加”一体化的生产模式，形成“秸秆和杂草—奶牛养殖—有机肥加工—粮食生产”“蔬菜废弃物—生猪养殖—有机肥加工—蔬菜种植”等多种生态循环农业模式；为了减少农业废弃物排放给环境带来的严重污染，在县域范围内，根据各区域的农业生产布局，合理规划布局了农业废弃物物流配送网络系统，使农业废弃物经过跨区流动转化成新的再生资源，实现农业废弃物的资源化。

2. “五大服务平台”积极运转，牢固生态循环农业基础

宁海生态循环农业发展得益于土地流转，通过县政府构建的土地流转服务平台，有效尝试承包经营权抵押贷款，带动宁海县的生态循环农业发展；宁海县是规模养殖大县，粪便排放量大，为此，县政府成立了有机肥收集加工研发服务平台，全县构建了9个半成品有机肥加工车间，3个区域性畜禽粪便收集处理中心，一个综合性有机肥研发加工推介服务企业，不仅推广有机肥的使用，还为保护环境做出贡献；县政府成立了沼液综合利用服务平台，通过管道、专用车等将沼液配送到农业生产基地，既解决了沼液量大面广和牧场无法消化的难题，又提高了基地农产品质量；县政府建成了沼气综合利用服务平台，为农村沼气用户提供培训、管护和维修，为生态循环农业的可持续发展提供保障；建立了农业废弃物回收利用平台，通过设立回收网点，扶持废弃物加工企业，将农用的瓶、罐、薄膜等进行回收加工利用，实现农业废弃物的再资源化利用。

（三）宁海县生态循环农业发展典型模式

生态循环农业理念的产生和发展，是人类对人与自然关系深刻认识和反思的结果，也是人类在社会经济高速发展中陷入资源危机、环境危机、生存危机深刻反省自身发展模式的产物。生态循环农业作为一种新型的农业发展方式，改变了传统的“资源产品废弃物”线性增长方式，取而代之的是“资源产品废弃物再资源化”的生态循环农业发展模式。通过减量化、再利用、资源化的原则，减少资源消耗、提高资源利用效率和保护生态环境，实现经济、社会和生态的可持续发展。近年来，宁海大力发展生态循环农业，形成了具有宁海特色的生态循环农业格局——点上小循环、区域中循环、县域大循环。农业循环点、线、面紧密结合，企业、产业、区域3个层次环环相扣，生态循环农业发展良好，“种养饲加”生态循环农业发展模式基本建成。

1. 企业内部小循环

（1）循环路径。以点带线，构建以企业为重点的内部小循环发展模式。为了节约资源，减少污染排放，达到再生利用的目的，在种养殖业所产生的废弃物上采取农牧结合的发展方式，大力实施畜禽粪便加工还田、沼气工程、秸秆过腹等资源循环，在各大企业间建立“畜禽—沼气—水果”“畜禽—沼气—粮食”“畜禽—沼气—蔬菜”“畜禽—沼气—鱼”等多种生态种养殖循环农业模式，通过以沼气为纽带（人、畜、禽排泄物入池发酵，沼液用作大田肥料，沼气用于发电、生活燃料）的生态循环农业工程的实施，把沼气建设与养殖、种植产业相结合，实现“产气、积肥”同步，“种植、养殖”并举，“经济、生态”双赢，达到农业经济高效化、农业生产无害化和资源再生增值化（图7－8）。从源头上减少资源的消耗和污染的排放，实现生态循环农业的减量化。

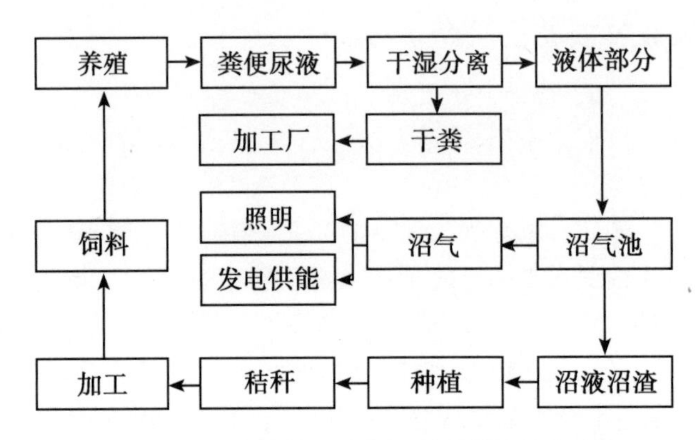

图7－8　企业为重点的内部小循环模式技术路线

（2）主要模式。

①“生猪养殖—沼气工程—粮蔬生产”模式。宁波新世纪农牧开发有限公司坐落在宁海县茶院乡，现有耕地面积4 750亩，粮食功能区面积3 800亩，130亩立体养殖鱼塘和50亩蔬菜基地，养殖生猪出栏1.5万头，建有沼气厌氧池1 500m^3，沼气发电150kW·h，5 000m^3沼液贮存调节池，通过管道输送沼液到粮食功能区和蔬菜基地。公司按照生态循环可持续发展的理念，采用农牧结合、粮经结合、农牧渔三大产业联动的生态循环农业模式，较好地解决了畜禽排泄物、农作物秸秆的资源化综合利用难题，带动了当地生态循环农业的高速发展。

②“生猪养殖—沼气工程—翠冠梨蔬菜瓜果”“翠冠梨残枝—蘑菇菌类—蔬菜瓜果”模式。宁海县登喜翠冠梨专业合作社位于长街镇洋湖村，种植基地面积1 500亩，生猪养殖场一个，建有沼气池2座，沼液储存池20只。废弃枝条堆放场800m^2，加工车间200m^2，配套枝条粉粹机2台，小型耕作机械2台。基地采用“生猪养殖—沼气工程—翠冠梨蔬菜瓜果”“翠冠梨残枝—蘑菇菌类—蔬菜瓜果”种养结合的立体生态循环农业模式，达到了废弃物零排放、零污染，利用翠冠梨林下土地资源优势，增加单位面积土地生产力，实现农牧林各种资源共享、优势互补、循环相生、协调发展。

2. 产业之间中循环

（1）循环路径。以线促片，构建以互利为纽带的产业中循环。为了提高资源的再利用率，建立生态循环型“种、养、饲、加”一体化的生产模式，积极推进产业间的有机耦合，形成具有宁海特色的生态循环农业示范园区——畜禽养殖场沼气工程、畜禽粪便资源化利用、生物物种共生互利、物质多级循环利用、生态农业相结合的设施农业、农作物秸秆利用、农资减量化等循环发展模式。形成“秸秆和杂草—奶牛养殖—有机肥加工—粮食生产”“蔬菜废弃物—生猪养殖—有机肥加工—蔬菜种植”等多种立体化生态型循环农业模式（图7－9）。大力发展生态循环农业模式，一方面可

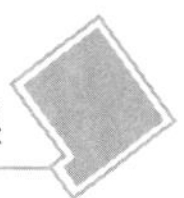

以改善环境、培肥地力、增加产出；另一方面还有利于集约利用土地，通过合理利用空间时间，发挥土地生态系统的综合效益。企业的最终目的是追求更高的利润，在资源环境约束、消费需求升级、市场竞争加剧的多重因素影响下，专注于农业的企业必须着力转变传统的企业发展方式，加强各农业企业之间的互利共赢，提高整个农业企业的竞争力，推进以互利为纽带的产业中循环的发展。

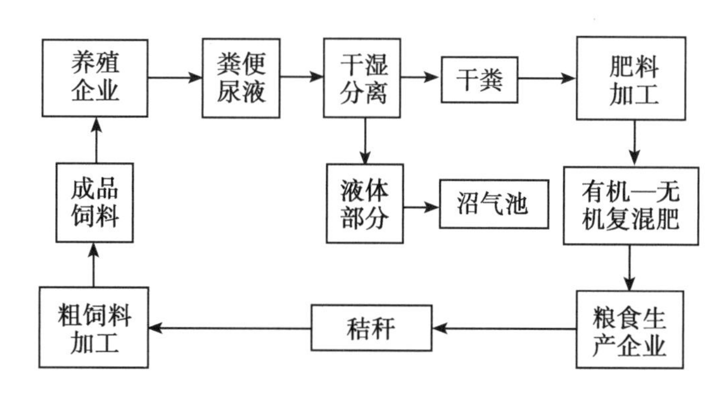

图 7－9　以互利为纽带的产业中循环模式技术路线

（2）主要模式。

①“秸秆和杂草—奶牛养殖—有机肥加工—粮食生产”模式。宁海县利丰牧业有限公司是一家集奶牛养殖和牛奶加工、销售为一体的宁波市市级农业龙头企业，公司占地面积 100 余亩，存栏奶牛 850 头。加强与周边种植西兰花基地的企业和合作社的联系与沟通，通过对废弃物的再利用实现企业之间的互利共赢。利丰牧业有限公司每年向周边收集约 9 000 余 t 的西兰花块根、菜叶等农作物秸秆作为奶牛的青饲料，给当地的种植企业和合作社以及农民的农作物秸秆费大约 200 多万元。公司按照生态循环农业发展的理念，对粪便和尿液进行整治和综合利用，粪便通过 2 600m^2 半成品有机肥加工车间发酵处理，每年可产生半成品有机肥 3 500多 t。尿液通过 200m^3 沼气化处理系统进行无害化处理，产生的沼气作为牧场内员工的日常生活能源。整个循环过程中，解决了养殖企业购买青饲料成本高及奶牛粪便排放污染问题，提高了养殖企业、种植企业和农业生产合作社的经济收益。

②“生猪养殖—有机肥加工—蔬菜生产”模式。宁波绿港水产牧业有限公司是宁海县重要的规模牧场之一，年出栏生猪 2 万头，每年可生产生猪粪便超过 5 000t，为了解决牧场粪便和污水的污染问题，公司通过干湿分离的方法，将干猪粪运到 5 000t级的半成品有机肥加工车间进行发酵处理，制成的半成品有机肥经过绿丰公司的进一步加工制成各种有机肥，实现了粪便的资源化和解决了牧场粪便排放问题。同时，公司建造了 2 200m^3 的沼气处理池，对尿液进行无害化处理。产生沼渣与干粪混合发酵，加工成半成品有机肥；沼液部分通过管道运输到新绿港柑桔专业合作社生产基地使用，另一部分通过沼液车配送到全县各无公害农产品基地使用；沼气则用于发电，供牧场内生产生活使用，年可节省电费近 20 万元。

3. 区域之间大循环

（1）循环路径。连片成面，构建以农业废弃物物流配送为纽带的县域大循环（图 7－10）。在县域范围内，根据各区域农业生产布局，合理规划布局建立农业废弃物物流配送网络系统，使农业废弃物经过跨区流动转化成新再生资源，实现农业废弃物的资源化。通过农业废弃物物流配送，使各园区之间优势互补、各园区优势得到充分发挥，带动宁海县域内农业经济的可持续发展。各大规模种养殖企业生产过程中会伴随产生大量的农业废弃物——秸秆、农膜、包装袋、药瓶子、畜禽粪便，这些农业废弃物的排放给环境带来了严重污染。通过农业废弃物物流配送网络，将农业废弃物进行跨区域的流转将其转变成新的再生资源。

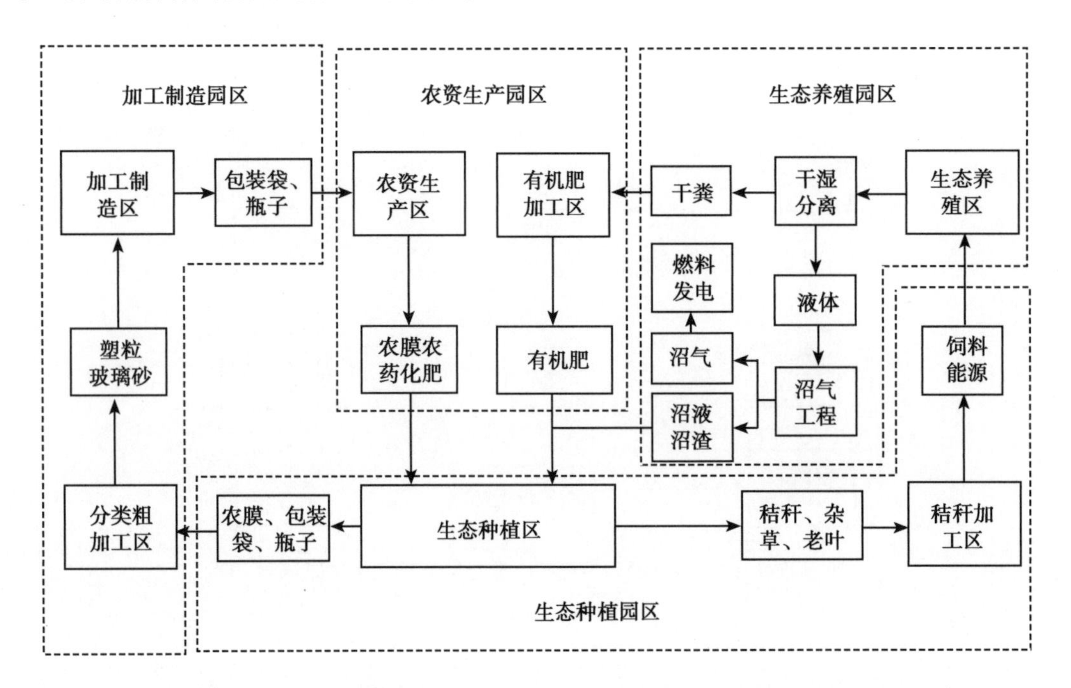

图7-10 以农业废弃物物流配送为纽带的县域大循环模式技术路线

（2）主要模式。

①“生态养殖园区—农资生产园区—生态种植园区”模式。宁海县绿丰生态有机肥有限公司是一家利用畜禽粪便生产各种有机肥的农业龙头企业，公司在全县设了9处畜禽粪便收集点，处理车间面积10 500m²。公司将经过发酵处理的半成品有机肥运输到生产车间，根据作物对微量元素的需求不同，经过配方、搅拌、造粒、烘干、包装等生产流程，加工成各种有机肥。年收集粪便2.5万t，解决了全县5万家分散小规模养殖户畜禽排泄物难处理的问题，实现了牧场粪便的资源化利用，提高了土壤的质量。

②“生态种植园区—加工制造园区—农资生产园区”模式。宁波天虹再生资源有限公司坐落在宁海县长街镇，是一家专门回收农业投入品及其包装物并加以利用的企业。公司建设废弃物堆场6 000m²，标准车间2 000m²，成品仓库10 000m²，配有废弃农膜热压机2台、粉粹机2台、造粒机2台、切粒机2台。公司设立了多个收购点，专门收集当地的农膜、包装物、农药瓶、农药袋等农业投入品。公司年回收各类农业投入品4 000t，可生产成品塑料颗粒3 300t，实现年产值3 000万元以上，年利润达300万元。公司以“发展生态循环农业、服务三农”为宗旨，通过对农业投入品的回收再利用，改善了农业生态环境。

参考文献

[1] 蔡鹏程，刘飞翔，苏琦．农村生态环境保护视角下发展循环农业的实践探索［J］．科技和产业，2012，12(8)：10-12.

[2] 林明太，陈国成．基于循环经济的农村庭院生态农业模式及效益分析——以莆田市荔城区为例［J］．中国农村小康科技，2009，8：68-72.

[3] 林忠华．新农村建设与庭园高效循环农业模式研究［A］．2006年中国农学会学术年会论文集［C］，2006：400-403.

[4] 杨磊，刘凤英，等．三峡库区小城镇庭院生态模式及效益分析——以江津区油溪镇为例［J］．安徽农业科学，

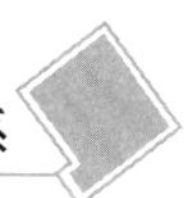

2011, 39 (5): 2 845 - 2 847, 2 860.
[5] 尹昌斌, 周颖. 循环农业发展理论与模式 [M]. 北京: 中国农业出版社, 2008.
[6] 赵良庆, 程克群. 安徽循环农业模式与生态功能区的耦合 [J]. 安徽农业大学学报 (社会科学版), 2012, 21 (3): 12 - 16.
[7] 周颖, 尹昌斌, 邱建军. 我国循环农业发展模式分类研究 [J]. 中国生态农业学报, 2008, 16 (6): 1 557 - 1 563.

第三篇

配套措施与保障措施

第八章 农作物秸秆机械化还田成本效益与农户意愿*

第一节 农作物秸秆机械化还田推广的现实意义

一、农作物秸秆还田推广的意义

秸秆是农作物的重要副产品，含有丰富的氮、磷、钾元素及有机质养分，是一种宝贵的可再生资源。世界上农业发达的国家大都重视土地的用养结合，化肥使用量一般控制在施肥总量的1/3左右，秸秆还田和农家肥施用量占施肥总量的2/3。德国每施用1.0t化肥，要同时施用农家肥1.5~2.0t，美国、加拿大等国家的小麦、玉米秸秆绝大部分都用于还田，美国农田的土壤有机质含量达2.5%~4%（郝辉林，2001）。

我国是产粮大国，1999年农作物秸秆资源产量约6.4亿t（曹稳根等，2007），到2010年全国秸秆理论资源量为8.4亿t，可收集资源量约为7亿t，秸秆品种以水稻、小麦、玉米为主。尽管秸秆产出量居世界前列，据初步估计，我国作物秸秆约30%被焚烧、堆积和遗弃，既造成资源浪费，又严重污染环境。另一方面，化肥使用量达40t/km^2，远远超过发达国家为防止化肥对土壤和水体造成危害而设置的22.5t/km^{2}的安全上限；我国农药每年的使用量为130万t，农膜的年用量达159万t（阮兴文，2008）；连年耕作造成土壤有机质含量逐年减少，农业面源污染及生态环境破坏严重。因此，充分借鉴国外秸秆还田技术的经验及传统农业模式精华，大力推广机械化秸秆还田措施，有效培肥地力，提高农作物产量，是推进农业现代化发展进程，实现传统精耕细作与现代物质技术装备有机结合，实现高产高效与资源生态永续利用协调发展的必由之路。

（一）农作物秸秆的成分及利用价值

农作物秸秆具有极高的利用价值。首先，农作物秸秆热值高，大约相当于标准煤的1/2。经测定，秸秆热值约为15 000kJ/kg，各种秸秆的热值不同（表8-1）；其次，农作物秸秆含有多种可被利用的成分，除了绝大部分碳之外，还含有氮、磷、钾、钙、镁、硅等矿质元素（表8-2），有机成分有纤维素、半纤维素、木质素、蛋白质、脂肪、灰分等（表8-3）。这些物质都可以作为资源加以利用。

表8-1 不同农作物秸秆热值表 （单位：kJ/kg）

秸秆种类	麦类	稻类	玉米	大豆	薯类	杂粮类	油料	棉花
热值	14 650	12 560	15 490	15 900	14 230	14 230	15 490	15 900

表8-2 几种农作物秸秆的元素成分 （%）

种类	N	P	K	Ca	Mg	Mn	Si
水稻	0.60	0.09	1.00	0.14	0.12	0.02	7.99
小麦	0.50	0.03	0.73	0.14	0.02	0.003	3.95
大豆	1.93	0.03	1.55	0.84	0.07	—	—

* 本章撰写人：周颖

表 8-3　几种农作物秸秆的有机成分　（%）

种类	灰分	纤维素	脂肪	蛋白质	木质素
水稻	17.8	35.0	3.82	3.28	7.95
小麦	4.3	34.0	0.67	3.00	21.2
玉米	6.2	30.0	0.77	3.50	14.8
豆科干草	6.1	28.5	2.00	9.31	28.3

资料来源：曹稳根，高贵珍，方雪梅等．我国农作物秸秆资源及其利用现状．宿州学院学报，2007，22（6）．

（二）秸秆还田改善土壤的理化性状

1. 补充土壤养分

据研究，每亩玉米秸秆还田 500kg 后，相当于施用土杂肥 2 500kg，碳酸氢铵 11.7kg，过磷酸钙 6.2kg，硫酸钾 4.75kg。一年后土壤有机质含量相对提高 0.05% ~0.23%，全磷平均提高 0.03%，速效钾增加 31.2mg/kg。秸秆肥料化对钾元素的循环利用很重要，目前我国投入农田肥料中 90% 以上钾来自有机肥料。如果能把大多数秸秆通过多种方式归还到土壤中，可以有效缓解土壤钾元素的亏损，增加作物产量（宋志伟等，2011）。

2. 改良土壤性状

国内外学者就玉米秸秆还田对土壤理化性状的影响及生物学效应做了较多的研究，认为秸秆还田能够增加土壤有机质的含量，促进土壤微粒的团聚作用，降低土壤容重，增加土壤孔隙度（Bescansa ct al，2006）。秸秆覆盖还田降低土壤水分蒸发速度，且覆盖量越大保墒效果越好（于晓蕾等，2007）。国内通过多年多点试验结果表明：玉米秸秆还田 3、6 和 9 年后，土壤有机质含量分别提高 0.05% ~0.09%，0.06% ~0.1% 和 0.09% ~0.12%（王应等，2007）。

3. 降低病虫害发生率

由于根茬粉碎疏松和搅动表土，能改变土壤的理化性能，破坏玉米螟虫及保证其他地下害虫的寄生互不干涉，故能大大减轻虫害。一般玉米害虫率为 2% ~8%，通过还田技术，可使玉米螟虫的危害率降至 1% ~4%，危害程度下降 50%（尚梅等，2000）。

（三）秸秆还田提高作物产量及品质

秸秆还田因其具有良好的土壤效应、生物效应和农田效应，大多数研究表明秸秆还田能提高作物的产量。我国近年来 100 多个 5 年以上的定位实验研究表明：秸秆还田与不还田比较，平均增产率为 12.8%。特别是玉米秸秆整株还田或粉碎还田与不还田比较，3 年平均增产幅度达 10%。秸秆还田与单施等量氮肥相比，秸秆还田配施氮肥后冬小麦之所以增产，因为干物质总量在全生育期内的表现为前期少而后期多（赵俊晔等，2006）；且与不同耕作模式相结合，下茬小麦有效穗数和穗粒数增多，千粒重显著提高（朱瑞祥等，2001）。

二、机械化秸秆还田的推广与应用

（一）国外秸秆还田技术概况

世界上农业发达的国家都很注重施肥结构，秸秆还田技术得到深入研究和广泛应用。国外秸秆还田技术起步较早，发展较快，其中，意大利、美国、英国、德国、日本等发达国家在该领域处于领先地位。

意大利开发的各类机具品种很多，能满足不同作物残留秸秆的粉碎还田，同类机具换装不同的工作部件可以对牧草、玉米秸秆、小麦秸秆、水稻秸秆、甜菜和灌木丛残留物等进行切碎。美国把

秸秆还田当作一项农作制，坚持常年实施秸秆还田。据美国农业部统计，美国每年生产的作物秸秆4.5亿t，秸秆还田量约占秸秆生产量的68%，甚至高达90%，较高的秸秆还田率对美国的农田土壤肥力保持起着十分重要的作用。美国大平原地区，不少农场坚持每年把1/3左右的秸秆用于还田，即每公顷还田秸秆（包括残茬）约1.6~1.7t。监测表明，在美国大平原地区连续实施秸秆还田的地块，8年后土壤有机质平均含量从1.79%提高到2.0%。日本秸秆的主要处理方式有两种，一是混入土中还为肥料，二是作粗饲料喂养家畜（潘剑玲等，2013）。日本已经把秸秆直接还田当作农业生产中的法律去执行。根据近年统计数据，日本常年秸秆产量约为2 150万t，其中稻草产量约为1 450万t，占近3/4。日本稻草最多的是翻入土层中还田，约占68%；其次作为粗饲料养牛，约占10.5%；与畜粪混合做成肥料的约占7.5%；制成畜栏用草垫的约占4.7%；小部分稻草就地焚烧，约占4.1%（谢德良，2013）。

（二）我国机械化秸秆还田发展现状

实践表明，机械化秸秆还田技术已成为当今世界上普遍采用的一项培肥地力的增产技术措施和手段。农作物秸秆还田技术作为环保农业的一项重要技术，是目前国家重点推广实施的农业新技术之一。“十一五”以来，政府积极鼓励并且大力支持发展机械化秸秆还田技术，随着农业机械化装备总量持续增加，北方农村小麦主产区的机收水平达到80%以上，小麦秸秆还田率大幅度上升，有些地区甚至达到了100%。

尽管如此，近年来通过对河北、河南及京津等农村地区机收情况调查不难发现，机械化秸秆还田技术在推广中仍存在着一些障碍因素和亟待解决的问题，突出表现在以下几个方面：一是农业机械化整体水平不高，特别是玉米联合收割机数量比较少，在河北等地的机收比例还比较低；二是农业主产区普遍采用小麦秸秆机械化还田技术，而玉米秸秆机械化还田技术的推广仍有困难；三是由于机械油耗成本及刀口磨损等原因，小麦秸秆机械化还田低留茬的农艺措施还不能严格采用，麦秸留茬过高；四是农机服务市场化、组织化程度不高，从县到村之间没有形成有效的服务网络，往往是重点大户和农机专业户购置农机具组织收割。

第二节　小麦秸秆机械化还田油耗成本与效益研究

一、研究背景

（一）徐水县农业生产概况

徐水县位于河北省中部，地处北京、天津、石家庄三大城市的交汇点。大陆性季风气候明显，自然环境良好，农耕条件优越，水利设施完善。2010年末，全县实有耕地44 106hm^2，总户数182 931户，总人口586 104人，其中，非农业人口117 838人。2010年粮食播种面积60 625hm^2，粮食总产量405 538t，其中，小麦播种面积28 718hm^2，小麦产量173 602t，玉米播种面积30 726hm^2，玉米产量226 460t。2010年末拥有农业机械总动力855 388kW，拥有大中型拖拉机1 415台，小型拖拉机8 305台。农用排灌电力机械15 700台，农用水泵14 300台，机电井11 487眼，化肥施用量（折纯）30 651t，农药施用量979t。农业用电量24 050万kW·h，基本实现农业现代化。

2010年在安肃镇、漕河镇、留村乡等3个乡镇的14个村开展了农户问卷调查，收集示范区农业成本及农业经济本底数据，共收集有效问卷222份。通过调查了解示范区农户家庭人口及生产的总体情况，摸清了示范区农户从事小麦/玉米一年两熟耕作制度下，小麦、玉米生产成本及收益的基本情况。

1. 作物品种与产量情况

北方旱作区大田作物种植主要品种为小麦（733）、玉米（农大958），也有少量花生（冀花409）、红薯和高粱。2009年农户户均小麦产量为424.6kg/亩，小麦当年出售量占总产量的76.2%；户均玉米产量为500.2kg/亩，玉米当年出售量占总产量的88.2%。

2. 种植业生产成本构成

小麦、玉米的生产成本费用包括6项：种子费用、机械收割费用、化肥费用、农药费用、灌水费用、雇工费用（表8－4）。

表8－4　2009年核心示范区小麦及玉米生产成本构成比例统计表

成本构成	种子成本	机械成本	化肥成本	农药成本	灌溉成本	雇工费用
小麦比例（%）	16.10	28.44	36.38	4.31	14.60	0.18
玉米比例（%）	13.56	16.91	52.41	5.92	10.99	0.20

徐水地区的小麦、玉米生产成本中化肥、机械、种子成本所占的比例较高（图8－1、图8－2），其中，小麦生产成本构成中化肥成本占总成本的36.38%，机械成本占28.44%，种子成本占16.10%；玉米生产成本构成中化肥成本占总成本的52.41%，机械成本占16.91%，种子成本占13.56%。

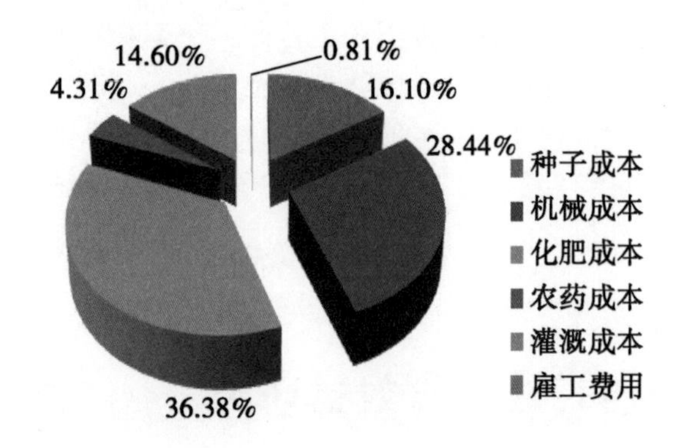

图8－1　农户小麦生产成本构成

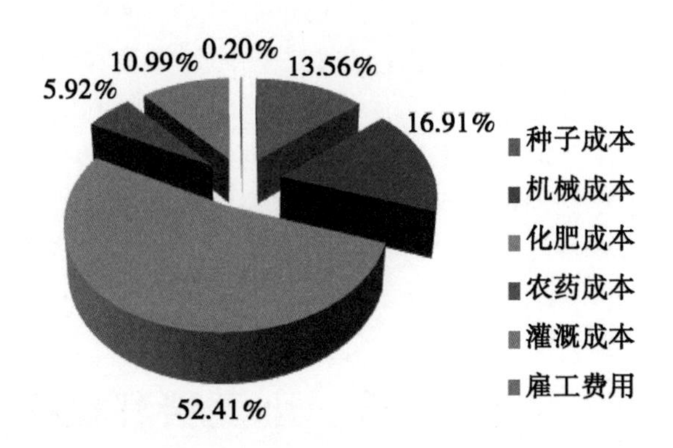

图8－2　农户玉米生产成本构成

3. 种植业生产收益情况

2009年农户出售小麦的户均收益为3 981.39元，扣除生产成本2 559.94元，净收益达到1 421.45元；出售玉米户均收益为4 975.76元，扣除生产成本2 149.73元，净收益达到2 826.03元。因此，目前农户在种植业生产方面的收益还是比较低的。

（二）徐水县农作物秸秆还田情况

徐水县是保定市的农业大县，近年来充分发挥农业物质装备在现代农业发展和新农村建设中的支撑引领作用，全面提高农机装备水平和作业水平，促进了县域经济较快发展。近年来，徐水县小麦生产机收率达到98%以上，小麦秸秆实现全量还田，覆盖率大于95%。小麦秸秆还田广泛采用自走式轴流谷物联合收割机。与此同时，徐水县大力推广以秸秆还田为主的秸秆综合利用技术。玉米秸秆还田以大中型拖拉机为动力，配带秸秆还田机，实现秸秆粉碎还田。近年来，全县玉米生产机械化秸秆还田率达到60%。秸秆机械化还田的推广实施，降低了农民的劳动强度，提高了农业生产率，为粮食增产稳产、农民增收发挥重要作用。

(三) 徐水县小麦留茬过高原因分析

尽管在徐水县粮食主产区，小麦已实现机械化生产，机播、机耕与机收率达95%以上，然而，通过对麦收期间小麦联合收割机的跟踪调查发现：当地小麦秸秆留茬过高，往往超过河北省有关部门规定的20cm的标准，有些地方甚至达到30cm。麦茬过高不仅严重影响夏种，而且带来农民烧麦茬的风险。事实上，小麦秸秆留茬20cm是国家在充分考虑到小麦收割机的性能、下茬玉米的播种及小麦秸秆的还田等诸多因素做出的规定，应严格遵照执行。实际小麦留茬过高的原因有两个方面：一是收割机在作业时将茎秆根部剪断，全部打乱喂入机具内部，若降低留茬高度，就会增加秸秆喂入量，使机器负荷加大，增加作业时间和油耗，还可能加大籽粒损失，并且加速机具的磨损（潘跃，2010）。二是农民对于小麦留茬高度并不在意，按照习惯的机收方式收割。地方政府大多也没有针对限制小麦留茬高度的对策措施，农机手及农机户从自身利益出发不愿积极配合，往往造成小麦秸秆留茬过高。

本研究为了摸清小麦秸秆留茬不同高度对于收割机作业效率及燃油消耗量的影响，课题组于2010—2012年在河北省徐水县留村乡荆塘铺村开展小麦收割机不同留茬高度油耗量及作业效率跟踪实验；定量化分析不同留茬高度下机械油耗成本的变化，了解农机手及农机户不愿降低留茬高度的经济损失原因，从而为培肥地力、促进下茬玉米的生长，制定针对农机手及农机户的燃油消耗费补贴标准，为完善中国的农机燃油补贴政策提供参考依据。

二、小麦留茬不同高度对玉米苗期长势的影响

为了准确地了解小麦留茬高度对于玉米苗期生长的影响，2010年在徐水县留村乡荆塘铺村开展了不同留茬高度对玉米苗期影响的实验。实验采用随机区组排列，小区面积40m^2，实验设计了留茬10cm、20cm、30cm与麦秸不还田4个处理。2010年6月18日人工收割小麦，6月19日按常规种植模式播种玉米，在玉米苗期3个不同时间分别观测并记录玉米的株高与茎粗，10月5日测算出小区平均产量，并对地块的平均单产进行估算（表8－5）。

表8－5　不同留茬高度对于玉米苗期株高及茎粗的影响

高度（cm）	7月12日		7月18日		7月24日		小区平均产量（kg）	平均单产估算（kg/hm^2）
	株高（cm）	茎粗（cm）	株高（cm）	茎粗（cm）	株高（cm）	茎粗（cm）		
10	62.0	2.29	87.7	3.06	132.3	4.06	37.2	9 300
20	63.3	2.12	88.2	2.87	135.0	3.98	37.1	9 270
30	67.0	1.98	90.3	2.75	135.5	3.84	36.9	9 225
不还田	62.8	2.15	89.0	2.90	134.3	4.00	37.0	9 255

数据来源：①中国农业科学院农业资源与农业区划研究所承担公益性行业（农业）科研专项“农业清洁生产与农村废弃物循环利用集成配套技术体系研究与示范”（200903011）子课题项目组于2011年7月中旬在河北省徐水县留村乡荆塘铺村实验基地观测获取。②实验数据获取方法：每个小区选定5株具有代表性的植株进行观测，求每次测量结果的平均值

结合我国北方旱作区粮食作物的种植模式和耕作特点，分析上述实验观测结果，研究组认为在华北地区大力推广小麦低留茬的农艺措施，主要基于以下3点原因：

一是可以促进下茬玉米苗期的生长及避免后期倒伏。尽管降低小麦留茬高度对于下茬玉米的产量影响不大，但对于玉米苗期的长势和后期抗倒伏有重要影响。实验证明：留茬10cm处理的株高最小、茎粗最粗，其次是留茬20cm处理，再次是留茬30cm处理。因此，留茬越高玉米苗期生长得

越细长，即玉米苗期生长状况越差；留茬高度越低，对于下茬玉米苗期的生长越有利，玉米茎秆粗壮避免倒伏，大大降低后期减产风险。

二是可以改善土壤肥力和田间生态环境。降低小麦留茬高度，可以有效增加秸秆的还田量。作物秸秆富含纤维素、木质素等物质，是形成土壤有机质的重要来源；秸秆粉碎还田后，改善土壤的结构，提高土壤自身调节水、肥、气、热的能力；秸秆覆盖地表，干旱期减少了土壤水的地面蒸发量，保持了耕层蓄水量。

三是可以规范农民生产行为及防止秸秆焚烧。一方面推广低留茬的农艺措施，可以进一步规范农民的生产行为，提高农民的思想认识，使农民更多地关注此项农艺措施并接受先进生产方式，为农业生态环境改善和农业稳产而努力。另一方面，留茬高度降低不会影响下茬玉米的播种，而且会更有利于出苗，从源头上彻底解决了秸秆焚烧的问题（江晓东等，2010）。

三、留茬高度对收割机效率及油耗成本的影响

（一）研究假设

根据上述降低麦茬高度有利于玉米苗期生长的实验结论，以及可以有效防止秸秆焚烧的现实需求，研究认为，应在北方旱作区大力推广小麦秸秆低留茬的农艺措施。然而，在实际作业中为了使联合收割机保持最佳工作状态，农机手通常会将留茬高度控制在 20～30cm。因此，研究首先假设降低留茬高度可能会增加机械的成本费用，这主要是由于机械收割效率的降低和油耗成本增加两个因素引起的。其次，开展技术经济分析，通过收集实验数据，摸清不同留茬高度对于收割机作业效率及耗油成本的影响。最后，根据实验结论，确定较为合理的机械油耗补贴标准，并提出农机燃油补贴的相关政策建议。

（二）实验设计

1. 研究对象选择

本实验地点选择在徐水县留村乡的荆塘铺村和刘东营村，地块均在成方连片基本农田上。实验观测对象为两种自走式谷物联合收割机，基本性能指标见表 8－6。新疆－2 型收割机没有油表，采用的是外置油管，通过观察和测量油管液面的高度来记录耗油量的多少。收割机油管的高度为 29.5cm，油箱容量为 71.4L，满箱油价为 447 元*。“雷沃谷神”收割机配有内置油表共 11 个小格，油箱容量为 160L，满箱油价为 1 000元。2010 年夏收期间，新疆－2 型收割机的收割费用为 750 元/hm^2，“雷沃谷神”新型农机的收割费用为 900 元/hm^2。

表 8－6 两种自走式谷物联合收割机性能指标统计表

名称	出厂时间（年）	型号	配套动力（kW）	喂入量（kg/s）	油箱容量（L）	机械重量（kg）	割幅（m）
新疆－2	1997	4LD-2	37.5	2	71.4	3 550	2.14
雷沃谷神	2009	4LZ-2	66	2	160	4 450	2.35

数据来源：表中收割机性能指标数据为课题项目组于 2010 年 6 月在徐水县荆塘铺村和刘东营村调研获取

* 油价是按照 2010 年 6 月 18 日徐水加油站 0 号柴油 6.26 元/L 计算

2. 实验设计与记录

根据新旧两种型号收割机的性能特点，设计不同的留茬处理方案（表8-7），其中："雷沃谷神"收割机考虑到留茬过低将磨损刀具，设计15cm和20cm两个处理。实验跟踪作业连续记录每完成一次作业的地块面积、用时和耗油量3个指标数据，原始记录见表8-7。

表8-7　"新疆-2""雷沃谷神"联合收割机不同留茬高度作业效率田间记录表

机型	地块编号	茬高（cm）	面积（亩）	耗油量（L）	用时（min）
新疆-2	1	10	2	5.81	38.8
	2	10	4	7.50	66.9
	3	20	2.5	5.57	38.4
	4	20	5.8	13.55	87.4
雷沃谷神	5	15	2.9	6.67	26.6
	6	15	5.3	12.18	42.2
	7	20	3.8	8.35	21.7
	8	20	2.8	6.15	18..3

数据来源：中国农业科学院农业资源与农业区划研究所承担公益性行业（农业）科研专项"农业清洁生产与农村废弃物循环利用集成配套技术体系研究与示范"（200903011）子课题研究组于2010年6月18~20日在徐水县留村乡荆塘铺村、刘东营村实验基地观测获取

（三）实验结论

1. 计算说明

本研究在计算时用到4个重要公式：①每公顷耗油量=耗油量/收割地块面积；②每公顷所用时间=收割所用时间/收割地块面积；③实际油费=燃油市场价格×耗油量；④机械收割费用=单位面积收割费用×地块面积。另外，2010年徐水地区机收小麦的费用是老式机械50元/亩，新式机械60元/亩；6月徐水地区0号柴油的市场价格为6.26元/L。

2. 计算结果

根据上述说明，分别计算出两种不同型号的收割机在两种不同留茬高度下的机械效率和油耗费用（表8-8），进一步将不同留茬高度下的每两组实验数据取均值，可得在某一观测值下机械效率及油耗量的平均水平，进而推算出不同观测值下的机械效率和油耗量的变化比例（表8-9）。

表8-8　"新疆-2""雷沃谷神"联合收割机不同留茬高度耗油量及作业效率分析

机型	地块编号	留茬高度（cm）	收割面积（hm^2）	每公顷耗油量（L）	每公顷所用时间（h）	实际油费（元）	机械收割费用（元）
新疆-2	1	10	0.133	43.58	4.85	36.37	100
	2	10	0.267	28.13	4.18	31.80	200
	3	20	0.167	33.42	3.84	34.87	125
	4	20	0.387	35.04	3.77	84.82	290
雷沃谷神	5	15	0.193	34.48	2.29	35.31	174
	6	15	0.353	34.48	1.99	64.54	318
	7	20	0.253	32.96	1.43	52.27	228
	8	20	0.187	32.95	1.63	38.50	168

由此可得两点结论：第一，降低留茬高度对于机械效率及油耗量影响的准确比例。对于老式新疆－2型收割机来说，小麦秸秆的留茬高度由20cm降低到10cm，即留茬高度降低到原来的50%，机械的工作效率（即单位时间收割面积）将下降18.7%，油耗量则会增加4.7%；对于新式收割机留茬高度降低到原来的75%，机械的工作效率将下降39.9%，油耗量会增加4.6%。第二，降低留茬高度对于机械成本费用影响的定量化描述。按照徐水地区2010年的机收的价格标准进行成本费用计算：老式收割机留茬20cm的用时3.8h/hm²，收割费用为750元/hm²，则每h收割费为197.37元，降低留茬到原来的50%，将多用0.72h，则收割费降低0.72h×197.37元/h＝142.11元；油耗增加费用为10.13元，两者合计152.24元。同理，新式收割机留茬20cm用时1.53h/hm²，收割费用为900元/hm²，则每小时收割费为588.24元，降低留茬到原来的75%，将多用0.61h，则收割费降低358.83元；油耗增加费用为9.57元，两者合计368.4元。

表8－9　两种型号收割机在不同留茬高度下的机械效率及油耗量变化比例统计表

项目类别	留茬高度（cm）	每公顷平均用时（h）	机械效率降低（%）	每公顷平均油耗量（L）	油耗增加（%）
新疆－2	10	4.52	18.7	35.85	4.7%
	20	3.80		34.23	
雷沃谷神	15	2.14	39.9	34.48	4.6%
	20	1.53		32.95	

由此可见，如果以20cm留茬高度为标准，那么要在北方旱作区推广小麦低留茬的农艺措施，对于老式收割机来说，麦茬高度降低50%，每公顷的机械成本大约增加152.24元；对于新式收割机来说，麦茬高度降低25%，每公顷的机械成本大约增加368.4元。本研究与农机手协商每公顷补贴油耗费375元，从实验结果来看是合理而具有参考价值的。

第三节　玉米秸秆机械化还田农户受偿意愿研究

本研究于2012年8月27～30日在徐水县漕河镇、崔庄镇、大王店镇、高林村镇及留村乡等5个乡镇的7个自然村，开展了玉米秸秆机械化还田补偿意愿问卷调查，共收集有效问卷200份。

一、玉米收割及秸秆利用情况分析

（一）玉米收割及秸秆还田情况分析

关于玉米收割及秸秆利用情况调查表包括4个问题，分别对应着4个名义水平*变量，即：玉米收割方式、不采用收割机原因、秸秆利用途径（6种）、秸秆还田比例等。本研究采取Excel统计分析与IBM SPSS 19统计分析相结合的方法，对于基本统计变量进行频数分析与描述性统计分析，结果如图8－3、图8－4所示。

研究示范区农户采用的玉米收割方式最多的是人工收割，机械粉碎秸秆全部还田，机械旋耕土地及播种小麦（C），收割费用均值的估计上限为162元。选择人工收割、耕地、播种，机械粉碎秸

* IBM SPSS软件根据数值型变量的特征将其分为“名义水平、有序水平、尺度水平”三种类型。名义水平是当变量值没有自然等级时的水平；有序水平是当变量值有自然顺序但值之间的差异没有意义时的水平；尺度水平是当变量值之间的差异可以比较时的水平

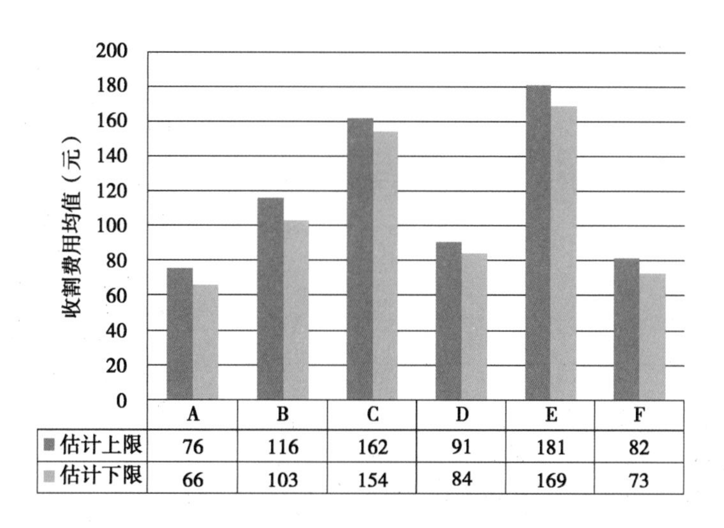

图 8－3　不同收割方式下费用均值的置信区间

注：图中 A、B、C、D、E、F 分别表示农户采用的六种玉米收割方式，其中：A. 人工收割、耕地、播种，秸秆不还田做青贮；B. 人工收割、耕地、播种，秸秆粉碎全部还田；C. 人工收割，秸秆粉碎还田，机械耕地、播种；D. 人工收割，机械耕地、播种，秸秆不还田青贮；E. 全程机械化收割一条龙服务；F. 其他的收割方式

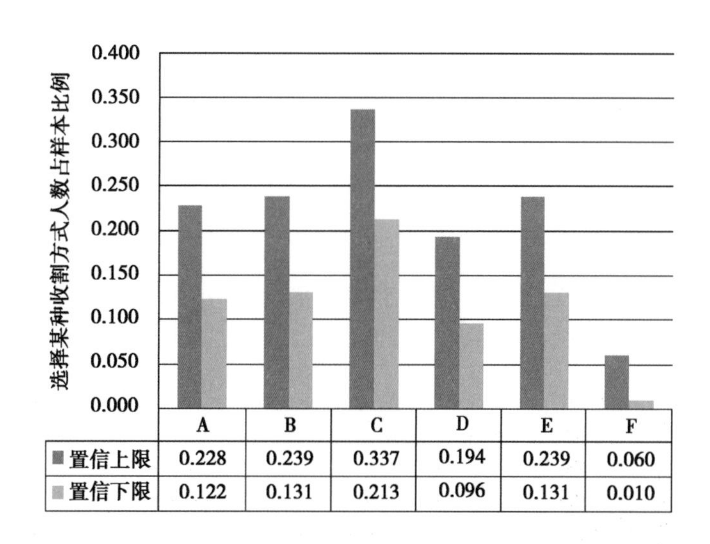

图 8－4　某种收割方式人数所占总体比例的置信区间

注：图中字母含义同图 8－3

秆全部还田（B），以及全程机械化收割方式（E）的人数相等，收割费用均值的估计上限 B 为 116 元，E 为 181 元。全程机械化收割的机械费用最高，与人工收割相比费用约增长了 11.7%。因此，在劳动力充足的情况下，多数农户更习惯于采用手工收割玉米、秸秆粉碎还田并旋耕土地播种的生产方式。

（二）不采用玉米收割机的原因分析

为了更准确、全面地了解徐水地区农户不采用玉米收割机的准确原因，以及农户生产行为采纳意愿影响因素，本研究将农户所选择的各种影响因素按照百分位数法计算有效样本的均数，获得其 95% 置信区间的上下限。由于在所调查的 200 个有效样本中，有 37 户因采用玉米收割机此项空缺，故有效样本为163个。

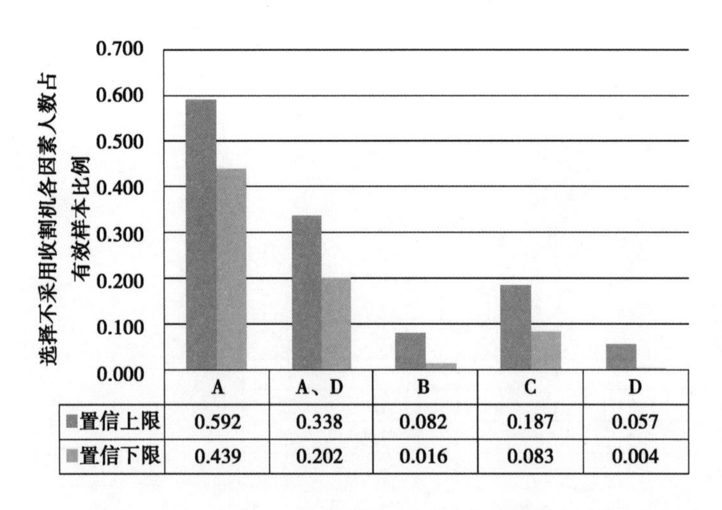

图8－5　选择不采用收割机各因素人数占有效样本比例置信区间估计

研究示范区农户选择不采用玉米收割机的原因，最主要的是收割机本身的影响因素，其次是收割机与国家政策两因素共同影响，第三是秸秆用途的影响因素（图8－5）。近年来徐水地区玉米机械服务收费标准：粉碎70～100元/亩，机耕40～75元/亩，机播20～30元/亩，合计每亩地最少为130元，而实际上当地全程机械化收割一条龙服务费用为150～180元/亩。根据IBM SPSS 19统计软件对2011年玉米亩均净收益调查样本的频率分析显示其均值为705.04元，则一条龙机械收割费用占净收益的21.2%～25.4%，对于农民来说显然过高了。

（三）秸秆利用途径及还田比例情况分析

本研究开展了玉米秸秆利用途径及还田比例的调查研究（图8－6、图8－7）。据调查，徐水地区农户家庭玉米秸秆的利用途径主要有以下6种：直接还田、青贮饲料、生活能源、直接出售、拉走送人、其他用途等。本研究对200个有效样本进行统计分析，估计在置信度95%的前提下，不同秸秆利用方式占总样本比例的置信区间。

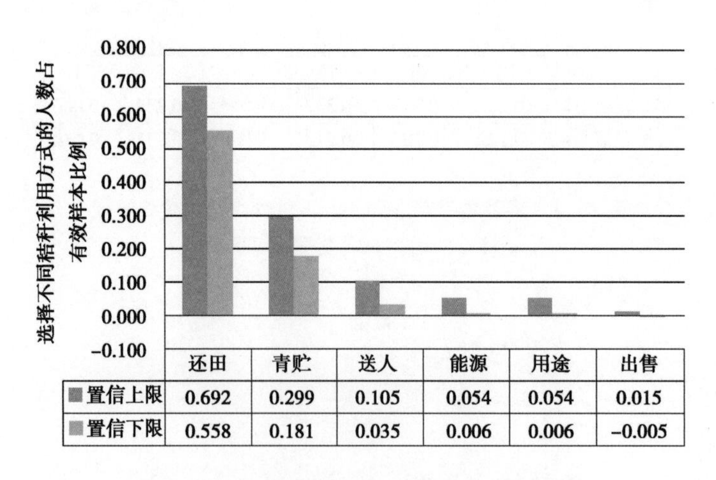

图8－6　不同秸秆利用方式人数占样本比例

玉米秸秆直接还田是农户选择最多的一种秸秆利用方式，对秸秆还田措施表示支持的人数比例的95%置信区间为（0.558，0.692），大多数农户还是非常愿意秸秆还田的。此外，随着徐水地区

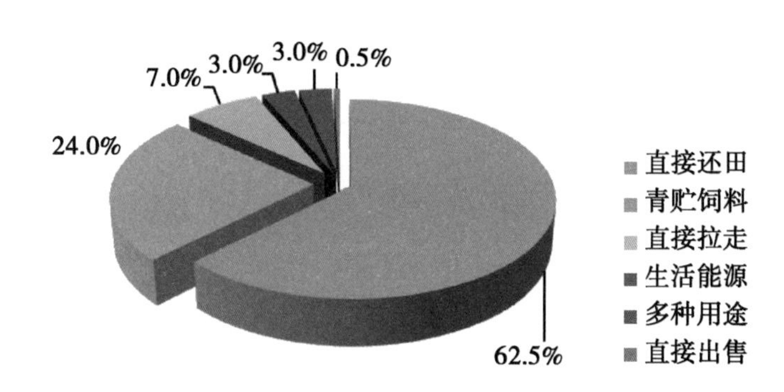

图 8-7　农户选择不同秸秆利用方式样本比例

养牛产业的快速发展，玉米秸秆出售给养牛场或直接送人的越来越多，选择作为青贮饲料或直接送人两种方式的人数比例的95%置信区间分别为（0.299，0.181）、（0.105，0.035），其样本比例之和达到31%，可见，随着农业产业结构的调整，种植业生产副产品为养殖业提供饲料的循环利用方式所占的比例还会逐步上升。

二、玉米及小麦生产成本及效益情况分析

为了准确地掌握玉米及小麦生产成本投入及效益情况，调查表设计了8个大问题，分别对应着10个尺度水平的数值型变量，即：2011年农业纯收入、2011年玉米机械服务费用、玉米亩均收益、2012年小麦种子费用、灌水费用、机收费用、施肥费用、总成本费用、亩均成本费用、小麦亩均收益。本研究对10个变量进行基本统计分析，深入了解统计量的集中趋势和离散趋势。

（1）农业生产纯收入的均值为5 306.50元（2011年数据且不包括种植业生产以外的收入部分），如果按照家庭实际劳动力人数统计则人均纯收入的均值为2 731.48元，按照家庭实际人口数计算则均值仅为1 291.46元。《河北经济年鉴2011》公布数据，2010年保定市徐水县农村居民人均纯收入为6 674.0元*，相比调查统计结果分别高出了59.1%和80.6%。可见，种植业生产纯收入只占农村居民纯收入的不足50%，甚至更低。

（2）玉米及小麦每亩净收益的均值分别为705.04元和183.05元（2011—2012年玉米/小麦轮作期数据），玉米的收益明显高于小麦是因为小麦只够自给自足，不能用于销售。据统计，调查的200份有效样本耕地面积均值为5.9亩，则每亩净收益均值为899.4元，上面计算玉米/小麦轮作期一年净收益之和为888.1元，两个数据比较误差率仅为1.25%，可见问卷调查的数据是符合生产实际的。

（3）玉米机械服务费用的均值为126.66元（2011年徐水地区调查亩均数据），主要包括收割加粉碎、旋耕土地、播种小麦这三项服务费用。通过Bootstrap抽样统计分析，得到均值和标准差的95%置信区间分别为119.74～133.60和41.320～50.200。如图8-8所示，支付机械费用在101～150元/亩的人数所占比例最高为37.7%，其次为151～200元/亩的人数占21.7%，第三为71～100元/亩的人数占19.4%。由此可见，无论农民采用哪种玉米收割方式，而且无论秸秆是否全部还田，只要在生产过程中选择了机械化服务，绝大多数农民至少需要支付70元/亩的服务费用。

（4）小麦的成本投入费用主要由种子费用、灌水费用、机收费用和施肥费用四部分组成，均值分别为种子72.7元/亩、灌水49.5元/亩、机收66.6元/亩、化肥201.3元/亩。经Bootstrap抽样统计分析，则均值95%置信区间分别为种子（69.7，75.8）、灌水（45.2，53.8）、机收（65.4，

* 数据来自《河北经济年鉴2011》. 北京：中国统计出版社，2011：10

67.7)、化肥（190.0，211.1）；施用化肥费用在小麦种植总成本费用均值中所占的比例最高为 51.6%，其次是种子费用占 18.6%，第三是机收费用占 17.1%（图 8－9）。

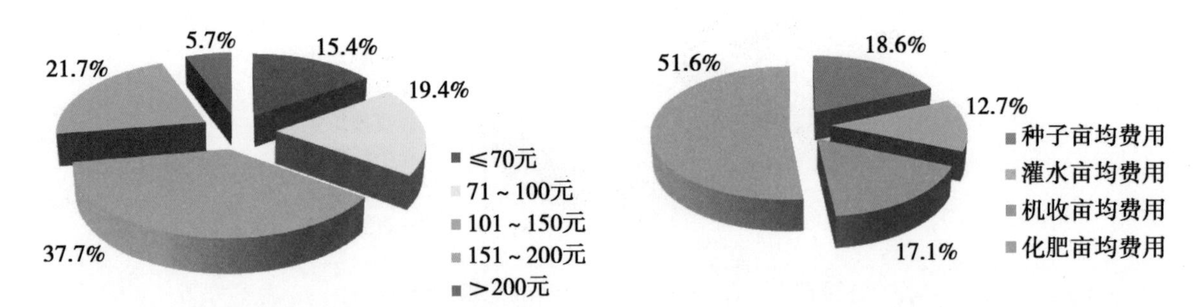

图 8－8　玉米 2012 年每亩机械服务费各等级占比　　图 8－9　小麦 2012 年每亩各项投入费用占比

三、农户环保意识调查分析

本研究开展了农户环保意识的研究，主要通过调查受访者对于施用化肥对土壤、地下水等影响程度的判定，以及用有机肥替代化肥的意愿调查来加以分析（图 8－10），结果表明：大部分农户都能够意识到施用化肥对于土壤和地下水有一定的影响，但是影响还不大；有 33% 的人认为化肥减施对于作物产量影响很大，由于担心产量下降并不希望减少化肥的施用；还有 50.5% 的人认为长期施用化肥对于地下水没有影响或者不清楚，这充分表明农民的环保意识有待提高，地下水污染潜在的危机并没有被重视，更没有采取保护行动。

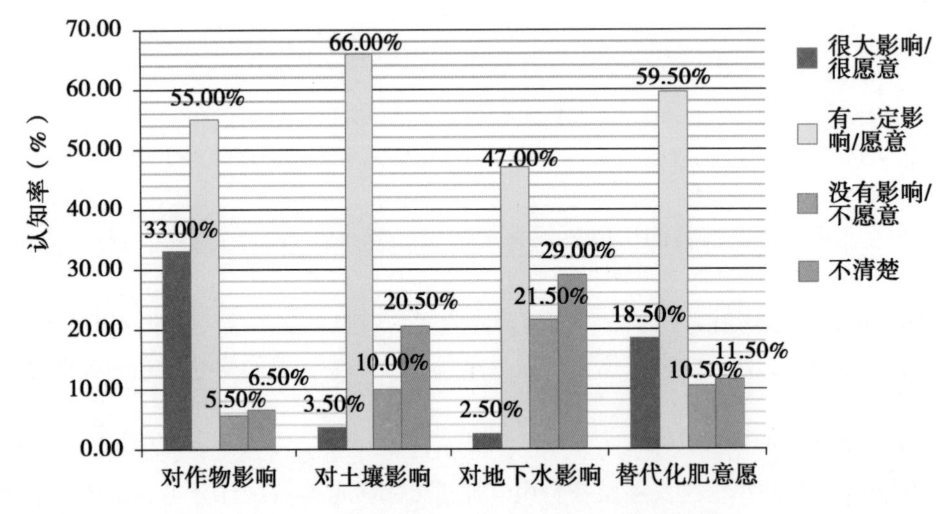

图 8－10　农户施用化肥对环境影响情况认知调查统计

四、农户接受补偿额度统计分析

在所调查的 200 位受访者中，所有的人都希望能够尽快出台玉米机械化收割的补贴政策，并愿意在接受一定现金补贴的前提下，采纳玉米秸秆机械化还田措施，补偿额度的均值为 114.3 元/亩。将农户希望接受的补偿额度分为 6 个等级，按照所占人数比例排序由高到低分别为：20～50 元/亩占 40.0%，51～100 元/亩占 27.0%，800 元/亩占 16.5%，101～150 元/亩占 12.0%，151～200 元/亩占 3.5%，201～300 元/亩占 1.0%（图 8－11）。通过统计变量频数分布直方图及正态曲线可以判断补偿额度数据资料不符合正态分布（图 8－12）。

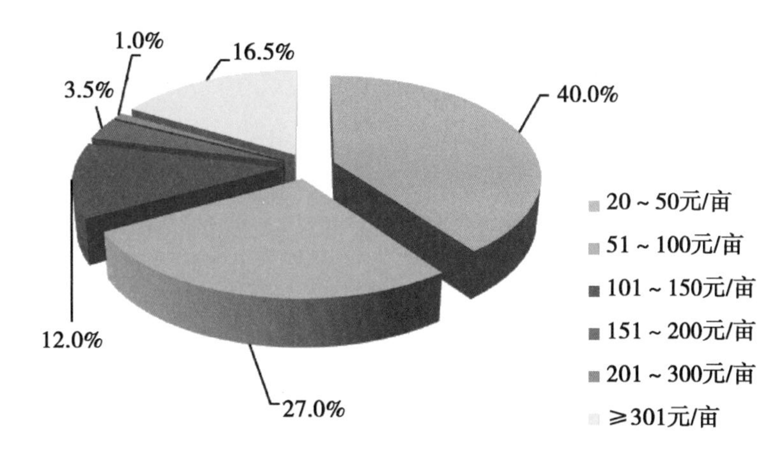

图 8－11　玉米机械收割补偿额度范围及其人数占比图

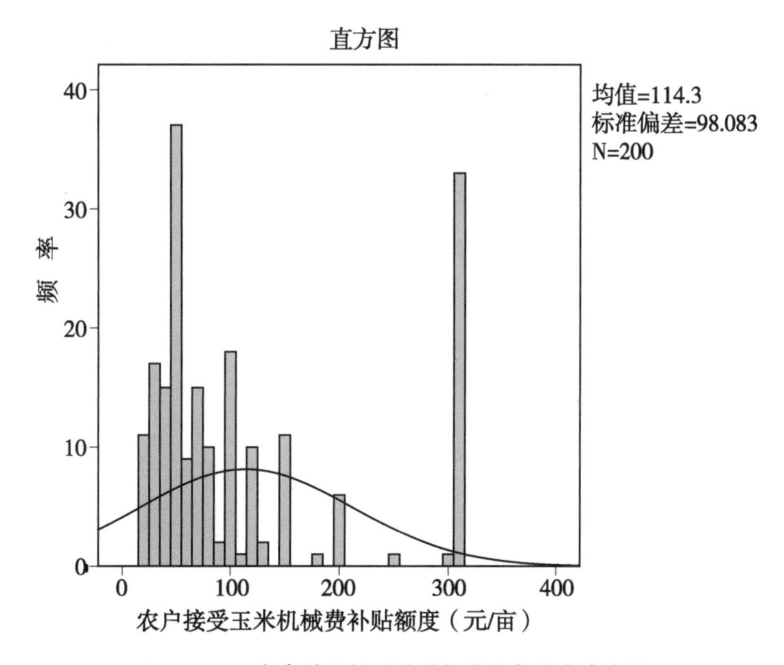

图 8－12　农户希望接受补偿额度频数分布直方图

五、统计变量的相关分析

（1）农业纯收入与玉米/小麦收益的关系。研究选择 Spearman 非参数方法的双尾检验，输出结果表明：农业生产的纯收入与玉米的净收益相关系数 $Rs=0.172$，$P=0.015$，两者存在显著正相关关系，而与小麦的净收益之间无相关关系。说明农民种植的玉米净收益越高，农业生产的纯收入就越高，两者呈正向变化关系，而与种植小麦是否获得收益无关。

（2）玉米机械化服务费与补偿额度的关系。由于补偿额度变量不服从正态分布，因此选择 Spearman 非参数检验，输出结果显示：Spearman 相关系数 $Rs=0.210$，$P=0.005$，提示农户希望接受的玉米机械费补偿额度与当年玉米生产机械服务费呈明显的正相关关系。

（3）玉米亩均净收益与补偿额度的关系。选择 Spearman 非参数检验和 Kendall 非参数检验两种方法进行比较，输出结果显示：Spearman 相关系数 $Rs=-0.168$，$P=0.018$；Kendall 相关系数 $Rs=-0.123$，$P=0.016$。两种统计分析结果均表明：农户希望接受的玉米机械费补贴额度与当年玉米亩均净收益呈明显的负相关关系。

（4）学历高低与环保意识的关系。在分析学历高低与环保意识高低相互关系时，将受访者的学历由低到高分为5个等级，即：小学—1，初中—2，高中（中专）—3，大专—4，大学—5；相应地将农户施用化肥对土壤及地下水的影响认识分为“不清楚、没有影响、有一定影响、有很大影响”4个等级，选择Spearman非参数方法进行检验，采用Bootstrap法估计相关系数的标准误和95%置信区间，结果表明：学历的高低与环保意识的高低呈显著的正相关关系，即农户学历越高，越能够认识到长期施用化肥对于土壤和地下水有较大影响，越充分地关注农业生产的环境保护问题。

六、补偿额度确定

根据统计分析，示范区农户若采纳玉米秸秆机械化还田措施，希望政府提供的补偿额度的均值为114.3元/亩，在调查的200位受访者中，采用机械粉碎秸秆还田收割方式的农户共占64.5%，而玉米亩均机械服务费用均值95%置信区间为（119.74，133.60），均值为126.7元。

因此，综合上述统计结果，要在示范区推广玉米秸秆机械化还田措施，则农户希望获得的补偿标准为120元/亩。

参考文献

[1] 曹稳根，高贵珍，方雪梅，等．我国农作物秸秆资源及其利用现状［J］．宿州学院学报，2007（6）：110－112，126.

[2] 郝辉林．玉米秸秆机械粉碎还田前景分析［J］．中国农机化，2001（2）：30－31.

[3] 江晓东，迟淑筠，宁堂原，等．秸秆还田与施氮量对小麦、玉米产量与品质的影响［J］．河南农业科学，2010（12）：44－47.

[4] 潘剑玲，代万安，尚占环，等．秸秆还田对土壤有机质和氮素有效性影响及机制研究进展［J］．中国生态农业学报，2013（5）：526－535.

[5] 潘跃．小麦留茬高度对联合收割机作业效能的影响［J］．农业科学研究，2010（3）：31－33.

[6] 阮兴文．我国农业面源污染防治的制度机制探讨［J］．乡镇经济，2008（7）：55－58.

[7] 尚梅，刘德璋，盛力伟，等．农作物秸秆还田技术应用及推广前景［J］．农机化研究，2000（1）：93－95.

[8] 宋志伟，杨超．农作物秸秆综合利用技术［M］．北京：中国农业科学技术出版社，2011.

[9] 王应，袁建国．秸秆还田对农田土壤有机质提升的探索研究［J］．山西农业大学学报（自然科学版），2007，S2：120－121，126.

[10] 谢德良．稻麦秸秆互助循环 日本农田这样处理秸秆［J］．环境与生活，2013（11）：24－25.

[11] 于晓蕾，吴普特，汪有科，等．不同秸秆覆盖量对冬小麦生理及土壤温、湿状况的影响［J］．灌溉排水学报，2007（4）：41－44.

[12] 赵俊晔，于振文．高产条件下施氮量对冬小麦氮素吸收分配利用的影响［J］．作物学报，2006（4）：484－490.

[13] 朱瑞祥，薛少平，张秀琴，等．机械化玉米秸秆还田对土壤水肥状况的动态研究［J］．农业工程学报，2001（4）：39－42.

[14] Bescansa P，Imazi M J，Virto I，et al. Soil water retention as affected by tillage and residue management in semiarid Spain［J］．Soil and Tillage Research，2006，87（1）：19－27.

第九章　农户出售玉米秸秆的意愿与影响因素*

第一节　我国玉米秸秆利用现状

一、玉米秸秆产出情况

玉米既是一种重要的粮食作物，又是畜禽饲料来源之一，是全世界总产量最高的粮食作物。根据美国农业部（USDA）的统计，2011—2012 年度，世界玉米产量达到 8.737 亿 t，约占当年世界粮食总产量的 37.6%。我国不仅是世界第二大玉米生产国，也是第二大玉米消费地。2006 年以来，我国玉米产量连年增加，已从 2006 年的 1.52 亿 t 增长到 2012 年的 2.08 亿 t。伴随玉米产量的增加，作为副产品的玉米秸秆也相应增加。在估测玉米秸秆产量时，常采用的玉米草谷比有 3 个，即 1.2、2.0、和 1.38（毕于运等，2009）。按照草谷比 1.2 来计算，2012 年我国玉米秸秆产量约为 2.5 亿 t，相当于 1.25 亿 t 标准煤（表 9－1）。

表 9－1　2006—2012 年我国玉米秸秆产量

年份	玉米产量（万 t）	玉米秸秆产量（万 t）		
		草谷比：1.2	草谷比：2.0	草谷比：1.38
2006	15 160.30	18 192.36	30 320.60	20 921.22
2007	15 230.05	18 276.06	30 460.10	21 017.47
2008	16 591.40	19 909.68	33 182.79	22 896.13
2009	16 397.36	19 676.83	32 794.72	22 628.36
2010	17 724.51	21 269.42	35 449.03	24 459.83
2011	19 278.11	23 133.73	38 556.22	26 603.79
2012	20 812	24 974.40	41 624	28 720.56

注：玉米产量数据来源于国家统计局网站

二、玉米秸秆的用途与利用现状

（一）资源化利用途径

玉米秸秆是一种重要的生物质能，用途广泛，可分为饲料化利用、肥料化利用、能源化利用、材料化利用和基料化利用。

1. 饲料化

玉米秸秆富含纤维素、半纤维素，可以用作牲畜粗饲料。然而，由于含有蜡质、硅质和木质素等不易被牲畜消化吸收的成分，直接喂养时牲畜对玉米秸秆的采食量和消化率比较低，不能实现对营养成分的有效吸收。因此，在进行饲料化利用时，一般需要综合运用物理、化学和生物方法（微储、青储和氨化等）进行适当预处理，把纤维素、半纤维素和木质素分离出来。

---

* 本章撰写人：尹昌斌　李永涛

2. 肥料化

主要有秸秆直接还田和堆肥还田。直接还田是指在玉米收获时或收获后，用机械直接将玉米秸秆粉碎、翻埋到土壤中。由于直接还田机械化程度高，并且可以实现玉米收获和灭茬一次性完成，具有省时省力的优点。秸秆堆肥还田是指先对玉米秸秆进行发酵处理，加快玉米秸秆腐烂速度，促进秸秆快速分解成有机质，待秸秆腐熟后再进行还田。秸秆堆肥还田能够提高玉米秸秆利用率，但需要经过收集、运送、堆肥、还田等程序，费时费力。

3. 能源化

玉米秸秆能源化利用途径包括燃烧直接供热和通过制沼气、乙醇、柴油等中间产品间接供热。玉米秸秆因其易燃、热值高、对火炉要求低，曾长期被农户当作日常生产、生活的燃料使用。玉米秸秆含碳量在40%以上，能源密度达到13～15MJ/kg，每2kg秸秆的热值相当于1kg煤，而且其平均含硫量只有3.8‰，远低于煤的含硫量（约1%）。秸秆发酵制沼气是指在微生物的作用下，将秸秆降解为沼气、沼液和沼渣，具有较好的经济效益、社会效益和生态效益。

4. 材料化

玉米秸秆晒干后含有80%以上的木质素，并含有丰富的纤维素和半纤维素。木质素和纤维素可以起到支架的承载作用，而半纤维素可以起到连接作用。玉米秸秆经工业化处理，可用于造纸、板材加工、编织、工艺品制作等。

5. 基料化

秸秆是食用菌生产的重要原料，采用秸秆生产食用菌可以实现秸秆的资源化、商品化利用。玉米秸秆粉碎后占食用菌栽培料的75%～85%，是用来生产平菇、香菇、金针菇、鸡腿菇的常用方法。经食用菌分解后的栽培基还是很好的生物质肥料，可以直接还田。玉米秸秆用做食用菌栽培基，具有较好的经济效益与生态效益。

（二）资源化利用现状

对我国东北、华北、西南3个玉米主产区的玉米秸秆资源化利用现状调查结果表明，我国玉米秸秆的资源化利用方式以还田、饲料化和燃料化为主，分别占30.2%、26.2%和24.4%（表9－2），明显高于其他几种处理方式（王如芳等，2011）。分区域来看，华北地区秸秆还田比例明显高于东北地区，东北地区秸秆用作燃料和饲料的比例明显高于华北、西南，表明我国玉米秸秆利用结构存在明显的区域差异性。需要指出的是，尽管我国实施了严格的秸秆禁烧政策，但是三大玉米主产区仍有12.8%的玉米秸秆被焚烧。

表9－2　玉米秸秆的利用途径及所占比例　　（%）

玉米主产区	地块	还田	饲料	燃料	焚烧	其他	工业原料
东北	高产	21.7	29.5	35.5	10.0	3.2	0.1
	中产	18.9	31.5	35.7	10.5	3.2	0.2
	低产	18.8	31.4	32.9	12.0	4.7	0.3
华北	高产	46.2	22.2	16.7	11.3	3.2	0.4
	中产	42.8	18.1	17.6	12.7	8.2	0.7
	低产	36.6	19.3	19.3	12.8	11.1	1.1
西南	高产	29.5	27.9	21.2	15.1	5.9	0.3
	中产	29.7	27.9	20.3	14.8	5.9	1.5
	低产	27.7	28.0	20.0	15.9	6.7	1.8
平均		30.2	26.2	24.4	12.8	5.8	0.7

注：根据王如芳和张吉旺（2011）的资料整理而成

三、玉米秸秆资源化利用的主要制约因素

（一）玉米秸秆饲料化利用的适用性与可行性

秸秆能源化利用面临以下几方面制约因素。首先，随着收入水平的提高，农户普遍采用煤气、电力等能源，玉米秸秆逐渐退出直燃供热；其次，秸秆直接燃烧时能源利用率仅为13%，浪费大；再者，玉米秸秆含有纤维素、半纤维素和木质素，在制沼气时，由于沼气池冬季产沼气以及降低秸秆预处理难度的技术尚未完善，沼气池并未完全发挥效应，综合利用率较低。秸秆制乙醇、制柴油、气化、炭化等新兴秸秆能源化利用又面临技术与资金的制约，近期难以大范围应用。

玉米秸秆材料化利用对资金、技术要求高，多由专门企业来加工，单个农户很难进行材料化处理。而且，材料化处理过程对环境破坏较大，比如秸秆制纸浆，我国存在大量小型制纸浆企业，由于技术落后，环保意识薄弱，不能很好处理生产过程中产生的废弃物，污染大气、水体、土壤，严重损害居民身体健康。在材料化利用中，农户多是秸秆提供者，参与层次低，而且技术的不完善严重影响着材料化利用的规模化发展，对秸秆处理能力有限。

秸秆基料化利用具有较高的资源利用率，但由于该利用模式所占比重低，从整体上看并不能显著提高玉米秸秆的总体利用水平。

秸秆还田能预防土壤侵蚀、改善土壤品质（Banowetz et al，2008），但有严格的技术要求。首先，还田数量有要求，一般应控制在每亩500kg左右，我国秸秆亩产量约为1 000kg，目前农户多将秸秆直接全部还田，超出了科学的还田量。其次，还田时要及时补充水分和氮肥并喷施农药，但由于农户缺乏技术指导，以及对秸秆腐熟条件缺乏了解，再加上赶农时的紧迫性，农户很少会采用补水、补肥、喷药措施，从而降低了秸秆腐烂速度，对下茬作物产生负面影响。最后，缺乏必要的深翻，由于秸秆直接还田重复率高，若不进行及时深翻，则粉碎后的秸秆都聚集在土壤表层，秸秆肥料不但不能很好发挥功效，还会造成土壤空隙大，影响作物根系与土壤的接触。如果直接还田和下轮作物播种间隔时间过短，秸秆分解过程中产生的有机酸将对下轮作物带来危害，只将一半秸秆还田，将使损害达到最小化（Matsumura et al，2005）。因此，规范秸秆还田技术，要合理控制还田量，剩余秸秆要及时收集起来，另行处理。

目前，秸秆饲料化利用在我国具有较大适用性和可行性。我国玉米秸秆产量大，且主要集中在东北春玉米区、华北玉米区、西南玉米区。随着国内外玉米需求的增加，我国玉米秸秆产量将稳定增长，在其他利用方式还存在诸多制约因素的背景下，为秸秆饲料化利用提供了充足而稳定的原料供给。与此同时，我国规模化养殖场发展迅速，与散养户相比，规模化养殖场在采用秸秆饲料化利用技术时有资金优势、技术优势和规模优势。在粮食供求紧张、工业饲料价格上涨的背景下，规模化养殖场在采用成熟的秸秆饲料化利用技术方面有着较高的积极性。因此，秸秆饲料化利用有充足的原料供给、成熟的技术和巨大的市场潜力。在推进农业清洁生产，建设资源节约型、环境友好型社会，打造美丽中国的时代背景下，秸秆饲料化利用具有独特的技术优势、环境优势、成本效益优势。从秸秆资源化利用角度来看，规模化养殖场对玉米秸秆的需求量大、消化吸收率高，并且养殖场产生的废弃物经无害化处理后可替代化肥的使用，还田后可有效提高土壤有机质含量，提高耕地可持续生产能力，因此秸秆饲料化利用能有效地提高资源利用率并缓解环境压力。从养殖业饲料供给角度来看，用处理后的秸秆喂养畜禽，能够为畜禽正常生长发育提供充足的营养需求，在一定程度上减少对工业饲料的依赖，有助缓解粮食供给压力，对保障国家粮食安全意义重大。

（二）秸秆出售制约着玉米秸秆饲料化利用

我国农业生产以家庭承包经营为主，玉米种植主要以单个农户为经营单位，秸秆资源主要集中在农户手中，而秸秆饲料化利用主要需要由专业化、规模化的养殖场来完成。因此，秸秆饲料化利用首先需要解决秸秆资源的商品化过程，而农户选择出售秸秆是秸秆商品化利用的首要环节。影响秸秆饲料化利用的因素很多，农户秸秆出售意愿是主要因素之一，挖掘秸秆饲料化利用的潜力就需要研究农户出售玉米秸秆行为的影响因素，这有助于更好地把握农户意愿及需求，有助于更有针对性地出台解决办法，提高农户秸秆出售意愿、消除秸秆饲料化利用的障碍。

第二节　农户出售玉米秸秆行为的理论分析

一、理论基础

（一）计划行为理论

计划行为理论是著名的态度行为关系理论，由 Ajzen 在理性行为理论（Theory of Reasoned Action，TRA）的基础上，增加一个知觉行为控制变量而发展成的理论研究模式（Ajzen，1985）。该理论认为，行为的产生取决于一个人执行该行为的行为意向，而行为意向主要受个体态度、主观规范和知觉行为控制三个要素的影响（Ajzen，1991）。态度（Attitude）是对个人执行某行为所持有的正面或负面感觉的评估，常被具体为个人对该行为结果的信念的函数。主观规范（Subjective Norm）是指个人在进行某项行为决策时所感受到的社会压力，反映的是其他个人或组织对该行为人行为决策的影响。知觉行为控制（Perceived Behavioral Control）是指基于个人对自己的能力、资源和机会的判断所感知的执行某一行为的难易程度。计划行为理论在近 20 多年里得到了广泛应用，已成为研究农户行为的重要理论之一，大多数研究结果都验证了该理论的实用性和有效性（图 9 - 1）。

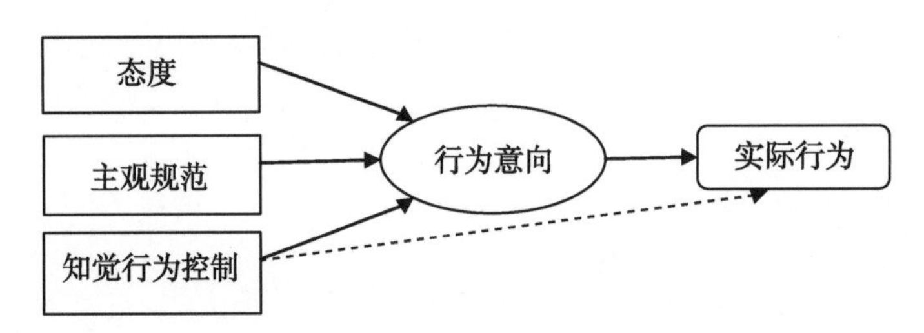

图 9 - 1　计划行为理论的概念模型

（二）农业区位理论

区位是人类经济活动所选择的地区、地点等空间位置。区位经济理论是关于人类经济活动地域空间组合优化的理论。农业区位论（agricultural location theory）是解决农业生产的区位选择问题的理论，由德国农业经济学家杜能首先提出（von Thünen，1966）。作为农业资本家，为探索农业生产方式的地域配置原则，他根据在德国麦克伦堡平原长期经营农场的经验，在提出“孤立国”假定条件基础之上，探索了地租形成及影响因素，提出了经典的杜能圈层式农业土地利用结构。“孤立国”假定是：一个位于肥沃平原中的孤立国完全与别国隔绝，马车是国内唯一的交通工具，“孤立国”中心只有一个城市，所需产品由周围乡村供给，并向周围乡村提供加工产品，所有居民都追求利益最大化。在这种假设下，杜能提出了一般地租公式：

$$R = PQ - CQ - KtQ = (P - C - Kt)Q$$

其中，R、P、Q、C、K、t 分别表示地租收入、农产品市场价格、农产品生产量（等于销售量）、农产品生产成本、距中心城市距离、农产品运费率。

杜能进而提出了各种产业的分布范围，即以城市为中心，由内向外呈同心圆状的 6 个农业地带

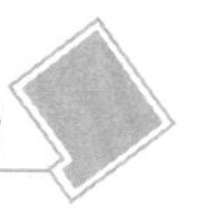

也称为“杜能环”。主要因为各个农场与中心城市的距离不同，因而地租有差异，最终引起农业生产方式的差别。在市场经济条件下，农业区位论对我国农业发展发挥着很大的作用，对推动我国现代区位理论研究和农业产业结构调整意义重大。

农户玉米地与秸秆收购点的距离影响秸秆出售的运输费用，是农户秸秆出售成本的重要组成部分。依据农业区位论，运输方式类似时，由于距离的不同，不同村庄的农户秸秆出售成本不同，固定秸秆收购点的收购价格是确定的，因此不同村庄农户秸秆出售的纯收益不同，这最终将致使不同村庄的农户有不同的秸秆出售比例，将围绕中心秸秆收购点，由近及远出现不同的“比例圈”。

现有研究结果已经初步证实，耕地离家远近、附近有无秸秆收购点均会对农户秸秆处置行为产生影响（左正强，2011），农户家庭距秸秆收购点的距离越近，农户越倾向于选择出售秸秆，反之，距离越远，农民需付出的运输成本及劳动力成本越高，而秸秆出售价格不变，就会降低农户秸秆出售意愿（王舒娟等，2012）。

二、假设条件

本研究基于以下三点假设。

（一）农户是社会人，追求生产效益的最大化

社会人是相对于自然人而言的，是社会化后的自然人，是具有自然和社会双重属性的完整意义上的人。社会化的过程是自然人适应社会环境、参与社会生活、学习社会规范、履行社会角色的过程。农户是秸秆生产与利用的微观主体，作为社会人，农户的秸秆利用行为不是独立于社会之外，其秸秆出售决策受社会、文化因素影响。作为社会人的农户不再单纯追求经济利润的最大化，人与人之间的关系和组织的归属感与获得一定的经济报酬同等重要。同时受一些相关行政干预措施的影响，农户会自觉或不自觉地履行社会角色，推动秸秆资源化利用。

（二）所研究区域内农户秸秆出售对象是唯一的，即传闻乳业

传闻乳业是当地一家奶牛养殖场，地理位置优越，交通便利，紧邻民权县044县道，周边区域硬化道路密集。从民权县玉米种植适宜性分布图来看，该养殖场周边村庄多位于高度适宜区和适宜区。传闻乳业2011年末奶牛存栏量为186头，其中产奶奶牛112头，秸秆饲料化利用技术成熟，年秸秆收购数量大，在研究区域内具有较大影响力和较高秸秆收购能力。

（三）养殖场秸秆收购价格是统一的、固定的

农户出售秸秆的方式是统一的，即：人工砍伐，自己送到养殖场出售。在出售秸秆成本核算中只计入车辆消耗汽油、柴油的费用，不计考虑人力成本与机会成本。

三、理论概念模型

农户是秸秆出售的独立主体，其行为决策受内部与外部因素的共同影响。内部因素主要包括农户的特征因素和心理因素，农户特征主要包括年龄、受教育年限；家庭总人口、外出务工人数，心理因素主要包括态度、主观规范。依据计划行为理论，农户特征因素往往影响对秸秆利用方式的认知、接受能力，进而影响农户秸秆出售行为，而农户对特定秸秆利用方式的态度及采取该利用方式时所受到的社会压力均会通过影响行为意向间接地影响秸秆出售行为。

从外部因素来看，以玉米地块平均面积、距秸秆收购处距离为代表的区位因素，以秸秆收购价格、还田费用为代表的成本收益因素，以相关机械的社会化服务水平、性能为代表的技术因素均会对农户秸秆出售行为产生影响。农户秸秆出售行为最终将影响区域内秸秆利用结构、饲料化利用可行性、种养结构安排和布局。

依据计划行为理论和农业区位理论，提出如图 9 －2 理论分析框架。

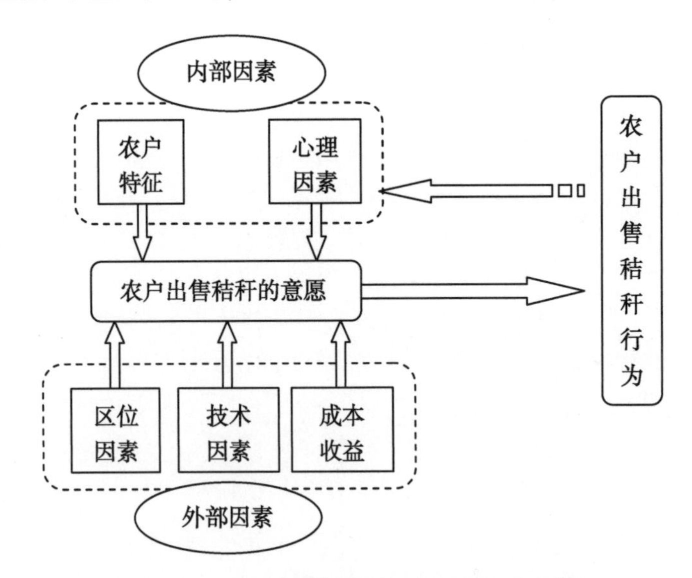

图 9 －2　农户出售玉米秸秆行为的理论分析框架

第三节　农户出售玉米秸秆行为的影响因素分析

——以河南省民权县为例

一、数据来源与说明

（一）案例地区简介

民权县地处黄河中下游，位于河南省东部，豫东平原东北部，是极具中原特色的传统农区。全县总面积 1 222 km^2，耕地面积 114.7 万亩，农户数 180 227 户，户均耕地面积 6.4 亩，人均耕地 1.77 亩，是一个典型的平原农业大县、产粮大县，2010 年被授予“全国粮食生产先进县”。种植业以小麦玉米轮作为主要模式，2011 年玉米播种面积 75 万亩，总产量达到 39.10 万 t，玉米秸秆产量约为 46.92 万 t，2012 年玉米种植面积 75.50 万亩，占全县秋粮种植面积的 92.60%。

民权县畜禽养殖业历史悠久，目前已经形成了全方位、多层次的养殖业发展格局。2011 年，全县年出栏 500 头以上的生猪养猪场为 68 个，年出栏生猪 13.10 万头；年出栏 50 头以上的肉牛养殖场为 22 个，年出栏肉牛 7 876头；年存栏 50 头以上的奶牛养殖场 8 个，年末存栏数达 7 256头；年出栏 100 只以上的肉羊养殖场 26 个，年出栏 6 796只。玉米种植规模大、播种面积稳定及养殖业的规模化发展为在本区域开展畜禽粪便、种植业副产品的综合利用研究提供了客观条件。

（二）数据来源与调研方法

所用数据主要来源于：历年《中国统计年鉴》《中国农村统计年鉴》《中国农业年鉴》；河南省民权县农业局、畜牧局、农业机械化管理局统计数据；农户问卷调研数据。农户问卷调研采用分层抽样方法，以位于程庄镇南河工业园区的传闻乳业为中心，选取距该养殖场分别为 2km、4km、6km、8km、10km 及以上的村庄各两个。采用一对一问卷调查方式，共调查 230 户，剔除关键信息缺失的无效问卷后，共获取有效问卷 216 份。在有效问卷中，出售玉米秸秆的共 46 份，机械直接还田的共 152 份，做燃料共 16 份，其他利用方式共 2 份。

二、模型设定与变量选择

（一）经济计量模型设定

以农户是否出售秸秆为因变量，把农户出售秸秆（$y=1$）的概率设为 p，农户不出售秸秆（$y=0$）的概率设为 $1-p$，建立二元因变量的 Logit 回归分析模型：

$$p = E(y=1|X_j) = \frac{\exp(\beta_0 + \sum_{j=1}^{12}\beta_j X_j)}{1+\exp(\beta_0 + \sum_{j=1}^{12}\beta_j X_j)}$$

在 Logit 回归分析中，通常要进行 p 的 logit 变换，也称对数单位转换，记作 logit（p），logit（p）$=\ln\left(\frac{p}{1-p}\right)$。$p$ 和 $1-p$ 的取值范围均在 0 ~ 1 之间，变换后的 *logit*（p）取值范围为（$-\infty$，$+\infty$）。可将 logit（p）作因变量建立与相关自变量的线性回归模型：

$$\text{logit}(p_i) = \ln\left(\frac{p_i}{1-p_t}\right) = \beta_0 + \sum_{j=1}^{12}\beta_j X_{ij} + u_i$$

其中，p_i 表示第 i 个农户出售秸秆的概率，β_0 为常数项，β_i 为回归系数，X_{ij}表示第 i 个农户的第 j 个解释变量。X_1，X_2，…，X_{12}分别表示年龄、受教育年限、家庭总人口、外出劳动力人数、对秸秆收购价格满意度、周边秸秆出售比例、有无秸秆收集机械进村提供服务、对秸秆还田机械性能满意度、玉米种植地的平均面积、距秸秆收购点距离、秸秆收购价格、秸秆机械还田费用。

（二）变量选取

共选取 12 个解释变量，这些变量的定义及说明如下。

（1）年龄是指家庭中务农劳动力的平均年龄；受教育年限是指家庭务农人员中负责人的受教育年限；家庭总人口包含务农人员数和外出务工人员数；外出务工人员数指每年外出务工时间在 10 个月以上的人员数量。

（2）农户心理因素与秸秆出售意愿密切相关，选取农户对秸秆收购价格满意度作为反映态度的心理因素指标，选取周边秸秆出售比例作为反映主观规范的心理因素指标。预测农户满意度越高或周边出售比例高均能提高农户出售秸秆的概率。

（3）选取有无秸秆收集机械进村提供服务、对秸秆还田机械性能满意度来反映技术因素的影响，并预测两者分别与农户秸秆出售概率呈正相关、负相关。

（4）选取农户玉米种植地的平均面积、距秸秆收购点距离作为区位因素指标，并预测两者均与农户出售秸秆的概率呈负相关。

（5）选取秸秆收购价格、秸秆机械还田费用作为成本收益指标，预测秸秆收购价格越高、秸秆机械还田费用越高，农户出售秸秆的概率越大。这些解释变量的描述性统计见表 9－3。

表 9－3　变量选取与描述性统计

变量	指标选取	均值	最大值	最小值	标准差
是否出售秸秆（Y）	出售＝1，不出售＝0	0.21	1	0	0.4071
年龄（X_1）	务农劳动力的平均年龄	44.09	75	14.5	10.2125
受教育年限（X_2）	务农人员中负责人受教育年限	6.41	11	0	3.0588
家庭总人口（X_3）	家庭人口总数量（个）	5.06	12	1	1.7761
外出劳动力人数（X_4）	外出务工人员数量（个）	1.37	7	0	1.2948

（续表）

变量	指标选取	均值	最大值	最小值	标准差
对秸秆收购价格满意度（X_5）	满意 =2，一般 =1，不满意 =0	0.68	2	0	0.6504
周边秸秆出售比例（X_6）	周边农户秸秆出售的比例（%）	12.28	80	0	16.3474
有无秸秆收集机械（X_7）	有 =1，没有 =0	0.39	1	0	0.4886
对秸秆还田机械性能满意度（X_8）	满意 =1，不满意 =0	0.69	1	0	0.4655
玉米种植地的平均面积（X_9）	单个玉米种植地平均面积	2.70	30	0.7	2.8512
距秸秆收购点距离（X_{10}）	玉米地距秸秆收购点距离（km）	4.02	17	0.2	2.8352
秸秆收购价格（X_{11}）	秸秆收购价格（元/kg）	0.12	0.2	0.1	0.0354
秸秆机械还田费用（X_{12}）	秸秆机械粉碎还田费用（元）	48.24	110	30	11.3980

三、结果分析

（一）整体性检验

利用 Eviews6.0 软件对模型进行回归分析，发现该模型存在异方差，于是采用 White 修正。在进行变量选取时，采用逐步回归的思路，首先综合运用拟合优度检验、总体显著性检验、变量显著性检验对解释变量进行初步筛选，然后引入冗余变量检验、遗漏变量检验来确定最终变量。在模型优化的过程中，逐渐剔除了年龄、受教育年限、外出劳动力人数、秸秆收购价格 4 个变量。最终确定的 8 个解释变量均在 10% 显著水平上显著，回归结果的似然比 LR 为 97.66，大于 1% 显著水平上的卡方检验值 20.10，说明该模型拒绝总体显著为零的原假设，模型整体拟合程度良好。在进行预测效果检验时，将每组样本的所有解释变量观测值代入模型，计算出各个相应被解释变量取值为 1 时的概率，并与被解释变量的实际值进行比对，来判断模型预测效果，结果显示 86.67% 的观测组通过了预测效果检验。回归结果见表 9-4。

表 9-4　农户出售玉米秸秆意愿的影响因素回归结果

解释变量	回归系数	标准误差	Z 值
X_3	0.2373*	0.1266	1.8744
X_5	0.6333*	0.3494	1.8126
X_6	0.0820***	0.0153	5.3655
X_7	0.8791*	0.4598	1.9120
X_8	-2.0653***	0.4858	-4.2510
X_9	-0.7272***	0.2490	-2.9206
X_{10}	-0.2035**	0.0929	-2.1902
X_{12}	-0.0490*	0.0270	-1.8129
C	1.0969	1.2920	0.8490

注：*、**、*** 分别表示在 10%、5%、1% 水平上显著不为零

（二）各解释变量的影响

（1）家庭总人口与农户出售秸秆行为呈正相关，人口数量越多的家庭出售秸秆的概率越大。这可能因为所调查区域农户的耕地普遍较为零碎，人口越多的家庭经营规模越大、劳动力相对越丰富，因此在一定程度上提高了秸秆出售的概率。

（2）对秸秆收购价格满意程度、周边秸秆出售比例均与农户出售秸秆行为呈正相关，说明农户的心理感受能够影响行为选择。对秸秆收购价格满意度是反映农户对秸秆出售行为态度的指标，周边秸秆出售比例是农户所感受到的模仿效应，这两个指标均能通过影响农户秸秆出售行为意愿间接影响农户秸秆出售行为。

（3）有无秸秆收集机械进村提供服务、对秸秆还田机械性能满意度分别与秸秆出售行为呈正相关、负相关。秸秆收集机械可以降低劳动强度、节约劳动时间，能够减轻秸秆出售过程的困难程度，进而拉动农户出售秸秆；秸秆机械还田效果满意度是一项衡量农户对还田机械性能认可度的指标，机械还田效果不理想能够推动农户采用以出售为代表的其他秸秆利用方式。

（4）玉米地块平均面积、距秸秆收购点距离均与农户出售秸秆行为呈负相关。地块面积较大时，便于大型秸秆还田机械工作，这时农户更倾向于选择机械直接还田，也可能因为地块平均面积较大的多是耕地承包大户，受劳动力、生产时间的限制，该类农户更愿意选择易于操作的机械直接还田；距秸秆收购点距离既能反映农户出售秸秆的困难程度，又能反映秸秆出售成本，可以通过这两种途径间接影响农户出售秸秆的概率。

（5）节省机械还田费用是农户出售秸秆的隐形收益，其与农户出售秸秆的概率呈负相关。作为理性人，农户会综合考虑各种秸秆利用方式的成本收益，因此，除了直接影响农户出售秸秆的成本收益外，还可通过影响秸秆其他利用方式的成本收益，间接影响农户出售秸秆的意愿。

（三）对距离因素的进一步分析

由以上回归结果可知，距离因素对农户秸秆出售行为影响显著，且两者呈负相关。为进一步探讨在一定秸秆收购价格水平下，一定规模的养殖场在带动区域秸秆饲料化利用过程中的作用范围，本研究与民权县传闻乳业合作，详细记录了该奶牛养殖场2012年玉米秸秆收购的具体信息。传闻乳业地理位置优越，收购规模大，在区域内具有较大影响力，是秸秆收购方的典型代表。随机抽取了传闻乳业从农户手中收购的207份数据，秸秆收购总量共为300余t，涉及村庄22个。从传闻乳业所收购秸秆的来源来看，来自3km内的共122t，来自3～6km的共86t，来自6～9km的共51t，来自9～20km的共42t。共涉及3km内的村庄4个、3～6km内的村庄8个、6～9km内的村庄6个、9～20km内的村庄4个，如图9－3所示。

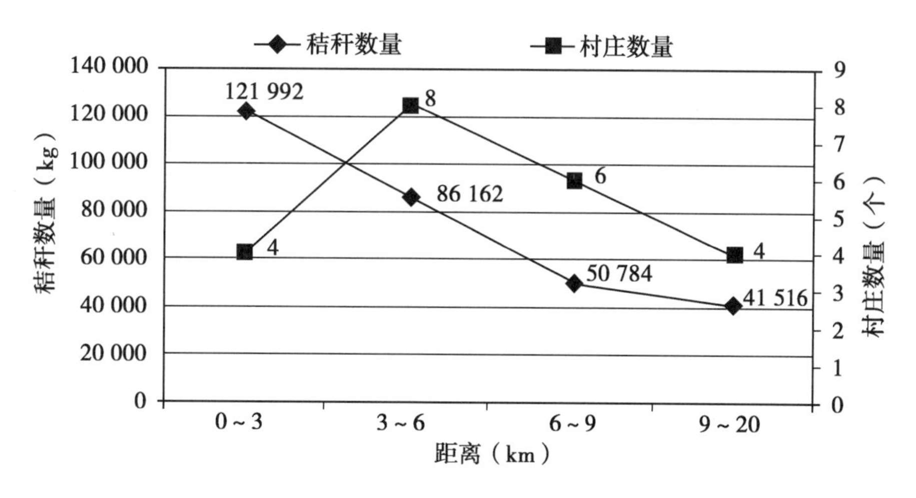

图9－3　秸秆数量来源与村庄的距离分布

注：横坐标为各村庄与养殖场的距离范围

将各村庄按照与养殖场的距离由近及远进行排序，然后计算出各不同距离的村庄出售秸秆的数量占该养殖场总收购量的百分比，以各村庄的距离数据为横坐标，以各区间秸秆供给量占养殖场收购总量的累计百分比为纵坐标，绘制出图 9－4。显然，该养殖场所收购的秸秆中有 51.01% 来自 3.5km 内的村庄，75.70% 是来自 8.0km 内村庄。

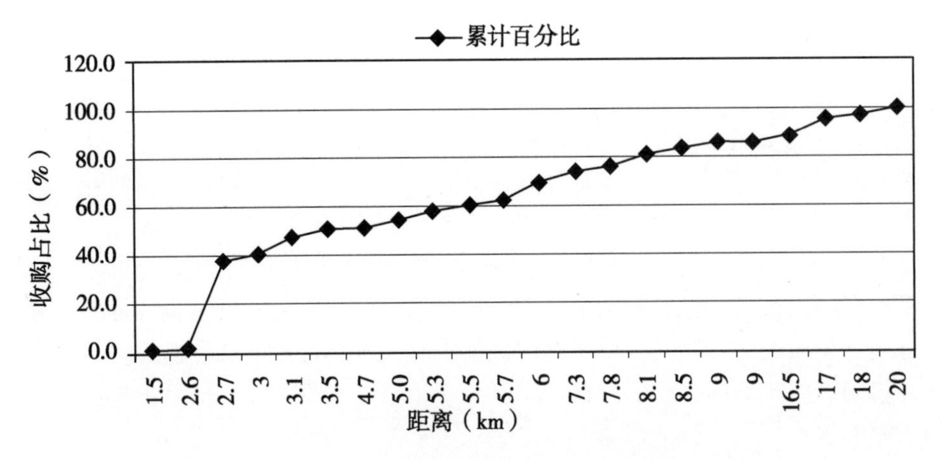

图 9－4　各区间秸秆来源量占养殖场收购总量的累计百分比

图 9－5 以民权县玉米适宜性分布图为基础，以中心养殖场为圆心，以 3.5km、8.0km 为半径，得出了养殖场玉米秸秆来源图。该养殖场收购的秸秆涉及 22 个村庄，位于 3.5km 内的共 6 个，位于 8.0km 内的 14 个；从各村庄位置来看，所涉及村庄主要集中在玉米种植适宜区和高度适宜区，且在高度适宜性区域高度集中，在适宜性区域呈散点分布，无村庄位于勉强适宜性区域。需要说明的是，图 9－5 反映的是直线距离，未考虑农村道路系统状况及与企业的通达性。

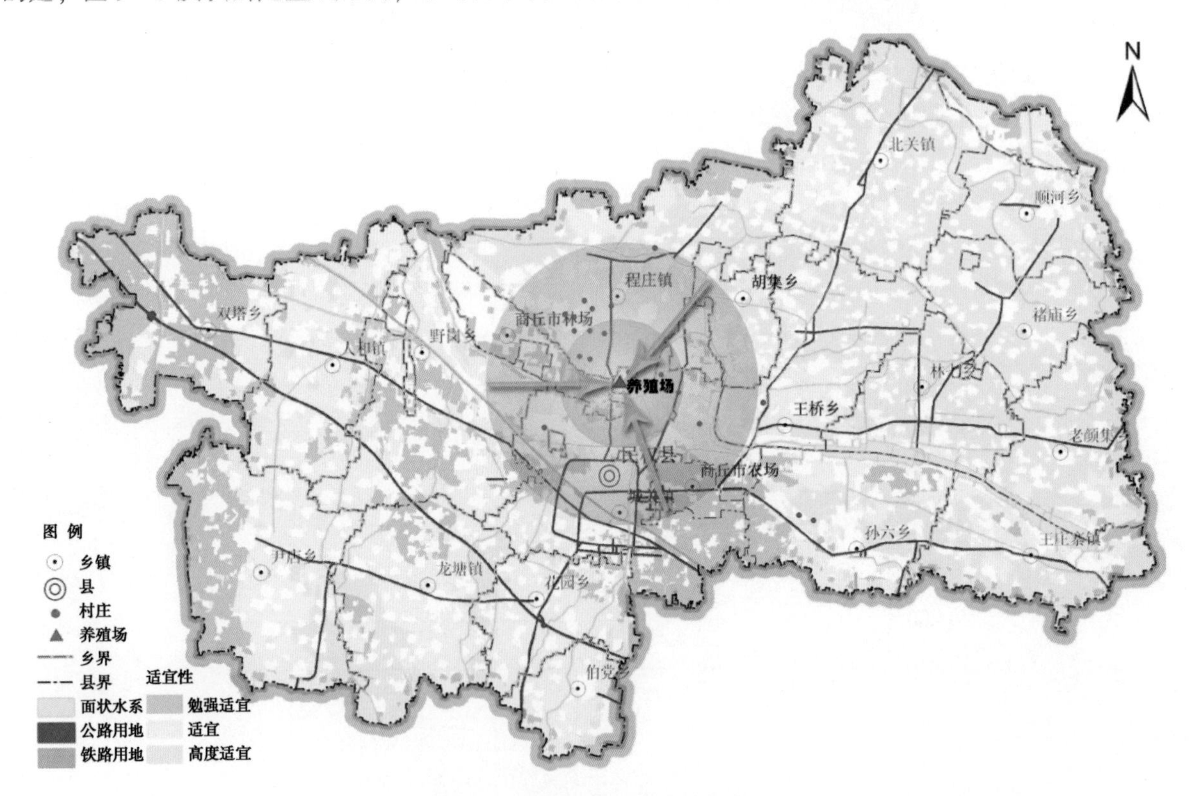

图 9－5　养殖场玉米秸秆来源图

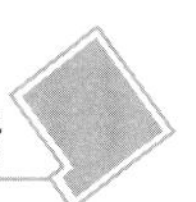

第四节 主要结论与研究展望

一、主要结论

（一）推进秸秆饲料化利用能有效促进种养产业结合

以秸秆饲料化利用为立足点，推动种养产业结合对解决种养产业脱节引发的资源与环境问题有重要意义和现实可行性。我国秸秆资源丰富、分布相对集中、供给稳定。同时，我国养殖业处于快速发展期，饲料需求将呈刚性增加。秸秆饲料化利用既能充分利用我国丰富的秸秆资源，又能为养殖业发展提供大量的优质粗饲料，并且将养殖业排放的大量排泄物进行集中处理后用于还田，能够降低对化肥的依赖，有利于种植业可持续生产能力的提高。因此，推进秸秆饲料化利用能有效带动种养产业间的物质循环和能量流动，促进种养产业间形成紧密的利益联结机制，推动种养产业的结合和协调发展，进而化解种养产业脱节引发的系列问题。

（二）提高农户秸秆出售积极性是推进秸秆饲料化利用的关键

秸秆饲料化利用过程首先是秸秆资源的商品化过程，由于玉米生产主要以一家一户为主，秸秆资源集中在农户手中，而饲料化利用主要由专业化、规模化养殖场来完成。实现秸秆饲料利用，首先要保证秸秆资源能顺利从秸秆拥有方转移到秸秆使用方。因此，双方的交易意愿决定着秸秆饲料化利用能否顺利完成，而农户的秸秆出售意愿又是决定该交易能否达成的关键。

（三）农户秸秆出售意愿受多重因素共同影响

农户是秸秆出售的独立主体，其行为决策受内部与外部因素的共同影响。经济计量分析表明，家庭总人口、对秸秆收购价格的满意程度、周边秸秆出售比例、有无秸秆收集机械进村提供服务均促进农户出售秸秆；对秸秆还田机械性能满意度、玉米地块平均面积、距秸秆收购点距离、机械还田费用均阻碍农户出售秸秆。根据调研结果，目前该区域农户主要的秸秆出售方式是在玉米收获后，自己人工砍伐玉米秸秆，用农用机动车送到养殖场出售，这一过程中社会化服务水平低，严重影响了生产效率的提高。农村现代化建设需要有一个完善的社会化服务体系作支撑。农村社会服务体系的构建，既可以调动各参与单位的生产积极性，顺利推进各项工作，又可以为农业生产扫除障碍，突破农村发展瓶颈。完善秸秆饲料化利用的社会化服务体系，要从公共社会化服务和商业性服务入手，政府在秸秆饲料化利用的社会化服务体系建设中要发挥主导作用，并引导社会力量的参与，共同服务秸秆饲料化利用工作，要充分发挥农机合作社、农民合作社的作用，探索和完善场户联结、订单收购、全株青贮等利用模式，逐渐实现秸秆收集、运输、储存、利用一体化，达到稳定供求、互利共赢的目标。

（四）距离因素对农户秸秆出售行为影响显著

在分析河南省民权县传闻乳业收购秸秆来源时发现，随着与该养殖场距离的增加，各村庄的秸秆总出售量逐步递减。该养殖场 2012 年所收购的秸秆中有 51.01% 是来自 3.50km 内的村庄，75.70% 是来自 8.0km 内村庄。因此，合理的养殖场布局是推动秸秆饲料化利用顺利推进、种养结构优化的主要动力之一。在研究养殖场布局时，要做好顶层设计，根据区域秸秆资源条件和市场需求，统一规划秸秆收购点。如果养殖场间距离过近，本区域内玉米秸秆是有限的，可能不能满足养殖场实际需求，养殖场采用秸秆饲料化利用技术的成本增高，不利于养殖场的健康稳定发展。如果养殖场间的距离过大，部分农户出售秸秆的距离增加，这就增加了农户出售秸秆的成本，农户参与秸秆饲料化利用的积极性降低，这难以保障市场上秸秆原料的稳定供给，会给养殖场带来市场风险，最终也不利于秸秆饲料化利用及种养结构优化的顺利推进。

养殖场选址应以玉米种植适宜区、高度适宜区为重点。在适宜区，玉米产量高，效益好，农户种植积极性高，玉米播种面积大，秸秆资源丰富，是秸秆供给的重点区域。同时，由于该区域种植业较发达，为维持、提高耕地生产力，需要适当的有机肥投入，而传统散养户的消失降低了有机肥供给量，农户必须从市场购买有机肥。在该区域合理布局养殖场，既能有效利用该区域丰富的秸秆资源，又便于拓宽畜禽粪便的消纳路径，有利于种养产业间物质循环，对推动区域内种养产业协调发展，优化种养结构有较好带动作用。

二、研究展望

推进秸秆资源化利用、促进种养结构优化是一项复杂的工程，该工程的顺利推进离不开农业科技创新、农业经营方式转变、农业产业布局调整、社会化服务水平提升、市场经济的完善及政策支持。本章对秸秆饲料化利用中的农户行为进行了初步探讨。下一步研究要结合推进农业科技创新、创新农业生产经营体制、构建农业社会化服务新机制的时代背景，拓宽研究视角，提高全局意识，用发展的眼光研究问题。需要从以下几个方面加以深入研究。

（一）距离因素与秸秆出售数量之间关系的深度定量分析

本章利用从单个养殖场收集到的数据，初步证明了秸秆出售数量与距离间存在明显的递减规律，由于数据的限制，并未得到两者间具体的定量数理关系。进一步研究可选择若干类似养殖场，分别收集秸秆来源量与距离方面的数据，通过数理推导与经济计量分析，构建定量数理模型，以期能为优化种养产业布局提供更有说服力的理论依据。

（二）养殖场采用秸秆饲料化利用技术的动力机制及影响因素

本章研究了秸秆饲料化利用中的农户出售行为，作为秸秆饲料化利用的主要参与者，养殖场的参与意愿也直接决定着秸秆饲料化利用能否顺利实施。理性的养殖场负责人会综合考虑成本效益、秸秆供给稳定性、技术安全性等多种因素来决定是否利用秸秆资源。因此，进一步研究有必要从养殖场视角，探讨养殖规模与秸秆需求的关系、采用秸秆饲料化利用技术的成本效益、可承受的秸秆价格区间、创新秸秆收购方式的意愿等科学问题，特别是着重研究养殖场采用秸秆饲料的影响因素，以便为完善相关政策提供科学的理论依据。

（三）秸秆饲料化利用的补贴对象、方式和标准

秸秆饲料化利用具有显著的正外部性，其给社会带来的经济效益、社会效益和生态效益远大于农户、养殖场所得到的经济收益。外部性的存在会造成资源配置脱离社会最有效的生产状态，造成市场失灵。需要通过制度安排促使把外部性内部化，对于正外部性行为，常用的干预措施是补贴。进一步研究要对补贴的对象、方式及标准加以研究。

秸秆饲料化利用涉及农户、专业化收集运输者、养殖场，要进一步分析秸秆饲料化利用过程中的制约环节，有针对性地选择补贴对象以确保补贴形成的效益最大化。补贴对象确定后，要询问其期望的补贴方式，了解其对实物补贴、现金补贴和价格补贴的偏好程度，进而确定补贴方式。最后关键的是确定补贴标准，秸秆饲料化利用的补贴标准受到利益相关者的利润变化和其对环境质量偏好程度的双重影响，在对补贴标准进行研究时，可运用消费者选择理论，构建各经济主体对生产利润与环境质量的消费选择几何模型，探讨秸秆饲料化利用的补贴标准的理论值，利用成本收益分析、意愿评估方法对补贴标准进行估算，通过初步调查、跟踪调查、意愿调查对补贴标准的可行性进行验证和修正。

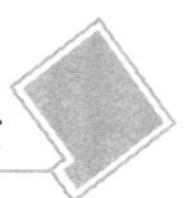

（四）种养结构调整的动力机制

研究秸秆饲料化利用是要为种养产业结构调整提供理论依据，种养结构调整的动力是多方面的，下一步研究要从多角度、多层次加以分析。养殖业向规模化、标准化、集约化、市场化、清洁化方向发展是历史趋势，种植业也将在坚持农户家庭经营的基础上稳步向规模化方向发展。研究种养结构优化要立足于促使小农户与规模化养殖场有效对接，从玉米种植、养殖业入手，以秸秆、畜禽粪便资源化、无害化利用为出发点，探索基于种植业、养殖业内部的推动力和来自市场、政策的外部推动力的作用机理与路径，为种养结构调整提供政策依据。

参考文献

[1] 毕于运，高春雨，王亚静，等．中国秸秆资源数量估算［J］．农业工程学报，2009（12）：211－217.

[2] 王如芳，张吉旺．我国玉米主产区秸秆资源利用现状及其效果［J］．应用生态学报，2011（6）：1 504－1 510.

[3] 王舒娟，张兵．农户出售秸秆决策行为研究——基于江苏省农户数据［J］．农业经济问题，2012（6）：90－96.

[4] 左正强．农户秸秆处置行为及其影响因素研究——以江苏省盐城市264个农户调查数据为例［J］．统计与信息论坛，2011（11）：109－113.

[5] Ajzen I. From Intentions to Actions：A Theory of Planned Behavior［M］．Berlin：Springer-verlag，1985.

[6] Ajzen I. The theory of planned behavior［J］．Organizational Behavior and Human Decision Processes，1991，50（2）：179－211.

[7] Banowetz G M，Boateng A，Steiner J J，et al. Assessment of straw biomass feedstock resources in the Pacific Northwest［J］．Biomass and Bioenergy，2008，32（7）：629－634.

[8] Matsumura Y，Minowa T，Yamamoto H. Amount，availability and potential use of rice straw（agricultural residue）biomass as an energy resource in Japan［J］．Biomass and Bioenergy，2005，29（5）：347－354.

[9] von Thünen J H. Isolated state：an English edition of Der isolierteStaat［M］．Oxford：Pergamon Press，1966.

第十章　农户控制蔬菜质量安全行为的经济分析*

第一节　蔬菜质量安全现状分析

一、我国蔬菜质量安全现状

农业部于2001年开始实施“无公害食品行动计划”，其中一项重点内容就是解决有机磷农药残留的“毒菜”问题。经过各有关部门在蔬菜质量安全控制方面的积极努力，我国蔬菜的质量水平总体稳步提升，蔬菜安全状况不断改善。但是，农药残留超标、重金属、硝酸盐和有害病原微生物等问题依然未能得到有效控制和解决，其中，农药残留超标成为现阶段影响蔬菜质量安全的主要原因。

根据农业部2003—2008年对我国37个大中城市蔬菜中甲胺磷和乐果等农药残留的检测指标结果来看，我国蔬菜质量安全总体合格率呈持续上升的趋势（图10－1）。2008年37个城市蔬菜检测合格率为96.7%，比2007年提高2.4个百分点。然而，这37个城市大部分为省会城市，而中小城市检测覆盖范围相对不足，因此，蔬菜农药残留检测合格率并不能完全反映全国整体水平。此外，我国广大农村地区的蔬菜农药残留检测几乎是空白，导致偏远的农村地区农药残留超标现象非常普遍，已经严重威胁到农村居民的生命健康安全。

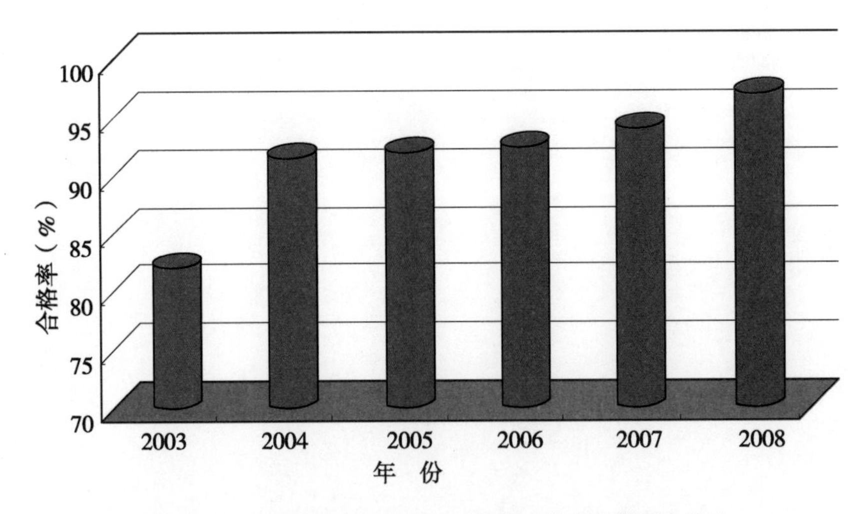

图10－1　2003—2008年37城市蔬菜农药残留检测合格率

近年来虽然我国农药残留超标率总体水平有所下降，但是由于我国的蔬菜产量和消费量很大，而且蔬菜为人们日常生活的必需品，刚性消费需求相对较大，因此，不安全的蔬菜绝对量仍然比较大，一旦出现蔬菜食用中毒事件将造成十分严重的后果。从表10－1可以看出，我国农药残留导致的食物中毒事件略有下降的趋势，由2000年的200起降低到2009年的55起，减少比例达到

* 本章撰写人：尹昌斌　柯木飞

8.44%；中毒人数也相应有所减少，从2000年的3 189人减至2009年的1 103人，农药残留引起的中毒事件减少了7.46%。但是，由于农业生产过程中大量使用高毒高残农药，导致食物中毒的死亡率不降反升，由2000年的36人上升到2009年的66人，因农药残留造成的食物中毒死亡人数比例提高了13.53%。由此可见，2000—2009年期间我国蔬菜质量安全整体水平有所提高，蔬菜农药残留超标率缓慢下降，但是，高毒高残农药使用范围不断扩大，导致蔬菜中农药残留超标现象日益严重，其造成的社会危害性加剧。

表10-1　2000—2009年我国食物中毒致病因素情况

年份	微生物						农药及化学					
	中毒事件	比例（%）	中毒人数（人）	比例（%）	死亡人数（人）	比例（%）	中毒事件	比例（%）	中毒人数（人）	比例（%）	死亡人数（人）	比例（%）
2000	251	36.06	9 323	51.05	13	8.28	200	28.74	3 189	17.46	36	22.93
2001	215	35.19	8 456	42.75	3	2.22	172	28.15	3 541	19.90	62	45.93
2002	164	35.34	6 320	54.61	6	8.82	129	27.80	2 332	20.15	36	52.94
2003	590	39.84	16 038	54.07	12	4.58	294	19.85	3 605	12.15	100	38.17
2004	—	—	—	—	—	—	498	21.61	5 545	12.93	148	58.04
2005	51	19.92	3 882	43.00	10	4.26	84	32.80	1 721	19.08	106	45.10
2006	265	44.46	11 053	61.19	18	9.18	103	17.28	1 671	9.25	78	39.80
2007	174	34.39	7 816	58.86	5	1.93	89	17.95	1 502	11.31	74	28.68
2008	172	39.91	7 595	58.00	5	3.25	79	18.33	1 274	9.73	57	37.00
2009	118	43.54	7 882	71.61	20	11.00	55	20.30	1 103	10.00	66	36.46

资料来源：根据中国卫生部统计信息整理

二、基于农户行为的蔬菜质量安全现状分析——以藁城市为例

本部分利用2010年10～11月在河北省藁城市对151户蔬菜种植户的调查数据，基于农户行为从微观层面上分析蔬菜质量安全现状。

（一）农户使用农药行为的安全意识不容乐观

农药残留超标已经成为蔬菜质量安全问题的主要原因，菜农在实际的生产过程中过度使用农药或者使用违禁农药是造成农药残留超标的最直接原因。为了追求利润最大化，菜农防治蔬菜病虫害的意识是唯恐害虫不死，因而盲目地提高农药浓度；菜农为使蔬菜外观好看而不得不增加施药的频率，忽略了农药使用间隔期，从而增加了蔬菜质量安全的不确定性风险。

从表10-2中可以看出，菜农选择农药的动机主要考虑农药的杀虫效果，共有116户菜农选择购买和使用杀虫治病效果好的农药类型，占样本总数的77%；而考虑农药毒性高低和安全性、价格便宜因素的菜农分别为31户和12户，仅占总数的21%和8%。这表明菜农在蔬菜生产过程中更多地考虑蔬菜的产量和外观效果，往往以牺牲蔬菜的质量安全为代价换取相对较高的产量和销售利润。此外，农药使用间隔期在很大程度上影响了蔬菜农药残留问题，表10-2显示，尽管大部分菜农会考虑农药使用间隔期，这主要是由于农药成本相对较高，但是，仍然有12%的菜农不考虑农药使用的间隔期。

表 10－2 菜农对农药的选择偏好与使用间隔期情况

	菜农选择农药的偏好			菜农使用农药是否考虑间隔期		
	价格便宜	杀虫治病效果好	毒性高低和安全性	不考虑	考虑	销售市场实行农药残留检测时就考虑
频数	12	116	31	14	132	4
比例	8%	77%	21%	9%	88%	3%

资料来源：根据调研问卷的数据整理得到。样本量为 151，由于部分问题为不确定选项，因此频数可能超过样本总数

（二）农户使用化肥行为不规范

蔬菜生产过程中主要使用的肥料包括化肥（主要是复合肥、尿素、过磷酸钙等氮肥和磷肥）、农家肥和微生物肥料，其中 95% 以上的菜农选择使用市场上购买的化肥。蔬菜是一种极易富集硝酸盐的作物，过量施用氮肥往往会导致蔬菜硝酸盐和亚硝酸盐含量超标，进而影响蔬菜质量安全。此外，农家肥如果未经任何处理而直接施用，可能因其自身携带的病原菌等原因引发蔬菜病虫害和质量安全问题。

（三）蔬菜生产经营者组织化、规模化程度较低

对藁城市蔬菜种植户的调查数据表明，在访问的 151 户中，参与农民专业协会或者专业合作社的共有 87 个，占样本总数的 58%；而未参加农民专业协会的菜农有 63 个，占 42%。对菜农访谈的结果显示，农户未参加协会的原因是“当地没有产业化组织”。但是，在调查过程中发现，菜农的回答也存在信息失真，在一定程度上反映了菜农对产业化信息了解较少或者对参与产业化组织的主动性不强。通过询问农户关于产业化组织对提高蔬菜质量安全的作用的认知程度，分别有 17.2% 和 56.8% 的菜农表示完全赞同和赞同产业化组织有利于提高蔬菜质量安全水平。可见，被调查地区的农业产业化程度相对薄弱，农业规模化生产经营水平相对较低。

（四）菜农生产过程的质量安全控制行为

蔬菜种植户在蔬菜生产过程中的行为是否规范合理直接影响了蔬菜质量安全，将菜农生产过程的质量安全控制行为分为 3 个部分，即使用农药的标准和依据、是否考虑农药使用间隔期以及能否按照规定的技术标准使用农药和化肥。

表 10－3 中反映了菜农生产过程中质量安全控制行为的整体水平。在使用农药时，44% 的菜农按照规定使用，没有违规使用禁用的农药，限制使用的按其限量使用；43% 的菜农按照技术推广人员的指导使用，但是仍然有 40% 的菜农不能按照规定的标准使用，更多地依赖于自己的或者同行的经验。在农药和化肥综合使用的过程中，有 67% 的菜农认为自己能够按照规定的技术标准使用，而 31% 的菜农表示不能按照规定的技术标准使用，另外的 2% 菜农根据市场是否有监督和检测决定是否按照规定的技术标准使用。从总体来看，菜农在蔬菜生产过程中的质量安全控制意识并不是很强，传统经验的种植观念依然存在，这些因素在很大程度上影响了蔬菜质量安全。

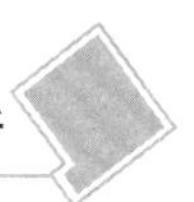

表 10－3　菜农生产过程中质量安全控制行为

	菜农使用农药的标准和依据				能否按规定的技术标准使用农药和化肥		
	全凭自己的经验	按照规定使用，不用禁用的农药	其他人怎么用自己就怎么用	按照技术推广人员的指导使用	是	否	根据是否有监督和检测
频数	52	66	7	64	100	47	3
比例	35%	44%	5%	43%	67%	31%	2%

注：由于部分问题为不确定选项，因此频数可能超过样本总数。资料为调研问卷的数据整理所得

第二节　农户控制蔬菜质量安全行为的理论分析

一、理论基础

（一）农户行为理论

农产品是人们日常生活的必需品，其需求的刚性特征较为明显，农产品质量安全与否关系到民生和社会的稳定，良好的食品安全环境是经济社会发展的基本保障，因此基于农户生产行为来分析农产品质量安全有着非常重要的现实意义。

以恰亚诺夫为代表的组织生产学派认为，农户家庭经营不同于资本企业，主要体现在两个方面，一是农户从事家庭经营行为以自身的劳动能力为依托，而不是雇用家庭以外的劳动力；二是农户生产的产品首要目标是满足家庭自给自足，并不以实现利润最大化为目的。也就是说，农户的劳动投入无法以工资的形式来衡量，并且其投入和产出往往是不可分割的整体，在追求效用最大化上农户选择了满足自身消费需求和劳动辛劳程度之间的均衡，而不是经济利润和成本投入之间的平衡。诺贝尔经济学奖获得者西奥多·舒尔茨则认为，在一个竞争的市场机制中，农户参与的经济行为与资本市场运转行为之间的区别并不明显，农户在从事生产经营活动中，对投入的生产要素运行的比较成功，以致农户在生产分配问题上极少有显著的低效率。传统农业增长的低效率，并不能归因于农户进取心的缺乏、努力程度不够或者是市场的竞争和自由不足，而是传统农业中边际投入的收益递减，农户对农业投资增长出现停滞现象。

20 世纪 70 年代末，赫伯特·西蒙与理查德·泰勒等学者开始从进化心理学角度研究人类行为的非理性。赫伯特·西蒙的“有限理性说”认为，经济人追求效用最大化行为的假设是以完全理性为前提，但是现实中由于生产经营环境的不确定性和复杂性、信息的不对称、以及人类认知能力的局限，人们的理性认知能力或多或少会受到自身心理和生理上的种种限制（Simon，1997）。他强调，有必要将现实的人类行为引入经济学的研究范畴，同时还认为经济行为本身还要受到获得有关选择机会的信息成本和对未来不确定风险预期的制约。Laibson 等（1999）则提出将行为决定作为心理学研究的重点，在此基础上形成各种预测并解释人们行为的经济理论。综上所述，西方行为理论通常认为人的行为都是在一定环境条件下产生的，影响人的行为动机的因素包括行为者的需要、行为动机以及既定的行为目标（图 10－2）。

从农户生产角度看，农户生产行为是由自身需求与行为动机所决定，而农户的自身需求与行为动机实际上由农户生产的经济目标诱发，而自身需求与行为动机又受农户生产面临的内部环境和外部环境影响（Jackson et al，1996）。因此，不同的农户经济行为模式一般都是特定要素环境下的产物，呈现特定历史时期存在的合理性和局限性，而不同的行为模式将促使农户产生不同的农业生产

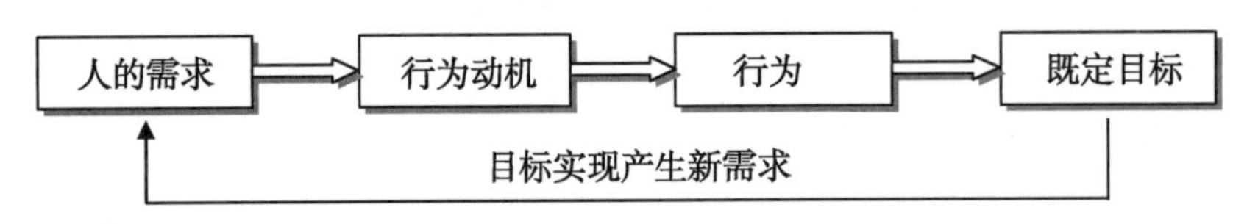

图 10－2　个体行为的一般模式

技术选择、投资策略和生产组织方式行为，进而影响农户生产的农产品质量安全。

（二）政府规制理论

规制（Regulation）主要是指国家规制（State Regulation）和公共规制（Public Regulation），泛指政府在微观层面对经济的干预行为。西方规制理论认为，市场的局限性和市场失灵是政府进行规制的前提条件，其主要研究在市场经济体制下政府如何依据一定的法律法规对市场微观个体的经济行为进行相关的制约、干预和管理。1971 年 Stiglitz 在《经济管制理论》中指出，经济管制的任务是揭示谁是规制的受益者或者受害者，政府规制采取什么形式及其对资源分配的影响。1976 年，Peltzman 在对市场失灵、政府规制结果的预测以及政府解决规制的有效性 3 个层面全面解释了政府规制理论（Peltzman，1976）。此外，还出现了包括公共利益理论、规制俘获理论、放松规制理论以及激励规制理论等一系列的政府规制理论。

传统经济学中引入市场和政府两方共同构筑行业的准则与框架，王铁军等（2005）指出，市场对信息不对称有自动调节机制，而规制则是对市场机制无法调节的缺陷进行矫正。因此，市场自身解决信息不对称的局限性为实行政府规制提供了理论基础和客观条件。周洁红等（2004），政府规制对农产品生产者行为的影响，可以用制度经济学中的状态—结构—绩效（SSP）框架来分析，状态是指与制度变量相互关联的自变量中制约人们相互依赖性环境因素；结构范畴仅仅为制度结构，用来衡量特定历史时期的制度因素对各行为主体的约束；绩效是作为制度变量影响下的结果。整个 SSP 分析框架即为绩效是在给定的技术（状态）条件下制度变量的函数，而政府规制作为正式的制度和行为准则，将对农户的生产行为产生重要的影响（图 10－3）。政府规制主要有 3 个目标。

一是减少信息成本，由于信息本身作为消费品，具有非排他性和非竞争性的纯公共品属性，很容易产生“搭便车”现象，从而造成人们普遍缺乏对信息搜索和收集的主动性，因此需要政府调节市场信息不对称导致的效率损失。政府发挥其职能作用，向社会免费发布搜集来的信息，同时，利用政府强制力迫使垄断企业公布真实信息。此外，鉴于信息市场在信息提供方面的公正和客观及其在解决信息公共品的提供成本方面的规模效应，政府还应该积极鼓励和培育信息市场的发展，扩大信息发布的渠道。上述由政府及培育的信息市场提供的信息公共品主要针对事前信息不对称，而事后信息不对称问题应通过合同的签订与执行来弥补。政府通过建立完整的法律配套服务体系，营造良好的、可以预期的法制环境，并且严格、公平、公开地执行，可以在很大程度上减少厂商的逆向选择行为，增加经济组织对农户的吸引力，使农户生产的组织经营方式得到改善，进而有利于农产品质量安全的提高，而且可以改变农户本身的外部环境，有利于减少农户直面消费市场所产生的逆向选择行为。

二是解决虚假信息，鉴于农产品市场上充斥着大量的虚假信息，致使农产品质量安全的信息无法正确有效地甄别，严重影响到采用标准生产技术的农户积极性。这些问题仅仅依靠市场的自我调节远远不够，需要政府运用行政手段规制厂商的不法行为和中介机构的不合理行为，通过立法和加大违反法律的惩罚力度，提高其发布虚假信息、以假乱真等投机行为的机会成本。

三是以保证农产品质量为目的的政府规制，产品质量规制既是保护消费者利益，也是维护生产者利益和市场秩序的重要手段。由于产品质量方面信息不对称的存在，政府规制的主要措施是提供信息和制定标准。目前我国的法律法规对造成农产品质量安全的处罚力度不够，因此亟待完善农产

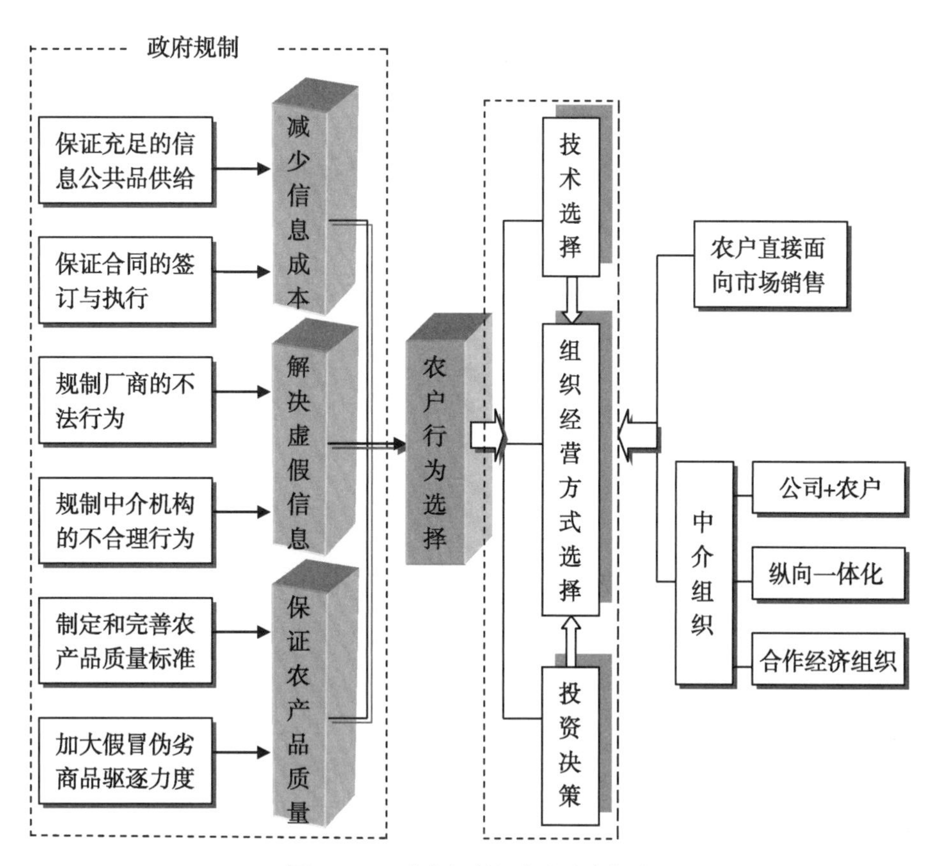

图 10－3　政府规制与农户生产行为

品质量方面的安全标准体系，并且加强政府规制执法的力度以提高法律效果。通过完善对关键控制点的监督和检查，可以有效地对源头农产品生产质量进行控制，起到对食品安全事件的预防作用，另一方面加大对假冒伪劣商品的驱逐力度，促使进入市场的低劣产品减少和产品平均质量的提高。

二、概念模型

计划行为理论（Theory of Planned Behavior，TPB）是社会心理学领域中解释和预测人类行为的理论，是由多属性态度理论和理性行为理论共同发展的结果。TPB 理论由 Ajzen 提出，经过不断的完善，该理论已经广泛应用于解释各种行为，并且证明了其有效的解释力（Ajzen et al，1997）。该理论认为，行为的产生直接取决于一个人执行特定行为的行为意向，而行为意向受到 3 个因素影响：一是行为个体自身的“态度”，即对采取某项特定行为所持有的想法；二是行为个体的认知行为控制，即个人预期采取某一行为时感受到可以控制的程度，通常反映个人过去经验或预期的阻碍；三是行为个体的主观规范，即个人对采取某一特定行为时所感受到的社会压力认知。由于农户作为生产者的自身特殊性，例如能够独立做出决策、行为主体单一、目标双重性等，本章根据农户行为的特点，构建了基于 TPB 理论的分析框架，描述了这些因素与农户行为态度、认知行为控制和主观规范的关系，及其如何作用于农户控制蔬菜质量安全生产行为的内在机理（图 10－4）。

行为态度。行为经济学一直注重态度对行为的影响，Heberlein 和 Black 认为态度与行为越是明确具体，两者的相关程度就越高。农户在蔬菜生产过程中对于安全蔬菜的认知程度往往决定了其选择安全蔬菜生产行为的可能性。

行为目标。农户的行为具有目标导向的特征，并且能以此作为自我激励的手段。尽管已有的大部分研究表明农户一般没有事前计划和明确的目标，即使小部分农户有所谓的行动目标，但是在具体的农业生产过程中是否对农业行为产生影响也无从知晓。因此，本研究在问卷调查中以“农户是否了解《农产品质量安全法》”来衡量农户的行为准则和目标，一般认为农户对《农产品质量安全法》了解越多，其在农业生产方面的目标就越明确。

认知行为控制。Ajzen 认为，在某些情况下农户的行为不仅仅决定于行为态度和主观规范，还受到个人对行为的信念控制（control beliefs）。比如，一些农户可以完全控制自己生产质量安全的蔬菜，而另外一些农户则可能对自己的生产行为无力控制。可见，认知行为控制不仅代表了农户对从事生产行为容易度的信念，也反映了农户过去从事类似行为的经验。Ajzen 将认知行为控制区分为两个层面加以衡量，一是认知自我效用（perceived self-efficacy），即了解个人从事质量安全行为的难易程度；二是认知控制力（perceived controllability），即了解行为个体有无自主控制能力或行为控制的程度（Ajzen，2003）。

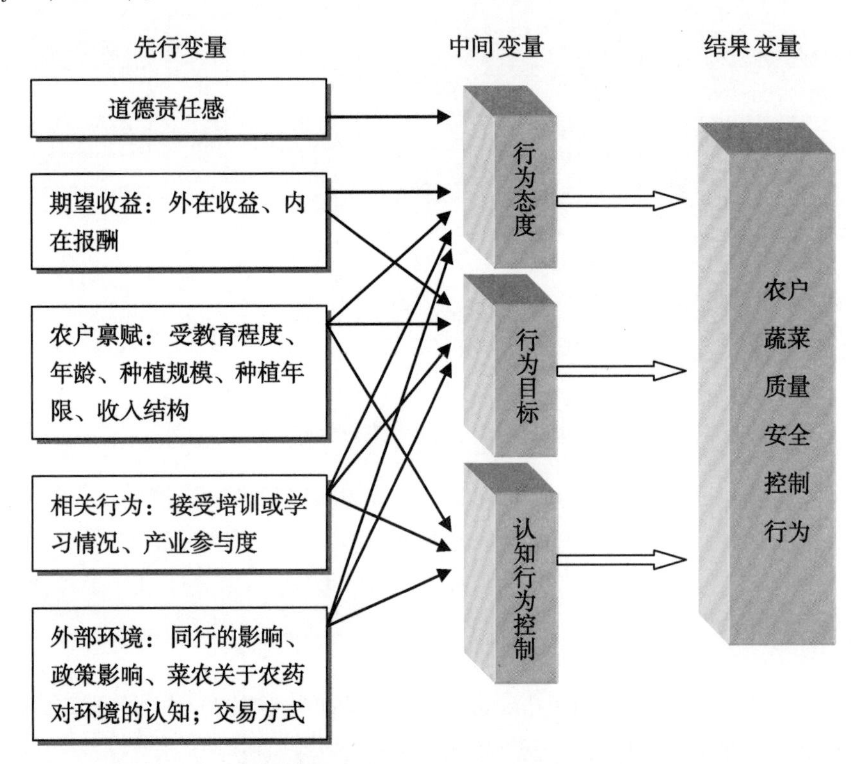

图 10－4　农户蔬菜质量安全控制行为的影响因素及作用机理

道德责任感。Beedell 等（1999）指出，农户感知的道德义务会在一定程度上影响自我的生产行为。也就是说，道德责任感很强的农户会有相应强烈的意愿生产质量安全的蔬菜。道德责任感作用于农户生产行为的态度，进而影响蔬菜质量安全控制行为。

期望收益。农户采用安全蔬菜生产方式是以收入最大化为导向，在既定的市场环境和生产技术约束下，选择最佳的投入组合以达到收入的期望效应最大化。农户执行质量安全行为的外在收益主要包括收入增加和市场销路扩大、低生产成本与生产风险，外在收益是对安全蔬菜的价格预期。在其他因素不变的前提下，安全蔬菜的市场价格与农户期望价格一致程度越高，农户采用无公害蔬菜生产行为的积极性越高。期望收益的内在报酬也相当重要，主要表现为农户生产蔬菜的声誉、顾客尊重以及自我认可等。

质量安全相关行为。Ajzen 在计划行为理论模型中指出，人的行为执行程度除了考虑自身行为态度和目标以外，还要综合考虑时间、技能及知识的掌握水平和现实配套资源等。结合目前我国农

村地区农业生产的实际情况可知，龙头企业、合作社或者专业协会等产业化组织对农户安全蔬菜生产行为有重要的影响。这些产业化组织在一定程度上能够减少农户种植安全蔬菜的成本风险，使农户的利益得到保障，同时产业化组织作为农业生产的重要联合体，能够在技术和品种上要求农户进行标准化生产，从而促使农户采用安全蔬菜生产技术。

农户特征。为了进一步分析影响农户安全生产控制行为的因素，需要对农户自身的特征加以剖析，主要包括受教育程度、年龄、家庭人口数、蔬菜种植规模和年限、收入结构。劳动力的数量和质量很大程度上决定了农户的经济行为安全与否，而受教育水平恰好是反映劳动力质量的重要因素；此外，由于农业弱质产业的特征决定其效益相对低下，自身素质强和社会资本占优的农户会将资源从农业转移到非农行业。对于从事非农工作的农户而言，相对省时省力的非安全技术是对劳动力很好的替代，因而他们会更倾向于选择非安全生产技术。

外部环境。本研究在分析农户生产行为中引入外部环境变量，主要包括农户生产行为受同行的影响程度、政策法规以及菜农关于农药对环境污染的认知等。农户作为“社会人”的属性，就已经决定了在其行为选择过程中不得不考虑周围的客观环境，包括法律环境、制度环境和人文环境等，因此将外部环境变量融入理论模型，能够更真实、更全面、更客观地反映农户安全生产控制行为的特征。

第三节 农户控制蔬菜质量安全行为的经济计量分析

一、数据来源与样本特征

（一）数据来源

本研究于2010年10~11月对河北省藁城市蔬菜种植户开展问卷调查，采用分层抽样和随机抽样相结合的方法，在贾市庄、岗上、廉州以及梅花4个镇8个行政村进行入户调研。共发放问卷165份，剔除关键数据缺失及存在逻辑问题的无效问卷后，共获得有效问卷151份，问卷有效率为91.5%。

（二）样本特征

基于调研数据的简单统计，分别从农户的性别、年龄、受教育程度、家庭人口数、种植规模和年限以及家庭年收入等方面具体分析了被调查地区农户的基本特征情况（表10-4）。

表10-4 样本农户特征的描述统计

农户特征变量	层次划分	样本频数	百分比（%）
性别	男	137	90.73
	女	14	9.27
受教育水平	0~5年	20	13.25
	6~10年	95	62.91
	10年以上	36	23.84
年龄	35岁以下	16	10.60
	35~45岁	81	53.64
	46~55岁	44	29.14
	55岁以上	10	6.62

（续表）

农户特征变量	层次划分	样本频数	百分比（%）
家庭人口数	3 人及以下	9	5.96
	4～6 人	133	88.08
	6 人以上	9	5.96
种植年限	5 年以下	28	18.54
	5～10 年	105	69.54
	11～15 年	14	9.27
	15 年以上	4	2.65
种植面积	1 亩以下	1	0.66
	1～5 亩	121	80.13
	6～10 亩	26	17.22
	10 亩以上	3	1.99
家庭年收入	5 000 元以下	3	1.99
	5 000～15 000 元	20	13.25
	15 001～25 000 元	35	23.18
	25 001～35 000 元	55	36.42
	35 000 元以上	38	25.17

（1）性别。男性比例占样本总数的 90.73%，女性的比例仅为 9.27%，这可能与蔬菜生产的专业程度较高有关，在蔬菜生产决策过程中男性占主导地位。

（2）年龄。35～45 岁年龄段的比例最大，占 53.64%，其次为 46～55 岁年龄段，占 29.14%，这两部分的比例之和高达 82.78%，反映了从事蔬菜种植的农户基本以青壮年为主。

（3）受教育水平。被调查农户的受教育水平相对较高，其中，初中水平占到 62.91%，高中及以上文化水平的农户占 23.84%，表明蔬菜生产对专业知识和技能储备有相对较高的要求。

（4）家庭规模。家庭平均人口为 4.78 人，标准差为 1.061，分布区间为 2～8 人。农户家庭规模主要分布在 4～6 人，占 88.08%，3 人以下和 7 人以上的比例均为 5.96%。

（5）蔬菜种植年限。农户从事蔬菜种植的年限比较长，平均种植年限为 7.38 年，标准差为 3.624，分布区间为 1～20 年，其中 5～10 年的种植年限占比最大，高达 69.54%，说明被调查蔬菜种植户有一定的经验积累。

（6）蔬菜种植面积。农户的平均种植面积为 4.25 亩，标准差为 2.299，分布区间为 0.5～20 亩，其中种植面积为 1～5 亩的农户有 121 户，占 80.13%，可见，还有相当多的农户种植规模相对较小，此外农户种植的品种较多，复种指数较高，品种规模化小。

（7）农户家庭年收入。农户的平均家庭年净收入为 30 768元，分布区间为 3 000～150 000元，其中，25 000～35 000元之间的农户家庭比例较高，占 36.42%，其次是 15 000～25 000和 35 000元以上的农户家庭，分别占 23.18%和 25.17%，而 5 000元以下的比例最少，仅为 1.99%。

二、模型设定与变量选取

（一）模型设定

根据上节的理论分析，依据对菜农蔬菜质量安全控制的行为机理分析，构建如下模型：

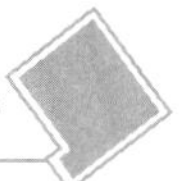

$$Y_i = \begin{cases} Y(1)_i = f(F_{1i}, F_{2i}, F_{3i}, F_{4i}, F_{5i}, F_{6i}) + \theta_i \\ Y(2)_i = f(F_{1i}, F_{2i}, F_{3i}, F_{4i}, F_{5i}) + \tau_i \\ Y(3)_i = f(F_{1i}, F_{2i}, F_{2i}, F_{3i}, F_{4i}) + \rho_i \end{cases}$$

其中，Y_i 表示质量安全行为控制，$Y(1)_i$、$Y(2)_i$ 和 $Y(3)_i$ 分别表示农户的行为态度、行为目标和认知行为控制；F_{1i}表示家庭经营规模，F_{2i}表示农户特征，F_{3i}表示外部环境，F_{4i}表示农户组织化参与率，F_{5i}表示期望收益，F_{6i}表示社会责任意识；θ_i、τ_i、ρ_i 分别表示 3 个函数的白噪音，i 表示第 i 个农户。$Y(1)_i$、$Y(2)_i$、$Y(3)_i$ 是模型的中间变量，而 F_{1i}、F_{2i}、F_{3i}、F_{4i}、F_{5i}、F_{6i}是模型的先行变量。

模型的第一个层面选用线性回归模型进行估计，模型形式如下：

$$Y(1)_i = \phi_0 + \phi_1 F_1 + \phi_2 F_2 + \phi_3 F_3 + \phi_4 F_4 + \phi_5 F_5 + \phi_6 F_6 + \theta_i$$

$$Y(2)_i = \sigma_0 + \sigma_1 F_1 + \sigma_2 F_2 + \sigma_3 F_3 + \sigma_4 F_4 + \sigma_5 F_5 + \tau_i$$

$$Y(3)_i = \gamma_0 + \gamma_1 F_1 + \gamma_2 F_2 + \gamma_3 F_3 + \gamma_4 F_4 + \rho_i$$

其中，ϕ、σ、γ 为待估参数。

模型的第二个层面选取 Logit 模型进行估计，模型形式如下：

$$\mathrm{Logit}(p) = Ln\left(\frac{p_i}{1 - p_i}\right) = \beta_0 + \beta_1 x_{1i} + \beta_2 x_{2i} + \cdots + \beta_k x_{ki} + \mu_i$$

其中，x_{ki}表示菜农质量安全控制行为的影响因素，β_k 表示第 k 解释变量对菜农质量安全控制行为的影响程度。上式中，左边表示事件发生比率的自然对数，模型的估计参数可以解释为自变量的增加给原来发生比率带来的变化。因变量为二分类变量，建立如下的 Logit 模型：

$$\mathrm{logit}(p_i) = \alpha_0 + \alpha_1 Y(1)_i + \alpha_2 Y(2)_i + \alpha_3 Y(3)_i + \mu_i$$

logit（p_i）表示事件发生比率，即农户蔬菜质量安全控制行为的概率和农户蔬菜质量不安全控制行为的概率的比率，该模型反映了各变量的影响程度及其显著性。

（二）变量选取与描述统计

质量安全控制行为变量 Y 反映的是农户在蔬菜种植过程中是否采用合理、安全的生产方式，在调查问卷中主要用 3 个问题来衡量，一是农药使用时的依据；二是蔬菜生产过程中是否考虑农药的间隔期，既包括蔬菜生长过程中的间隔期，也包括蔬菜收割与销售之间的间隔期；三是蔬菜生产过程中能否按规定的技术标准使用农药和化肥。表 10－5 的结果表明，农户种植蔬菜的质量安全整体水平不高。

表 10－5 中间变量与结果变量的描述性统计

变量名称	变量解释	变量说明	平均值	标准差
质量安全控制行为	$Y = 安全生产行为 = X_1 \times X_2 \times X_3$	1：安全；0：不安全	0.5166	0.5014
	X_1 = 您在使用农药时的行为依据	凭自己经验使用，或者参考同行的方法使用 =0；按照规定不使用禁止使用的农药，或者按照农业技术人员指导使用 =1	0.6424	0.4808
	X_2 = 您在蔬菜生产过程中使用农药是否考虑间隔期	不考虑 =0；销售时实行农药残留检测时才考虑 =1；考虑 =2	0.9072	0.2909
	X_3 = 您在蔬菜生产中是否按规定的标准使用化肥	否 =0； 不一定 =1；是 =2	0.6887	0.4645

（续表）

变量名称	变量解释	变量说明	平均值	标准差
行为态度	您认为获得蔬菜认证是否有意义	0：没有意义；1：有一些意义 2：意义较大；3：非常有意义	2.0331	2.2433
行为目标	您理想中的无公害蔬菜应该比普通蔬菜价格高多少	基本持平＝0；高1%～10%＝1； 高10%～20%＝2；高20%以上＝3	1.5298	0.9508
认知行为控制＝$M_1 \times M_2/2$	M_1＝您是否了解《农产品质量安全法》	不知道＝0；听说但不知道＝1；知道一些＝2；非常清楚＝3	1.0199	0.2937
	M_2＝您是否知道无公害农产品标志	不知道＝0；听说但不知道＝1；知道一些＝2；非常清楚＝3	1.1523	0.9716

注：样本容量为151

行为态度变量Y(1)主要反映农户对蔬菜质量安全控制的态度，问卷中通过“您认为获得蔬菜认证是否有意义”来衡量农户蔬菜种植的行为态度，样本平均值为2.03，表明大部分农户偏好于对蔬菜质量进行相关认证。行为目标变量Y(2)用来解释农户生产行为的偏好，问卷中通过“您是否了解《农产品质量安全法》”判断农户的行为目标与准则，样本平均值为1.53，表明被调查农户对蔬菜质量安全的生产标准有所了解。认知行为控制Y(3)指的是农户保证蔬菜质量安全的执行程度，问卷中使用农户种植蔬菜的结果即“您种植的蔬菜符合何种蔬菜标准（普通蔬菜、无公害蔬菜及有机蔬菜）”描述农户认知行为的控制能力，样本平均值为1.11，表明样本农户种植的蔬菜基本达到无公害蔬菜的标准。

先行变量的描述统计见表10－6。①农户道德责任感相对较强，具备一定的蔬菜质量安全生产意识；②大部分农户对于生产质量安全的蔬菜预期收益比普通蔬菜高10%～20%，表明提高质量安全蔬菜的收购价格有利于改善农户的生产行为；③蔬菜种植户接受培训和学习的比例较高，反映了菜农希望获得蔬菜生产技术的积极性较高；④农户产业化参与率不高，反映了被调查地区的产业化组织或者龙头企业在当地未能充分发挥组织协调作用；⑤蔬菜种植户受同行的影响比较大，表明农户相互之间的交流和学习对提高蔬菜质量安全有重要的作用；⑥农户关于使用农药对环境污染的认知不足，反映了蔬菜种植户的环境意识相对淡薄；⑦当地政府对农户生产质量安全蔬菜的政策扶持相对不足，缺乏对菜农生产无公害或者有机蔬菜的有效激励。

表10－6　先行变量的描述性统计结果

变量名称	变量说明	平均值	标准差
道德责任感	0：没有；1：无所谓；2：有	1.5430	0.7549
期望外在收益	0：基本持平；1：高5%～10% 2：高10%～20%；3：高20%以上	2.2781	0.8881
接受培训和学习	0：未接受；1：接受	0.8940	0.3088
产业化参与率	0：未参与；1：参与	0.5828	0.4947
同行的影响程度	0：没有影响；1：有一些影响 2：影响很大	0.8675	0.6897
农户关于使用农药对环境污染的认知	0：没有污染；1：有一些污染 2：污染严重	1.0728	0.6542
是否有支持蔬菜生产的政策法规	0：没有；1：有	0.6821	0.4672

注：样本容量为151

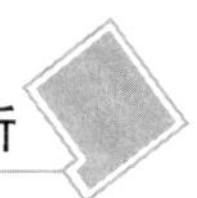

三、结果分析

(一) 先行变量的因子提取

表 10-7 显示，12 个先行变量之间的相关系数均低于 0.85，说明这些变量之间有良好的区别效度和预测信度，能够满足对变量进行因子分析的条件。运用主成分分析法，结合是否适宜做因子分析的 KMO 测度和 Bartlett 球体检验的结果，可知 KMO 测度值为 0.536，大于 0.5，因此表明适宜做因子分析；Bartlett 球体检验的 χ^2 统计值的显著性水平为 0.000，小于 0.001，同样证明适宜做因子分析。

表 10-7　先行变量的相关性检验

变量名称	道德责任感	期望外在收益	年龄	受教育程度	种植面积	种植年限	家庭收入	接受培训学习	产业化参与率	同行影响程度	菜农环境认知
期望外在收益	-0.068	1.000									
年龄	-0.049	0.151	1.000								
受教育程度	0.031	-0.024	-0.236	1.000							
种植面积	0.177	-0.081	-0.228	0.098	1.000						
种植年限	-0.026	0.016	0.115	-0.087	0.191	1.000					
家庭收入	0.071	-0.042	0.094	-0.053	0.311	0.347	1.000				
接受培训和学习	0.020	-0.038	-0.040	0.031	0.010	-0.100	-0.020	1.000			
产业化参与率	-0.032	0.144	0.033	0.118	0.141	0.172	0.119	0.145	1.000		
同行的影响程度	-0.091	-0.124	0.095	-0.025	-0.028	0.018	0.061	0.059	0.032	1.000	
菜农环境认知	0.149	0.103	-0.119	0.124	0.098	0.016	-0.025	0.005	0.301	-0.052	1.000
政策法规	0.096	0.182	0.073	0.129	0.064	0.096	0.161	0.227	0.259	-0.007	0.098

根据旋转后的因子载荷矩阵表 10-8 的数据显示，按照载荷绝对值大于 0.5 的标准，并考虑选取的题项载荷在各因子中最大来提取因子。在第 1 个因子中，种植面积、种植年限和家庭收入载荷较大，这 3 个方面体现了农户种植蔬菜的规模，故将其命名为“家庭经营规模”；在第 2 个因子中，农户的年龄和受教育程度载荷较大，这两个方面可体现蔬菜种植户的自身特征，故将其命名为“农户特征”；在第 3 个因子中，同行的影响程度、菜农关于农药对环境污染的认知情况以及政策法规等变量的载荷较大，体现了农户蔬菜种植过程中的外部环境因素，故将其命名为“外部环境”；在第 4 个因子中，农户接收培训和学习、参与当地产业化组织的水平等变量的载荷较大，体现了农户的组织化程度水平，故将其命名为“农户组织化参与率”；在第 5 个因子中，期望外在收益变量的载荷较大，故将其命名为“期望收益”；在第 6 个因子中，农户的道德责任感变量的影响较大，故将其命名为“社会责任意识”。上述分析的结果表明，因子分析的结论与前文理论分析框架的预期相一致。

表 10-9 是 SPSS17.0 软件输出的因子得分函数系数矩阵，该系数矩阵将 6 个主成分因子表示成为各个原始变量的线性组合，并且可以利用其计算出 6 个主成分因子的得分，用于替代原始的 12 个变量进行回归。

表 10-8 旋转后的因子载荷矩阵

变量名称	主成分					
	1	2	3	4	5	6
道德责任感	0.164	0.208	0.039	0.052	-0.025	0.689
期望外在收益	-0.049	-0.075	-0.041	-0.011	0.860	-0.092
年龄	0.043	-0.795	0.087	0.088	0.241	0.062
受教育程度	-0.097	0.618	0.160	0.171	0.190	0.149
种植面积	0.617	0.419	0.079	0.002	-0.162	0.123
种植年限	0.737	-0.136	-0.004	-0.139	0.093	-0.305
家庭收入	0.769	-0.169	-0.013	0.135	-0.028	0.207
接受培训和学习	-0.092	0.055	-0.124	0.832	-0.188	-0.198
产业化参与率	0.221	0.233	0.203	0.528	0.098	-0.645
同行的影响程度	-0.048	-0.186	0.791	0.118	-0.324	-0.027
菜农环境认知	0.062	0.258	0.755	-0.051	0.215	-0.068
政策法规	0.156	-0.009	0.661	0.330	0.315	0.160

表 10-9 因子得分函数系数矩阵

变量名称	主成分					
	F1	F2	F3	F4	F5	F6
道德责任感	0.087	0.105	0.018	0.069	0.028	0.602
期望外在收益	-0.028	0.007	-0.052	-0.031	0.741	-0.028
年龄	0.025	-0.566	0.105	0.097	0.160	0.118
受教育程度	-0.081	0.424	0.054	0.089	0.201	0.129
种植面积	0.371	0.271	-0.001	-0.034	-0.113	0.073
种植年限	0.462	-0.074	-0.030	-0.146	0.057	-0.277
家庭收入	0.469	-0.145	-0.055	0.115	-0.028	0.190
接受培训和学习	-0.068	0.003	-0.208	0.682	-0.194	-0.136
产业化参与率	0.122	0.172	0.061	0.137	0.045	-0.556
同行的影响程度	-0.077	-0.216	0.608	0.005	-0.324	-0.002
菜农环境认知	-0.008	0.145	0.546	-0.173	0.175	-0.043
政策法规	0.057	-0.058	0.143	0.485	0.251	0.214

（二）先行变量与中间变量的关系验证

利用调查数据与上述第一个层面的线性回归模型，运用 SPSS17.0 软件，首先对中间变量与先行变量进行回归，回归结果分别见表 10-10、表 10-11 和表 10-12。

农户行为态度与先行变量的回归结果表明，农户家庭经营规模、外部环境和农户组织化参与率 3 个变量没有通过显著性检验，故将其剔除。第一层面的行为态度回归方程为：

$$\hat{Y}(1)_i = 1.556 + 0.083F_{2i} + 0.042F_{5i} + 0.068F_{6i}$$

行为目标与先行变量的回归结果表明，农户特征与农户组织化参与率 2 个变量没有通过 t 检验，说明这两个变量的系数与零之间没有显著差异，对行为目标的影响较小，因此从模型中剔除。家庭经营规模、外部环境以及期望收益的 t 检验的 P 值分别为 0.000、0.000 和 0.076，均通过 10% 显著

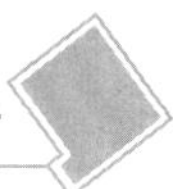

性水平检验。第一层面的行为目标回归方程为：

$$\hat{Y}(2)_i = 1.53 + 0.264F_{1i} + 0.27F_{3i} + 0.069F_{5i}$$

表 10－10　行为态度变量多元线性回归的估计结果

项目	估计参数	标准误差	t 检验值
常数项（C）	1.556***	0.053	29.599
家庭经营规模（F_1）	0.008	0.040	0.208
农户特征（F_2）	0.083***	0.043	1.934
外部环境（F_3）	0.020	0.044	0.462
农户组织化参与率（F_4）	－0.060	0.051	－1.191
期望收益（F_5）	0.042***	0.052	0.818
社会责任感（F_6）	0.068***	0.056	1.211

注：“***”表示参数估计结果在1%水平上显著。下同

表 10－11　行为目标变量多元线性回归的估计结果

项目	估计参数	标准误差	t 检验值
常数项（C）	1.530***	0.066	23.214
家庭经营规模（F_1）	0.264***	0.048	5.466
农户特征（F_2）	－0.111	0.053	－2.081
外部环境（F_3）	0.271***	0.055	4.932
农户组织化参与率（F_4）	－0.091	0.063	－1.442
期望收益（F_5）	0.069***	0.063	1.094

表 10－12　认知行为控制变量多元线性回归的估计结果

项目	估计参数	标准误差	t 检验值
常数项（C）	1.033***	0.035	29.675
家庭经营规模（F_1）	0.026***	0.026	1.023
农户特征（F_2）	0.035***	0.028	1.253
外部环境（F_3）	0.071***	0.029	2.439
农户组织化参与率（F_4）	－0.057***	0.033	－1.726

认知行为控制与先行变量的回归结果表明，各变量均通过检验。第一层面的认知行为控制的回归方程为：

$$\hat{Y}(3)_i = 1.033 + 0.026F_{1i} + 0.035F_{2i} + 0.071F_{3i} - 0.057F_{4i}$$

至此，3个中间变量（行为态度、目标和认知行为控制）都已经表示成先行变量的函数。利用得出的3个回归方程，可以得出农户行为态度、行为目标和认知行为控制的估计值 $\hat{Y}(1)_i$、$\hat{Y}(2)_i$、$\hat{Y}(3)_i$。

（三）中间变量与结果变量的关系验证

利用农户行为态度、行为目标和认知行为控制的估计值与第二个层面的 Logit 模型，运用 SPSS17.0 软件，对结果变量与中间变量进行回归分析，回归的结果见表 10－13。

表 10-13 Logit 模型回归结果

项目	变量系数	标准误差	Wald 检验值	Exp（B）
态度［Y(1)］	1.012***	0.358	7.985	2.752
目标［Y(2)］	0.788***	0.221	12.757	2.198
认知行为控制［Y(3)］	2.018***	0.772	6.840	7.523
常数项（C）	-4.792***	0.983	23.759	0.008
卡方检验值	50.090			
-2 对数似然值	159.073			

反映模型整体的拟合优度-2 对数似然值为 159.073，表明模型的拟合效果较为理想。行为态度、目标以及认知行为控制变量的系数检验 p 值均小于 0.001，因此可以拒绝原假设，认为这 3 个变量的系数估计与零有显著差异，表明农户的行为态度、目标和认知行为控制 3 个变量对农户质量安全控制行为影响都非常显著。从 3 个变量 Exp（B）值来看，认知行为控制变量的一个单位的变化会导致新的发生比率变为原来的 7.523 倍，表明其在农户质量安全控制行为中的决定性作用；态度变量改变一个单位会使新的发生比率变为原来的 2.752 倍；行为目标变量的一个单位的变化会导致新的发生比率变为原来的 2.198 倍。依据回归结果，得出第二层次的 Logit 模型可为：

$$\log\widehat{\left(\frac{p_i}{1-p_i}\right)} = -4.792 + 1.012Y(1)_i + 0.788Y(2)_i + 2.018Y(3)_i$$

将得到的第一层面的 3 个回归方程代入上式，最终得到质量安全控制行为的模型，如下：

$$\log\widehat{\left(\frac{p_i}{1-p_i}\right)} = -0.0729 + 0.2605F_{1i} + 0.1546F_{2i} + 0.3568F_{3i} - 0.115F_{4i} + 0.0969F_{5i} + 0.0688F_{6i}$$

上式表明，农户蔬菜质量安全控制行为的影响因素按照影响程度由大到小的顺序依次为：外部环境（F_3）、家庭经营规模（F_1）、农户特征（F_2）、农户组织化参与率（F_4）、期望收益（F_5）及社会责任感（F_6）。

第四节　主要结论与建议

本章以蔬菜质量安全问题的源头为切入点，从农户行为经济学角度，结合问卷调研，重点考察农户蔬菜生产过程中行为决策过程的演变逻辑，深入分析和探讨了蔬菜种植户的生产行为与蔬菜质量安全之间的内在作用机理。下面简要归纳主要研究结论，并在此基础上提出对策建议，为制定保障我国蔬菜质量安全的政策措施提供依据。

一、主要结论

农户行为选择过程是农户心理因素和行为变量共同演绎的结果，本章通过引入影响农户生产行为过程决策的心理变量，分别从理论和经验上研究了农户行为选择过程的影响因素。主要结论如下。

（1）影响蔬菜种植户是否采用安全生产方式的重要原因是外部环境变量，主要包括农户关于农药使用对环境污染的认知以及国家相关的政策法规。菜农种植蔬菜的过程反映了其自身的环境认知理念，或者受到政府、媒体以及文化下乡等途径的影响，无形中提高了自身觉悟；作为市场上农产品的生产者，菜农对政府部门制定的法律法规等政策比较敏感，往往会主动的选择更加安全可靠的

生产方式以减少农药残留，在不触及法律法规的条件下实现利润最大化。

（2）蔬菜供应链的一体化程度越高，组织化程度越强，对农户经营规模的要求就会越大。一旦蔬菜生产经营者的组织化程度越高，在某种程度上意味着其资产专用性越强，与供应链各个环节的关系越紧密，就会更加注重对蔬菜质量安全的监管以及信誉度和品牌度的提升，从而有利于政府监管效率的提高和监管成本的降低。

（3）社会信任度和道德水平等非正式的制度，对农户生产质量安全的蔬菜行为选择机制同样起着非常重要的作用。农户获取外界信息的能力和对社会责任感的强烈程度往往能够影响其生产行为方式的选择，社会的信任度越高和农户社会道德责任感越强，就更加有利于保障蔬菜的质量安全。

二、对策与建议

（1）促进农户由个体生产和分散经营向规模生产和集中经营转变。当前，我国蔬菜经营的特点呈现规模小而分散，行业协会等生产经营组织不健全，不利于市场和政府部门的有效监管。分散农户的农药使用行为恰恰是蔬菜质量安全控制的关键所在，因此，促进蔬菜生产经营主体的结构化、规模化发展，不仅有利于市场自身的调节机制发挥作用，而且有利于提高政府监管的效率，降低交易成本。鉴于此，应该积极引导分散农户向组织化率较高的行业协会靠拢，利用行业协会自身的信誉和网络体系约束个体的行为，杜绝机会主义的不良现象。

（2）积极探索多样性和紧密性的蔬菜供应链机制。蔬菜质量安全的水平一定程度上取决于其供应链机制的紧密程度，因此，引导和推进蔬菜供应链向一体化、结构化方向发展，能够提高我国蔬菜质量安全的整体水平。为了进一步实现蔬菜供应链机制的转型，政府部门应该加强配套措施的改革，如建立和完善农村土地流转制度等，充分利用市场资源配置的作用，积极探索“公司＋农户”、“合作社＋农户”以及“公司＋合作社＋农户”等多种模式的供应链形式，满足消费者对质量安全蔬菜的有效需求。

（3）努力完善市场准入体系和信用体系建设。实行严格的市场准入机制是保证蔬菜质量安全的有效途径，必须加强对农药经营使用的管理，建立农药经营许可证审批制度，杜绝高毒、高残农药进入市场流通，从源头控制影响蔬菜质量安全的不确定因素；对进入市场流通的生鲜蔬菜实施严格的检测，并且对不合格的蔬菜经销商和原产地进行信息披露，强化责任和风险意识。针对蔬菜行业的“柠檬现象”造成的信任危机，应该及早建立蔬菜身份标识制度和质量安全信息可追溯体系，逐步建立健全蔬菜质量安全信息管理制度，发挥舆论和媒体的监督作用，营造良好社会信用的氛围。

（4）转变我国现行的蔬菜质量安全和食品安全监管体系。构建蔬菜安全检测体系，实现“从农田到餐桌”的全程安全监管，是保障蔬菜质量安全的重要措施。作为食品安全监管的主体，政府应该整合和协调好各行政职能部门的人力、物力和财力资源，建立一体化监管体制，实现食品领域安全监管资源的共享。建立健全有效的蔬菜质量安全信息披露制度，降低蔬菜质量信息的不对称程度。

参考文献

［1］王铁军，张新平．食品安全国家控制模式的浅析［J］．中国食品卫生杂志，2005，17（3）：238－240.

［2］周洁红，姜励卿．影响生鲜蔬菜消费者选择政府食品安全管制方式的因素分析——基于浙江省消费者的实证分析［J］．浙江统计，2004（11）：16－18.

［3］Ajzen I，Fishbein M. Attitude-Behaviour Relations：A Theoretical Analysis and Review of Empirical Research［J］. Psychological Bulletin，1997，84（5）：888－918.

［4］Ajzen I. Constructing a TPB Questionnaire：Conceptual and Methodological Considerations［EB/OL］. 2002.

[5] Barberis N, Shleifer A, et al. A model of investor sentiment [J]. 1998, 49 (3): 307 -343.

[6] Beedell J, RehmanT. Explaining farmers' conservation behavior: Why do farmers behave the way they do? [J]. Journal of Environmental Management, 1999, 57: 165 -176.

[7] Jackson G J, Wachsmuth I K. The US Food and Drug Administration's selection and validation of tests for foodborne microbes and microbial toxins [J]. Food Control, 1996, 7 (1): 37 -39.

[8] Peltzman S. Toward a more general theory of regulation [J]. Journal of Law and Economics, 1976, 19 (2): 211 -240.

[9] Simon H A. An Empirically Based Microeconomics [M]. Cambridge: Cambridge University Press, 1997.

第十一章　农业清洁生产与农业废弃物资源化利用的激励政策制定框架*

第一节　激励政策的选取

一、政策目标

农业污染是农业生产活动造成的一种负外部性，它的存在会造成农业生产中资源配置效率的损失。制定与实施农业清洁生产与农业废弃物资源化利用的激励政策的主要目的就是希望把农业污染这种负外部性内部化，以改进农业生产中的资源配置效率。现阶段我国需要在保障农产品供给安全以及农民收入不减少的前提下，激励采纳农业清洁生产措施与资源化利用农业废弃物，以减轻农业生产造成的污染程度，实现农业可持续发展。这意味着，政策目标包含3个要素，即农业污染减轻、农产品供给安全保障、农民收入不降低。其中，农业污染减轻与防范是设计与实施农业清洁生产与农业废弃物资源化利用政策的核心目标，而农产品供给安全保障以及农民收入不降低是制定与选取政策的两个限制条件。

（一）两个限制条件

1. 不能降低农产品产量

为了保障粮食的稳产与增产，不与国家粮食安全目标冲突，就不能大幅降低农产品产量，这主要基于国家粮食安全方面的需要。我国人多地少，人口数约占全世界的20%，而耕地资源却只占全世界的9%。我国一直把确保主要农产品的基本供给作为农业政策的首要目标。《国家粮食安全中长期规划纲要（2008—2020年）》明确提出，到2020年，耕地保有量不低于18亿亩，基本农田数量不减少、质量有提高，全国粮食单产水平提高到350kg左右，粮食综合生产能力达到5.4亿t以上，粮食自给率稳定在95%以上，人均粮食消费量不低于395kg。自2008年以来，我国粮食年产量连续达到5亿t以上，人均粮食拥有量均超过395kg（图11－1），已初步实现粮食供给安全保障。然而，我国正处于快速工业化与城镇化进程中，非农建设用地势必会挤占部分耕地，我国粮食供给安全保障仍然面临巨大压力。为了保障国家粮食安全，就必须实现粮食的稳产与增产，不能大幅降低农产品产量，这是在制定与选取我国农业清洁生产与农业废弃物资源化利用政策时必须考虑的首要限制条件。

2. 不能减少农民的农业收入水平

我国部分农民保障、农民收入基本来源于农业，不能减少农民的农业收入水平，这主要基于农业的保障功能。自1978年以来，我国农民收入水平有了大幅提高，到2013年农民人均纯收入达到8 996元。然而，农民人均纯收入的增长幅度小于城镇居民，城乡居民人均收入比已经从1990年的2.57上升到2013年的3.03，最近几年城乡收入差距有进一步扩大的趋势。为了促进农民增加收入，自2000年以来，我国取消与减免了一些农村税费（如取消农业税、农业特产税等），同时陆续实施

---

* 本章撰写人：程磊磊　尹昌斌

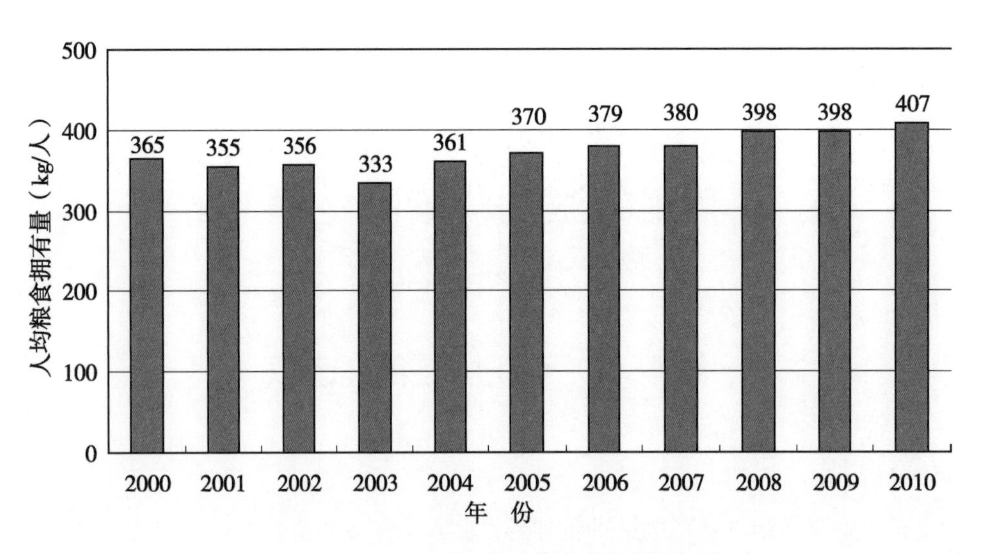

图 11－1 2000—2010 年我国人均粮食拥有量

了一些农业补贴政策（如对种粮农民的直接补贴、良种补贴、农机具购置补贴等），坚持少取多予的惠农政策。增加农民收入，缩小城乡收入差距是我国农业政策的重要目标。在此情形下，选取与制定我国农业清洁生产与农业废弃物资源化利用政策时就必须考虑另一个限制条件，即不能减少农民的农业收入水平。

（二）政策目标的衡量

农业污染程度的减轻可用多种指标来衡量。按照与污染损害的紧密程度，这些衡量指标依次包括污染程度、污染物排放量、要素投入和技术（图 11－2）。Ribaud 等（1999）把污染程度与污染物排放量称为物理型指标，把要素投入与技术称为生产相关型指标。在此也将采用他们的分类方法，并对这些衡量指标进行简要分析。

1. 物理型指标

除了污染损害本身之外，环境污染程度（或者环境质量）、污染物排放量这两个指标就与污染损害最为紧密相关，按照 Ribaudo 等（1999）的划分，将它们称为物理型指标。目前，大部分污染控制政策、环境保护规划等都用这些物理型指标来衡量政策目标。例如，我国《环境保护“十一五”规划》的主要目标就是，到 2010 年，地表水国控断面劣 V 类水质的比例小于 22%，七大水系国控断面好于Ⅲ类水质的比例大于 43%，重点城市空气质量好于Ⅱ级标准的天数超过 292 天的比例达到 75%；化学需氧量（COD）排放总量下降为 1 270万 t，二氧化硫（SO_2）排放总量下降为 2 295万 t（中华人民共和国环境保护部，2008）。

对于农业污染源来说，污染物排放不稳定、具有显著的随机性，实施某种污染控制政策可能产生多种不确定性的污染排放量与污染程度（Braden et al，1993）。因此，农业污染控制政策的物理型指标必须以概率形式来设定（Horan et al，1999）。例如，把政策目标设定为，多期平均的环境质量达到某一水平，或者多期平均的污染物排放量减少到某一水平。农业污染的随机性不仅使物理型指标的设定变得更为复杂，而且会使物理型指标的实现与污染损害的减少发生偏离。具体来说，农业污染物排放量、污染程度与污染损害都是随机变量，而且这些变量很可能拥有不同的概率分布函数，因此，平均的污染物排放量减少得越多，或者平均的污染程度减轻得越多，并不能确保污染损害减少得越多。例如，Shortle 等（2001）就指出，当污染程度的均值变小但是方差变大（波动幅度增加）时，污染损害通常就会增加而不是减少。

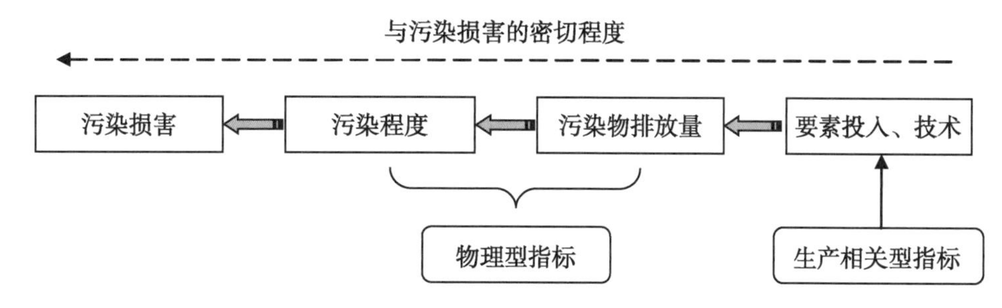

图 11-2　政策目标的衡量指标

2. 生产相关型指标

第二类衡量指标是要素投入与技术选择。例如，把政策目标设定为减少某一比例（如 25%）的氮肥施用量，而不是减少平均氮流失量或者水中的平均氮浓度。再如，把政策目标确定为，在某一地区某种农业污染防治技术的采纳率达到某一比例（如 80%）以上。

与物理型指标相比，虽然生产相关型指标距离污染损害较远，但是这类指标具有明显的优点（Ribaudo et al，1999）。①农业污染控制政策对要素投入与技术选择的影响比较确定，不会受到诸如天气等显著性随机因素的影响，因此生产相关型指标不需要以概率形式来设定，这在一定程度上简化了政策目标设定的复杂性，且更容易验证目标是否实现，降低政策的设计与实施成本。②农业生产中农用化学品投入量的减少，或者环境友好型技术的采纳，通常既会减少污染物排放量、改善环境质量，又会平抑污染物排放量与污染程度的波动幅度，所以，当生产相关型指标实现时，污染损害通常都会减少。

二、选取原则

选取我国农业清洁生产与农业废弃物资源化利用政策需要至少遵循可行性与有效性两个原则。

可行性。政策的可行性主要包括两个方面，一方面是政策激励基础的可衡量性；另一方面是政策目标中各要素之间兼容性。激励基础的可衡量性是指激励基础是可监测或可观测的。如果激励基础难以监测，那么就无法判断政策实施的效果与政策目标的实现程度。激励基础的可衡量性是政策可行性的必要条件。政策目标中各要素的兼容性是指核心目标与限制条件之间不能相互冲突，否则政策就无法实现政策目标，不具有可行性。

有效性。政策的有效性是指以最低成本来实现政策目标，通常需要借助成本收益分析或成本效果分析来判别。受到认识水平与技术水平的限制，目前难以估算农业污染造成的经济损害，因此，对于农业清洁生产与农业废弃物资源化利用政策有效性的判断更多地需要借助成本效果分析方法。

三、政策类型

把现实中已经实施的或者学术界主要讨论的农业清洁生产与农业废弃物资源化利用相关政策划分为命令控制型、经济激励型与劝说鼓励型 3 类，见表 11-1。

命令控制型环境政策是指国家行政部门根据相关的法律、法规和标准等，管制生产工艺或产品使用，禁止或限制某些污染物的排放以及把某些相关活动限制在一定的时间或空间范围内，最终影响排污者的行为（宋国君等，2008）。农业清洁生产与农业废弃物资源化利用的命令控制型政策包括但不限于：禁用剧毒高毒农药、限用低毒农药、限定肥料施用量、强制采取某种污染控制措施（如秸秆禁烧、畜禽禁养）、限制预期的污染物排放量（通过 EPIC、SWAT 等生物物理模型估算排放量）。

经济激励型环境政策是指通过市场信号来影响排污者行为的政策手段（Stavins，2000）。农业清洁生产与农业废弃物资源化利用的经济激励型政策包括但不限于：对农用化学品（化肥、农药等）征税、对预期的污染物排放量征税、基于环境质量的税收、对土地休耕进行补贴、对环境友好型投入（如有机肥）进行补贴、对清洁生产技术（如测土配方施肥、秸秆还田）进行补贴、基于投入的排污权交易、基于预期排放量的排污权交易。

劝说鼓励型环境政策是指通过意识转变与道德规劝影响人们环境保护行为的环境政策手段。农业清洁生产与农业废弃物资源化利用的劝说鼓励型政策包括但不限于：向农民宣传教育有关农业污染以及相关控制措施等方面的知识、对采用农业清洁生产与农业废弃物资源化利用措施的农民进行技术培训与指导。

虽然许多学者对基于环境质量的政策（Segerson，1988；Horan et al，2002；Segerson et al，2006）、基于预期排放量的政策（Griffin et al，1982；Shortle，1986；Helfand et al，1995）和基于投入的排污权交易（Malik et al，1993；Iforan et al，2002；Iforan et al，2005）进行了理论研究，但是这些政策由于缺乏可行性在现实中没有实施或者仅在小范围内试点。相对而言，基于投入的和基于技术的政策则得到了广泛的应用。

表 11－1　主要政策类型

	基于投入/技术的政策	基于预期排放量的政策	基于环境质量的政策
命令控制型	禁用剧毒高毒农药 限用低毒农药 限定肥料施用量 强制采用某种污染控制措施	限制预期的污染物排放量	
经济激励型	对污染性投入征税 对土地休耕进行补贴 对环境友好型投入进行补贴 对污染控制措施进行补贴 基于投入的排污权交易	对预期的污染物排放量征税 基于预期排放量的排污权交易	基于环境质量的税收
劝说鼓励型	宣传教育 技术培训、示范与指导		

四、政策选取

依据确立的政策目标与选取原则，下面将探讨我国农业清洁生产与农业废弃物资源化利用政策的选取以及制定流程（图 11－3）。

（一）选取基于投入的或基于技术的政策

基于排放量的政策现阶段在我国缺乏可行性。农业污染物排放具有分散性、异质性和随机性，这些特点共同导致了在现有技术水平下难以监测农业污染物排放情况。由于我国人均耕地少、地块分散，农业污染物排放的分散性与异质性显得更为突出，从而使得准确监测农业污染物排放情况更为困难。既然难以监测农业污染物排放情况，也就不清楚不同农户的生产活动对农业污染造成的负荷，无法识别农业污染主要由哪些农户的生产活动所造成，无法有针对性地制定与实施基于排放量的农业清洁生产与农业废弃物资源化利用政策。因此，该类政策目前在我国缺乏可行性。事实上，发达国家也较少实施这类政策，只有荷兰实施过类似政策。荷兰从 1998 年开始利用矿物核算系统（Mineral Accounting System，MINAS）来估算过量投入的氮、磷等营养物质，并且对过量投入的氮、磷等营养物质征税，然而，由于高昂的实施成本以及对环境质量改善的不确定性，该类政策于 2006

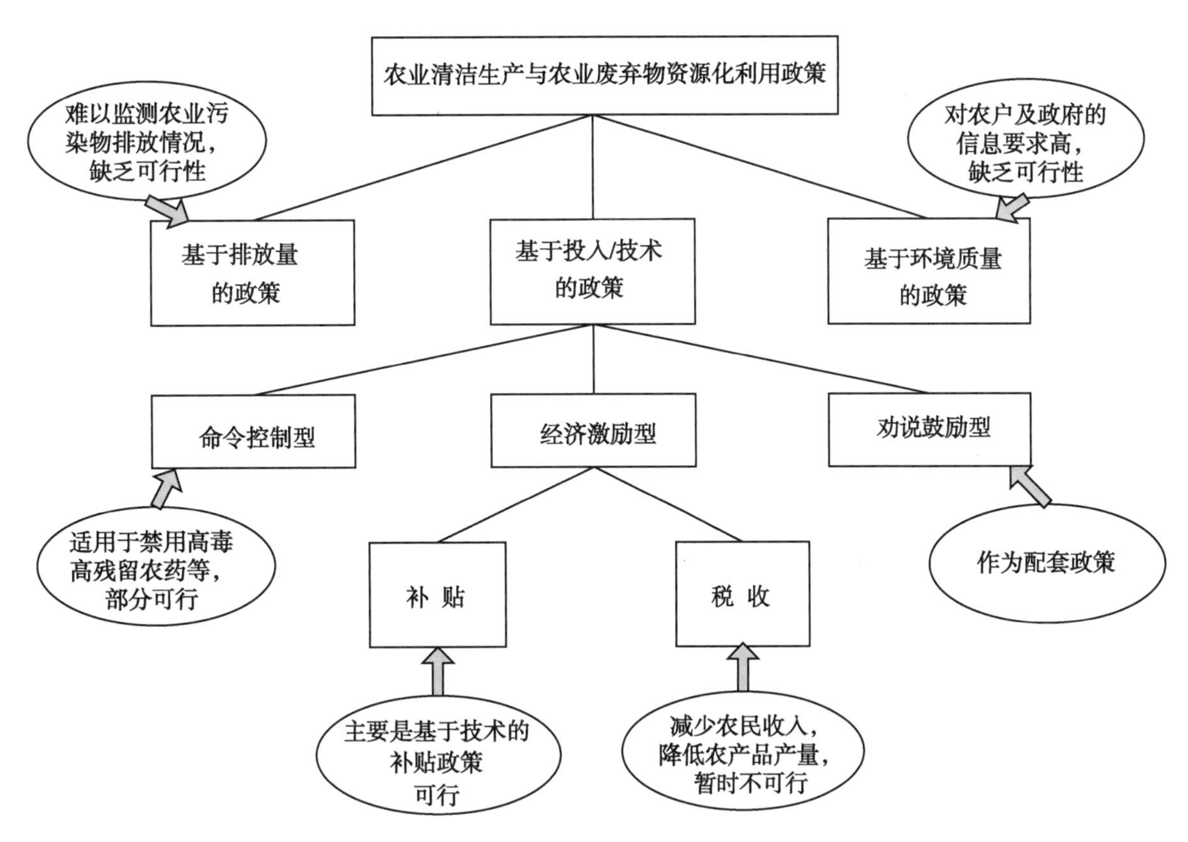

图 11－3　我国农业清洁生产与农业废弃物资源化利用政策选取流程

年 1 月终止（Söderholm et al，2008）。

基于环境质量的政策短期内在我国也难以实行。基于环境质量的农业清洁生产与农业废弃物资源化利用政策无论对农户还是对管制者都提出了很高的信息要求。这类政策的有效实施，要求农户十分清楚农业污染的产生过程，并且能够预测其他农户的行为；要求管制者拥有农户决策和农业污染产生方面的信息，从而能够评估其污染控制政策的影响（Horan et al，1999）。该类政策在国外只停留在理论研究层面，在国内更是很少有学者研究。现实中，暂时没有哪个国家采用此类政策来控制农业污染，这恰恰充分印证了此类政策的实施成本很高。因此，现阶段基于环境质量的政策在我国农业污染控制中也难以实施。

基于投入的或基于技术的政策选取具有可行性。与农业污染物排放情况的难监测相比，农用化学品的投入情况以及生产技术的采纳情况方面的信息较容易获取；与基于环境质量的政策对农户与政府的信息要求高相比，基于投入的或基于技术的政策对农户与政府的信息要求则相对较低，农户不需要很清楚面源污染的产生过程，也不需要预测其他农户的生产行为。因此，在基于排放量的政策、基于环境质量的政策和基于投入的或基于技术的政策中，第三类政策在我国农业污染控制中具有较高的可行性。

（二）以基于技术的补贴政策为主

基于投入的或基于技术的命令控制型政策虽具有可行性但适用范围有限。这类政策包括禁用高毒高残留农药、秸秆禁烧与畜禽禁养等，适用于确定性地防止在短时间内造成重大环境污染损害，可以针对特殊的农用化学品或者在一些地理位置特殊、自然生态环境脆弱的地区继续采用。以禁用高毒高残留农药为例，该政策之所以在我国可行，是因为被禁用的农药品种有许多低毒低残留的替代品种，保证了不会降低粮食产量；农药支出在生产总成本中占比较低，保证了不会减少农民收入；政府并不是直接禁止农户使用高毒农药，而是通过禁止农药生产企业登记与生产这些农药品种，间接地禁止农户使用，降低了政策的实施成本。另一方面，由于命令控制型政策通常会降低农产品产量与农户的农业收入水平，从而很可能导致政策目标中各要素之间的不兼容。在现阶段，我国不宜通过命令控制型政策来控制大多数农业污染。

基于投入的税收政策暂时不可行。该政策在一些发达国家（如瑞典）得到成功实践，是因为这些国家一般都实现了粮食完全自给、能够给予农户较高的直接补贴而且农户的政治力量较弱。然而，该政策与目前我国保障粮食安全、增加农民收入、缩小城乡收入差距的目标相冲突，会导致政策目标中各要素之间的不兼容，在我国仍然缺乏可行性。

以基于技术的补贴政策为主。基于技术的补贴政策能够满足可行性原则。该政策在国外已经得到广泛实践，目前我国也正在试点与探索该政策，而且取得了一定成效，关键的问题是制定与实施有效率的补贴政策。关于如何制定有效率的技术补贴政策将在下一部分中阐述。

总的来说，我国农业污染控制应该选取基于投入的或基于技术的政策，并且以基于技术的补贴政策为主，以命令控制型政策、劝说鼓励型政策为辅。

第二节　激励政策的制定

一、制定流程

由上述分析可知，我国农业清洁生产与农业废弃物资源化利用政策应以基于技术的补贴政策为主，以命令型政策为辅。现实中，我国已经为多数命令控制型政策制定了部门规章，如《农药管理条例》《秸秆禁烧和综合利用管理办法》等，这些政策相对比较成熟；而多数基于技术的补贴政策则处于探索与试行阶段。技术采纳补贴政策的制定流程（图 11－4）主要包括 4 个环节，即选取需补贴的可行技术、制定补贴标准、选取有效的技术采纳补贴政策以及确定补贴方式。

（一）选取需要补贴的可行技术

该环节包括两个步骤，即选取可行的农业清洁生产技术或农业废弃物资源化利用技术，与在这些可行的技术中选取需要补贴的技术。

选取可行的技术。这里的“可行”是指采纳技术后能够达到减轻农业污染的目的，同时又不会导致农产品产量的降低。如果采纳农业清洁生产技术或农业废弃物资源化利用技术后粮食产量下降了，那么就无法实现政策目标，因此是不可行的。

选取需补贴的技术。在可行的技术中，还要根据技术采纳后农户的生产利润是否减少，来确定是否需要补贴。技术采纳后生产利润没有下降，就不需要制定与实施补贴政策。只有当环境效益与经济效益相冲突时，才需要补贴，通过补贴的实施，推进环境友好型技术的应用，能够实现环境效益与经济效益的双赢。

在该环节中，至少有两个关键问题需要进一步明确。第一个问题是如何获取技术采纳前后农户的投入与产出方面的信息，从而核算出农产品产量与生产利润的变化情况。一种较为可行的办法是，由相关研究人员在技术研发、示范过程中，对技术采纳前后农户的投入与产出情况进行详细记录，并且核算出农作物单产与生产利润的变化。第二个问题是谁负责技术筛选工作。根据技术采纳前后农作物单产的变化情况，技术研究人员就可以胜任筛选可行的技术，通过筛选他们能够将研究重点放到那些在未来有可能推广应用的技术上。至于技术采纳是否需要补贴，则应该由农业主管部门来负责，他们根据技术研究人员核算出的生产利润变化情况，确定可能对哪些技术进行补贴。

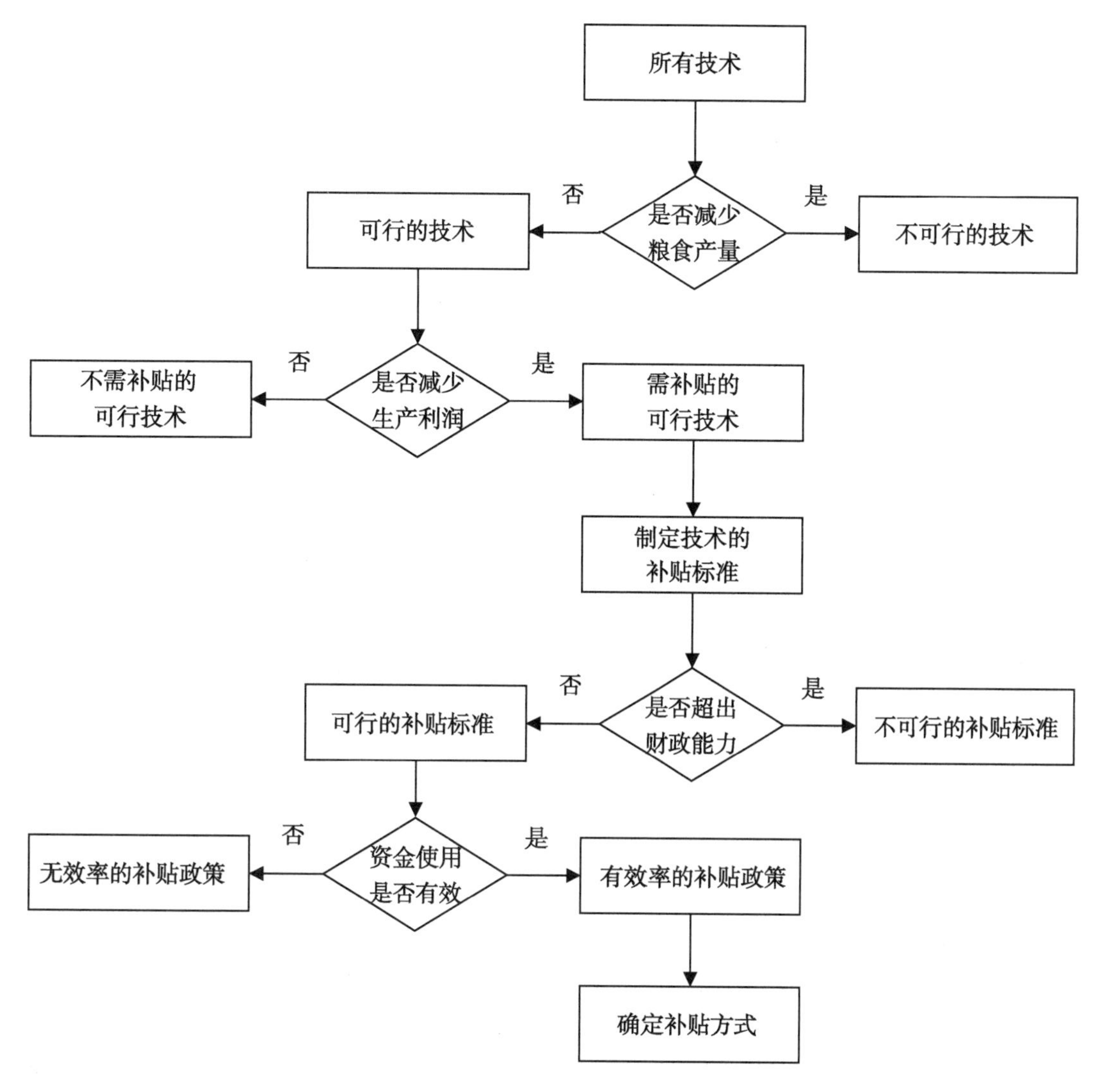

图 11 -4　技术采纳补贴政策的制定流程

（二）制定技术采纳的补贴标准

技术采纳的补贴标准由两部分组成，即减少的生产利润和农户对环境质量改善的支付意愿，因此补贴标准通常不等于减少的生产利润，一般来说会小于减少的生产利润。

建议通过农户问卷调查方法来估算与制定补贴标准。调查问卷中要详细说明技术采纳后农户的生产投入、产出、生产利润以及环境质量会发生怎样的变化，首先让农户较好了解技术采纳的影响，然后再询问农户的技术采纳意愿，只有这样才能让他们的回答更符合现实情况，从而保证估算出来的补贴标准更加合理。问卷设计完善之后，需要进行科学抽样调查，并利用调查结果估算补贴标准。

估算出补贴标准之后，结合补贴政策的覆盖范围，估算需要投入的补贴资金总额。然后根据政府的财政补偿能力，判断补贴政策是否可行。

（三）选取有效的技术补贴政策

“有效”是指以最低成本来实现政策目标。对于投入型农业污染，可以用单位农用化学品的减少量所需要投入的补贴资金来衡量资金的使用效率；对于产出型农业污染，可以用单位农业废弃物利用的增加量所需要投入的补贴资金来衡量；对于生产过程中的清洁生产行为，以过程控制的成本来衡量可能需要的资金补贴。计算出各种技术补贴政策的效率后，就可以根据效率高低进行排序，优先选取与实施那些效率较高的技术补贴政策。

（四）确定补贴方式

选取出有效的技术补贴政策后，还要询问农户期望的补贴方式及环节（实物形式、现金形式、价格补贴等），以大多数农户期望的方式发放补贴。以测土配方施肥为例，在新技术的示范与推广阶段，建议以实物形式进行补贴，向农民免费发放一定数量的新产品；当新技术得到普遍应用后，建议进行价格补贴，直接对生产企业进行补贴，降低产品的市场价格。再以秸秆还田为例，当把秸秆进行人工破碎与还田时，补贴标准主要依据人工投入来核算，补贴方式以现金发放为宜；当把秸秆进行机械破碎与还田时，补贴标准主要依据机械动力投入来核算，补贴方式仍以现金发放为宜。

二、补贴标准的估算

确定补贴标准，即确定补偿主体向补偿对象“补贴多少”，是农业清洁生产与农业废弃物资源化利用技术的补贴政策的核心问题。如果补贴标准过低，那么作为补偿对象的农户就不愿采纳技术，补贴政策起不到应有的效果；如果补贴标准过高，那么作为补偿主体的政府就需要投入过多资金，从而增加政府负担，降低补贴政策效率。因此，设定合理的补贴标准至关重要。

（一）理论范围

农业清洁生产技术采纳的补贴标准不仅受到农户生产利润变化的影响，还受到农户对环境质量偏好程度的影响。本部分运用消费者选择理论，构建农户对生产利润与环境质量的消费选择几何模型（图 11－5），探讨农业清洁生产技术采纳的补贴标准的理论值。

图 11－5 中，Ⅰ描述了农用化学品投入量与生产利润之间的关系。利润曲线随着农用化学品投入量的增加呈现出倒 U 型，即：随着农用化学品投入量的增加，生产利润先增加，在达到最大值后再减少。理性的农户追求生产利润最大化，因此，利润曲线的峰值就对应着农户的最优生产决策。采纳提高农用化学品利用效率的技术会降低农户的生产利润，在图中就表现为利润曲线从 π_0 下降为 π_1。采纳新技术后，农户的生产利润从最初 A_0F_0 减少为技术采纳后的 A_1F_1。

图 11－5 中，Ⅱ描述了农用化学品投入量与污染物排放量之间的关系，即污染物排放函数。在利用效率不变情况下，农用化学品的投入量越多，流失量也就越多，污染物排放量也就越多，这就表现为污染物排放曲线向右上方倾斜。当采纳新技术后，农用化学品的利用效率得到提高，污染物排放曲线就从 r_0 下降为 r_1，即在相同的农用化学品投入量下，由于采纳新技术提高了农用化学品的利用效率，减少了农用化学品的流失量，从而减少了污染物排放量。采纳新技术后，农户的污染物排放量从最初的 B_0G_0 减少为技术采纳后的 B_1G_1。

图 11－5 中，Ⅲ描述了污染物排放量与环境质量之间的关系，即环境质量函数。一般来说，随着污染物排放量的不断增加，环境质量会不断下降，在图中表现为环境质量曲线向右下方倾斜。环境质量函数不受农业清洁生产技术水平的影响。新技术采纳后，环境质量从最初的 C_0H_0 提高到技术采纳后的 C_1H_1。

图 11－5 中，Ⅳ描述了农户对生产利润与环境质量的消费选择，该图由前 3 幅图得到。U 表示农户效用的无差异曲线，无差异曲线向右下方倾斜，意味着生产利润减少所带来的效用下降可以由环境质量改善带来的效用增加来弥补；在右上方的无差异曲线代表更高的效用水平，即 $U_0 > U_1$。

新技术采纳前，农户的生产利润为 A_0F_0，对应的环境质量为 C_0H_0，此时，农户的效用水平为 U_0。新技术采纳后，农户的生产利润下降为 A_1F_1，环境质量提高为 C_1H_1，农户的效用水平降低为

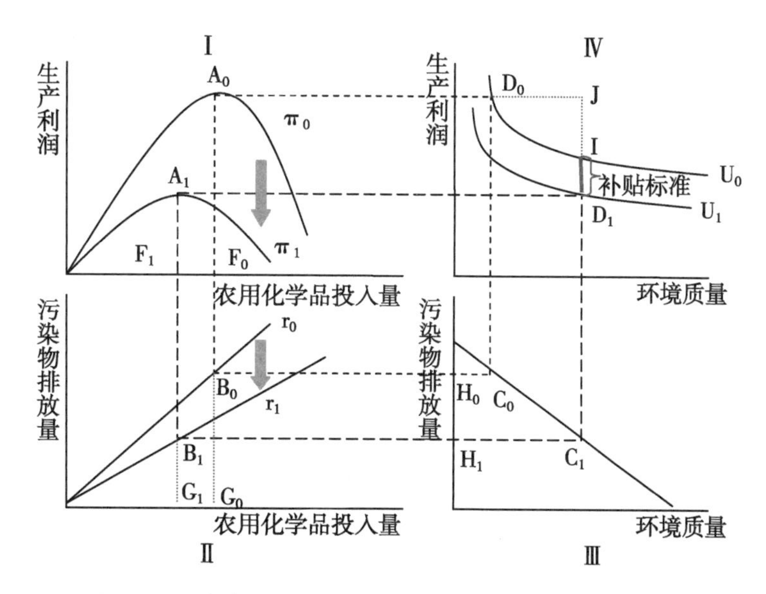

图 11－5　农户对生产利润与环境质量的消费选择几何模型

U_1。为了使农户的效用水平能够仍然维持在 U_0 水平，就需要给予农户以 D_1I 额度的补贴，D_1I 便是农户采纳农业清洁生产技术的补贴标准的理论值（该补贴标准是一种 Hicks 补偿）。将补贴标准与农户减少的生产利润相比较，发现补贴标准 D_1I 小于减少的利润 D_1J，这是因为环境质量的改善能够给农户带来一定的效用，而农户愿意为这部分环境质量改善支付一定的价格（图中为 IJ）。

（二）估算方法与步骤

1. 估算方法

成本收益分析。成本收益分析（cost-benefit analysis，CBA）是经济学中最基本的与最常用的分析方法。成本收益分析是指通过比较不同方案的成本和收益来进行经济决策的方法。在本文中，“方案”包括两种：①不采纳农业清洁生产技术；②采纳农业清洁生产技术。“经济决策”是指农户是否采纳农业清洁生产技术。该方法主要用于核算技术采纳前后农户的生产利润水平。

意愿评估方法。意愿评估法（contingent valuation methods，CVM）是环境经济学中经常采用的环境经济评价方法。意愿评估方法是通过构建假想的市场，基于陈述性偏好假设，揭示人们对于环境改善的最大支付意愿，或对于环境恶化希望获得的最小补偿意愿，或者说，CVM 是在模拟市场中引导受访者说出其愿意支付或获得补偿的货币量。该方法主要用于掌握农户对技术采纳的补偿意愿。

2. 估算步骤

（1）开展初步调查，掌握农户在未采用新技术时的生产成本与收益情况。在技术采纳前，进行农户调查，掌握农户在采纳新技术前的投入与产出情况。调查内容包括各种生产要素（特别是农用化学品）的实物投入量以及每种生产要素的购买价格、农产品产量以及农产品的销售价格。调查需要针对即将开展技术示范与技术推广的农作物（一般是当地的主要农作物）。

（2）开展跟踪调查，掌握农户在采用新技术过程中生产成本与收益的变化情况，运用成本收益分析方法核算农户生产利润变化情况。在新技术示范过程中，进行跟踪调查，重点掌握农户采纳新技术过程中哪些生产要素的实物投入量会发生变化及其价格会怎样变化、农产品的产量及其价格会怎样变化。在技术示范前，需要完成跟踪调查表的设计。在设计跟踪调查表之前，需要同技术研究人员进行深入讨论：哪些方面的投入可能发生变化、会发生怎样变化。一般来说，跟踪调查时间为农作物的一个生长周期（即半年左右）。在跟踪调查过程中，需要尽量确保数据的真实性、准确性与完整性。由于跟踪调查成本较高，因此调查的样本容量一般不会太大。收集到跟踪调查数据后，对数据进行处理，核算农户的投入与产出变化情况，进而算出农户生产利润的变化。

（3）开展意愿调查，掌握农户对新技术采纳的补偿意愿，运用 CVM 方法估算新技术采纳的补贴标准。利用跟踪调查结果，再次设计调查问卷，调查目的主要是掌握农户采纳新技术的意愿。在调查问卷中，要对技术示范情况进行说明，让农户了解技术采纳后对生产投入与产出可能造成的影响，在此基础上，进一步询问他们对新技术的采纳意愿。收集到意愿调查问卷后，对数据进行处理，估算出农户对新技术的采纳意愿即补贴标准。

（4）调查补贴标准的可行性。估算出技术采纳的补贴标准后，需要与相关政府工作人员进行访谈，询问当地政府的财政补贴能力，确定通过补贴政策来推广示范新技术的可行性。

第三节　洱海案例分析

本节将以洱海流域北部地区为例，结合成本收益分析方法与意愿评估法，来估算在该地区示范的 3 种农业清洁生产技术的采纳补贴标准，并且对其影响因素进行经济计量分析。

一、技术简介

2010 年 4～11 月，在洱海流域北部地区的邓川、右所、茈碧湖、凤羽、三营和牛街 6 个乡镇，选取土壤类型与肥力具有代表性的示范地块（总面积大于 0.5 亩，其中示范面积 0.1 亩），在水稻或玉米上示范了 3 种农业清洁生产技术，即限量施肥技术、秸秆还田技术与有机肥替代技术（表 11－2）。

表 11－2　示范地块在不同乡镇的分布情况

	限量施肥		秸秆还田	有机替代	合计
	水 稻	玉 米	水 稻	玉 米	
三营	1	1	2	2	6
牛街	1	1	2	2	6
茈碧湖	1	1	1	2	5
凤羽	1	1	2	1	5
右所	1	0	1	2	4
邓川	1	0	1	2	4
小计	6	4	9	11	30

资料来源：《洱海北部农田面源污染防治技术示范实施方案》

（一）限量施肥技术

限量施肥技术同时在水稻田与玉米田上示范（表 11－3），示范户数分别为 6 户与 4 户。

水稻田。①前茬作物为大蒜。施肥量：尿素 9kg/亩、普钙 17kg/亩、硫酸钾 8kg/亩。示范区上，施用量为尿素 0.9kg、普钙 1.7kg、硫酸钾 0.8kg。施肥次数与时期：普钙和硫酸钾作底肥，一次性施完；尿素分 2 次施，底肥 0.2kg、孕穗肥料 0.7kg。②前茬作物为其他（蚕豆等）。施肥量：尿素 22kg/亩、普钙 67kg/亩、硫酸钾 20kg/亩。示范区上，施用量为尿素 2.2kg、普钙 6.7kg、硫酸钾 2.0kg。施肥次数与时期：普钙和硫酸钾作底肥，一次性施完；尿素分 2 次施，底肥 0.5kg、孕穗

肥料1.7kg。

玉米田。施肥量：尿素40kg/亩、普钙66kg/亩、硫酸钾20kg/亩。示范区上，施用量为尿素3.9kg、普钙6.7kg、硫酸钾2.0kg。施肥次数与时期：普钙和硫酸钾作底肥，一次性施完；尿素分3次施，底肥1.0kg、小喇叭期1.0kg、大喇叭期1.9kg。

表11－3　限量施肥技术下肥料施用情况　（单位：kg）

示范作物	前茬作物		氮肥（尿素）	磷肥（普钙）	钾肥（硫酸钾）
水稻	大蒜	亩施用量	9.0	17.0	8.0
		示范小区施用量	0.9	1.7	0.8
	其他	亩施用量	22.0	67.0	20.0
		示范小区施用量	2.2	6.7	2.0
玉米		亩施用量	40.0	66.0	20.0
		示范小区施用量	3.9	6.7	2.0

注：示范区面积为0.1亩

（二）秸秆还田技术

秸秆还田技术只在玉米田上示范（表11－4），示范户数为9户。

（1）秸秆种类与还田量。麦类秸秆、油菜秸秆、玉米秸秆等农作物秸秆均可。秸秆还田量为1 000kg/亩，示范区上秸秆还田量为100kg。

（2）秸秆还田方法。把秸秆粉碎成5～10cm，翻埋还田。

（3）施肥量。尿素40kg/亩、普钙66kg/亩、硫酸钾20kg/亩。示范区上，施用量为尿素3.9kg、普钙6.7kg、硫酸钾2.0kg。

（4）施肥次数与时期。普钙和硫酸钾作底肥，一次性施完；尿素分3次施，底肥1kg、小喇叭期1kg、大喇叭期1.9kg。

表11－4　秸秆还田技术下肥料施用情况　（单位：kg）

	氮肥（尿素）	磷肥（普钙）	钾肥（硫酸钾）	秸秆还田量
每亩施用量	40.0	66.0	20.0	1 000
示范小区施用量	3.9	6.7	2.0	100

注：示范小区面积为0.1亩

（三）有机替代技术

有机替代技术在水稻田上示范（表11－5），示范户数为11户。

（1）前茬作物为大蒜。施肥量：尿素5kg/亩、普钙10kg/亩、硫酸钾5kg/亩、有机肥615kg/亩。示范区上，施用量为尿素0.5kg、普钙1.0kg、硫酸钾0.5kg、有机肥62kg。施肥次数与时期：普钙、硫酸钾和有机肥作底肥，一次性施完；尿素分2次施用，底肥0.15kg、孕穗肥料0.35kg。

（2）前茬作物为其他。施肥量：尿素15kg/亩、普钙47kg/亩、硫酸钾14kg/亩、有机肥1 538kg/亩。示范区上，施用量为尿素1.3kg、普钙4.0kg、硫酸钾1.2kg、有机肥154kg。施肥次数与时期：普钙、硫酸钾和有机肥作底肥，一次性施完；尿素分2次施用，底肥0.39kg、孕穗肥料0.91kg。

表 11－5　有机替代技术下肥料施用情况　　（单位：kg）

前茬作物		氮肥（尿素）	磷肥（普钙）	钾肥（硫酸钾）	有机肥
大蒜	亩施用量	5.0	10	5	615
	示范小区施用量	0.5	1.0	0.5	62
其他	亩施用量	15.0	47.0	14.0	1 538
	示范小区施用量	1.3	4.0	1.2	154

注：示范小区面积为 0.1 亩

二、补贴标准估算

（一）限量施肥技术的补贴标准

1. 补贴标准的估算

在示范的 10 户农民中，共收回 8 份跟踪调查问卷，凤羽镇的 2 份没有收回。有 5 户农民表达了他们对采用限量施肥技术的补偿意愿，分别为专用复合肥* 与普通化肥差价的 50%、100%、100%、100%、50%。目前还没有根据限量施肥技术的配方来生产专用复合肥，不清楚专用复合肥的生产成本与市场售价，无法估算专用复合肥与普通化肥的差价，因此，没有向未示范的农户询问补偿意愿。从示范农户的补偿意愿来看，在洱海流域北部地区，限量施肥技术采用的补贴标准为专用复合肥高出普通化肥差价的 50% 以上。

2. 补贴环节与方式的选取

补贴环节。在采用限量施肥技术的过程中，生产成本增加主要源于专用复合肥的价格高于普通化肥。限量施肥技术的补贴标准主要对专用复合肥高出普通化肥的差价进行补偿。

补贴方式。对于限量施肥技术来说，现金补贴就是对购买专用复合肥的现金补贴；实物补贴是指直接发放专用复合肥。在洱海流域北部地区配套调查的 80 户农民中，有 77 户表达了他们对补贴方式的选择。44 户（57.14%）选择现金补贴，33 户（42.86%）选择实物补贴。可见，在洱海流域北部地区，限量施肥技术的补贴既可以现金方式也可以实物形式发放。

（二）秸秆还田技术的补贴标准

1. 补贴标准的估算

在示范的 9 户农民中，共收回 7 份跟踪调查问卷，凤羽镇的 2 份没有收回。6 户农民表达了他们对采用秸秆还田技术的补偿意愿，分别为 100 元/亩、1 000元/亩、500 元/亩、300 元/亩、200 元/亩、100 元/亩。由于第 2 户农民的补偿意愿（1 000元/亩）远高于其他示范农户，因此将其剔除。对余下 5 位农户的补偿意愿求平均值，得到示范农户对采用秸秆还田技术的平均补偿意愿为 240 元/亩。

在配套调查的 90 户未示范农民中，共收回 70 份问卷。67 户农民表达了他们对采用秸秆还田技术的补偿意愿，其中 10 户给出的补偿意愿大于等于 1 000元/亩。由于这 10 户农民的补偿意愿远高于其他农户，因此将其剔除。对剩下的 57 户农户的补偿意愿求平均值，得到这些农户对采用秸秆还田技术的平均补偿意愿为 143 元/亩。

在秸秆还田技术采纳上，示范农户的平均补偿意愿为 240 元/亩，未示范农户的平均补偿意愿为 143 元/亩。对两者求加权平均，估算出：在洱海流域北部地区，秸秆还田技术采用的补贴标准

* 专用复合肥是指按照限量施肥技术的配方生产出来的复合肥

约为150 元/亩。秸秆还田技术只在玉米田上示范，补贴标准约占玉米种植成本（761 元/亩）的20%。

2. 补贴环节与方式的选取

补贴环节。在实施秸秆还田的过程中，主要有4 个环节会增加生产成本，分别是秸秆购买、秸秆运输、秸秆破碎与人工投入。在洱海流域北部地区配套调查的70 户农民中，有68 户表达了他们对补贴环节的认识。35 户（51.47%）认为应该针对“人工投入”进行补贴，34 户（50%）认为应该针对“秸秆破碎”进行补贴，19 户（27.94%）认为应该针对“秸秆运输”进行补贴，只有6 户要求对“秸秆购买”进行补贴。由此可见，在洱海流域北部地区，秸秆还田技术的补贴标准主要是对秸秆还田的“人工投入”与“秸秆破碎”的补偿。

补贴方式。对秸秆还田技术来说，现金补贴包括对秸秆购买、秸秆运输、秸秆破碎、人工投入的现金补贴；实物补贴包括直接发放秸秆、直接分配秸秆粉碎机等。在洱海北部地区配套调查的70 户农民中，有66 户表达了他们对补贴方式的选择。56 户（85.85%）选择现金贴补，10 户（15.15%）选择实物补贴。可见，在洱海流域北部地区，秸秆还田技术的补贴最好以现金形式发放。

（三）有机替代技术的补贴标准

1. 补贴标准的估算

在示范的11 户农民中，共收回10 份跟踪调查问卷。其中，9 户农民表达了他们对采用有机替代技术的补偿意愿，分别为200 元/亩、200 元/亩、100 元/亩、50 元/亩、100 元/亩、150 元/亩、100 元/亩、100 元/亩、200 元/亩。求均值后，得到示范农户对有机替代技术采用的平均补偿意愿为133 元/亩。

在配套调查的110 户未示范农民中，共收回100 份问卷。98 户农民表达了他们对采用有机替代技术的补偿意愿。其中，20 户给出的补偿意愿大于等于1 000元/亩，由于这些农民的补偿意愿远高于其他农户，因此，将其剔除。对剩下的78 份农民的补偿意愿求平均值，得到非示范农户对有机替代技术采用的平均补偿意愿为137 元/亩。

在有机替代技术采纳上，示范农户的平均补偿意愿为133 元/亩，未示范农户的平均补偿意愿为137 元/亩。将两者加权平均，估算出：在洱海流域北部地区，有机替代技术采用的补偿标准约为136 元/亩。有机替代技术只在水稻田上示范，补贴标准约占水稻种植成本（889 元/亩）的15%。

2. 补贴环节与方式的选取

补贴环节。在采用有机替代技术的过程中，主要有3 个环节会增加生产成本，分别是有机物料的购买、有机物料的运输与施用有机肥的人工投入。在洱海流域北部地区配套调查的100 户农户中，有84 户表达了他们对补贴环节的认识。42 户（50%）认为应该针对“有机物料运输”进行补贴，39 户（46.43%）认为应该针对“有机物料购买”进行补贴，只有9 户（10.71%）要求对“施用有机肥的人工投入”进行补贴。因此，在洱海流域北部地区，有机替代技术的补贴标准主要是对有机物料的运输与购买的补偿。

补贴方式。对于有机替代技术来说，现金补贴包括对有机物料购买、有机物料运输、施用有机肥的人工投入的现金补贴；实物补贴包括直接发放有机物料。在洱海北部地区配套调查的100 户农户中，有78 户表达了他们对补贴方式的偏好。74 户（94.87%）选择现金补贴，只有4 户（5.13%）选择实物补贴。可见，在洱海流域北部地区，有机替代技术的补贴最好以现金形式发放。

以上3 种农业清洁生产技术的补贴标准、环节与方式如表11 –6 所示。

表 11－6　3 种农业清洁生产技术的补贴标准、环节与方式

	限量施肥	秸秆还田	有机替代
示范户	差价的 50% 以上	240 元/亩	133 元/亩
非示范户	—	143 元/亩	137 元/亩
总体	差价的 50% 以上	150 元/亩	136 元/亩
示范农作物	水稻、玉米	水稻	玉米
占生产成本的比重	—	19.71%	15.30%
补贴环节	配方肥的购买	人工投入 秸秆破碎	有机物料购买 有机物料运输
补贴方式	现金形式、配方肥	现金形式	现金形式

三、补贴标准影响因素分析

本部分以秸秆还田技术为例，运用计量经济方法分析补贴标准的影响因素。

（一）模型设定与变量选取

选用半对数线性模型来分析农业清洁生产补贴标准的影响因素，模型形式如下：

$$\log(WTA_i) = \beta_0 + \beta_1 \cdot x_{1i} + \beta_2 \cdot x_{2i} + \cdots + \beta_k \cdot x_{ki} + \mu_i \text{ , } i = 1,2,\cdots,n$$

其中，WTA 表示被解释变量，x 表示解释变量，μ 是随机误差项，k 表示解释变量的个数，n 表示样本容量，β 表示解释变量对被解释变量的影响。

被解释变量是秸秆还田技术采纳的补贴标准。解释变量包括 6 个变量，分别是“进行秸秆还田对作物产量是否有影响”“是否了解秸秆还田技术”“是否采用过秸秆还田技术”“受教育程度”“秸秆焚烧是否对农业生产与生活产生影响”“非农收入比例”。各变量的简单统计描述见表 11－7。

表 11－7　各变量的描述统计

项目	平均值	标准差	备 注
对作物产量的影响	2.67	0.53	1—产量减少；2—产量不变；3—产量增加
技术了解程度	2.46	0.53	1—不了解；2—了解一些；3—了解
是否采纳过技术	0.72	0.45	1—采用过；0—没有采用过
受教育程度	2.94	0.52	1—文盲；2—小学；3—中学；4—高中；5—大专及以上
对生产与生活的影响	3.04	1.21	1—没有；2—不清楚；3—较小；4—较大
非农收入比例	0.33	0.27	
补贴标准	140.45	61.58	

注：样本容量为 67

（二）回归结果分析

利用上述的经济计量模型和在洱海流域北部地区收集的农户调查数据，使用 Eviews6.0 软件对秸秆还田技术采纳的补贴标准进行回归分析和相关检验，结果见表 11－8。该表不仅报告了回归模型的整体性检验结果，而且报告了各个解释变量的系数估计、其对应的 t 值以及概率。

模型的整体性检验。反映回归整体显著性的 F 值（13.12）很大，表明选取的 6 个解释变量中至少有 1 个变量对秸秆还田技术采纳的补贴标准有显著影响。结合这些变量的系数估计的 t 值，可

以进一步得出结论：除了“秸秆焚烧是否对农业生产与生活产生影响”和“非农收入比例”以外的4个变量都对补贴标准具有显著影响。调整的R^2为0.5240，说明选取的6个变量能够在较大程度上（52%以上）解释补贴标准的变动，模型的整体拟合效果较好。

表11－8　回归结果与相关检验

项目	系数估计值	t值	概率值
常数项	5.7208***	18.7920	0.0000
对作物产量的影响	－0.2434***	－4.1093	0.0001
技术了解程度	0.2106**	2.1973	0.0319
是否采纳过技术	－0.7571**	－2.0022	0.0498
受教育程度	－0.1176*	－1.6779	0.0986
对生产与生活的影响	0.0586	0.4118	0.6820
非农收入比例	－0.1061	－0.6127	0.5424
F值		13.12	
调整的R^2		0.5240	
DW值		1.2164	
样本容量		67	

注：*、**和***分别表示系数估计在10%、5%和1%显著水平上不为0

模型中共有4个变量对秸秆还田技术采纳的补贴标准具有显著影响，其中，“进行秸秆还田对作物产量是否有影响”“是否采用过秸秆还田技术”“受教育程度”3个变量的影响方向为负，“是否了解秸秆还田技术”的影响方向为正。

（1）“进行秸秆还田对作物产量是否有影响”的系数估计为负，表明农户认为进行秸秆还田能够提高农作物产量，则他们的补偿意愿就降低。当农产品价格不变时，农作物产量的增加，就意味着农业生产收益与利润的增加，能够部分抵消秸秆还田技术的采纳成本，从而降低农户对采纳秸秆还田技术的补偿意愿。在图11－5中，表现为利润曲线π_1从初始的π_0只有小幅度下降，此时补贴标准也就相应降低。系数估计值为－0.2434，意味着认为秸秆还田将使农作物产量增加的农户愿意把补贴标准降低约24%。

（2）“是否了解秸秆还田技术”的系数估计为正，表明农户对秸秆还田技术越是了解，需要给予他们的补贴就要越高。农户对技术越了解，就越清楚技术采纳过程中可能发生哪些成本，并认为这些增加的成本需要给予补偿，因此，他们的补偿意愿就越高。系数估计值为0.2106，意味着对秸秆还田技术十分了解的农户要求的补贴标准将比不了解秸秆还田的农户高约42%。

（3）“是否采用过秸秆还田技术”的系数估计为负，表明采用过秸秆还田技术的农户表达的补偿意愿比未采用过该技术的农户低。这可能是因为农户在采用秸秆还田技术的过程中不断积累经验，能够更娴熟、更有技巧地应用该技术，从而降低秸秆还田技术的采纳成本，相应的需要补偿额度也就越低。系数估计值为0.7571，意味着采用过秸秆还田技术的农户与未采用过的农户在补偿意愿上相差约76%。

（4）“受教育程度”的系数估计为负，表明农户受教育程度越高，则需要给予他们的补贴越低。这主要是因为教育程度高的农户能够更好地掌握新技术，而且他们的环保认识较高、环保意识较强，从环境质量改善中获取的效用更高。在图11－5中，表现为效用曲线由U_1向右平移，此时补贴标准相应降低。系数估计值为－0.1176，意味着教育程度每提高一个档次，需要的补贴就下降约12%。

以上的经验分析验证了本章理论分析得出的主要结论：技术采纳的补贴标准主要取决于农户生产利润的变化以及其对环境改善的支付意愿。当技术采纳后，农产品产量降低得越少，从而生产利润减少得就越少，需要给予的技术采纳补贴就越低；农户对新技术的掌握程度越好，越能避免不必要的成本投入与产量损失，从而能够减少生产利润的损失，起到降低技术采纳的补贴标准的作用；一般而言，农户的受教育程度越高，其对环境改善的支付意愿也就越强，相应地，对其技术采纳的补贴标准就越低。

参考文献

[1] 宋国君，等．环境政策分析［M］．北京：化学工业出版社，2008.

[2] 中华人民共和国环境保护部．国家环境保护“十一五”规划．［EB/OL］．http：//gcs. mep. gov. cn/hjgh/sywgh/gjsywgh/200801/t20080118_ 116457. htm.

[3] Braden J B，Segerson K. Information Problems in the Design of Nonpoint Pollution. in：Russell C S，Shogren J. F. eds. Theory，Modeling and Experience in the Management of Nonpoint-Source Pollution. Dordrecht：Kluwer Academic Publishers，1993.

[4] Griffin R C，Bromley D W. Agricultural Runoff as a Nonpoint Externality：A Theoretical Development［J］．American Journal of Agricultural Economics，1982，64（3）：547－552.

[5] Helfand G E，House B W. Regulating Nonpoint Source Pollution under Heterogeneous Conditions［J］．American Journal of Agricultural Economics，1995，77（4）：1 024－1 032.

[6] Horan R D，Abler D G，Shortle J S. Cost-Effective Point-Nonpoint Trading：An Application to the Susquehanna River Basin［J］．Journal of the American Water Resources Association，2002，38（2）：467－477.

[7] Horan R D，Ribaudo M O. Policy Objectives and Economic Incentives for Controlling Agricultural Sources of Nonpoint Pollution［J］．Journal of the American Water Resources Association，1999，35（5）：1 023－1 035.

[8] Horan R D，Shortle J S，Abler D G. Ambient Taxes under m-Dimensional Choice Sets，Heterogeneous Expectations，and Risk-Aversion［J］．Environmental and Resource Economics，2002，21（2）：189－20.

[9] Horan R D，Shortle J S. When Two Wrongs Make a Right：Second-Best Point-Nonpoint Trading Ratios［J］．American Journal of Agricultural Economics，2005，87（2）：340－352.

[10] Malik A S，Letson D，Crutchfield S R. Point/Nonpoint Source Trading of Pollution Abatement：Choosing the Right Trading Ration［J］．American Journal of Agricultural Economics，1993，75（4）：959－967.

[11] Ribaudo M O，Horan R D，Smith M E. Economics of Water Quality Protection from Nonpoint Sources：Theory and Practice. AER-782，USDA，Economic Research Service，November，1999.

[12] Segerson K，Wu J. Nonpoint Pollution Control：Inducing First-best Outcomes though the Use of Threats［J］．Journal of Environmental Economics and Management，2006，51（2）：165－184.

[13] Segerson K. Uncertainty and Incentives for Nonpoint Pollution Control［J］．Journal of Environmental Economics and Management，1988，15（1）：87－98.

[14] Shortle J S，Dunn J W. The Relative Efficiency of Agricultural Source Water Pollution Control Policies［J］．American Journal of Agricultural Economics，1986，64（3）：668－677.

[15] Shortle J S，Horan R D. The Economics of Nonpoint Pollution Control［J］．Journal of Economic Surveys，2001，15（3）：255－289.

[16] Stavins R N. Market-Based Environmental Policies. in：Portnes P R，Stavins R N. eds. Public Policies for Environmental Protection. Washington DC：Resources for the Future，2000.

[17] Söderholm P，Christiernsson A. Policy Effectiveness and Acceptance in the Taxation of Environmentally Damaging Chemical Compounds［J］．Environmental Science & Policy，2008，11（3）：240－252.

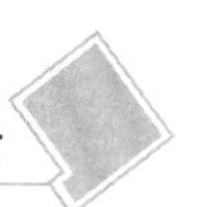

第十二章　相关政策建议报告

第一节　大力发展绿色农业、循环农业、低碳农业，全面推进生态文明建设*

十八大报告提出“建设生态文明，是关系人民福祉、关乎民族未来的长远大计”。同时提出“坚持节约资源和保护环境的基本国策，坚持节约优先、保护优先、自然恢复为主的方针，着力推进绿色发展、循环发展、低碳发展，形成节约资源和保护环境的空间格局、产业结构、生产方式、生活方式”。面对资源约束趋紧、环境污染严重、生态系统退化的严峻形势，在加快发展现代农业以确保国家粮食安全和重要农产品有效供给的同时，迫切需要转变农业发展方式，用“绿色发展、循环发展、低碳发展”的理念来推动农业生产，保护农业生态环境，推动生态文明建设。

一、我国农业、农村生态环境面临的形势严峻

2004 年以来，我国粮食产量取得了 9 连增，为保证国民经济持续健康发展提供了有力的保证。然而，我国农产品生产能力持续提升很大程度上是以资源消耗、牺牲环境为代价的。我国农村地区每年产生 7 亿 t 秸秆、30 多亿 t 畜禽粪便、2. 8 亿 t 生活垃圾、90 多亿 t 生活污水，而且绝大部分未能得到合理处置和合理利用。根据第一次全国污染普查公报，2007 年全国农业源的化学需氧量（COD）排放达到 1 320万 t，占全国排放总量的 43. 7%，农业源总氮、总磷分别为 270 万 t 和 28 万 t。农业部进行了典型调查与定位监测，测算 2010 年农业源 COD 排放量增加到 1 760万 t，总氮、总磷分别增加到 285 万 t 和 32 万 t。

当前，我国农业、农村生态环境问题突出，主要表现在以下几个方面。

（一）农业资源面临的压力越来越大

我国有 40% 的耕地处于不断退化的状态、30% 左右的耕地不同程度地受水土流失的危害。我国华北、西北等地区的缺水状况将进一步加重，预计 2010—2030 年我国西部地区缺水量约为 200 亿 m^3。全国草原退化面积超过 10 亿亩，目前仍以每年 2 000多万亩的速度在退化。旱涝灾害、病虫鼠害、低温冻害、高温热浪等自然灾害频发，给农业生产带来巨大损失。全球气候变化对农业生产的影响也日益突出。

（二）农业秸秆利用率不高，成为农村重要污染源

由于化肥对农作物的稳产与增产效果及施用的便捷性，秸秆作为肥料、生活燃料及房屋建立材料功能的退化，直接导致其利用率的下降，农田系统的秸秆循环链条中断，大量堆积在田间地头的秸秆已经成为农业环境污染的源头之一。2009 年，我国秸秆总产量为 8. 20 亿 t，其中未利用量为 2. 15 亿 t，约占秸秆总产量的 26%。伴随着农业生产方式与农民生活方式的转变，仍然有 1/4 的秸秆被焚烧或者丢弃。在农业生产季节，由于大量秸秆焚烧，影响到机场及高速公路安全，也在瞬时增加了大气 PM2. 5 的浓度。

---

* 本节主要内容为 2013 年 6 月 25 日课题组提交给中国工程院的应急报告

（三）农业生产对化肥农药的依存度高，氮磷污染物排放占比大

为保障粮食安全，我国土地承载的增产压力越来越大，化肥农药需求不断增加。由于推广测土配方施肥，指导农民科学用肥，化肥施用量增长幅度并不很快，但年施用量仍然达到5 500万 t左右，是化肥使用强度最高的国家之一。2012年，我国每公顷化肥施用强度为一些发达国家为防止水污染而设定的225kg安全上限的1.6倍左右。我国的氮肥与钾肥的利用率为30% ~50%，磷肥利用率更低，仅为10% ~20%。据测算2010年化肥农药使用造成的总氮、总磷排放分别占农业源的47%和27%，尤其是设施农业，化肥农药施用强度大，面源污染风险更为突出，个别蔬菜产区地下水硝酸盐超标率已达到45%。

（四）养殖业集约化程度越来越高，污染物排放总量大

近几年我国畜禽养殖总量不断增加，规模化集约化快速发展，目前生猪和肉鸡的集约化养殖比例分别达到了34%和73.4%。随着畜禽粪便产生量的增加，部分地区的畜禽粪便产生量已经大幅超出了周边农田可承载的畜禽粪便最大负荷（150kg/hm^2）。养殖集约化加剧了种养分离，凸显了处理设施设备的滞后，大量畜禽粪便难以及时处理和利用，增加了对土壤、水体与大气的环境污染风险。畜禽养殖业源化学需氧量、总氮和总磷等主要污染物排放量分别占农业源的96.56%、50.24%、67.40%。

（五）农村垃圾污水随意排放，环境状况日益恶化

在广大农村地区，生活垃圾一直处于无人管理的状态，不仅造成污水的渗漏和随河水漂流，导致地下水源及河道的严重污染。农村生活污水大部分没有经过任何处理，直接排放到河流等水体中，造成地表水和地下水污染。据测算，我国农村生活垃圾每年产生量大约2.8亿 t，生活污水产生量90多亿 t。

二、农业发展面临新形势，对生态环境建设提出新要求

我国人口高峰将在2030年前达到14.5亿后转而下降，随着人口高峰期的到来、城镇化和工业化水平的持续提高、城乡居民收入的持续增长，我国粮食、畜产品和纤维需求总量将持续增加，在今后20~30年将达到新的峰值。目前农业对外依存度已超过20%，今后20~30年还将进一步增大。玉米自给率到2050年只能达到70%左右，给确保农产品有效供给带来了巨大挑战。“四化同步”推进进程中，必须创新发展理念，在保持我国农业综合生产能力不断提升中，保持农业发展与资源环境的协调和谐。

（一）搞好三个结合

根据国家对农业发展战略要求，结合国家环境保护“十二五”规划目标的实现，农业环境保护与生态治理工作，需把握好以下原则，实现三个“结合”。

一是确保国家粮食安全和主要农产品有效供给与环境污染防治的结合。《国家粮食安全中长期规划纲要（2008—2020年）》提出，到2020年，全国粮食单产水平提高到350kg左右，粮食综合生产能力达到5.4亿 t以上。我国正处于快速工业化与城镇化进程之中，我国粮食供给安全保障仍然面临巨大压力。这就要求在选取与制定我国农业环境防治与生态建设对策时，必须考虑的限制条件是保障粮食生产的稳产与高产、主要大宗农产品的生产能力持续提升。因此，对化肥农药的使用，需以不降低作物单产为前提的，重点在于提升投入品的利用效率和替代品的应用。对诸如与重金属含量超标有关的农产品产地的预防与治理是以尽量不减少农作物播种面积为前提的。

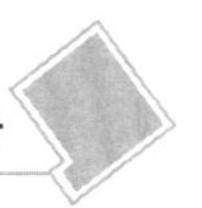

二是树立农业环境污染全程控制理念与重点治理的结合。创新理念和思路，把污染问题解决在生产生活单元内部，把农业环境保护寓于粮食增产、农业增效、农民增收之中。通过资源节约和循环利用的方式，推广应用节水、节肥、节药和生态健康养殖等农业清洁生产和农村废弃物资源化利用技术，提高化肥、农药等农业投入品利用率，降低流失率，减少外部投入品使用量，减少污染物排放量。对某些区域、产品及污染物实行重点治理，对部分脆弱地区的生态环境进行专项治理。

三是实施城市、工业污染与农村污染一体化防控的结合。严格控制工业“三废”向农村转移，严禁向主要农产品产地排放或倾倒废气、废水、固体废物，严禁直接把城镇垃圾、污泥直接用作肥料，严禁在农产品产地堆放、贮存、处理固体废弃物。在农产品产地周边堆放、贮存、处理固体废弃物的，必须采取切实有效措施，防止造成农产品产地污染。加强对重金属污染源的监管。逐步实现城乡污染物控制标准一致化，实现城乡环境同步治理。

（二）树立新的发展理念

以循环经济理论为指导，树立全程防治理念，从源头预防、过程控制和末端治理入手，建立农业资源节约、农业清洁生产方式，严格控制工业“三废”向农村转移，大力发展循环农业、生态农业、低碳农业，资源化利用农村废弃物，推进农业资源循环利用和环境污染控制一体化，引导生产者与利益相关者参与实施农业环境防控，逐步形成政府推动、农民主体、企业参与的农业环境污染治理与生态建设的多元化模式，用绿色经济、循环经济与低碳经济的理念来发展现代农业，促进农业发展与环境保护的和谐统一。

（三）统筹三个“推进”

按照建设资源节约型、环境友好型社会的总体要求，转变工作思路，把积极防控农业环境污染作为农业环境保护工作的重点，推进农业发展方式的转变，提升农业可持续发展能力。一是生产、生活、生态三位一体统筹推进。农业生产场地与农民居住场所紧密相连，农村环境治理过程中必须把农业生产、农民生活、农村生态作为一个有机整体，统筹安排，实现生产、生活、生态协调。二是资源产品再生资源循环推进。通过循环的方式，资源化利用农作物秸秆、畜禽粪便、生活垃圾和污水，把废弃物变为农民所需的肥料、燃料和饲料，从根本上解决污染物的去向问题，大大减少农业生产的外部投入，实现“资源—产品—再生资源”的循环农业发展。三是资源节约与清洁生产协同推进。推广节地、节水、节种、节肥、节药、节电、节柴、节油、节粮、减人等节约型技术使用，通过建立清洁的生产生活方式，从生产生活源头抓起，减少外部投入品使用量，减少污染物排放量，实现资源的节约和清洁生产。

（四）实现三个目标转变

一是由生产功能向兼顾生态社会协调发展转变。发展现代农业，要改变目前重生产轻环境、重经济轻生态、重数量轻质量的思路，既注重在数量上满足供应，又注重在质量上保障安全；既注重生产效益提高，又注重生态环境建设。

二是由单向式资源利用向循环型转变。传统的农业生产活动表现为“资源—产品—废弃物”的单程式线性增长模式，产出越多，资源消耗就越多，废弃物排放量也就越多，对生态的破坏和对环境的污染就越严重。循环农业以产业链延伸为主线，推动单程式农业增长模式向“资源—产品—再生资源”循环综合模式转变。

三是要由粗放高耗型向节约高效型技术体系转变。依靠科技创新，推广促进资源循环利用和生态环境保护的农业技术，提高农民采用节地、节水、节种、节肥、节药、节电、节柴、节油、节粮、减人等节约型技术的积极性，提高农业产业化技术水平，实现由单一注重产量增长的农业技术体系向注重农业资源循环利用与能量高效转换的循环农业、低碳农业技术体系转变。

三、大力发展绿色农业、循环农业、低碳农业，建设农业生态文明

党的“十八大”报告提出“必须树立尊重自然、顺应自然、保护自然的生态文明理念，把生态文明建设放在突出地位”。2012 年 6 月，联合国可持续发展大会（“里约 +20”峰会）在《我们憧憬的未来》的成果文件中指出“我们重申必须促进、加强和支持更可持续的农业，包括作物种植、畜牧、林业、渔业和水产养殖，做到既能增强粮食安全，消除饥饿，经济上可行，又能保护土地、水、动植物遗传资源、生物多样性和生态系统，并增强抵御气候变化和自然灾害的能力”。面对国内外的新形势、新任务、新要求，必须贯彻落实科学发展观，积极采取相应措施，大力发展现代农业，走绿色农业、循环农业、低碳农业的道路。

（一）绿色农业、循环农业、低碳农业的发展路径选择

1. 加强农业资源保护

继续实行最严格的耕地保护制度，加强耕地质量建设，确保耕地保有量保持在 18.18 亿亩，基本农田不低于 15.6 亿亩。科学保护和合理利用水资源，大力发展节水增效农业，继续建设国家级旱作农业示范区。坚持基本草原保护制度，推行禁牧、休牧和划区轮牧，实施草原保护重大工程。加大水生生物资源养护力度，扩大增殖放流规模，强化水生生态修复和建设。加强畜禽遗传资源和农业野生植物资源保护。治理和防治水土流失，搞好小流域治理。实施封山育林，建设良好的生态环境。

2. 加强农业生态环境治理

鼓励使用生物农药、高效低毒低残留农药和有机肥料，回收再利用农膜和农药包装物，加快规模养殖场粪污处理利用，治理和控制农业面源污染。加快开发以农作物秸秆等为主要原料的肥料、饲料、工业原料和生物质燃料，培育门类丰富、层次齐全的综合利用产业，建立秸秆禁烧和综合利用的长效机制。建立农田土壤有机质提升补偿机制，鼓励推广农作物秸秆还田、增施有机肥、采取少免耕等保护性耕作措施，提高农田管理水平，继续实施农村沼气工程，大力推进农村清洁工程建设，清洁水源、田园和家园。

3. 大力推进农业节能减排

树立绿色、低碳发展理念，积极发展资源节约型和环境友好型农业。重点推进农业机械节能，畜禽养殖节能，农村生活节能，耕作制度节能。加强节能农业机械和农产品加工设备技术的推广应用，加快高耗能落后农业机械和渔船及其装备的更新换代，推广渔船节能技术与产品，降低渔船能源消耗，推广应用复式联合作业农业机械，降低单位能耗。

重点推广测土配方施肥、保护性耕作、有机肥资源综合利用和改土培肥等主导技术，保证耕地用养平衡和肥料资源优化配置，创建安全、肥沃、协调的土壤环境条件。改进畜禽舍设计，发展装配式畜禽舍，充分利用太阳能和地热资源调节畜禽舍温度，在北方地区建设节能型畜禽舍，降低畜禽舍加温和保温能耗；发展草食畜牧业，大力推进秸秆养畜，加快品种改良，降低饲料和能源消耗。大力发展贝藻类养殖，推行标准化生产，推广健康、生态和循环水养殖技术，节约养殖用水，降低能耗。因地制宜调整种植结构，大力推广保护性耕作，建立高效的耕作制度，发展生态农业。加快建立与国际接轨的有机农产品认证体系，大力推进绿色食品生产企业的建设。

4. 提升农业减灾防灾能力

大力加强农业基础设施建设，不断提高农业对气候变化的适应能力和防御灾害能力。加快实施以节水改造为中心的大型灌区续建配套，着力搞好田间工程建设，更新改造老化机电设备，完善灌排体系；继续推进节水灌溉示范，在粮食主产区进行规模化建设试点，干旱缺水地区积极发展节水旱作农业；狠抓小型农田水利建设，重点建设田间灌排工程、小型灌区、非灌区抗旱水源工程；加强中小河流治理，改善农村水环境；加快丘陵山区和其他干旱缺水地区雨水集蓄利用工程建设。继续实施"种子工程"，选育推广抗旱、抗涝、抗高温和低温的抗逆品种，因地制宜地调整农业结构和种植制度。加强农作物重大病虫害监测能力建设，实施农药减量计划，提高科学用药水平；加大动物疫病防控力度，提高健康养殖水平，积极推行健康饲养方式。牧区要积极推广舍饲半舍饲饲养，农区加速规模养殖和标准化畜禽养殖场（小区）建设；加大抗应激畜禽良种的推广，同时，围绕畜禽舍设计、科学用料、合理用药、提高动物福利和粪污资源化利用等方面，重点筛选和推广一批成本低、效果好、推广面大的先进适用技术。推动水产健康养殖，实行池塘标准化改造，推广优良品种和生态养殖模式。

5. 构建循环型农业产业链

推进种植业、养殖业、农产品加工业、生物质能产业、农林废弃物循环利用产业、高效有机肥产业、休闲农业等产业循环链接，形成无废高效的跨企业、跨农户循环经济联合体，构建粮、菜、畜、林、加工、物流、旅游一体化和一、二、三产业联动发展的现代工农复合型循环经济产业体系。完善"公司＋合作组织＋基地＋农户"等一体化组织形式，加强产业链中经营主体的协作与联合；根据产业链的前向联系、后向联系和横向联系，以经济效益为中心，推动循环农业产业化经营，形成"绿色种植—食品加工—全混饲料—规模养殖—有机肥料"多级循环产业链条。重点培育推广畜（禽）—沼—果（菜、林）复合型模式、农林牧渔复合型模式、上农下渔模式、工农业复合型模式等，提升农业综合效益。加快畜牧业生产方式转变，合理布局畜禽养殖场（小区），推广畜禽清洁养殖技术，发展农牧结合型生态养殖模式。支持深加工集成养殖模式，发展饲料生产、畜禽养殖、畜禽产品加工及深加工一体化养殖业。发展畜禽圈舍、沼气池、厕所、日光温室"四位一体"生态农业。积极探索传统与现代相结合的生态养殖模式，建立健康养殖和生态养殖示范区。发展设施渔业及浅海立体生态养殖，促进水产养殖业与种植业有效对接，实现鱼、粮、果、菜协同发展。

6. 充分发挥农业的多功能性。

农业在食物保障、原料供给和就业增收功能进一步增强的同时，生物质能源、生态保护、观光休闲和文化传承等方面功能逐步显现。以观光休闲功能为主的乡村旅游业快速发展，2010 年休闲农业接待游客超过 4 亿人次，营业收入超过 1 200亿元，实现了部分农村剩余劳动力向非农部门转移。林业发展呈现出新变化，木本油料、林下经济、森林旅游、生物质能源、野生动植物驯养繁殖利用等特色产业得到快速发展，林木、花卉、紫胶、活性炭等产品产量居世界前列。农业不仅具有经济功能，更具有巨大的社会功能；发展农业不仅是农民的责任，也是全社会的责任。特别是随着经济发展和科技进步，农业的传统功能不断强化，新的功能日益彰显。农业在 GDP 中的份额会越来越小，但在国计民生中的作用却越来越大，农业在经济社会中的地位不仅不会下降，而且在日益上升。

（二）推进绿色农业、循环农业、低碳农业技术应用集成与应用

重点开发、集成秸秆资源利用、畜禽清洁养殖、农村清洁能源开发、农业投入品节约与高效利用技术，通过推广应用先进适用的现代农业技术，构建资源节约型、环境友好型农业生产体系，推进农业发展方式转型，形成适合我国不同地区的绿色农业、循环农业、低碳农业发展模式。

1. 农业主要投入品节约技术

农业主要投入品节约技术主要包括节水、节肥、节药等技术环节。

(1) 节水技术是指在维持目标产出的前提下农业节约和高效用水技术，是在水资源有限的条件下实现农业生产的效益最大化，本质是提高农业单位用水量的经济产出，达到节能增效目的。节水技术包括工程节水、农艺节水和管理节水等。

(2) 节肥技术是指从肥料配方制定、施肥量计算、减少肥料损失、有机肥替代各个环节和层面综合考虑减少化肥的施用量而不减产的技术。从植物营养和养分循环看，节肥技术包括：测土配方技术、缓控释肥技术、有机肥替代技术等。测土配方施肥项目县（场）达到2 498个，技术推广面积达到11亿亩以上，累计减少不合理施肥580万t。截至2011年，全国累计减少不合理施肥700多万t，相当于节约燃煤1 820万t、减少二化碳排放量4 730万t。

(3) 节药技术是指在不降低病虫害防治效果的前提下，采取提高农业利用率、增强药效等方式降低化学农药用量的技术。从病虫害防治和农药使用过程看，节药技术包括：降低农药用量技术、机械节药技术、化学农药替代技术等。

2. 耕作制度节约、节能技术

我国各地在传统耕作制度基础上又发展出了多种新型耕作制度技术，如免耕覆盖节能技术、现代间套复种节能技术、现代轮作节能技术、设施农作节能技术等丰富多彩的耕种与管理技术体系。

(1) 免耕覆盖技术是指直接在茬地上播种，播后作物生育期间不使用农具进行土壤管理的耕作方法。免耕覆盖技术是将少免耕、秸秆还田及机播、机收等技术综合在一起形成配套技术体系。保护性耕作采用机械化复式作业，一季可减少作业工序2~3道，降低作业成本20%左右。

(2) 现代间套复种技术是指利用不同作物之间在养分水分吸收、生育期等生长发育特征特性上的差异带来的异质互补性，通过充分利用光温水气等自然资源，达到增产增效、节约人工辅助能投入的种植方法。

(3) 现代轮作节能技术是指充分利用前后茬作物之间的不同茬口特性，均衡有效地利用地力，达到节能增产增效目的的种植技术。现代轮作节能技术在现代农业生产中能够部分替代养分、水分、农药、除草剂的投入，具有显著的环境与生态效益。

(4) 设施农作节能技术是指在冬春季节温室大棚中利用可再生农作物残体与副产品，以及人工保温材料等，达到保温、增温、增产增收、节省能源投入的节能技术，包括：秸秆生物反应堆技术、日光温室冬春保温技术。

3. 秸秆能源利用技术

农作物秸秆资源具有多功能性，可用作燃料、饲料、肥料、生物基料、工业原料等，与广大农民的生活和生产息息相关。推广秸秆深耕还田、秸秆生物反应堆、秸秆沼气、秸秆固化等技术，促进秸秆转化利用，大大提高了土壤有机质含量和土地产出能力。农作物秸秆能源转化的主要方式有直接燃烧、固化燃烧、气化燃烧和液化燃烧等。

(1) 秸秆生物气化技术是以秸秆为主要原料，经微生物厌氧发酵作用生产可燃气体——沼气的秸秆处理利用技术。户用秸秆沼气的工艺技术流程包括：粉碎→湿润→混合→生物预处理→接种→启动等六个环节。大中型秸秆沼气整个处理过程分3个阶段：好氧预处理升温→厌氧发酵生产沼气→好氧发酵生产有机肥料。

(2) 秸秆热解气化技术是将秸秆转化为气体燃料的热化学过程，即秸秆在气化反应器中氧气不足的条件下发生部分燃烧，使秸秆在700~800℃的气化温度下发生热解气化反应，转化为含H_2、CO和低分子烃类的可燃气体。

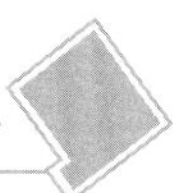

（3）生物质固化成型燃料技术是将各类分散的、没有一定形状的农林生物质经过收集、干燥、粉碎等预处理后，利用特殊的生物质固化成型设备挤压成规则的，密度较大的棒状、块状或颗粒状等成型燃料。生物质固化成型燃料可以部分替代煤炭、燃气等作为民用燃料进行炊事、取暖等，也可作为工业锅炉或生物质发电站的燃料。

（4）农作物秸秆发电技术可分为直接燃烧、气化燃烧和混合燃烧发电等几种技术类型。混合燃烧是生物质利用现有电厂的设备，部分替代传统化石燃料进行利用的一种形式，分为直接混合燃烧、间接混合燃烧和并联燃烧三种方式。

4. 畜禽粪便利用技术

畜禽粪便利用技术是对畜禽粪便进行综合治理，以达到无害化、减量化处理和生态化、资源化利用的目的。现有成熟的畜禽粪便利用技术包括：农村户用沼气技术、集约化畜禽养殖场大中型沼气工程技术、粪便堆沤处理生产有机肥技术和其他利用技术等。

（1）农村户用沼气池主要有底层出料水压式沼气池、强回流沼气池、分离贮气浮罩沼气池、旋流布料自动循环沼气池、曲流布料沼气池等池型。根据各地农业发展的特点，已经形成北方“四位一体”，南方“猪—沼—果”，西北“五配套”能源生态模式与技术。

（2）集约化畜禽养殖场大中型沼气工程一般由五大部分组成：前处理装置、厌氧消化器、沼气的收集及输配系统、沼液后处理装置、沼渣处理系统。畜禽养殖场沼气工程设计应符合当地总体规划，应以减量化、无害化、资源化为目标，应用先进技术和工艺，实行养殖废弃的达标排放与资源化利用。

（3）粪便堆沤处理生产有机肥。畜禽粪便堆沤处理和制肥过程需要采用大量的通用设备和非标准设备。主要技术参数包括：碳氮比、湿度、pH 值和其他设计参数等。

5. 农村生活污水处理技术

根据农村生活污水来源以及处理后污水的不同用途，一般分为初级处理、生化处理和深度处理 3 个层次。

（1）初级处理，通过格栅或沉淀池等除去部分悬浮固体和有机质的过程。通过初级处理，悬浮物、生物化学需氧量（BOD、COD）以及病菌可降低 50% 左右。

（2）生化技术处理，又称二级处理。其目的是利用污泥中各种病菌或真菌的氧化作用破坏有机质的结构，进一步降低污水中的 BOD、COD。如果采用厌氧处理技术，污泥中有机质在厌氧菌作用下可产生沼气。

（3）深度处理，又称三级处理。是在二级处理的基础上对污水进行更高一级的处理过程。其处理方法主要包括投放化学絮凝剂、活性炭或交换树脂、反渗透工艺以及各种杀菌处理技术。目的主要是除去污水中的碳水化合物、糖类、盐分，以及对污水进行消毒等。

6. 农村清洁工程技术措施

根据各地的经济条件和环境特点，国家在不同类型地区因地制宜地开展农村生产、生活环境“清洁化”试点示范，重点推广三种技术模式：一是“三结合”型模式。在种植业为主导产业、养殖业欠发达的传统农区，重点解决农村生活污水、生活垃圾和秸秆污染问题，建设污水净化、垃圾秸秆堆肥、社区化服务“三结合”净化措施。二是“四结合”型模式。在经济条件相对较好、传统养殖业发展初具规模地区，重点解决农村生活污水、人畜粪便、生活垃圾、秸秆造成的污染问题，建设农村户用沼气、污水净化、垃圾秸秆堆肥、社区化服务“四结合”型净化措施。三是集约型模式。在养殖小区和集约化养殖场集中的养殖业发达地区，针对集约化养殖的畜禽粪便以及农村生活垃圾造成的污染问题，突出建设粪便和污水处理、沼气和有机肥生产及企业化运作、物业化管理结合为主体的集约型模式。推广农村沼气，推行“一池三改”，实施农村清洁工程，人畜粪便、作物秸秆进池，沼渣沼液进地，不少地方农村生态环境得到明显改善，示范村的生活垃圾、污水、农作物秸秆、人畜粪便处理利用率达到90%以上，为每户平均节省肥料成本150元、增收80元，节约能源开支200元左右。

（三）因地制宜地建设一批绿色农业、循环农业、低碳农业示范工程

国务院关于印发循环经济发展战略及近期行动计划的通知（国发〔2013〕5号）提出，在13个粮食主产区、棉秆等单一品种秸秆集中度高的地区以及交通干道、机场、高速公路沿线等重点地区，实施秸秆综合利用试点示范工程。支持建设一批农产品加工副产物资源化利用、稻田综合种养植（殖）、畜禽粪便能源化利用、工厂化循环水养殖节水示范工程。结合富营养化江河湖泊综合治理，支持建设水上经济植物规模化种植示范工程。实施以农村生活、生产废弃物处理利用和村级环境服务设施建设为重点的农村清洁工程。近期，重点推进建设实施的示范工程如下：

1. 秸秆综合利用示范工程

在小麦、玉米、水稻、油菜、棉花等单一品种秸秆资源高度集中的地区以及交通干道、机场、高速公路沿线等重点地区，实施秸秆综合利用试点示范工程；在养殖业发达地区，推进秸秆饲料化利用，推广农作物秸秆青贮、氨化利用技术；在商品能源供应不足的地区，推进秸秆能源化利用，推广秸秆制沼集中供气、固化成型燃料等；在粮食主产区，推进秸秆基料化和材料化利用，大力发展以秸秆为原料的食用菌产业，发展新型秸秆代木、功能型秸秆木塑复合型材；在热带地区，推广菠萝叶、香蕉茎秆等热带作物秸秆废弃物纤维化高效利用技术。

2. 畜禽粪便能源化利用示范工程

在规模化养殖发达、人口相对集中的村镇，实施以大中型沼气工程建设为重点的畜禽粪便能源化利用示范工程；在农户分散养殖的地区，大力发展以“一池三改”为主要内容的农村户用沼气建设。在规模化养殖发达的地区，以大中型沼气工程建设为重点，实施规模化养殖场（小区）粪污能源化利用工程，建设粪肥处理中心。

3. 废旧农膜回收再生利用示范工程

在新疆、甘肃、内蒙古、宁夏、青海、山东、河北等农膜使用总量大、覆盖面积比例高、地膜残留严重的地区实施废旧农膜回收再生利用示范工程。重点建设农膜回收站点（包括地膜）、废旧农膜加工厂等，购置废旧农膜回收、加工设备等。

4. 工厂化循环水水产养殖节水示范工程

在江苏、浙江、福建、天津、江西、山东等工厂化水产养殖发达地区实施循环水水产养殖节水示范工程。重点建设循环水蓄水池、滤水池及其抽水设备等。

5. 富营养化水体经济植物规模化种植示范工程

在太湖、巢湖、滇池、三峡库区、海河、淮河等江河湖泊富营养化和水质污染重点区域实施水上经济植物规模化种植、采收、资源化利用示范工程，防治富营养化。重点建设种植示范区、资源化利用工程等。

6. 建设农业循环经济综合示范区

在国家粮食主产区、畜禽养殖优势区、现代农业示范区、设施农业重点区等农业废弃物资源丰富密集区域，以区县为单位，立足资源禀赋，因地制宜，统筹规划，建立农业循环经济综合示范区。示范区内集成应用农药减量、控害、增效技术，运用化学防治与农业、物理、生物防治相结合的绿色防治技术和统防统治方式，减少农药投入量；集成保护性耕作、测土配方施肥、复混

缓控释肥等减量施肥技术与节水、节地等节约型技术，发展节约型种植业；集成畜禽标准化生态养殖技术、畜禽粪便资源化梯级利用技术，发展生态循环畜牧业；集成工厂化、标准化高效循环水产养殖技术，发展生态水产养殖业；集成农作物秸秆、畜禽粪便、农村生活垃圾、生活污水等废弃物资源化循环利用关键技术与模式，构建工农业复合循环农业产业链，拓展农业功能，实现示范区内可利用农业废弃物资源100%循环利用。

7. 美丽乡村建设示范工程

在全国东南丘陵区、西南高原山区、黄淮海平原区、东北平原区、西北干旱区以及重点流域实施以自然村为基本单元，建设秸秆、粪便、生活垃圾等有机废弃物处理设施和农田有毒有害废弃物收集设施，减少农村生产生活废弃物造成的环境污染，实现农村家园清洁、水源清洁和田园清洁。构建乡村物业化服务机制，实施以村为单元，由专人收集处理农村生活垃圾、污水、秸秆等废弃物回收体系，形成以村为基本单位、农户为基本服务对象的乡村服务体系。

（四）创新体制机制，推进绿色农业、循环农业、低碳农业发展的制度建设

党的“十八大”报告提出“加强生态文明制度建设。保护生态环境必须依靠制度。要把资源消耗、环境损害、生态效益纳入经济社会发展评价体系，建立体现生态文明要求的目标体系、考核办法、奖惩机制。”

1. 加强绿色、循环、低碳农业发展的制度创新

国家有关部门应大力推进制度创新，完善有利于绿色农业、循环农业、低碳农业发展的政策和法律体系，加强农业基础设施建设、农业环境管理与生态保护。同时，应大力推进农村社会化服务体系建设，与国家层次的循环经济立法相呼应，亟待建立我国循环农业发展的法律保障体系，制定相应的政策保障体系与扶持措施。尽快制订并颁布农业清洁生产管理办法，研究建立完善绿色农业、循环农业、低碳农业的标准和技术规范。建立农业碳排放权交易制度。要按照工业、城市、农业农村污染的一体化防控原则完善国家环境保护的政策法规体系，严格阻控农业产地环境的外源性污染。

2. 加大投入，完善补偿机制

绿色农业、循环农业、低碳农业是转变农业发展方式、生态文明建设模式的创新，短期内可能会牺牲农产品数量，最终目标是提升质量。因此，坚持政府引导、市场推动、制度规范、农民主体的原则，要通过政策形成有效的激励机制，引导农业绿色、循环、低碳经济的健康良性发展。具体来说，针对各地适宜的绿色、循环、低碳农业技术模式，通过“政府补贴、低息、无息贷款”等政策进行推广；对农业废弃物资源综合利用企业，给予一定的税收优惠和政策倾斜；对农户采纳环境友好型技术的生产行为给予一定的现金或实物补贴。加大对重点项目、重大工程、重要技术的支持力度，向重点流域倾斜。继续安排测土配方施肥、土壤有机质提升、养殖场标准化改造、保护性耕作、农村沼气等项目资金，不断增加资金总量，扩大实施范围。

3. 整合优势力量，加强科技支撑

整合优势科技力量，集中开展绿色、循环、低碳农业发展与环境污染防治关键技术研发，打破绿色、循环、低碳农业发展的技术瓶颈。同时，对现有的单项成熟技术进行集成配套，形成适宜于不同地区的技术模式，进一步扩大推广应用规模和范围，重点在农业节能减排、农业清洁生产、农村废弃物资源化利用等方面取得突破，尽快形成一整套适合国情的发展模式和技术体系。以废旧地膜回收利用、畜禽清洁养殖、秸秆资源利用、蔬菜残体资源化利用等为重点，推动农业清洁生产和节能减排。示范推广成熟的循环农业、低碳农业发展模式。

4. 注重引导，循序推进

建立目标责任制，把农业生态环境保护与推进农业产业创新目标分解到各层级、各单位，确保各项任务落到实处。利用广播、电视、报纸、网络等媒体，加大宣传力度，在农村大力倡导保护生态环境的良好风气，提高农民保护生态环境的自觉性和主动性。加强对农民技术培训，让绿色、循环、低碳农业经济理念深深扎根于农民心中，把节能、节水、节肥、节药、节粮和垃圾分类回收等活动变成全民的自觉行动。

第二节　关于加强农业环境污染防治的报告*

改革开放以来，我国农业发展取得了巨大的成就，以占世界9%的耕地养活了占世界22%的人口，特别是2004年以来，我国粮食产量取得了8连增（2004—2012年），为保证国民经济持续健康发展提供了有力的保证。然而，我国农产品生产能力持续提升是以资源消耗、牺牲环境为代价的。尽管相关部门对农业环境问题给予了重视，但农业环境污染问题依然严峻，特别是农业面源污染问题越来越突出，迫切需要加强农业环境污染防治。现将有关情况报告如下。

一、我国农业环境形势仍然严峻

农村环境是农民生存和农业发展的基本条件，事关广大农民的切身利益和农业农村经济的可持续发展，也是保障饮用水和农产品质量安全的第一道关口。长期以来，农村公共产品投入不足，工业和城镇“三废”向农业农村的转移排放以及农业生产和农民生活方式自身存在的问题，农村脏乱差和农业面源污染及农产品产地环境安全问题日益突出。

我国农村地区每年产生的7亿t秸秆、30多亿t畜禽粪便、2.8亿t生活垃圾、90多亿t生活污水，绝大部分未能得到合理处置和合理利用。根据第一次全国污染普查公报，2007年全国农业源的化学需氧量（COD）排放达到1 320万t，占全国排放总量的43.7%，农业源总氮、总磷分别为270万t和28万t。农业部进行了典型调查与定位监测，测算2010年农业源COD排放量增加到1 760万t，总氮、总磷分别增加到285万t和32万t。全国农业面源污染仍呈加剧趋势。主要表现在以下几个方面。

（一）养殖业集约化程度越来越高，污染物排放总量大

近几年我国畜禽养殖总量不断增加，规模化集约化快速发展，目前生猪和肉鸡的集约化养殖比例分别达到了34%和73.4%。随着畜禽粪便产生量的增加，部分地区的畜禽粪便产生量已经大幅超出了周边农田可承载的畜禽粪便最大负荷（150kg/hm^2）。养殖集约化加剧了种养分离，凸显了处理设施设备的滞后，大量畜禽粪便难以及时处理和利用，增加了对土壤、水体与大气的环境污染风险。畜禽养殖业源化学需氧量、总氮和总磷等主要污染物排放量分别占农业源的96.56%、50.24%、67.40%。

* 本节主要内容为2012年2月25日课题组提交农业部有关部门的报告

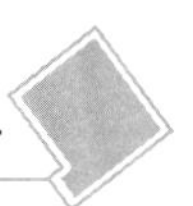

（二）农业秸秆利用率不高，成为农村重要污染源

改革开放以来，我国农业生产方式与农民生活方式正在发生转变，这种转变降低了秸秆的资源化利用率。由于化肥对农作物的稳产与增产效果及施用的便捷性，秸秆作为肥料、生活燃料及房屋建立材料功能的退化，直接导致其利用率的下降，农田系统的秸秆循环链条中断，大量堆积在田间地头的秸秆已经成为农业环境污染的源头之一。2009 年，我国秸秆总产量为 8.20 亿 t，其中未利用量为 2.15 亿 t，约占秸秆总产量的 26%。伴随着农业生产方式与农民生活方式的转变，仍然有 1/4 的秸秆被焚烧或者丢弃。

（三）农业生产对化肥农药的依存度高，氮磷污染物排放占比大

为保障粮食安全，我国土地承载的增产压力越来越大，化肥农药需求不断增加，由于推广测土配方施肥，指导农民科学用肥，化肥施用量增长幅度并不很快，但年施用量仍然达到 5 400万 t 左右，是化肥施用强度最高的国家之一。2010 年，我国每公顷化肥施用强度为一些发达国家为防止水污染而设定的 225kg 安全上限的 1.5 倍左右。我国的氮肥与钾肥的利用率为 30% ~50%，磷肥利用率更低，仅为 10% ~20%。2010 年因化肥农药施用造成的总氮、总磷排放分别占农业源的 47% 和 27%，尤其是设施农业，化肥农药施用强度大，面源污染风险更为突出，个别蔬菜产区地下水硝酸盐超标率已达到 45%。

（四）农村垃圾污水随意排放，环境状况日益恶化

在广大农村地区，生活垃圾一直处于无人管理的状态，不仅造成污水的渗漏和随河水漂流，导致地下水源及河道的严重污染。农村生活污水大部分没有经过任何处理，直接排放到河流等水体中，造成地表水和地下水污染。据测算，我国农村生活垃圾每年产生量大约 2.8 亿 t，生活污水产生量 90 多亿 t。

（五）工业、城市污染向农业农村的转移，成为农产品质量安全的重要风险源

近年来，全国各地不断发生工矿业排放的废水、废渣造成农业生产损失的案例表明，工业“三废”造成的农业环境污染正在由局部向整体蔓延，污水灌溉农田面积不断增加。城市每天产生的生活垃圾大量向农村地区转移，由于堆放处置不当，在局部地区已经造成了环境的严重破坏。工业和城市污染向农业农村的转移，加剧了农产品产地环境污染，严重威胁着农产品质量安全。

二、国内外农业环境污染防治的经验与启示

（一）我国积极探索农业环境污染防治工作，并取得了一定成效

近年来，国家有关部委及地方各级政府不断加大农村污染防治和生态保护力度，研究出台了多项政策措施，环保部门、财政部门出台了“以奖促治”方案，建设部门开展了“农村人居环境治理”，国家发改委设立了一批循环农业发展项目，农业部从 2005 年开始“农村清洁工程”建设，2007 年提出“循环农业促进行动”，开展循环农业试点市工作，2011 年出台了“关于加快推进农业清洁生产的意见”“关于进一步加强农业和农村节能减排工作的意见”，提出了一批促进农业环境污染防治方案。这些工作针对农业环境治理的不同环节和重点，均取得了积极成效。

农业部门积极采取措施，环境污染防治工作取得了一定进展。一是农业面源污染监测能力不断加强。在第一次全国农业污染源普查的基础上，建立了农业源产排污系数监测点，实施了农业面源污染定位监测，初步建立了农业面源污染数据库，基本掌握了农业面源污染状况及动态变

化。二是畜禽养殖污染防治工作取得进展。“十一五”期间，中央累计投入资金212亿元，发展户用沼气、小型沼气和大中型沼气。到目前为止，全国沼气用户达到4 000万户，建成沼气工程7.2万处，年处理粪污16亿t。同时，投入资金112亿元，对生猪、奶牛规模养殖场（小区）进行标准化改造，启动了畜禽养殖标准化示范创建活动，实施畜禽标准化养殖扶持项目，带动养殖场对包括粪污处理设施在内的基础设施进行标准化改造。三是节肥节药技术大面积推广应用。测土配方施肥项目县（场）达到2 498个，技术推广面积达到11亿亩以上，累计减少不合理施肥580万t。严格限制高毒、高残留农药的使用，大力推广高毒农药替代技术，全面禁止甲胺磷等5种高毒农药在农业上使用。四是农村清洁工程示范成效明显。目前，已在全国19个省区市建成农村清洁工程示范村1 400多个，开发出了一系列较为成熟的生活垃圾、污水、人畜粪便处理工艺与配套设备。示范村的生活垃圾、污水、农作物秸秆、人畜粪便处理利用率达到90%以上，为每户平均节省肥料成本150元、增收80元，节约能源开支200元左右。

（二）国际上的成功做法

在污染防治上，大多数发达国家都经历了“先工业污染，后农业污染”的过程。随着工业污染得到较好治理，20世纪80年代起发达国家开始关注农业环境污染问题。经过30多年的探索与实践，发达国家在农业环境污染防治上积累了许多有价值的经验。

一是健全的法律体系。在欧洲，欧盟制定了一系列成员国必须遵守的法律和法规，同时，各国还根据自己存在的主要污染问题制定相应的政策和法规。欧盟一项重要的立法是1980年的《饮用水法令》，1991年又出台了《欧盟硝酸盐法令》，要求成员国划定易受硝酸盐污染区，区内采取强制性的措施以减少营养物质的进一步流失。一些国家通过制定法规来对付高密度地圈养家畜和由此而产生的大量粪肥，这一措施不仅可以减轻水体污染，还可以减少氨和恶臭的排放，在家畜圈养密度大的荷兰及其邻国比利时、德国和丹麦，这一措施比较流行，英国、法国和西班牙等国也纷纷仿效。硝酸盐对水体的污染除了来自农业非点源的直接排放外，氨沉降也有着直接或间接的影响。因此，畜牧业大国也立法来限制畜牧业的氨排放。1996年，德国按照《欧盟硝酸盐法令》的要求制定并开始实施《肥料条例》，《条例》规定了有机肥料的最大用量，同时还限制有机肥料的施用时间。

二是有效的经济手段。在这方面，我们可以很大程度上直接借鉴发达国家的做法与经验。经济手段包括多种形式，如对为减少养分排放而改变耕作方式的农民给予补贴、提高采用清洁生产的农产品价格、对化肥生产和销售课税、对畜牧业实行排污收费等。例如，美国的环境质量激励项目（EQIP），主要对在耕地上采纳环保措施给予补贴。在德国，为保护饮用水，规定农田的氮素年最大用量，由此给农民带来的减产损失则通过增加对饮用水消费者的收费来补偿。在荷兰，如果农田养分流失量超过标准，则必须缴纳一定的费用。在英国，对施肥方法、施肥量和施肥时间等耕作方式进行调整，以减少养分流失，而农民的损失则由政府每年发放一定的补贴给予补偿。瑞典对化肥生产和化肥进口课税减少化肥用量以减轻养分流失对环境的污染，这一政策虽然对特定作物的经济效益有一定影响，但对减少化肥消费的确有效。针对畜禽粪便污染，发达国家通常采用排污收费措施来控制，如美国、欧洲在制定畜禽粪便排放标准、强制畜禽养殖场采取配套处理等措施的同时，对超标排污实行收费。随着我国规模化养殖比重的提高，我们也应注重借鉴发达国家这方面的经验。

三是完整的措施体系。有效的农业污染防治措施的制定与实施是一个系统工程，包括技术措施，如精准施肥、少耕法、免耕法、人工塘、过滤带和湿地建设、植树种草等；规制手段，如限制施肥量和施肥方式的政策规定；经济手段，如生态补贴或肥料税费等；教育和技术援助，如设立教育项目和推广施肥技术等；研究与开发，如开发和运用新技术和新管理手段来控制农业污染。

四是灵活的政策工具。欧美国家的实践表明，农业环境污染问题的特点在各地的表现是不一样的，对农业环境污染控制政策的选择取决于环境质量问题的性质、管理机构获得有关农业活动与环境质量之间关联的信息的可得性、农场经济学以及关于由谁承担治理成本的社会决策。在以流域层面为基础的控制计划，可以实施任何工具，包括政策、法律法规、成本—效益解决方案等。

由于现代农业生产已经演变为高投入、高产出的产业，如果生产方式不当，其对环境影响的风险是不言而喻的。特别是在我国，由于人多地少、地块分散、生产规模小、组织化程度低，农资投入方式、农田管理及副产品处置不具有规范性，农业生产对环境影响的风险远比发达国家更为复杂、更具挑战性。因此，我们必须积极借鉴国际经验，探索出一条符合我国国情的路子。

（三）从战略高度认识加强农业环境污染防治的重要性

改革开放以来，我国在农产品供给大幅度增加、农业生产效益显著提高的同时，由于没有对农业环境保护给予应有的重视，走的还是发达国家“先污染后治理”的老路，但治理措施却没有充分借鉴发达国家的先进经验，不仅旧账得不到有效地清理，新账又不断加重，从而导致农业环境污染问题越来越严峻。目前，我国正处在发展现代农业的关键时期，资源环境的瓶颈约束十分明显，我们必须从战略高度认识加强农业环境污染防治的重要性。

第一，充分认识农业环境污染防治是发展现代农业的内在要求。农业环境污染减少了农业资源的可利用数量，降低了农业资源的使用质量，同时在一定程度上破坏了农业生态系统。现代农业不仅需要资源的数量保障，还需要资源的质量保障，更需要良好生态系统的保障，因此，发展现代农业必须尽快解决面临的农业环境污染问题。

第二，充分认识农业环境污染防治与转变农业增长方式的关系。农业环境污染防治是转变农业增长方式的出发点之一。农业生产方式的转变，要解决农业集约化、规模化带来的环境问题；农业组织方式的转变，要提高农业管理效率，从而达到提高环境资源利用效率和节约保护环境资源的目的；农业经营方式的转变，要增加农业生产者从整个农业产业链中获得的收益，从而规避农业生产者单纯依赖环境资源的掠夺性经营。

第三，充分认识农业环境污染防治是实现国家节能减排总体目标和应对气候变化的迫切需要。对 N、P 总量实行控制、农业废弃物资源化利用和农业源温室气体的减排等一系列农业环境污染防治的举措，都将有利于实现国家节能减排总体目标，积极应对气候变化。

第四，充分认识农业环境污染防治是保证农产品质量安全的迫切需要。保证农产品质量安全，需要对农业投入品的质量进行严格把关、对农产品产地环境质量进行动态监控，对影响“三品一标”农产品质量安全的污染源进行阻控，这些可以通过源头预防、过程控制和末端治理的农业环境污染全程防治措施体系得以实现。

三、坚持走适合中国国情的农业环境污染防治道路

我国农业农村环境问题的产生，很大程度是由于农业生产方式和农民生活方式的不合理，农药、化肥等外部投入品的质量和数量得不到有效的控制，生产生活产生和废弃物循环不起来，加上城市与工矿业“三废”的不合理排放。因此，必须创新思路，统筹 3 个“推进”，实现 3 个“结合”，重点开展“四项工作”，走适合中国国情的农业环境污染防治之路。

（一）指导思想

以循环经济理论为指导，树立全程防治理念，从源头预防、过程控制和末端治理入手，建立

农业资源节约、农业清洁生产方式，严格控制工业“三废”向农村转移，大力发展循环农业、生态农业，资源化利用农村废弃物，推进农业资源循环利用和环境污染控制一体化，引导生产者与利益相关者参与实施农业环境防控，逐步形成政府推动、农民主体、企业参与的农业环境污染治理的多元化模式，促进农业发展与环境保护的和谐统一。

（二）统筹三个“推进”

按照建设资源节约型、环境友好型社会的总体要求，转变工作思路，把积极防控农业环境污染作为农业环境保护工作的重点，推进农业发展方式的转变，提升农业可持续发展能力。一是生产生活生态三位一体统筹推进。农业生产场地与农民居住场所紧密相连，农村环境治理过程中必须把农业生产、农民生活、农村生态作为一个有机整体，统筹安排，实现生产、生活、生态协调。二是资源—产品—再生资源循环推进。通过循环的方式，资源化利用农作物秸秆、畜禽粪便、生活垃圾和污水，把废弃物变为农民所需的肥料、燃料和饲料，从根本上解决污染物的去向问题，大大减少农业生产的外部投入，实现“资源—产品—再生资源”的循环农业发展。三是资源节约与清洁生产协同推进。推广节地、节水、节种、节肥、节药、节电、节柴、节油、节粮、减人等节约型技术使用，通过建立清洁的生产生活方式，从生产生活源头抓起，减少外部投入品使用量，减少污染物排放量，实现资源的节约和清洁生产。

（三）实现三个“结合”

根据国家对农业发展战略要求，结合国家环境保护“十二五”规划目标的实现，农业环境污染防治，需把握以下原则，实现3个“结合”。

（1）确保国家粮食安全和主要农产品有效供给与环境污染防治的结合。改革开放以来，我国以占世界9%的耕地养活了占世界22%的人口。这得益于我国政府一直把确保主要农产品的基本供给作为农业政策的首要目标。《国家粮食安全中长期规划纲要（2008—2020年）》明确提出，到2020年，全国粮食单产水平提高到350kg左右，粮食综合生产能力达到5.4亿t以上。我国正处于快速工业化与城镇化进程之中，我国粮食供给安全保障仍然面临巨大压力。这就要求在选取与制定我国农业环境防治对策时，必须考虑的限制条件是保障粮食生产的稳产与高产、主要大宗农产品的生产能力持续提升。因此，我们对化肥农药的使用，需以不降低作物单产为前提的，重点在于提升投入品的利用效率和替代品的应用。对诸如与重金属含量超标有关的农业产品产地的预防与治理是以不减少农作物播种面积为前提的。

（2）树立农业环境污染全程控制理念与重点治理的结合。创新理念和思路，把污染问题解决在生产生活单元内部，把农业环境保护寓于粮食增产、农业增效、农民增收之中。通过资源节约和循环利用的方式，推广应用节水、节肥、节药和生态健康养殖等农业清洁生产和农村废弃物资源化利用技术，提高化肥、农药等农业投入品利用率，降低流失率，减少外部投入品使用量，减少污染物排放量。对某些区域、产品及污染物实行重点治理。

（3）实施城市、工业污染与农村污染一体化防控的结合。严格控制工业“三废”向农村转移，严禁向主要农产品产地排放或倾倒废气、废水、固体废物，严禁直接把城镇垃圾、污泥直接用作肥料，严禁在农产品产地堆放、贮存、处理固体废弃物。在农产品产地周边堆放、贮存、处理固体废弃物的，必须采取切实有效措施，防止造成农产品产地污染。加强对重金属污染源的监管。逐步实现城乡污染物控制标准一致化，实现城乡环境同步治理。

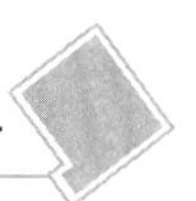

（四）重点工作

（1）编制实施全国农业面源污染防治规划。从源头预防、过程控制和末端治理等环节入手，以畜禽养殖污染防治、节肥节药技术推广应用、农业废弃物资源化利用为重点，建设一批农业面源污染综合防治示范区，分阶段、分区域推进农业面源污染防治工作，力争取得实效。

（2）推进农村清洁工程建设。继续扩大农村清洁工程建设规模和范围，以村为基本单元，集成配套推广节水、节肥、节能等实用技术，建设农田氮磷生态拦截工程，因地制宜建设秸秆、粪便、生活垃圾、污水等有机废弃物处理利用设施，推进农村废弃物资源化利用。

（3）积极推进农业清洁生产技术集成、示范与应用。按照《“十二五”节能减排综合性工作方案》的要求，以废旧地膜回收利用、畜禽清洁养殖、秸秆资源化利用、蔬菜残体资源化利用等为重点，推动农业清洁生产工作。同时，研究制定农业清洁生产的相关政策法规，建立完善农业清洁生产的标准和技术规范，逐步构建农业清洁生产认证制度。

（4）大力发展循环农业。按照“减量化、资源化、再利用”要求，继续开展循环农业试点市建设，开展一批循环农业示范工程，以产业链延伸为主线，节约农业资源，推动单程式农业增长模式向“资源—产品—再生资源”循环的综合模式转变，在创造农业经济新增长点、提高农业附加值的同时，改善农村生态环境。

四、采取有效措施，加大农业环境污染防治力度

（一）完善政策法规

在进一步细化相关政策法规的同时，建立农业环境污染防治标准规范和认证制度，并把农业环境污染防治作为各地制定产业发展规划的重要依据。要按照工业、城市、农业农村污染的一体化防控原则完善国家环境保护的政策法规体系，严格阻控农业产地环境的外源性污染。要针对执行与监督环节的薄弱性，注重建设政策法规的制定、执行与监督的配套协调机制。

（二）加大资金投入

考虑到农业环境污染防治的公益性，积极争取发改、财政等部门的支持，把农业环境污染防治列入环境保护专项资金支持范围，逐步形成农业环境污染防治稳定的资金来源。要加大对重点项目、重大工程、重要技术的支持力度，向重点流域倾斜。继续安排测土配方施肥、土壤有机质提升、养殖场标准化改造、保护性耕作、农村沼气等项目资金，不断增加资金总量，扩大实施范围。

（三）加强科技支撑

整合优势科技力量，集中开展农业环境污染防治关键技术研发，打破农业环境污染防治的技术瓶颈。同时，对现有的单项成熟技术进行集成配套，形成适宜于不同地区的技术模式，进一步扩大推广应用规模和范围，重点在农业面源污染防治、农业清洁生产、农村废弃物资源化利用等方面取得突破，尽快形成一整套适合国情的发展模式和技术体系。

（四）创新体制机制

尽快建立宏观管理的高效运作机制，以法律法规为最高依据，坚决杜绝部门利益行为，严格控制工业和城市污染向农村转移。建立完善农业环境污染防治的补偿机制，将农业环境污染防治的公益性效益合理地反馈给农业环境污染防治的实施者。要逐步建立和完善部门和地区的补偿机制，让对农业环境有负面影响或受益较多的部门和地区拿出相应的资金投放到农业环境污染防治补偿基金中。

（五）注重引导推进

主管部门要从全局和战略的高度充分认识农业环境污染防治的重要性、紧迫性，狠抓工作落实。要建立目标责任制，把农业环境污染防治目标分解到各层级、各单位，确保各项任务落到实处。利用广播、电视、报纸、网络等媒体，加大宣传力度，在农村大力倡导保护环境的良好风尚，提高农民保护环境的自觉性和主动性。把农业环境污染防治技术列入“阳光工程”培训的重要内容，加强对农民的农业环境污染防治技术培训。

第三节　关于加快推进现代生态农业建设的建议*

2013 年 10 月，有关专家赴宁波就生态农业发展进行实地调研，从点线面等方面考察了宁波市鄞州区天胜农牧公司“四不用”农场的自然农业发展情况、长泰农业发展有限公司畜禽粪便综合利用社会化服务体系、宁海县循环农业示范区，开展了专门研究，特提出加快发展现代生态农业建设，建议如下。

一、发展现代生态农业是实现农业生态文明的重要途径

通过对宁波市调研发现，该市由点到面实施了不同层次的生态农业探索与实践。天胜农牧公司的自然农业严格遵循了不施用农药、化肥、除草剂和抗生素等“四不用”原则，走农牧结合之路，实现了农场内种养循环，对外部物质的依赖程度低，但人力投入大、生产规模小、产量偏低，本质仍属传统农业范畴，产品适应范围为小众化群体，难以满足日益增长的农产品大众化需求。要实现粮食安全和生态安全的双重保障，必须发展现代生态农业。

现代生态农业首先是现代农业，体现现代物质装备、现代科学技术、现代产业体系、现代经营形式、现代发展理念等五个特征，满足日益增长农产品社会需要，同时要实现环境友好与生态安全。

现代生态农业汲取了传统农业的精华，实现了从小循环到大循环的跨越；现代生态农业是适应了现代生产方式转变的要求，实现了农业从小规模到大规模生产的突破；现代生态农业适应了现代科技发展趋势，充分应用了现代文明成果，从常规农业技术向现代集约技术的转变。现代生态农业实现了经济效益、社会效益与生态效益有机统一，是建设农业生态文明重要的突破口。

二、国内外经验表明农业发展必须走现代生态之路

随着石油农业的快速发展，高投入、高能耗给生态环境带来了巨大压力。从 20 世纪 70 年代，人们开始对石油农业进行反思，提倡发展生态农业。欧美国家发展生态农业的实质是发展现代生态农业。美国共有 220 万个农场，大多数农场注重养殖业与种植业之间在饲料、肥料等方面的相互促进与协调关系，将养殖场的动物粪便或通过输送管道或直接干燥固化成有机肥归还农田，约 70% 的农田采用残茬还田免耕技术；德国制定了生态农业发展的规范和标准，规定了肥料的限量使用、畜禽土地承载力、监控操作程序等内容，强调标准化、规模化生产。

---

* 本节主要内容为 2013 年 11 月 20 日课题组提交农业部有关部门的报告

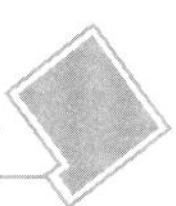

20 世纪 80 年代，在借鉴国外生态农业发展经验的基础上，我国也提出了生态农业的概念。我国生态农业以协调人与自然关系，促进农业农村经济社会可持续发展为目标，探索了有中国特色的生态农业发展之路，重视生态农业工程和种养循环复合体系的建设。经过 30 多年的发展，我国的生态农业建设已经从初期的生态农业村、生态农业乡发展到生态农业县。据统计，全国已建成了 100 多个国家级生态农业示范县、示范点 2 000多处。近年来，在推动发展的过程中各地先后提出了低碳农业、循环农业、有机农业、自然农业等，核心是解决石油农业高投入带来的一系列环境问题，但在目标、效益和实施方式上存在一定差异。低碳农业强调农业温室气体减排，降低对气候变化的影响；循环农业以减量、循环、再利用为原则，强调资源的梯级利用，减少废物排放；有机农业和自然农业排斥化学投入品的使用，过度强调自然自身循环。总体上说，这些农业形态都是为解决常规农业面临环境问题的有益探索，其中生态农业在我国开展时间早，社会认可和接受的程度最高，更具有包容性。

总体来说，我国生态农业发展取得了一定成果，积累了一定经验，形成了一批模式，但普遍规模小、机械化程度低、效益偏低，难以适应现代农业规模化、集约化、专业化发展需求，种养时空分离日益突出，亟待创新发展现代生态农业模式。

三、加快发展现代生态农业是破解当前农业资源环境约束瓶颈的重要突破口

2004 年以来，我国粮食产量取得了 9 连增（2004—2013 年），为保证国民经济持续健康发展提供了有力的保证。然而，我国农产品生产能力持续提升很大程度上是以资源消耗、牺牲环境为代价的。我国农村地区每年产生 7 亿 t 秸秆、30 多亿 t 畜禽粪便、2. 8 亿 t 生活垃圾、90 多亿 t 生活污水，而且绝大部分未能得到合理处置和合理利用。当前，我国农业发展过程中突出的态环境问题主要表现在以下几个方面。

（一）农业资源面临的压力越来越大

我国有 40% 的耕地处于不断退化的状态、30% 左右的耕地不同程度地受水土流失的危害。我国华北、西北等地区的缺水状况将进一步加重，预计 2010—2030 年我国西部地区缺水量约为 200 亿 m^3。全国草原退化面积超过 10 亿亩，目前仍以每年 2 000多万亩的速度在退化。旱涝灾害、病虫鼠害、低温冻害、高温热浪等自然灾害频发，给农业生产带来巨大损失。全球气候变化对农业生产的影响也日益突出。

（二）农业秸秆利用率不高，成为农村重要污染源

由于化肥对农作物的稳产与增产效果及施用的便捷性，秸秆作为肥料、生活燃料及房屋建立材料功能的退化，直接导致其利用率的下降，农田系统的秸秆循环链条中断，大量堆积在田间地头的秸秆已经成为农业环境污染的源头之一。2009 年，我国秸秆总产量为 8. 20 亿 t，其中未利用量为 2. 15 亿 t，约占秸秆总产量的 26%。伴随着农业生产方式与农民生活方式的转变，仍然有 1/4 的秸秆被焚烧或者丢弃。在农业生产季节，由于大量秸秆焚烧，影响到机场及高速公路安全，也在瞬时增加了大气 PM2. 5 的浓度。

（三）农业生产对化肥农药的依存度高，氮磷污染物排放占比大

为保障粮食安全，我国土地承载的增产压力越来越大，化肥农药需求不断增加。由于推广测土配方施肥，指导农民科学用肥，化肥使用量增长幅度并不很快，但年使用量仍然达到 5 500万 t

左右，是化肥使用强度最高的国家之一。2012 年，我国每公顷化肥施用强度为一些发达国家为防止水污染而设定的 225kg 安全上限的 1.6 倍左右。我国的氮肥与钾肥的利用率为 30% ~50%，磷肥利用率更低，仅为 10% ~20%。据测算 2010 年化肥农药使用造成的总氮、总磷排放分别占农业源的 47% 和 27%，尤其是设施农业，化肥农药施用强度大，面源污染风险更为突出，个别蔬菜产区地下水硝酸盐超标率已达到 45%。

（四）养殖业集约化程度越来越高，污染物排放总量大

近几年我国畜禽养殖总量不断增加，规模化集约化快速发展，目前生猪和肉鸡的集约化养殖比例分别达到了 34% 和 73.4%。随着畜禽粪便产生量的增加，部分地区的畜禽粪便产生量已经大幅超出了周边农田可承载的畜禽粪便最大负荷（$150kg/hm^2$）。养殖集约化加剧了种养分离，凸显了处理设施设备的滞后，大量畜禽粪便难以及时处理和利用，增加了对土壤、水体与大气的环境污染风险。

现代农业发展过程中之所以出现如此多的问题，归根结底是由于我国农业发展快、集约化程度越来越高、种养环节脱节、土地承载能力有限等造成的。种养废弃物实质都是可再生利用的农业资源，但由于缺乏有效的机制制度做保障，成了放错位置的资源，带来了生态环境污染的压力。必须寻找农业发展方式新的突破口，解决农业发展过程中的资源环境问题。

四、大力发展现代生态农业，建设农业生态文明

顺应我国现代农业发展趋势，按照“绿色发展、循环发展、低碳发展”的理念，以环境友好、生态安全为目标，构建生态农业发展的政策保障体系、技术支撑体系和社会服务体系，推进生态农业向区域化、标准化、现代化方向转型升级，逐步形成政府推动、农民主体、企业参与的现代生态农业发展模式。其重点任务如下。

（一）推进现代生态农业统筹协调发展

在优化集成产业内部生态循环的基础上，做好产业间资源要素的耦合利用，协调区域内综合发展与生态保护，在点线面不同层次实现产业生态链接。重点以家庭农场、种养大户、农业园区、农民合作社等不同规模新型农业经营主体为对象，构建不同区域、不同产业特色的现代生态农业技术体系和服务模式，惠及大、中、小不同规模的现代生态农业经营主体。

（二）加强现代生态农业规范化建设

构建产地环境、生产过程、产品质量等全过程的现代生态农业规范化生产体系。鼓励农业龙头企业、农民专业合作社等开展统一服务，推广规范化生产技术。加强土壤环境管理和农业生产过程控制，科学合理使用农业投入品，严格监管化肥、农药、饲料、兽药、添加剂等生产、经营和使用，规范农业生产、农业投入品使用、病虫害防治等记录，保证农产品质量安全和可追溯。

（三）强化现代生态农业社会化服务体系建设

以促进区域内现代生态农业协调发展为目标，强化社会化服务工作。重点推进农业废弃物置换服务、可再生能源物业服务、病虫草害统防统治、农业机械化作业等市场化、社会化服务体系建设，构建以政府为导向、企业为主体、市场起决定作用的现代生态农业资源优化配置模式。

（四）构建现代生态农业发展的制度保障机制

针对集约化程度高、专业分工细、废弃物产生集中等特点，为促进农业废弃物资源化、生态

化高效循环利用，按照“谁保护、谁受益”的原则，探索生态补偿机制，明确补偿主体与对象，量化补偿标准和考核指标，建立基于土地承载力的畜禽养殖准入与退出机制，以及土地流转、确权、交易等保障机制，将现代生态农业建设纳入法制化发展轨道。

五、加快发展现代生态农业工作重点

（一）编制全国现代生态农业发展规划导则

按照粮食主产区、生态类型区的特点，充分考虑资源禀赋、生态条件、产业结构、制约因素等，编制全国现代生态农业发展规划导则，指导各地编制区域现代生态农业发展规划，推进以种养平衡为基础的农业结构调整，合理确定种养规模，建立农业生态补偿机制，延伸现代生态农业产业链条，引进集成现代生态农业生产技术，开展现代生态农业建设。

（二）推进现代生态农业发展制度机制创新

完善有利于现代生态农业发展的政策和法律体系，制订并颁布农业清洁生产管理办法，研究建立现代生态农业生产标准和技术规范。坚持政府引导、市场推动、制度规范、农民主体的原则，通过政策形成有效的激励机制，引导现代生态农业健康良性发展。针对各地适宜的生态农业技术模式，通过“政府补贴、低息、无息贷款”等政策进行推广；对农业废弃物资源综合利用企业，给予一定的税收优惠和政策倾斜；对农户采纳环境友好型技术的生产行为给予一定的现金或实物补贴。

（三）强化科技支撑

整合优势科技力量，集中开展现代生态农业关键技术研发，突破技术瓶颈。对现有的单项成熟技术进行集成配套，形成适宜于不同地区的技术模式，进一步扩大推广应用规模和范围，重点在农业节能减排、农业清洁生产、农村废弃物资源化利用等方面取得突破，尽快形成一整套适合国情的发展模式和技术体系。

（四）开展现代生态农业试点示范

在全国不同区域范围内筛选一批典型的生态农业示范县（示范村、示范场），通过建设农业有机废弃物物流服务、土地流转服务等社会化服务体系，做好条件建设，试点示范家庭农场型、产业园区型、城郊集约型、区域规模型现代生态农业技术，创建命名生态农业示范县（示范村、示范场），由点及面，辐射带动全国现代生态农业规范化、标准化发展。

（五）建立现代生态农业考评体系

基于不同区域农业主导产业特点，建立现代生态农业投入品、资源循环利用、环境质量等评价指标体系，依托农业物联网等现代监测手段，构建现代生态农业动态监测数据平台，以各级农业资源环境管理部门为主体，对不同区域、不同模式的现代生态农业的运行效率、生态效益进行客观评价，配套以奖代补等奖惩措施，构建现代生态农业长效考评机制。